"十二五"职业教育国家规划教材
经全国职业教育教材审定委员会审定
高等职业教育应用型人才培养规划教材

电工电子技术项目教程

(第2版)

何　军　主　编
王长江　王志军　副主编
蒋从元　主　审

電子工業出版社
Publishing House of Electronics Industry
北京·BEIJING

内 容 简 介

本书经过多个专业的使用，在第1版的基础上修订而成。修订时注重结合高职教育的办学定位、岗位需求、校企合作共育人才要求，强调“学中做，做中学”。

本书按“能力培养”规划了10个学习项目，包括直流电路基本知识、正弦交流电路基本知识、三相异步电动机电气控制、基本放大电路、集成运算放大器的应用、直流稳压电源安装与调试、逻辑代数基础、组合逻辑电路的应用、时序逻辑电路的应用、D/A和A/D转换器的应用，按“技能要求”设计了14个技能训练项目，以“自评表”关注学习过程，测评学习效果。理论以“必需、够用”为度，强化应用技能、专业素养的培养。

本书可作为高职高专院校非电类专业的教材或参考书，也可供相关专业工程技术人员参考使用。

图书在版编目(CIP)数据

电工电子技术项目教程/何军主编．—2版．—北京：电子工业出版社，2014.10
高等职业教育应用型人才培养规划教材
ISBN 978-7-121-24438-4

Ⅰ.①电… Ⅱ.①何… Ⅲ.①电工技术-高等职业教育-教材 ②电子技术-高等职业教育-教材 Ⅳ.①TM ②TN

中国版本图书馆CIP数据核字(2014)第225291号

策划编辑：王昭松
责任编辑：王昭松
印　　刷：北京七彩京通数码快印有限公司
装　　订：北京七彩京通数码快印有限公司
出版发行：电子工业出版社
　　　　　北京市海淀区万寿路173信箱　邮编100036
开　　本：787×1092　1/16　印张：15.75　字数：403.2千字
版　　次：2010年8月第1版
　　　　　2014年10月第2版
印　　次：2021年1月第12次印刷
定　　价：35.00元

凡所购买电子工业出版社图书有缺损问题，请向购买书店调换。若书店售缺，请与本社发行部联系，联系及邮购电话：(010)88254888

质量投诉请发邮件至zlts@phei.com.cn，盗版侵权举报请发邮件至dbqq@phei.com.cn。

服务热线：(010)88258888

第 2 版前言

本书是编者在第 1 版的基础上，根据高等职业教育多年教学改革与实践经验，听取众多使用本教材的师生提出的宝贵意见和建议，在“必需、够用”的原则下，结合现代职教理论、“学生为中心，能力培养为本位”职教思想、“学中做、做中学”教学理念及本学院非电类专业校企合作办学经验，进行了适当的修订，并有幸成为教育部“十二五”职业教育国家规划教材。修订后的教材具有如下特色：

（1）按“能力培养”规划学习项目。

依据非电类专业职业岗位对电工电子技术的“基础能力”要求，贯彻“以服务为宗旨，以能力为导向”的职教理念，围绕电工电子基本能力培养，重构教材的知识结构和能力结构体系，按“能力培养为目标”规划学习项目，体现了教学的职业性、针对性和普适性。教材内容全面，图文并茂，前后贯通，有机结合，和谐统一。

（2）按“任务驱动”优化教材内容。

以职业岗位能力需要优化学习任务，将电工电子技术的内容逐步融入到每个学习任务中，内容选择充分考虑了非电类专业对电工电子技术知识和技能的要求。内容选取符合岗位技术特点，贴近生产实际，既利于激发学生的求知欲，调动学生主动学习，也利于培养学生创新精神和实践能力。层次清晰，语言表述尽量浅显易懂，具有很强的可读性，符合职业能力的培养规律。

（3）以“学中做、做中学”培养学生能力。

特别注重“教、学、做”一体化，在强化理论基础知识学习的同时，通过“技能训练”注重学生职业技能的培养，教材更具实践性和指引性，充分彰显职业素质培养，充分体现知识、技能、职业素养的有机融合。

（4）以“自评表”测评学习效果。

实施项目自评，关注每个学生的学习过程，自己找差距、找问题、找措施，有助于提高学习的自觉性和目标性，营造任务型学习动力和压力，培养自主学习和掌握知识、技能的热情，充分保证学习效果和质量。

本书由四川职业技术学院何军副教授担任主编，四川职业技术学院部分老师参与编写工作，其中，何军、赵国华编写项目一、二，何军、谢大川编写项目三，官泳华、刘力编写项目四、十，王志军编写项目五、六，王长江编写项目七、八、九，蒋从元副教授审阅了全书。

书中标有“*”号的内容作为选学内容，教师可以根据需要取舍。

本书配有丰富的教学资源，读者可登录四川职业技术学院终身学习服务平台 http://125.67.64.234：6611 学习查看更多内容。

在本书的修订过程中得到了四川职业技术学院电子电气工程系同行的大力支持和帮助，在此向他们表示衷心的感谢。

由于编者水平有限，书中难免有错漏与不妥之处，恳请读者批评指正。

编　者

2014 年 9 月

目　　录

项目一

直流电路基本知识

项目描述：随着科学技术的飞速发展，现代电工电子设备种类日益繁多，规模和结构更是日新月异，在实际工作中，很多设备都需要电力进行拖动，设备控制也越来越自动化、小型化，但无论怎样设计和制造，这些设备绝大多数仍是由各式各样的电路组成的；电路的结构不论多么复杂，它们和最简单的电路之间还具有许多基本的共性，遵循着相同的规律。在电气控制中，离不开对电路的研究，因此学习电路分析的基本方法，就成为必备的基础理论。

项目任务：了解电路的基本共性及其遵循的基本规律。

学习内容：电路基本概念和电路元件；欧姆定律及其扩展应用；基尔霍夫定律及其应用；电路分析计算方法；等效电路；常用电工仪器、仪表的使用。

任务一：电路基本概念及电路元件

能力目标

(1) 了解和熟悉电路的组成及其功能。

(2) 理解电路的基本物理量(电流、电压、电位、电动势、功率、电功)的概念及其单位。

(3) 掌握理想电路元件与实际电路元件在电特性上的不同。

一、电路的基本概念

1. 电路的组成及功能

电流通过的路径称为电路，它是为了满足某种需要由电工设备或电路元件按一定方式组合而成的。在研究电路的工作原理时，通常是用一些规定的图形符号来代表实际的电路元件，并用连线表示它们之间的连接关系，画成原理电路图进行分析。原理电路图简称电路图。如图 1-1 所示的电路是一个最简单的手电筒电路。

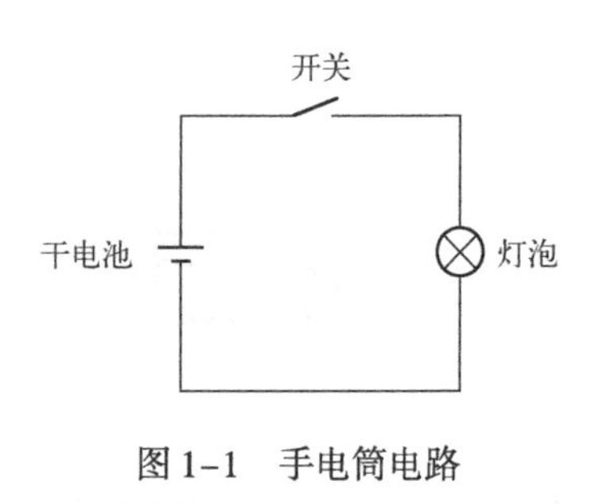

图1-1 手电筒电路

不论手电筒电路、单个照明灯电路等这些在实际应用中的较为简单的电路，还是类似电动机电路、计算机电路、电视机电路等较为复杂的电路，构成这些电路的基本组成部分都包括三个基本环节：电源、负载和中间环节。

电源：向电路提供电能的装置。它可以将其他形式的能量，如化学能、热能、机械能、原子能等转换为电能。在电路中，电源是激励，是激发和产生电流的因素。

负载：通常人们熟悉的各种用电器，是取用电能的装置，它把电能转换为其他形式的能量。例如，电灯把电能转换为光能和热能，电动机把电能转换为机械能。

中间环节：电源和负载连通离不开传输导线，电路的通、断离不开控制开关，实际电路为了长期安全工作，还需要一些保护设备（如熔断器、热继电器、空气开关等），它们在电路中起着传输和分配能量、控制和保护电气设备的作用。

按照功能的不同，可以把工程应用中的实际电路分为两类。

（1）电力系统中的电路：实现对发电厂发出的电能进行传输、分配和转换。

（2）电子技术中的电路：实现对电信号的传递、变换、储存和处理。

2. 电路的基本物理量

（1）电流。电荷有规则的定向移动形成电流。在稳恒直流电路中，电流的大小和方向不随时间变化；在正弦交流电路中，电流的大小和电荷移动的方向按正弦规律变化。

电流的大小是用单位时间内通过导体横截面的电量进行衡量的，称为电流强度，即：

$$i = \frac{\mathrm{d}q}{\mathrm{d}t} \tag{1-1}$$

稳恒直流电路中，电流的大小及方向都不随时间变化时，其电流强度可表示为：

$$I = \frac{Q}{t} \tag{1-2}$$

电流的单位是安培，简称安，用符号A表示。1A电流为1秒(s)内通过导体横截面的电荷量为1库仑(C)。电流的单位除安外，常用的单位还有kA(千安)、mA(毫安)、μA(微安)和nA(纳安)，它们之间的换算关系为：

$$1\mathrm{A} = 10^{-3}\mathrm{kA} = 10^{3}\mathrm{mA} = 10^{6}\mu\mathrm{A} = 10^{9}\mathrm{nA}$$

习惯上把正电荷移动的方向规定为电流的正方向。

（2）电压。电压就是将单位正电荷从电路中一点移至电路中另一点电场力所做的功，用数学式可表达为

$$U_{\mathrm{ab}} = \frac{W_{\mathrm{a}} - W_{\mathrm{b}}}{q} \tag{1-3}$$

电压的单位用伏特表示，简称伏，用符号V表示。电压的单位除伏外，常用的单位还有kV(千伏)、mV(毫伏)和μV(微伏)，它们之间的换算关系为：

$$1\mathrm{V} = 10^{-3}\mathrm{kV} = 10^{3}\mathrm{mV} = 10^{6}\mu\mathrm{V}$$

由欧姆定律可知，如果把一个电压加在电阻两端，电阻中就会有电流通过。实际电路中

的情况也是如此，当我们在负载两端加上一个电压时，负载中同样会有电流通过，而电流通过负载时必定会在负载两端产生电压降，从而发生能量转换的过程，即电压是电路中产生电流的根本原因（与水路中产生水流的原因是水位差的道理一致）。

一般规定：电压的正方向是由高电位“+”指向低电位“-”，因此通常把电压称为电压降。

比较简单的直流电路，电压、电流的实际方向很容易看出来，可是对于复杂的直流电路，有时电路中电流（或电压）的实际方向很难预先判断出来；在交流电路中，由于电流（或电压）的实际方向在不断地变化，所以也无法在电路图中正确标出电流（或电压）某一瞬间的实际方向。

在分析和计算电路的过程中，在电路图上标出电压、电流的参考方向，这样会为我们的分析带来方便。

我们可以任意选定一个方向作为流过某段电路或一个电路元件电流的参考方向，此方向也称正方向，用箭头表示在电路图上，且以此参考方向作为电路计算的依据，如果求解出的电流为正值（$I>0$）时，表明电流的实际方向与参考方向一致，如图1-2(a)所示。若电流为负值（$I<0$）时，表明电流的实际方向与参考方向相反，如图1-2(b)所示。需要注意的是：只有在参考方向选定后，电流值才有正负之分。

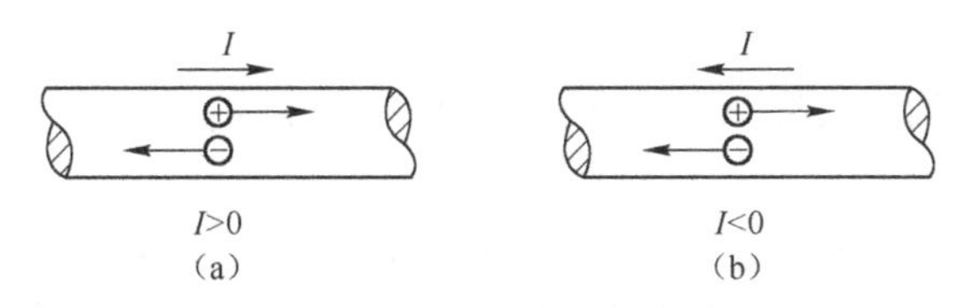

图1-2　电流参考方向与实际方向的关系

在一些复杂电路中，遇到某两点间的电压实际方向难以确定的时候，也可先任意假定电压的参考方向，并以此方向作为计算依据，求解出的电压为正值（$U>0$）时，表明电压的实际方向与参考方向相同，如图1-3(a)所示；若电压为负值（$U<0$）时，表明电压的实际方向与参考方向相反，如图1-3(b)所示。

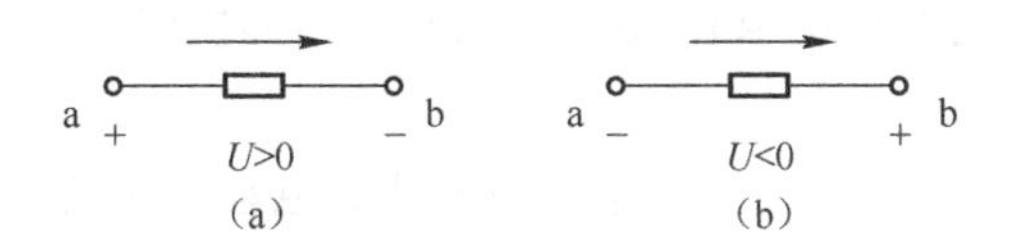

图1-3　电压参考方向与实际方向的关系

同一段电路或一个元件的电流和电压的参考方向可以独立地任意指定。但为了方便起见，如果选定流过元件的电流的参考方向是从标以电压正极性端指向负极性端，即两者的参考方向一致时，则把电流和电压这种参考方向称为关联参考方向，如图1-4(a)所示。其余的为非关联参考方向，如图1-4(b)所示。

在运用参考方向时有两个问题要注意：

① 参考方向是列写方程式的需要，所以当分析电路时，先要标出电流和电压的参考方向后再计算，参考方向可以任意选定。在电路图中，所有标注的方向都可以认为是电流、电压的参考方向，并非实际方向。

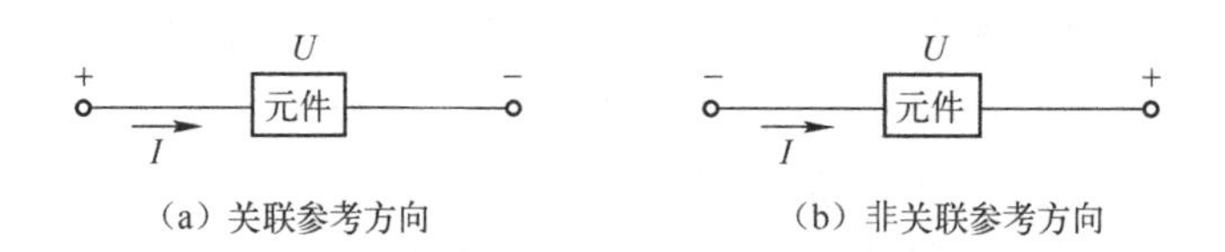

(a) 关联参考方向　　(b) 非关联参考方向

图1-4　电流、电压参考方向

② 电压的实际方向是客观存在的，它不会因电压的参考方向的不同选择而改变，因此 $U_{ab}=-U_{ba}$。

③ 分析和计算电路的最后结果。若某一所求电压或电流得正值，说明它在电路图上的参考方向与实际方向相同；若某一所求电压或电流得负值，则说明它在电路图上所标定的参考方向与实际方向相反。

（3）电位。电路中各点位置上单位正电荷所具有的势能称为电位。电路中的电位具有相对性，只有先明确了电位的参考点，电路中各点的电位才有意义。

电位的高低正负都是相对于参考点而言的。电位参考点的电位取零值，其他各点的电位值和参考点相比，高于参考点的电位是正电位，低于参考点的电位是负电位。只要电位参考点确定之后，电路中各点的电位数值就唯一确定。实际上，电路中某点电位的数值等于该点到参考点之间的电压。在电力系统中，常选择大地为参考点；在电子设备中，一般以外壳或接地点作为参考点。

电位与电压的单位均是伏特[V]。电压和电位的关系为：

$$U_{ab}=U_a-U_b \tag{1-4}$$

即电路中任意两点间电压，在数值上等于这两点电位之差。由式(1-4)也可以看出，电压是绝对的量，电路中任意两点间的电压大小，仅取决于这两点电位的差值，与参考点无关。

（4）电动势。电动势反映了电源内部能够将非电能转换为电能的能力，用符号“E”表示。从电的角度上看，电动势代表了电源力将电源内部的正电荷从电源负极移到电源正极所做的功，是电能累积的过程。电动势与电压、电位的单位相同，都是伏特[V]。

电路中的持续电流需要靠电源的电动势来维持，这就类似于水泵维持连续的水流一样，由于水泵具有将低水位的水抽向高水位的能力，从而保证水路中的水位差，高处的水就能连续不断地流向低处。电源之所以能够持续不断地向电路提供电流，也是由于电源内部存在电动势的缘故。

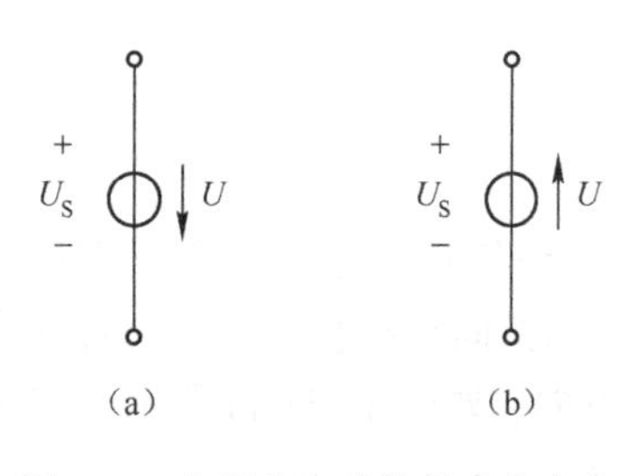

(a)　(b)

图1-5　电压和电动势的参考方向

在电路分析中，电动势的方向规定由电源负极指向电源正极，即电位升高的方向。电动势只存在于电源内部，而电压不仅存在于电源两端，而且还存在于电源外部。由于电动势两端的电压值为恒定值，所以用一恒压源 U_S 的电路模型来代替电动势 E。若电压的参考方向与电源的极性一致时，$U=U_S$，如图1-5(a)所示；相反时，$U=-U_S$，如图1-5(b) 所示。

（5）电功。电流能使电灯发光，电炉发热，电动机转动，说明电流具有做功的本领。电流所做的功称为电功。电流做功的同时伴随着能量的转换，其做功的大小用能量进行度量，即：

$$W = UIt \tag{1-5}$$

电能的单位是焦耳，简称焦，用符号 J 表示。在实际工作和生活中，还常常用千瓦小时[kW·h]来表示电功(或电能)的单位，俗称“度”，1 kW·h 也称 1 度电。

$$1\text{kW}\cdot\text{h} = 10^3\text{W}\times3600\text{s} = 3.6\times10^6\text{J}$$

1 度电的概念可用下述例子解释：100W 的灯泡使用 10h 耗费的电能是 1 度；1000W 的电炉加热 1h 耗费的电能也是 1 度。

(6) 电功率。单位时间内电流做的功称为电功率。电功率用 P 表示，即：

$$P = \frac{W}{t} = \frac{UIt}{t} = UI \tag{1-6}$$

电功率的单位是瓦特，简称瓦，用符号 W 表示。1W = 1V·1A。除瓦外，功率常用的单位还有 MW(兆瓦)、kW(千瓦)和 mW(毫瓦)，它们之间的换算关系为：

$$1\text{W} = 10^{-6}\text{MW} = 10^{-3}\text{kW} = 10^3\text{mW}$$

若计算所得 $P > 0$，则电路实际吸收功率，若 $P < 0$，则电路吸收负功率，即实际发出功率。

用电器铭牌上的电功率表示它的额定功率，是用电设备能量转换本领的量度，例如，“220V，100W”的白炽灯，说明当给该灯施加 220V 电压时，它能在 1s 内将 100J 的电能转换成光能和热能。需要注意的是：用电器实际消耗的电功率只有实际加在用电器两端的电压等于它铭牌数据上的额定电压时，才与它铭牌上的额定功率相等。

二、电路模型和电路元件

在电路理论中，为了便于对实际电路的分析和计算，我们通常在工程实际允许的条件下对实际电路进行模型化处理。例如，电阻器、灯泡、电炉等，这些电气设备除了具有耗能的电特性，还有其他一些电磁特性，但是在研究和分析问题时，我们只考虑这些电气设备的耗能特性。因此，我们就可以用只具有耗能特性的“电阻元件”作为它们的电路模型。

工程实际中的电感器，通常是在一个骨架上用漆包线绕制而成的。在直流电路中，电感器表现的电磁特性主要是耗能，因此直流下可用一个“电阻元件”来作为这个实际电感器的电路模型；电感器在工频电路中，主要电磁特性不仅有耗能的因素，还具有储存磁场能量的重要因素，这时我们可用一个理想化的电阻元件和一个只具有储存磁能性质的“电感元件”相串联作为它的电路模型；同一个电感器若应用在较高频率的电路时，不仅要考虑上述两种因素，同时还要考虑导体表面的电容效应，因此其电路模型应是电阻元件和电感元件相串联后再与一个只具有储存电能性质的“电容元件”相并联的组合。

由此可知，同一实体电路部件，其电磁特性是复杂和多元的，并且在不同的外部条件下，它们呈现的电磁特性也会各不相同。

为了便于问题的分析和计算，在电路分析中，我们通常考虑主要电磁特性，抽象出实际电路器件的“电路模型”。理想电路元件的“电路模型”如图 1-6 所示。

图 1-6 中的电阻元件、电感元件和电容元件，通常简称为电路元件。电路元件是实际电路器件的理想抽象，其电磁特性单一而确切。

若电源的主要供电方式是向电路提供一定的电压，则称为电压源，如图 1-6(d)所示。

若主要供电方式是向电路提供一定的电流，则称为电流源，如图1-6(e)所示。

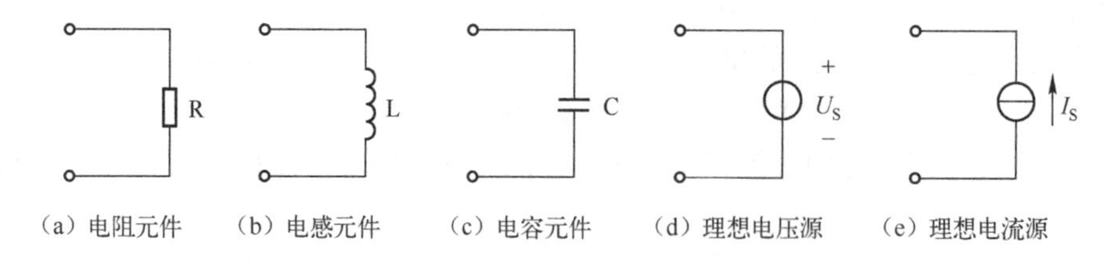

图1-6 理想电路元件的“电路模型”

对实际元器件的模型化处理，使得不同的实体电路部件只要具有相同的电磁性能，在一定条件下就可以用同一个电路模型来表示，显然降低了实际电路的绘图难度。而且，同一个实体电路部件，处在不同的应用条件和环境下，其电路模型可具有不同的形式。有的模型比较简单，仅由一种元件构成；有的比较复杂，可用几种理想元件的不同组合构成。显然，实际电路元器件的理想化处理给分析和计算电路带来了极大的方便。

例如，图1-7所示是一个最简单的手电筒电路及其电路模型。从图中可以看出简化抽象出来的手电筒电路模型，清晰且明了。

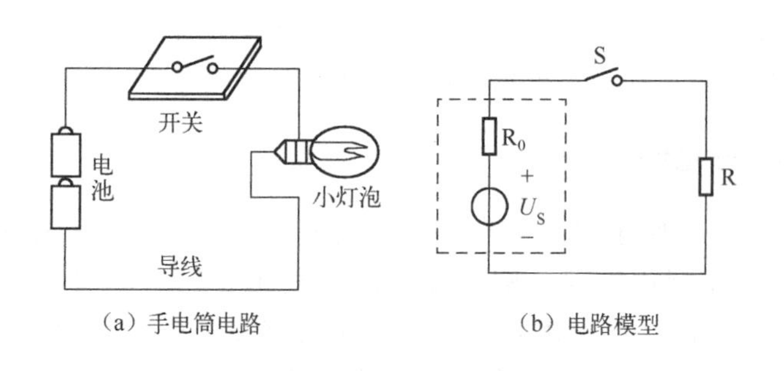

图1-7 手电筒电路及其电路模型

本书所说电路一般均指由理想电路元件构成的抽象电路或电路模型，而非实际电路。在电路图中，各种电路元件都用规定的图形符号来表示。

能力训练

(1) 电路由哪几部分组成，各部分的作用是什么？

(2) 何谓理想电路元件？如何理解“理想”二字在实际电路中的含义？何谓电路模型？

(3) 电压、电位、电动势有何异同？

(4) 如图1-4(a)所示，若已知元件吸收功率为 $-20W$，电压 $U = 5V$，求电流 I。

(5) 如图1-4(b)所示，若已知元件中通过的电流 $I = -100A$，元件两端电压 $U = 10V$，求电功率 P，并说明该元件是吸收功率还是输出功率。

任务二：基尔霍夫定律及应用

能力目标

1. 掌握基尔霍夫定律的内容。
2. 熟练掌握基尔霍夫定律的应用——支路电流法。

对于任意一段电路，电流与该段电路两端的电压成正比，与该段电路中的电阻成反比，称为欧姆定律。当电压与电流为关联参考方向时，欧姆定律可表示为：

$$I=\frac{U}{R}$$

上式仅适用于线性电路，它体现了线性电路元件上的电压、电流约束关系，表明了元件特性只取决于元件本身，在分析和计算如图1-8所示的复杂电路时，要依据基尔霍夫定律。基尔霍夫定律包括电流定律和电压定律。为了说明此定律，有必要介绍有关电路结构的常用名词。

一、常用的电路名词

（1）支路。一个或几个元件首尾相串联后，连接于电路的两个节点之间，使通过电路中的电流值相同，这种连接方式称为支路。图1-8所示的电路中共有三条支路，即acb、ab、adb支路。其中含有电源的支路称为有源支路，如acb支路和adb支路；不含电源的支路称为无源支路，如ab支路。

（2）节点。电路中三条或三条以上支路的交点称为节点。图1-8所示电路中共有a和b两个节点。

（3）回路。电路中任意一条闭合路径称为回路。图1-8所示电路中共有三个回路，即abca、adba和acbda。

（4）网孔。电路中间不再包含其他支路的单一闭合回路称为网孔。图1-8所示电路中共有两个网孔abca和abda。网孔是最简单的回路，网孔中不包含回路，但回路中可能包含有网孔。

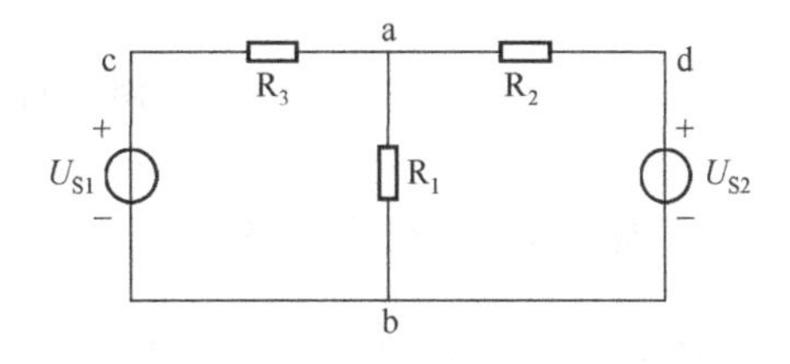

图1-8　复杂电路

二、基尔霍夫定律

1. 基尔霍夫电流定律（KCL）

基尔霍夫电流定律也称节点电流定律，简写为KCL。表述为：在集总参数电路中，任一时刻，流入任一节点的电流之和必定等于从该节点流出的电流之和。数学表达式为：

$$\sum I_{入}=\sum I_{出} \tag{1-7}$$

对图1-9所示的节点a列出KCL方程：

$$I_3 + I_1 = I_2 + I_4 \tag{1-8}$$

或

$$I_3 + I_1 - I_2 - I_4 = 0 \tag{1-9}$$

即：
$$\sum I = 0 \tag{1-10}$$

上式说明，若规定流入节点的电流为正，流出节点的电流为负，那么，基尔霍夫电流定律的内容又可以表述为：对于任一集总参数电路，在任一时刻，流出（或流入）任一节点的电流代数和等于零。如图1-10所示为KCL的推广应用。

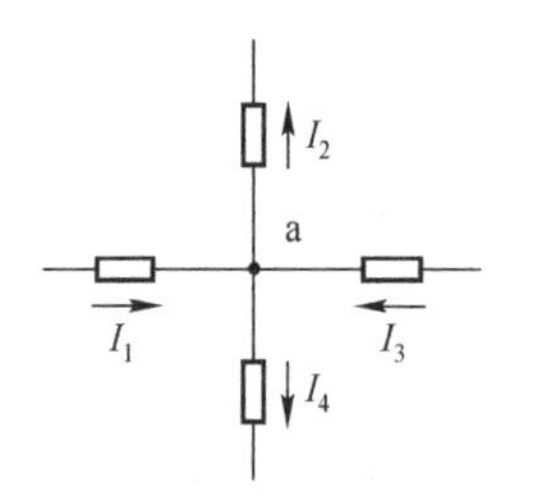

图1-9　KCL的应用

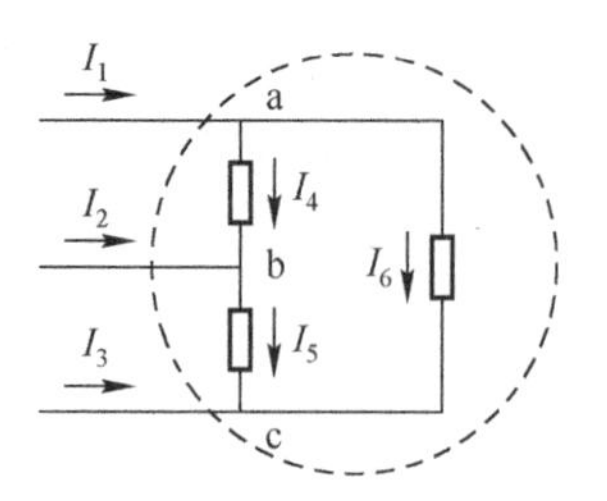

图1-10　KCL的推广应用

KCL虽然是对电路中任一节点而言的，根据电流的连续性原理，它可推广应用于电路中的任一假想封闭曲面，如图1-11所示。

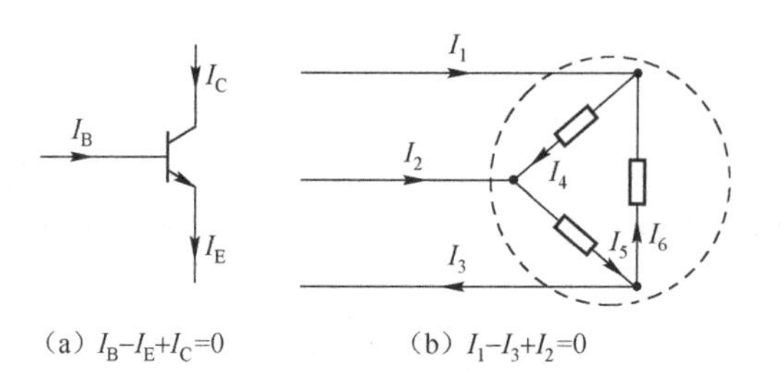

（a）$I_B - I_E + I_C = 0$　　（b）$I_1 - I_3 + I_2 = 0$

图1-11　KCL定律的推广应用

2. 基尔霍夫电压定律（KVL）

基尔霍夫电压定律也称回路电压定律，简写为KVL。表述为：在集总参数电路中，任一时刻，对任一回路，按一定绕行方向，回路中各段电压的代数和恒等于零。数学表达式为：

$$\sum U = 0 \tag{1-11}$$

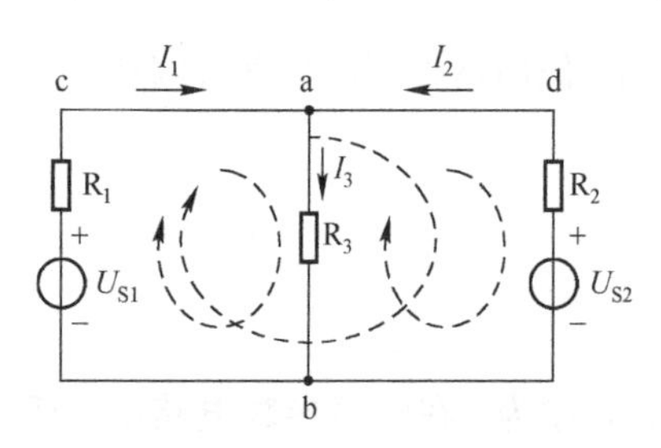

图1-12　KVL定律的应用

如果约定沿回路绕行方向，电压降低的参考方向与绕行方向一致时电压取正号，电压升高的参考方向与绕行方向一致时电压取负号。对图1-12所示的电路，根据KVL可对电路中三个回路分别列出KVL方程式如下：

对abca回路　　$I_1R_1 + I_3R_3 - U_{S1} = 0$

对adba回路　　$-I_2R_2 - I_3R_3 + U_{S2} = 0$

对adbca回路　　$I_1R_1 - I_2R_2 + U_{S2} - U_{S1} = 0$

对 adbca 回路的方程整理可得 $I_1R_1 - I_2R_2 = U_{S1} - U_{S2}$

即：

$$\sum IR = \sum U_S \tag{1-12}$$

因此，基尔霍夫电压定律的内容又可叙述为：在电路的任一回路中，电阻上电压降的代数和等于电动势的代数和。

KVL 不仅应用于电路中的任意闭合回路，同时也可推广应用于回路的部分电路。以图 1-13 所示电路为例，应用 KVL 定律可列出方程：

$$\sum U = IR + U_S - U = 0 \quad 或 \quad U = IR + U_S$$

［例 1-1］ 如图 1-14 所示的电路，已知 $U_{S1}=12V$，$U_{S2}=3V$，$R_1=3\Omega$，$R_2=9\Omega$，$R_3=10\Omega$，求 U_{ab}。

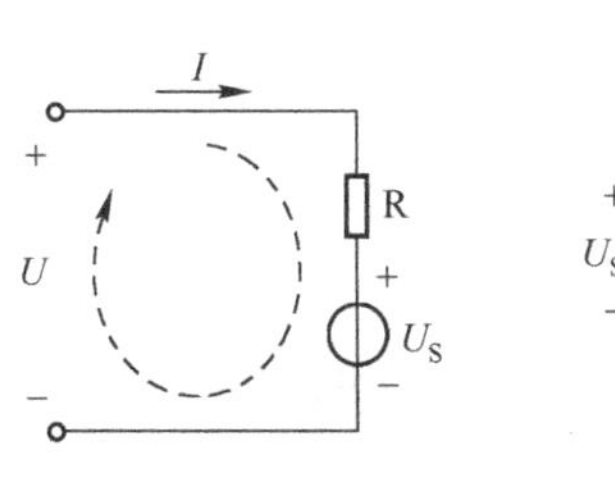

图 1-13　电路举例

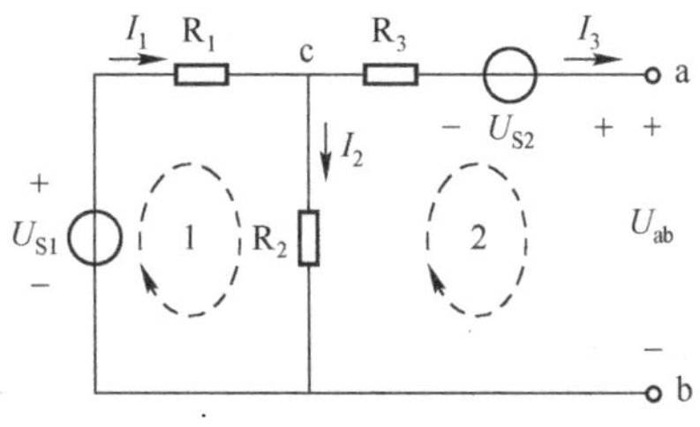

图 1-14　例 1-1 图

解：$I_3=0$

对于节点 c，由 KCL 可得：

$$I_1 = I_2$$

对于回路 1，由 KVL 可得：

$$I_1R_1 + I_2R_2 = U_{S1}$$

解得：

$$I_1 = I_2 = \frac{U_{S1}}{R_1+R_2} = \frac{12}{3+9} = 1A$$

对于回路 2，由 KVL 可得：

$$U_{ab} - I_2R_2 + I_3R_3 - U_{S2} = 0$$

所以

$$\begin{aligned} U_{ab} &= I_2R_2 - I_3R_3 + U_{S2} \\ &= 1\times 9 - 0\times 10 + 3 \\ &= 12V \end{aligned}$$

三、基尔霍夫定律的应用——支路电流法

1. 支路电流法

支路电流法是以支路电流为待求变量，利用元件 VCR 将各支路电压用支路电流表示，再列写 KCL、KVL 独立方程，从而求解电路的方法。

2. 支路电流法的步骤

对于有 n 个节点、b 条支路的电路，其支路电流法的具体步骤为：

① 设定电流和电压的参考方向和回路的绕行方向。

② 由 KCL 列写节点电流的独立方程。注意：对于有 n 个节点的电路，只能列出$(n-1)$个独立电流方程。

③ 选取$(b-n+1)$个独立回路，列写 KVL 方程。注意：为了简便，通常选取网孔为独立回路。

④ 对由②、③步得到的 b 个方程联立求解，解出各支路电路。

下面以图 1-15 为例说明求解方法和步骤。

(1) 首先确定支路电流的参考方向和回路的绕行方向。由电路的支路数 b 确定待求的支路电流数。该电路 $b=6$，则支路电流有 $I_1, I_2, \cdots, I_6$ 六个。

(2) 节点数 $n=4$，可列出$(n-1)$即 3 个独立的节点电流方程：

$$-I_1+I_2+I_6=0$$

$$-I_2+I_3+I_4=0$$

$$-I_3-I_5-I_6=0$$

(3) 根据 KVL 列出回路方程。选取$(b-n+1)$个独立的回路，选定绕行方向，由 KVL 列出 3 个独立的回路方程：

$$I_1R_1+I_2R_2+I_4R_4=U_{S1}$$

$$I_3R_3-I_4R_4-I_5R_5=-U_{S2}$$

$$-I_2R_2-I_3R_3+I_6R_6=0$$

(4) 将 6 个独立方程联立求解，得出各支路电流。如果支路电流的值为正，则表示实际电流方向与参考电流方向相同；如果某一支路的电流值为负，则表示实际电流的方向与参考电流方向相反。

(5) 根据电路的要求，求出其他待求量，如支路或元件上的电压、功率等。

［例 1-2］ 用支路电流法求解图 1-16 所示电路中各支路电流及各电阻上吸收的功率。

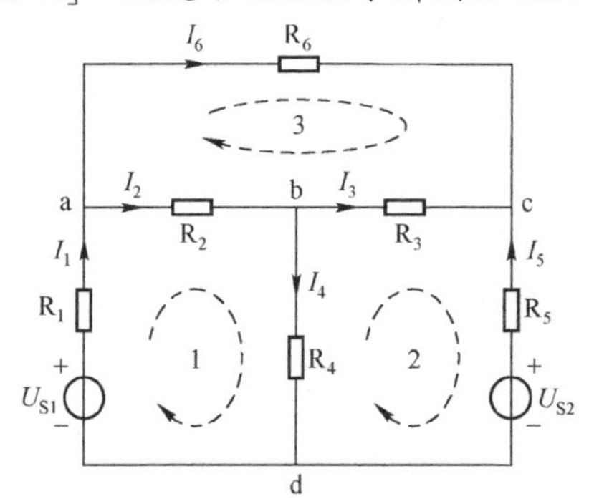

图 1-15 支路电流法求解方法和步骤举例

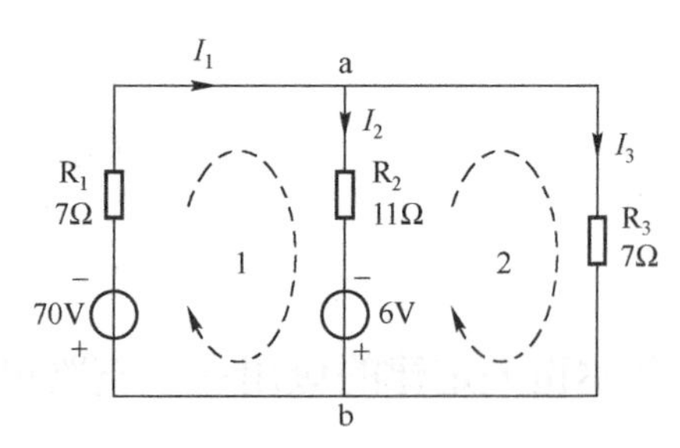

图 1-16

解：(1) 求各支路电流。该电路有三条支路、两个节点。首先指定各支路电流的参考方向，如图 1-16 所示。列出节点电流方程：

节点 a $$I_1-I_2-I_3=0$$

选取独立回路，并指定绕行方向，列出回路方程：

回路1　$7I_1 + 11I_2 = -64$

回路2　$-11I_2 + 7I_3 = -6$

联立求解，得到：

$$I_1 = -6\text{A}$$
$$I_2 = -2\text{A}$$
$$I_3 = -4\text{A}$$

支路电流 I_1、I_2、I_3 的值为负，说明实际方向与参考方向相反。

(2) 求各电阻上吸收的功率。电阻吸收的功率：

电阻 R_1 吸收的功率　$P_1 = (-6)^2 \times 7 = 252\text{W}$

电阻 R_2 吸收的功率　$P_2 = (-2)^2 \times 11 = 44\text{W}$

电阻 R_3 吸收的功率　$P_3 = (-4)^2 \times 7 = 112\text{W}$

能力训练

(1) 试说明什么是支路、回路、节点和网孔。

(2) 在应用 KCL 定律解题时，为什么要首先约定流入、流出节点的电流的正、负？计算结果为负值说明了什么问题？

(3) 应用 KCL 和 KVL 定律解题时，为什么要在电路图上先标出电流的参考方向及事先给出回路中的参考绕行方向？

(4) 对于具有 n 个节点 b 条支路的电路，可以列出多少个独立的 KCL 方程和 KVL 方程？

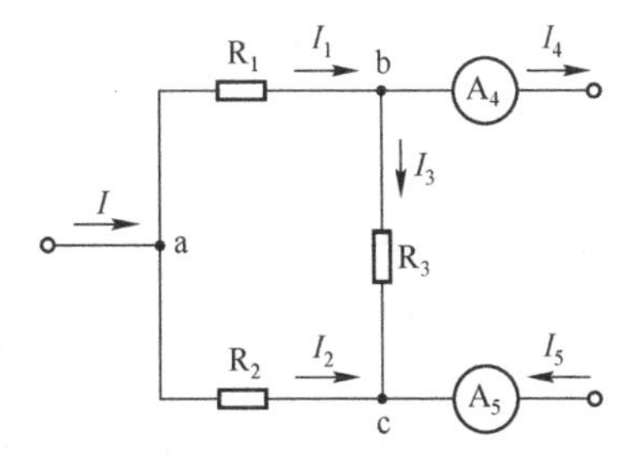

图1-17　题(5)图

(5) 如图1-17所示电路中，电流 $I = 10\text{mA}$，$I_1 = 6\text{mA}$，$R_1 = 3\text{k}\Omega$，$R_2 = 1\text{k}\Omega$，$R_3 = 2\text{k}\Omega$。求：电流表 A_4 和 A_5 的读数各为多少？

任务三：电阻电路的等效变换

能力目标

(1) 掌握电源模型之间的等效变换原理及分析方法。

(2) 掌握电阻不同连接方式之间的等效变换方法。

一、电压源和电流源之间的等效变换

1. 电压源

(1) 理想电压源。实际电路设备中所用的电源，多数是需要输出较为稳定的电压，即设备对电源电压的要求是：当负载电流改变时，电源所输出的电压值尽量保持或接近不变。但

实际电源总是存在内阻的，因此当负载增大时，电源的端电压总会有所下降。为了使设备能够稳定运行，工程应用中，我们希望电源的内阻越小越好，当电源内阻等于零时，就成为理想电压源。理想电压源是忽略内阻损耗的实际电源抽象得到的理想化二端电路元件，如图 1-18(a) 所示，其端电压在任意瞬间与通过它的电流无关，U_S由电源本身确定，保持恒定不变或按一定规律随时间变化，如图 1-18(b)所示。

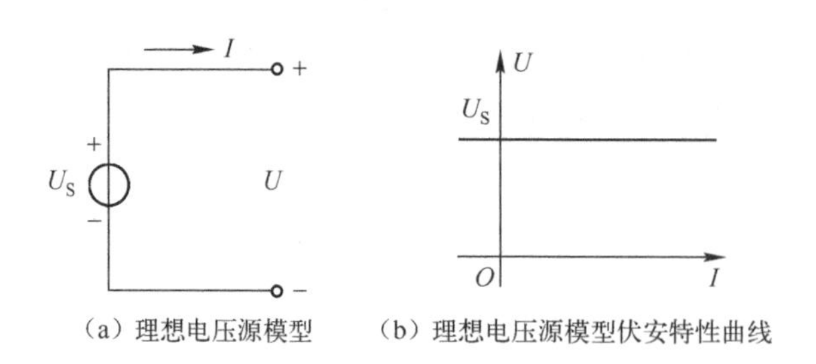

图 1-18　理想电压源及伏安特性曲线

理想电压源具有两个显著特点：

一是它对外供出的电压 U_S是恒定值(或是一定的时间函数)，与流过它的电流无关，即与接入电路的方式无关。

二是流过理想电压源的电流由它本身与外电路共同来决定，即与它相连接的外电路有关。

(2) 实际电压源。理想电压源实际上是不存在的，也就是说，实际电源总是存在内阻和内部的功率损耗，图 1-19 所示为实际电压源模型及伏安特性曲线。

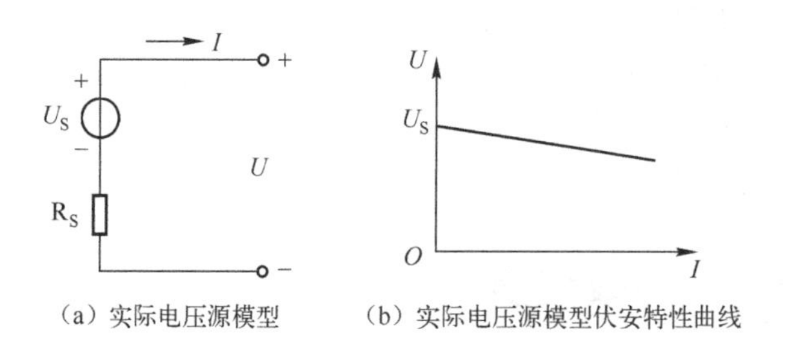

图 1-19　实际电压源模型及伏安特性曲线

2. 电流源

(1) 理想电流源。实际电路设备中所用的电源，并不是在所有情况下都要求电源的内阻越小越好。在某些特殊场合下，有时要求电源具有很大的内阻，因为高内阻的电源能够有一个比较稳定的电流输出。

理想电流源也是由实际电源抽象出来的理想二端电路元件。在任意瞬间，输出电流与其端电压无关，保持恒定不变或按一定规律随时间变化。

图 1-20(a)表示理想电流源模型，图 1-20(b)为其伏安特性曲线。

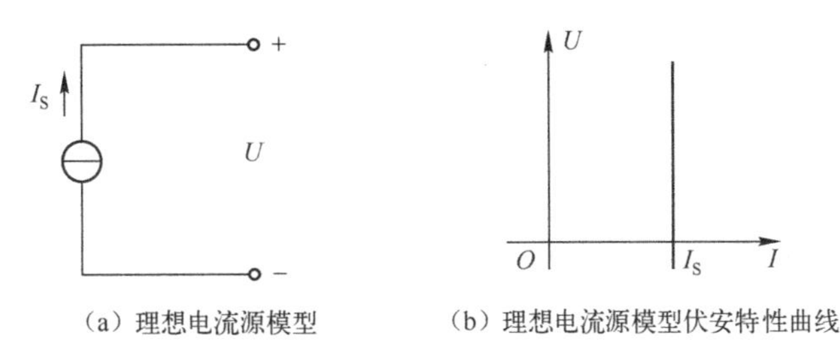

（a）理想电流源模型　（b）理想电流源模型伏安特性曲线

图 1-20　理想电流源及其伏安特性曲线

理想电流源具有两个显著特点：

一是它对外供出的电流 I_S是恒定值(或是一定的时间函数)，与它两端的电压无关，即与接入电路的方式无关；

二是加在理想电流源两端的电压由它本身与外电路共同来决定，即与它相连接的外电路有关。

(2) 实际电流源。理想电流源实际上也是不存在的。实际电流源是由理想电流源 I_S与内电阻并联。图 1-21(a)所示为实际电流源模型，图 1-21(b)所示为实际电流源模型的伏安特性曲线。

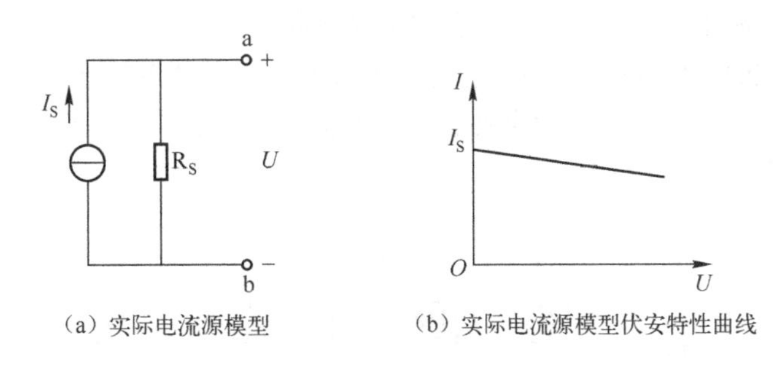

（a）实际电流源模型　（b）实际电流源模型伏安特性曲线

图 1-21　实际电流源模型及其伏安特性曲线

3. 电源之间的等效变换

一个实际的电源既可以用与内阻相串联的电压源作为它的电路模型，也可以用一个与内阻相并联的电流源作为它的电路模型。因此，当一个电压源与一个电流源的外特性相同时，对外电路来说，这两个电源是等效的，所以它们之间能够实现等效变换。

两电源对外电路等效时，就是变换前后，端口处的伏安关系不变。如图 1-22 所示，在 a、b 间端口电压均为 U，端口处流出(或流入)的电流 I 相同。

对电压源有：

$$I=\frac{U_S-U}{R_S}=\frac{U_S}{R_S}-\frac{U}{R_S} \tag{1-13}$$

对电流源有：

$$I=I_S-\frac{U}{R_S'} \tag{1-14}$$

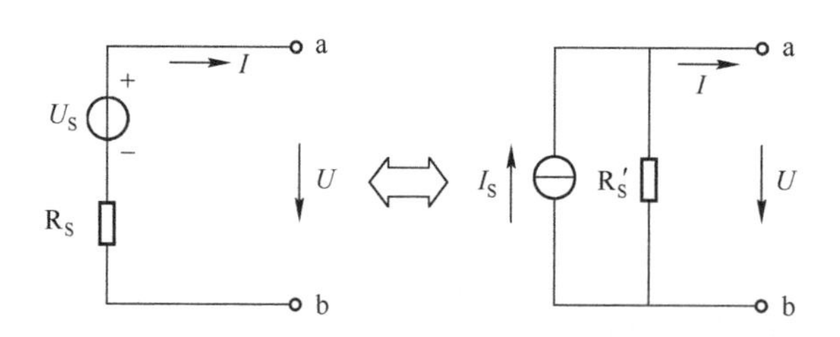

图 1-22　电压源与电流源的等效变换

为保证电源外特性相同，等式右侧的对应项应该相等，所以电压源转换为电流源时，应满足条件：

$$I_S = \frac{U_S}{R_S} \qquad R_S' = R_S \tag{1-15}$$

电流源转换为电压源时，应满足条件：

$$U_S = I_S R_S' \qquad R_S = R_S' \tag{1-16}$$

电压源与电流源进行等效变换时还应注意以下问题：

① 两种电源等效变换只对外部等效，在电源内部并不等效。

② 等效变换时，一定要让电压源由“ - ”到“ + ”的方向与电流源电流的方向保持一致，这一点恰恰说明了电源上的电压、电流符合非关联方向。

③ 理想电压源与理想电流源之间不能进行等效变换。因两者的变换条件无法实现。

［例 1-3］　如图 1-23(a)所示的电路，已知 $U_{S1} = 5V$，$I_{S2} = 2A$，$R_1 = 5\Omega$，$R_2 = 10\Omega$，试用电源等效变换的方法，求 I_1，I_2。

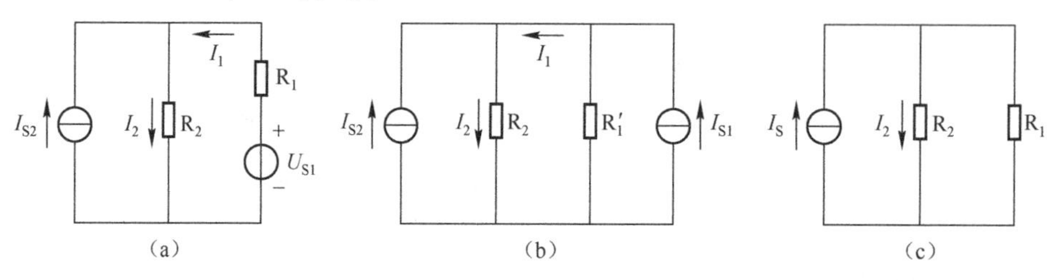

图 1-23

解：先将电压源变换成电流源，如图 1-23(b)所示，其中：

$$I_{S1} = \frac{U_{S1}}{R_1} = \frac{5}{5} = 1A$$

$$R_1' = R_1 = 5\Omega$$

然后再把两个电流源合并，如图 1-23(c)所示，其中：

$$I_S = I_{S1} + I_{S2} = 3A$$

根据分流公式得：

$$I_2 = \frac{R_1}{R_2 + R_1} I_S = \frac{5}{10 + 5} \times 3 = 1A$$

再对图 1-23(a)中的节点用 KCL 列电流方程得：

$$I_1 = I_2 - I_{S2} = 1 - 2 = -1A$$

二、电阻之间的等效变换

1. 电阻串联连接的等效

两个二端电阻首尾相连，各电阻流过同一电流的连接方式，称为电阻的串联，如图 1-24 所示。

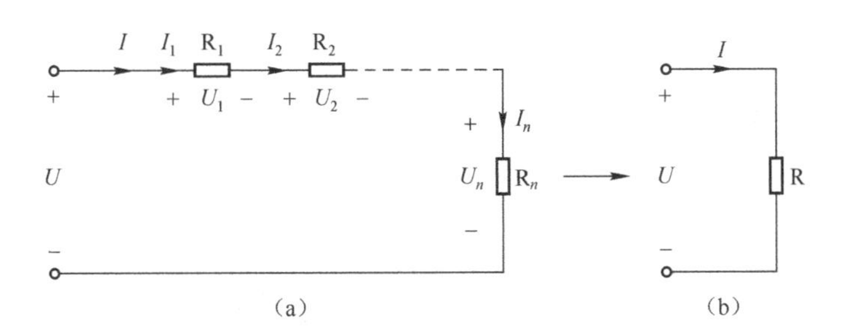

图 1-24　电阻串联电路

该电路的 VCR 方程为：

$$\begin{aligned} U &= U_1 + U_2 + U_3 + \cdots + U_n \\ &= R_1 I_1 + R_2 I_2 + R_3 I_3 + \cdots + R_n I_n \\ &= (R_1 + R_2 + R_3 + \cdots + R_n) I \\ &= RI \end{aligned}$$

其中：

$$R = \frac{U}{I} = \sum_{k=1}^{n} R_k \tag{1-17}$$

上式表明，n 个线性电阻串联的单口网络，就端口特性而言，等效于一个线性二端电阻，其电阻值由式(1-17)确定。

电阻串联时，各电阻上的电压为：

$$U_k = R_k I = \frac{R_k}{R} U \tag{1-18}$$

所以，各个串联电阻上的电压与其电阻值成正比，即总电压按各个串联电阻值进行分配，式(1-18)也称为分压公式。

各电阻吸收的功率为：

$$P_k = U_k I = \frac{R_k}{R} UI = R_k I^2 \tag{1-19}$$

即串联的每个电阻吸收的功率也与它们的阻值成正比。

对于两个线性电阻串联电路可以得到：

$$R = R_1 + R_2, U_1 = \frac{R_1}{R} U, U_2 = \frac{R_2}{R} U, P_1 = I^2 R_1, \frac{P_1}{P_2} = \frac{R_1}{R_2}$$

2. 电阻的并联

若干个二端电阻首尾分别相连，各电阻处于同一电压下的连接方式，称为电阻的并联，如图 1-25 所示。

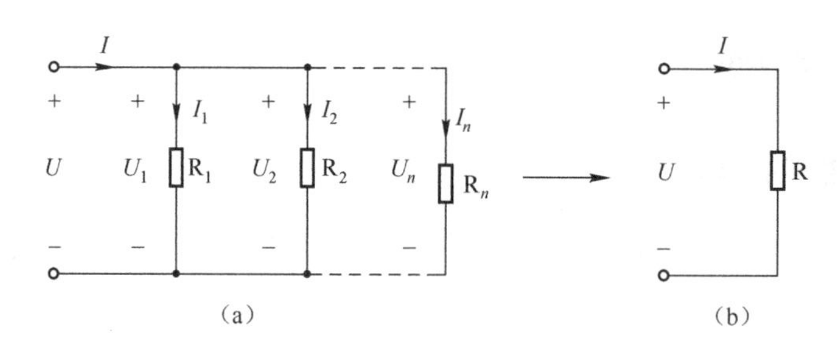

图1-25　电阻并联电路

该电路的VCR方程为：

$$\begin{aligned} I &= I_1 + I_2 + I_3 + \cdots + I_n \\ &= \frac{U_1}{R_1} + \frac{U_2}{R_2} + \frac{U_3}{R_3} + \cdots + \frac{U_n}{R_n} \\ &= \left(\frac{1}{R_1} + \frac{1}{R_2} + \frac{1}{R_3} + \cdots + \frac{1}{R_n}\right)U \\ &= \frac{U}{R} \end{aligned}$$

其中：

$$\frac{1}{R} = \sum_{k=1}^{n} \frac{1}{R_k} \tag{1-20}$$

对于两个线性电阻并联电路的等效电阻值，也可用以下公式计算：

$$R = \frac{R_1 R_2}{R_1 + R_2} \tag{1-21}$$

流过各电阻的电流为：

$$I_1 = \frac{U}{R_1} = \frac{R_2}{R_1 + R_2} I \qquad I_2 = \frac{U}{R_2} = \frac{R_1}{R_1 + R_2} I \tag{1-22}$$

式(1-22)也称为分流公式。

电阻R_1吸收的功率为：$P_1 = UI_1 = \frac{R_2}{R_1 + R_2} UI = \frac{1}{R_1} UIR = \frac{1}{R_1} U^2$　(1-23)

同理，电阻R_2吸收的功率为：

$$P_2 = \frac{1}{R_2} U^2 \tag{1-24}$$

即并联的每个电阻吸收的功率与它们的电阻值成反比。

3. 电阻的混联

电阻的混联是指一个电路中，电阻的连接方式既有串联，也有并联。但是，就端口特性而言，可以等效为一个线性二端电阻。因此，从表面上来看，一个串并联电路的支路很多，似乎很复杂，但是只要掌握了串联和并联电阻电路的分析方法，其分析并不困难。

在电阻串并联的单口网络中，若已知端口电压U或端口电流I，欲求各电阻的电压、电流，求解的一般步骤为：

（1）求出串并联电路对于给定端口的等效电阻；

（2）应用欧姆定律求出端口的电流（或电压）；

（3）应用分流公式和分压公式分别求出各电阻的电流和电压。

[例1-4]　电路如图1-26(a)所示。试求ab两端的等效电阻。

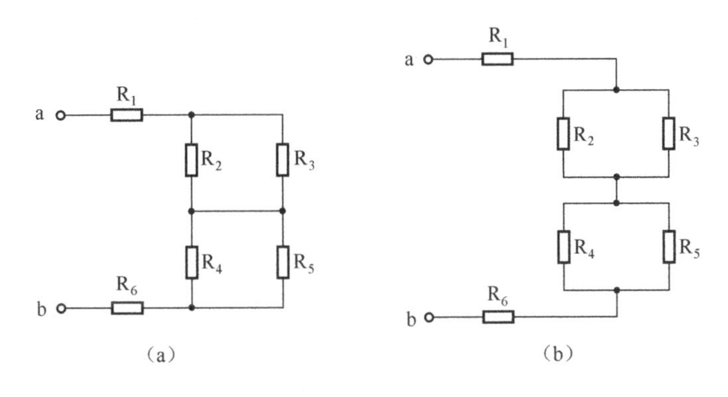

图1-26

分析：由a、b端向里看，R_2和R_3，R_4和R_5均连接在相同的两点之间，因此是并联关系，如图1-26(b)所示，把这4个电阻两两并联后，电路中除了a、b两点不再有节点，所以它们的等效电阻与R_1和R_6相串联。

解：$R_{ab}=R_1+R_6+(R_2//R_3)+(R_4//R_5)$

能力训练

(1) 理想电压源和理想电流源各有何特点？它们与实际电源的主要区别是什么？

(2) 实际电压源的电路模型如图1-19(a)所示，已知$U_S=20V$，负载电阻$R_L=50\Omega$，当电源内阻分别为0.2Ω和30Ω时，流过负载的电流各为多少？由计算结果可说明什么问题？

(3) 用电源的等效变换化简图1-27中的电路(化成最简形式)。

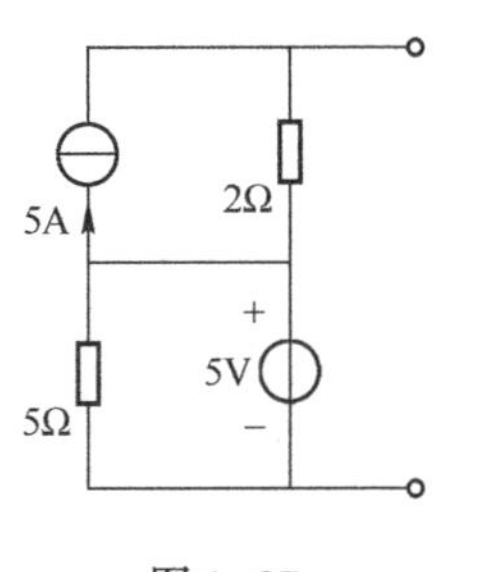

图1-27

*任务四：戴维南定理

能力目标

(1) 理解戴维南定理。

(2) 灵活应用戴维南定理。

一、有源单口网络

只有两个端钮与其他电路相连接的网络，称为二端网络。当强调二端网络的端口特性，而不关心网络内部的情况时，称二端网络为单口网络，简称为单口，如图 1–28 所示。

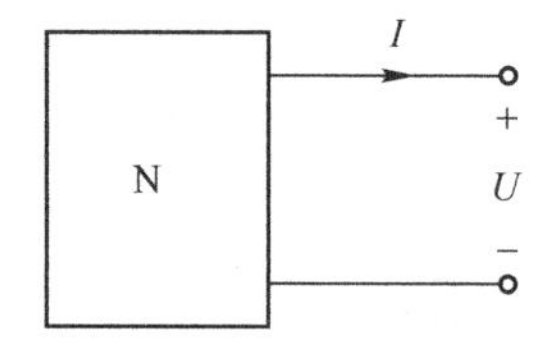

图 1–28　单口网络

若二端网络中含有电源，则称为有源二端网络。

二、戴维南定理

戴维南定理指出：线性有源单口网络 N，就其端口来看，可等效为一个电压源串联电阻支路（如图 1–29（a）所示）。

电压源的电压等于该网络 N 的开路电压 U_{OC}（如图 1–29（b）所示）；串联电阻 R_0 等于该网络中所有独立源置零（恒压源短路，恒流源开路）时所得网络 N_0 的等效电阻 R_{ab}（如图 1–29（c）所示）。

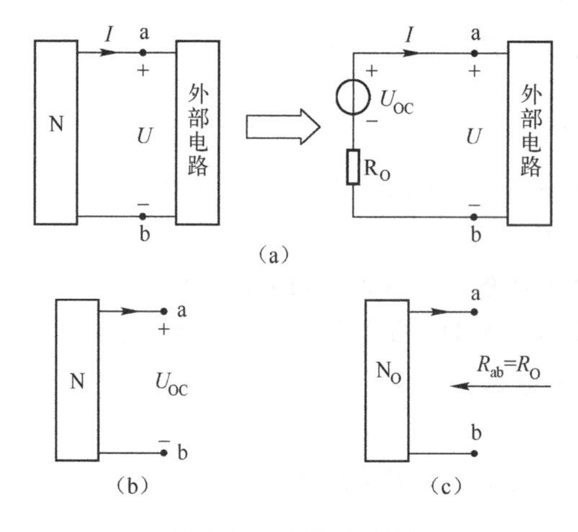

图 1–29　戴维南定理

应用戴维南定理的步骤：

（1）将待求电流或电压的支路断开并标上字母 a、b，剩余部分是一个有源二端网络，将其等效为一个电压源。

（2）求开路电压 U_{OC}。

$U_{OC}=U_{ab}$（将待求支路断开后 a、b 两点间的开路电压）

（3）求电压源内阻 R_0。

$R_0=R_{ab}$（将待求支路断开后将恒压源短路，恒流源开路后 a、b 两点间的等效电阻）。

R_0 的计算方法主要采取以下三种：

① 开路（电压和短路电流法）。先计算 ab 端口开路电压 U_{OC}，再将 ab 端口短接，求得短路电流 I_{SC}，从而 $R_0=\dfrac{U_{OC}}{I_{SC}}$。

② 电阻等效法。去掉网络 N 内部的独立电源，用电阻的串、并联简化等方法计算从 ab 端口看进去的等效电阻 R_0。

③ 外加电源法。令网络 N 中所有理想电源为零，在所得到的无源二端网络 ab 两端之间外加一个电压源 U_S（或电流源 I_S），求出电压源提供的电流 I_S（或电流源两端的电压 U_S），则：

$$R_0=\frac{U_S}{I_S}$$

（4）求出待求电流或电压。

应用戴维南定理的关键是分析含源单口网络 N 的开路电压 U_{OC}和串联电阻 R_0。

［例 1-5］　如图 1-30 所示，已知 $U_1=110V$，$U_2=100V$，$I_S=90A$，$R_{01}=R_{02}=R_{03}=1\Omega$，$R_1=10\Omega$，$R_2=9\Omega$，$R_3=20\Omega$，用戴维南定理求 R_3中的 I_{ab}。

解：（1）将待求支路电阻 R_3作为负载断开，电路的剩余部分如图 1-31 所示。

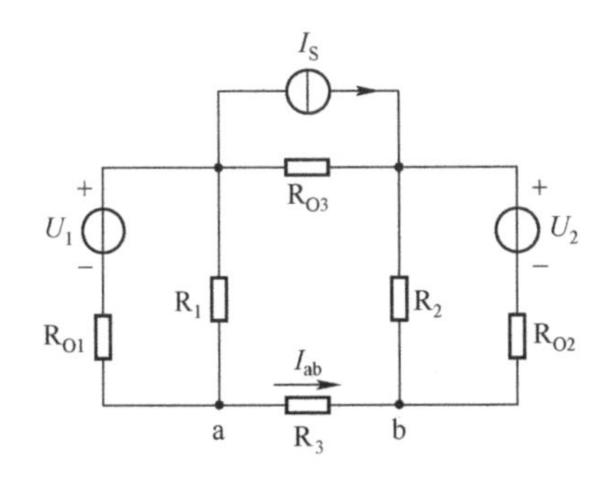

图 1-30

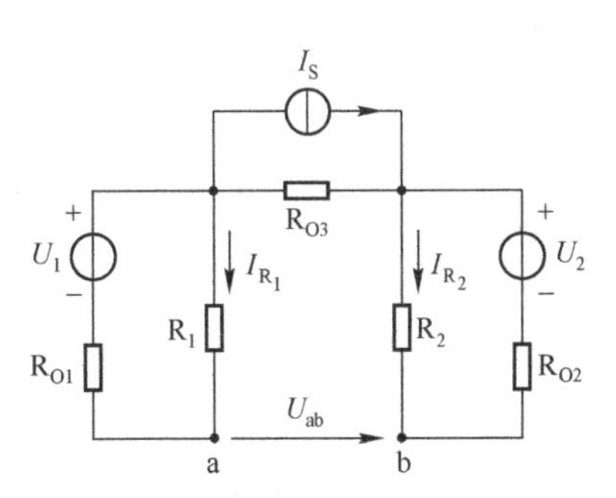

图 1-31　断开电阻 R_3 后的电路图

（2）求解开路电压 U_{OC}。

$$I_{R_1}=\frac{U_1}{R_1+R_{01}}=\frac{110}{10+1}=10A$$

$$I_{R_2}=\frac{U_2}{R_2+R_{02}}=\frac{100}{9+1}=10A$$

$$U_{OC}=U_{ab}=R_2I_{R_2}-R_1I_{R_1}-R_{03}I_S=90-100-90=-100V$$

（3）求等效电压源内阻 R_0。将图 1-31 所示电路中的电压源短路、电流源开路，得到如图 1-32(a) 所示的无源二端网络，其等效电阻为

$$R_0=\frac{R_{01}R_1}{R_{01}+R_1}+R_{03}+\frac{R_{02}R_2}{R_{02}+R_2}$$

代入数值得：　$R_0=2.8\Omega$

画出戴维南等效电路，接入负载 R_3支路，如图 1-32(b)所示，求得：

$$I_{ab}=\frac{-100}{R_0+R_3}=\frac{-100}{2.8+20}\approx-4.39A$$

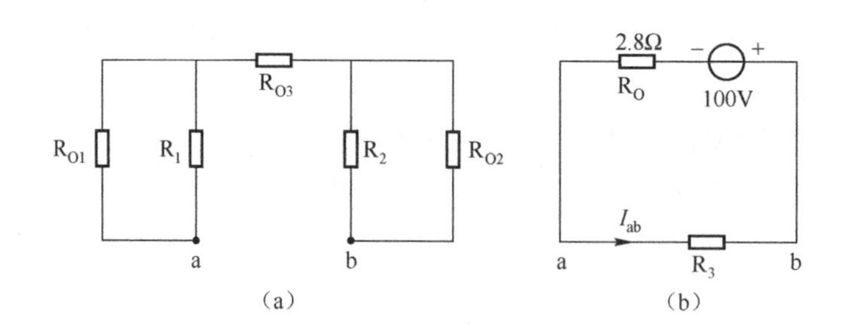

图1-32

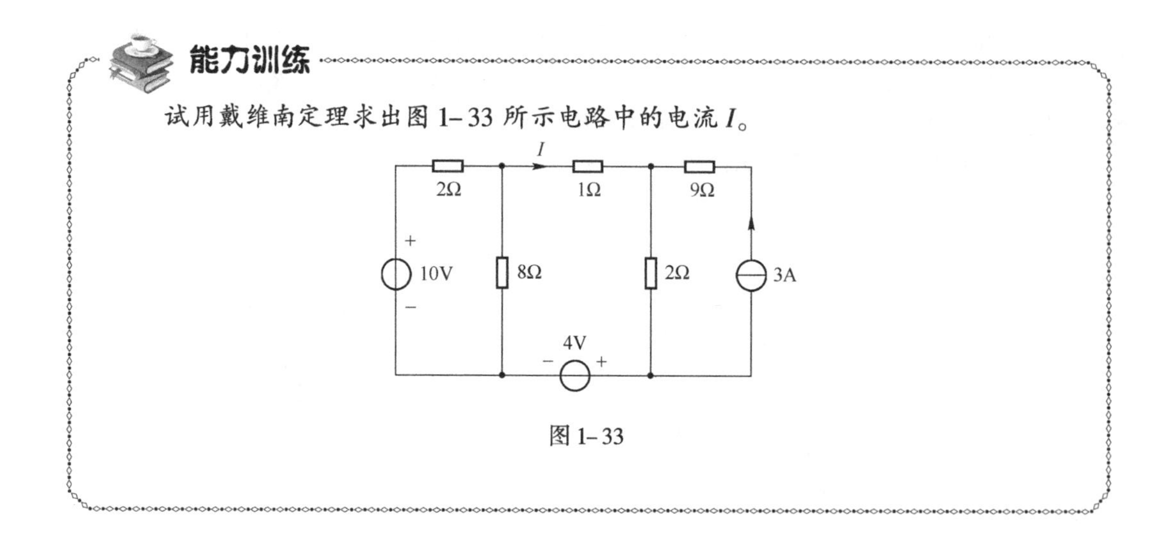

能力训练

试用戴维南定理求出图1-33所示电路中的电流I。

图1-33

技能训练一：万用表的使用

1. 训练目的

（1）了解万用表的结构和原理。
（2）学会正确使用万用表测量电学量。
（3）了解数字万用表的（正确）使用方法。

2. 仪表仪器和工具

指针式万用表、数字式万用表、直流电源、实验装置板和导线。

3. 仪器简介

（1）指针式万用表。指针式万用表种类很多，面板布置不尽相同，但其面板上都有刻度盘、机械调零螺钉、转换开关、欧姆表“调零”旋钮和表笔插孔。如图1-34所示是MF47型万用表的面板图。

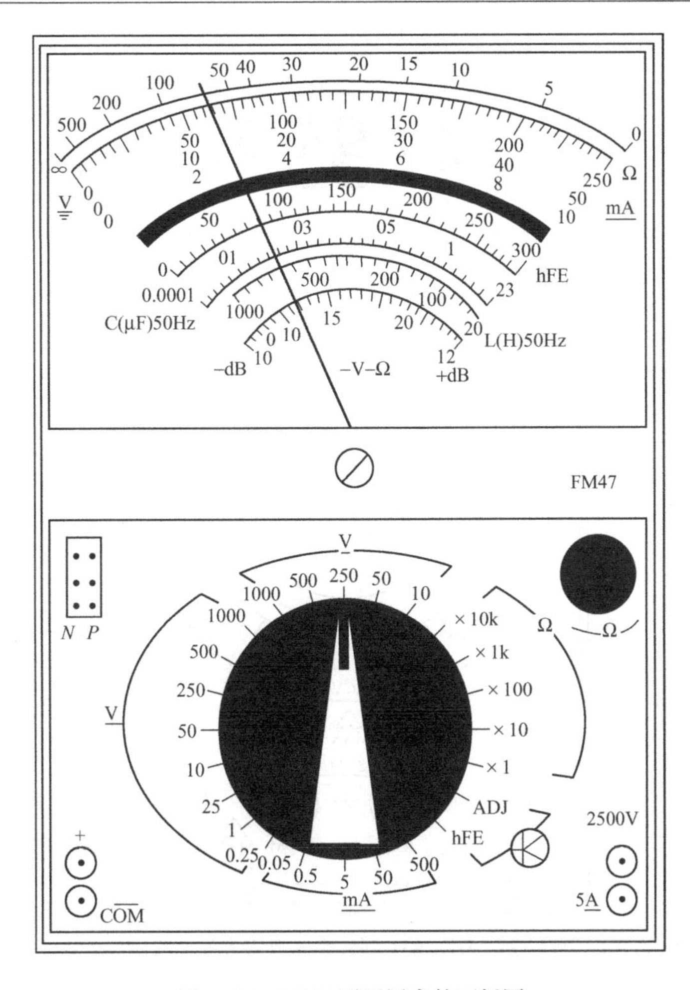

图 1-34　MF47 型万用表的面板图

转换开关用于选择万用表所测量的项目和量程。周围一般标有“V̰”、“Ω”(或“R”)、“mA”、“μA”、“V”等符号，分别表示交流电压挡、电阻挡、直流毫安挡、直流微安挡、直流电压挡。“V̰”、“mA”、“μA”、“V”范围内的数值为量程，“Ω”(或“R”)范围内的数值为倍率。在测量交流电压、直流电流和直流电压时，应在标有相应符号的标度尺上读数。例如，当选择旋钮旋到 Ω 区的“×10”挡时，测得的电阻值等于指针在刻度线上的读数×10。测量前如发现指针偏离刻度线左端的零点，可转动机械调零螺钉进行调整。

(2) 数字式万用表。数字式万用表的种类也很多，其面板设置大致相同，都有显示窗、电源开关、转换开关和表笔插孔(型号不同，插孔的作用有可能不同)。如图 1-35 所示是 DT-831型数字式万用表的面板图。

转换开关周围的“Ω”、“DCA”、“ACA”、“ACV”、“DCV”符号分别表示电阻挡、直流电流挡、交流电流挡、交流电压挡和直流电压挡。其周围的数值均为量程。各挡测量数据均由显示窗以数字显示出来。测量时，应将电源开关置于“ON”位。

测量直流电压(或交流电压)时，先将转换开关旋至 DCV(或 ACV)区域的适当量程。将

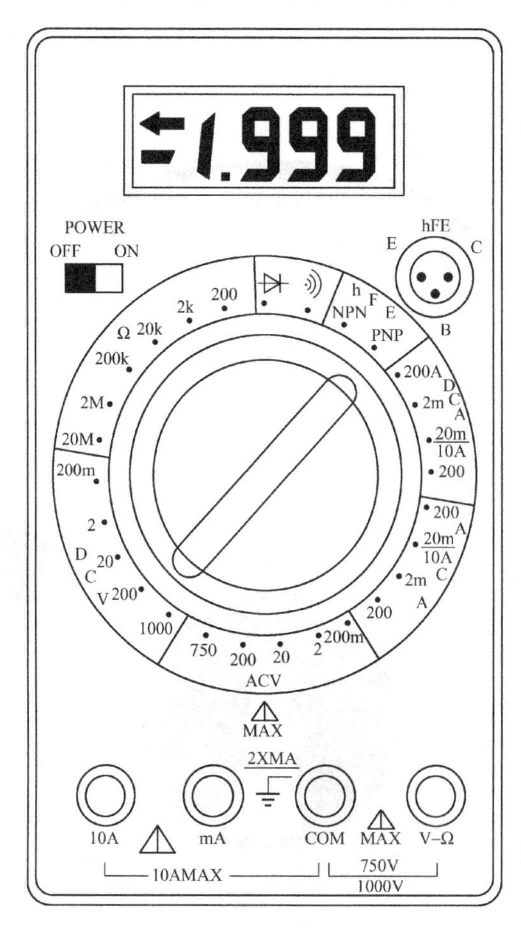

图1-35　DT－831型数字式万用表的面板图

黑表棒接入公共(COM)插孔，红表棒连接于"V－Ω"插孔，从显示窗直接读数。

在测量直流电流(或交流电流)时，若待测值小于"200mA"，则将红表棒接在"mA"插孔，黑表棒与公共插孔(COM)相连接，选择旋钮置于相应量程处。若待测值超过"200mA"，则将红表棒改接在"10A"插孔，转换开关旋至"$\frac{20\text{m}}{10\text{A}}$"位置。显示窗上读数即为测量值。

测量电阻时,将黑表棒接入公共(COM)插孔，红表棒连接于"V－Ω"插孔。将转换开关旋到"Ω"区域的适当量程，然后直接从显示窗中读出电阻值。

值得注意的是,在测量时，先要估计被测值，不要让它超出测量范围。当显示"1"或"－1"时，表明测量值超出测量范围。标有"！"提示处指明了最大(MAX)测量范围，测量时应特别小心！

4. 训练内容

(1) 准备。

① 观察万用表。仔细观察万用表板面，认清各标度尺的意义，并弄清"转换开关"和欧姆"调零"旋钮的使用。

② 注意指针是否指“0”。若不指“0”，调节“机械调零”旋钮，使指针指“0”。

③ 接好表笔(红表笔应插入标有“ + ”号的孔)。

④ 根据待测量的种类(交流或直流电压、电流或电阻等)及大小，将“选择开关”拨到合适的位置。若不知待测量的大小，应选择最大量程(或倍率)先行试测。若指针偏转程度太小，可逐次选择较小量程(或倍率)。

(2) 测量。

① 测出实验板所给的电阻 R_1、R_2、R_3、R_4 的阻值，如图 1-36 所示。

② 测出实验板所给的半导体二极管 VD_1、VD_2 的正、反向电阻阻值。(黑表笔为正电压端)。

③ 观察电解电容的漏电电流(用“1k”挡)。

④ 把直流电源调至 5V 左右(不得超过 6V)，并把实验板接到电源上，注意正、负端(红接正、黑接负)，将开关合上(打在 ON 处)，红色灯泡即“亮”。将万用表转换开关置于直流电压挡(DC 10V)，测出此时灯泡两端的电压值。

⑤ 将开关断开(打在 OFF 处)，灯泡熄灭；将万用表转换开关置于直流电流挡(DC 500mA)，将红表笔接“1”，黑表笔接“2”，灯泡变亮，测出此时的直流电流值。

⑥ 重复①～⑤步，测出五组数据，记录在表 1-1 中。

⑦ 用数字万用表重复上述实验。

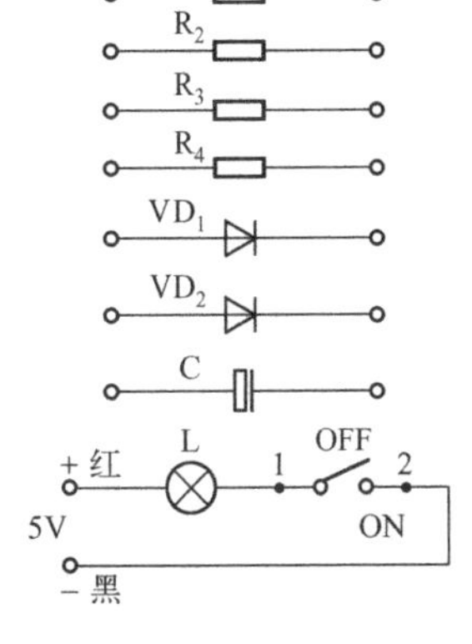

图 1-36　实验装置板

表 1-1　数据记录

表型	次数	电阻				二极管				电解电容	小灯泡	
						VD_1		VD_2				
		R_1	R_2	R_3	R_4	$R_{正}$	$R_{反}$	$R_{正}$	$R_{反}$	R_C	V	I
指针式	1											
	2											
	3											
	4											
	5											
数字式	1											
	2											
	3											
	4											
	5											

自 评 表

序号	自评项目	自评标准	项目配分	自评分	自评成绩
1	电路基本概念	电路的组成及各部分作用	2分		
		电流及其方向规定	2分		
		电压及其方向规定	2分		
		电位的物理意义及计算	3分		
		电动势的物理意义及单位	2分		
		功率的物理意义及单位	2分		
		电路的外特性	2分		
	电路元件	电阻的物理意义	1分		
		电容的物理意义	1分		
		电感的物理意义	1分		
2	基尔霍夫定律	节点概念	2分		
		回路概念	2分		
		支路概念	2分		
		网孔概念	2分		
		基尔霍夫定律	6分		
		欧姆定律	4分		
		基尔霍夫定律运用	8分		
3	电路的等效变换	电阻电路串、并联等效变换	4分		
		混连电路的等效变换	4分		
		电流源转化为电压源	4分		
		电压源转化为电流源	4分		
4	支路电流法	支路电流法的概念	4分		
		支路电流法分析步骤	4分		
		支路电流法的应用	6分		
5	戴维南定理	戴维南定理的内容	4分		
		戴维南定理分析步骤	4分		
		戴维南定理的应用	4分		
6	仪表的使用	电压表的读数及连接	4分		
		电流表的读数及连接	4分		
		功率表的使用	4分		
		电工工具的使用	2分		
能力缺失					
弥补办法					

能力测试

一、基本能力测试

(1) 图1-37所示支路电流的实际方向为(　　)。

A. 电流由b流向a　　B. 电流由a流向b

(2) 在图1-38所示的电路中，电压、电流参考方向已给定，则电源是(　　)。

A. 输出功率　　B. 吸收功率

(3) 在图1-39所示的电路中，$R=$(　　)。

A. 2Ω　　B. 8Ω　　C. 6Ω　　D. 4Ω

(4) 在图1-40所示的电路中，已知电压源输出的功率为20W，则 i，u 分别为(　　)。

A. 2A，0V　　B. −2A，0V　　C. −2A，20V

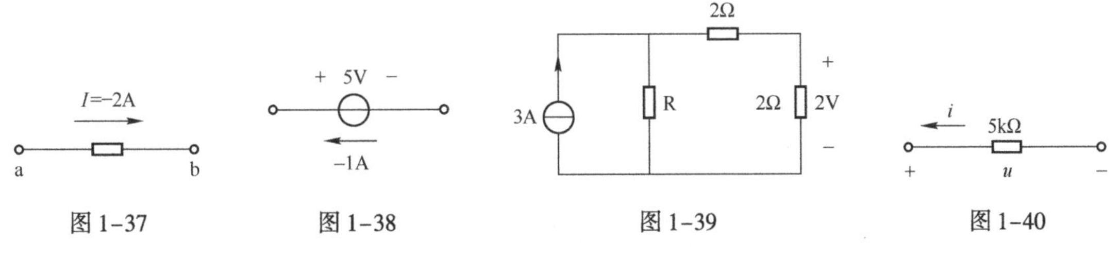

图1-37　　图1-38　　图1-39　　图1-40

(5) 一电阻元件，当其电压增加为原来的2倍，电流减为原来的一半时，其功率为原来的(　　)。

A. 1倍　　B. 2倍　　C. 4倍　　D. 1/4倍

(6) 两个电阻串联，$R_1:R_2=3:1$，总电压为80V，则R_1两端的电压 U_1 的大小为(　　)。

A. 10V　　B. 20V　　C. 60V

(7) 两电阻并联，$R_1:R_2=3:4$，则两电阻上电流之比$|I_1|:|I_2|$为(　　)。

A. 3:4　　B. 4:3　　C. 6:3　　D. 3:6

(8) 在图1-41所示的电路中，$u=10\text{V}$，则 $i=$ ________。

(9) 在图1-42所示的电路中，若 $I_1=3I_2$，则 $I_3:I_1=$ ________。

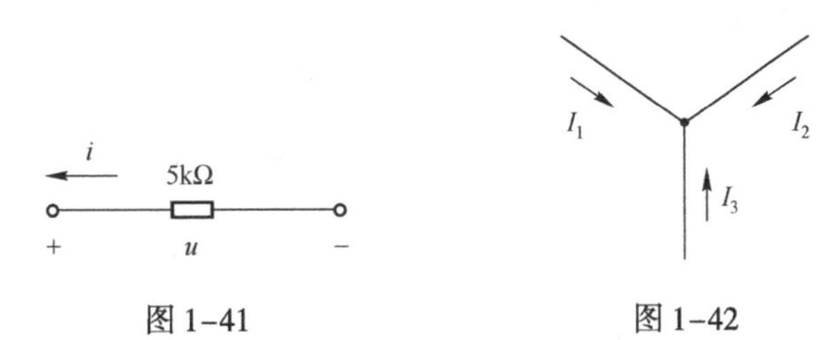

图1-41　　图1-42

(10) 在图1-43所示的电路中，已知电压源输出功率为3W，整个串联支路发出功率为1W，则电阻为 ________。

(11) 在图1-44所示的电路中，R_{ab}________。

(12) 在图1-45所示的电路中，电流 $I=$ ________。

（13）电路如图1-46所示，试计算两种情况下各电源的功率。

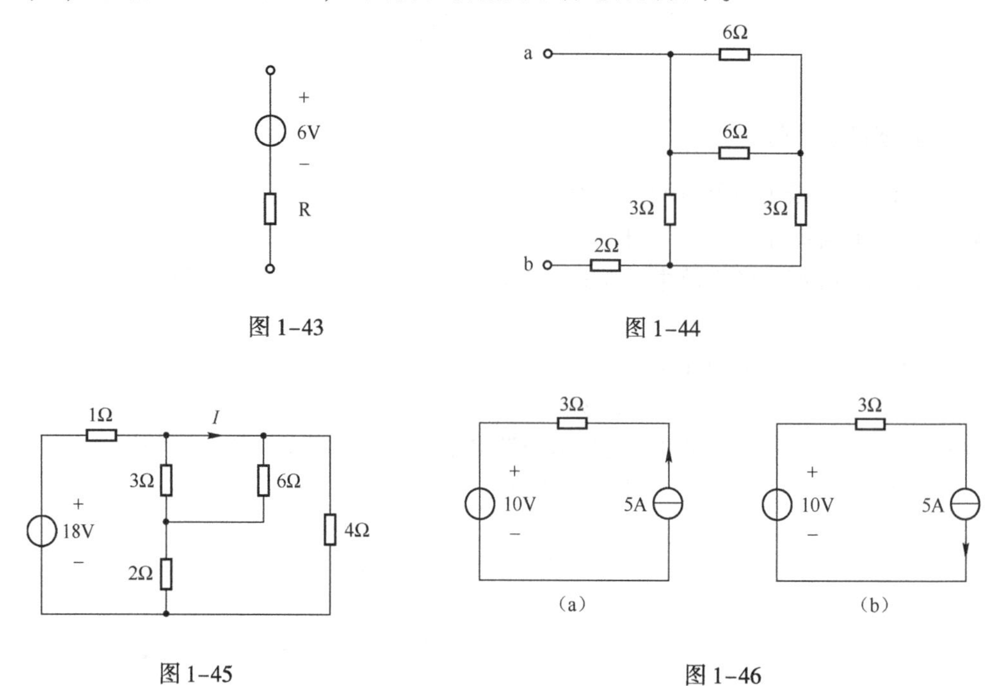

图1-43　　图1-44

图1-45　　图1-46

（14）在图1-47所示的电路中，如果 $I_3=2\text{A}$，求 R_2。

（15）试求图1-48所示的电路中的 U_1、U_2。

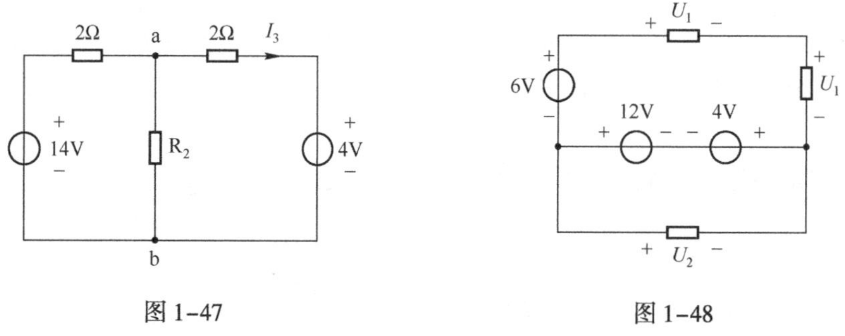

图1-47　　图1-48

（16）电路如图1-49所示，试计算 U_1,U_2,I_1 和 I_2。

（17）在图1-50所示的电路中，求节点1，2，3的电位 V_1,V_2,V_3。

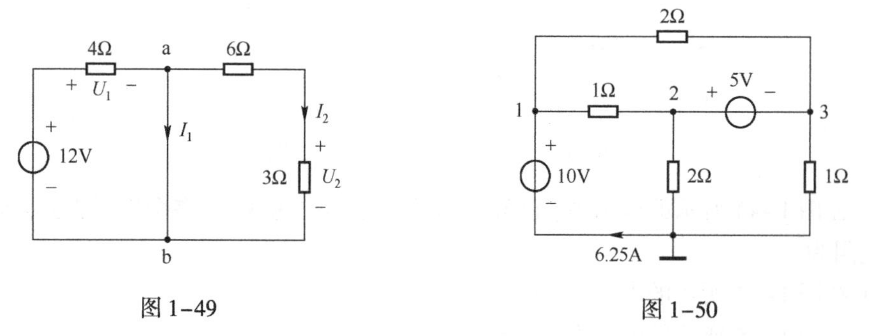

图1-49　　图1-50

（18）电路如图 1-51 所示，试求 I 及 10Ω 电阻元件消耗的功率 P。

二、应用能力测试

（1）试用支路电流法求图 1-52 所示的电路中各支路电流。

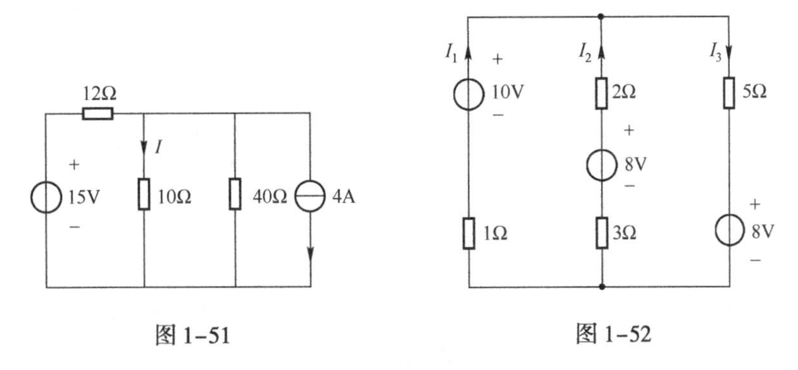

图 1-51　　图 1-52

（2）电路如图 1-53 所示，分别求 ab 处的戴维南等效电路。

（3）求图 1-54 所示的电路中 ab 端的戴维南等效电路,并求当 R_L =8Ω 时，求 R_L 元件的电流。

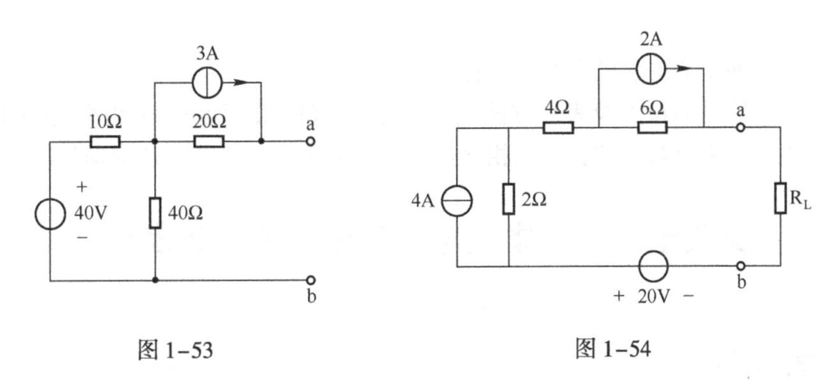

图 1-53　　图 1-54

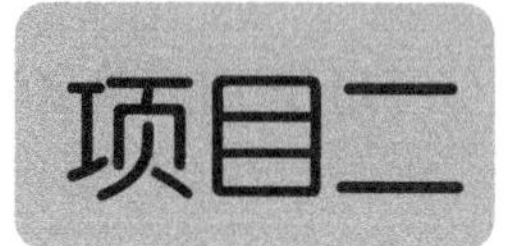

正弦交流电路基本知识

项目描述：交流电在人们的生产和生活中有着广泛的应用。在电网中由发电厂产生的电是交流电，输电线路上输送的也是交流电，我们最熟悉和最常用的家用电器采用的都是交流电，如电视机、计算机、照明灯、冰箱、空调等家用电器。即便是像收音机、复读机等采用直流电源的家用电器也是通过稳压电源将交流电转变为直流电后使用。正弦交流电有如此广泛的应用，这是因为正弦交流电在传输、变换和控制上有着直流电不可替代的优点，交流电路的电路分析、计算涉及控制方式、控制设备等的选择。因此交流电路的分析、计算就是必需的基本能力。

项目任务：掌握交流电路的分析、计算方法。

学习内容：交流电的特点及表示方法；正弦交流线路；交流电路的功率、功率因数；三相交流电源；三相电路中负载的连接；三相交流电路的功率；交流电路各物理量的测量。

任务五：正弦交流电路的基本概念及正弦量的相量表示

能力目标

（1）了解正弦交流电的周期、频率、角频率、幅值、初相位、相位差等特征量，理解正弦交流电的解析式、波形图、相量图、三要素等概念。

（2）掌握正弦交流量有效值、平均值与最大值之间的关系，以及同频率正弦量的相位差的计算。

一、正弦交流电路的基本概念

在项目一所分析的电路中，电路各部分的电压和电流都不随时间而变化，如图 2-1(a)所示，称之为直流电压(或电流)。交流电在人们的生产和生活中有着广泛的应用，在电网中由发电厂产生的电是交流电，输电线路上输送的也是交流电，各种交流电动机使用的仍然是交流电。交流电压、电流与直流电压、电流不同，它们的大小和方向随时间变化。常用的交流电是正弦交流电，即电压和电流的大小与方向按正弦规律变化，如图 2-1(b)所示为正弦交流电及其电路。

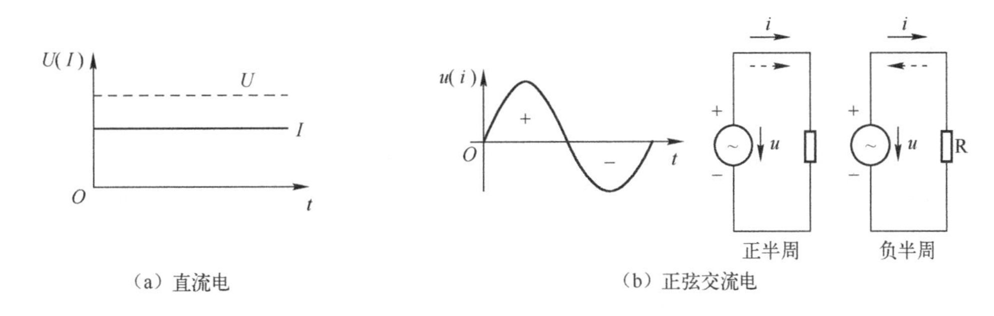

图 2–1 直流和正弦交流电压(电流)随时间变化的波形图

在正弦交流电路中，电压和电流的大小和方向随时间按正弦规律变化。凡按照正弦规律变化的电压、电流等统称正弦量。

依据正弦量的概念，图 2–1(b)所示为一段正弦电流电路，其中正弦电流 i 的瞬时值表达式为 $i = I_m \sin(\omega t + \phi_i)$。式中，$I_m$为振幅；$\omega$ 为角频率；ϕ_i为初相位。正弦量的变化取决于这三个量，通常把振幅、角频率、初相位称为正弦量的三要素。

正弦交流电电流波形如图 2–2 所示。

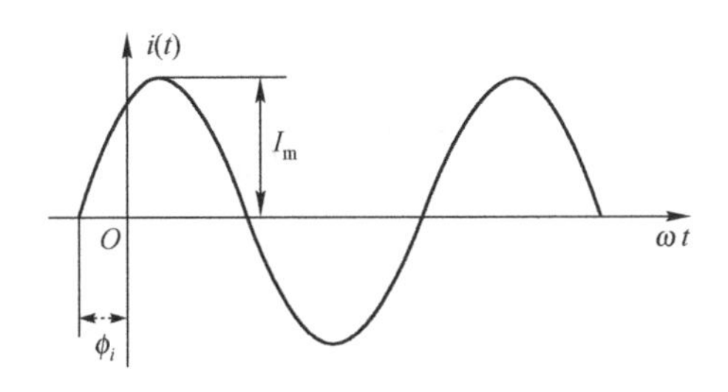

图 2–2 正弦交流电电流波形

1. 周期、频率与角频率

周期是指交流电重复变化一次所需的时间，用字母 T 表示，单位为秒(s)。

频率是交流电每秒钟重复变化的次数，用 f 表示。f 的单位是赫兹(Hz)，频率反映了交流电变化的快慢。

周期和频率的关系为：

$$f = \frac{1}{T} \tag{2-1}$$

交流电每完成一次变化，在时间上为一个周期，在正弦函数的角度上则为 2π 弧度(rad)，单位时间内变化的角度称为角频率，用 ω 表示，单位为弧度/秒(rad/s)，则角频率、周期、频率的关系为：

$$\omega = \frac{2\pi}{T} = 2\pi f \tag{2-2}$$

我国供电电源频率为 50Hz，称为工频，世界上许多国家采用这一频率，少数国家如美国、日本等为 60Hz。在其他技术领域中，交流电的频率范围各不相同，例如，高频感应电炉的频率为 200 ～ 300kHz，有线通信的频率为 300 ～ 5000Hz，无线电工程的信号频率为 10^4 ～ 30×10^{10}Hz 等。

2. 振幅和有效值

交流电在变化过程中某一时刻的值称为瞬时值，用小写字母表示，例如，用 i、u、e 分别表示瞬时电流、电压、电动势。正弦交流电在整个变化过程中所能达到的最大值称为振幅，也称最大值，用带下标 m 的大写字母表示，例如，用 I_m、U_m、E_m 分别表示电流、电压、电动势的最大值。

在正弦交流电中，一般用有效值来描述各量的大小。有效值是通过电流的热效应来规定的，若周期性电流 i 在一个周期内流过电阻所产生的热量与另一个恒定的直流电流 I 流过相同的电阻在相同的时间里产生的热量相等，则此直流电流的数值作为交流电流的有效值。按照规定，有效值用英文大写字母表示，如 I、U、E 等。按此规定，在图 2-3 中有两个相同的电阻 R，其中一个电阻通以交流电流 i，另一个电阻通以直流电流 I 。

图 2-3

经数学推导有效值与最大值之间存在如下的关系。

正弦电流的有效值为：
$$I=\frac{I_m}{\sqrt{2}}=0.707I_m \tag{2-3}$$

正弦电压的有效值为：
$$U=\frac{U_m}{\sqrt{2}}=0.707U_m \tag{2-4}$$

正弦电动势的有效值为：
$$E=\frac{E_m}{\sqrt{2}}=0.707E_m \tag{2-5}$$

正弦量的有效值等于它的最大值除以 $\sqrt{2}$，而与其频率和初相无关。

在工程上凡是谈到周期电流、电压或电动势的量值时，若无特殊说明，都是指有效值而言。例如，铭牌所示的参数及交流测量仪表上指示的电流、电压都是有效值。

当采用有效值时，正弦电压、电流的瞬时值的表达式可表示为：

$$u=\sqrt{2}U\sin(\omega t+\phi_u),\ i=\sqrt{2}I\sin(\omega t+\phi_i)$$

[例 2-1]　已知 $u=U_m\sin\omega t$，$U_m=310\text{V}$，$f=50\text{Hz}$，试求有效值 U 和 $t=0.1\text{s}$ 的瞬时值。

解：

$$U=\frac{U_m}{\sqrt{2}}=\frac{310}{\sqrt{2}}=220\text{V}$$

$$u=U_m\sin\omega t=U_m\sin2\pi ft$$

当 $t=0.1$ 时，有　$u=310\sin(2\times\pi\times50\times0.1)=0$

3. 相位、初相、相位差

正弦电流一般表示为 $i=I_m\sin(\omega t+\phi_i)$。$(\omega t+\phi_i)$ 称为正弦电流的相位，表示正弦量在某时刻的状态。ϕ_i 称为正弦电流的初相位，简称初相，它是 $t=0$ 时刻正弦电流的相位。相位和初相位的单位都是弧度(rad)或度。

线性电路中，如果全部激励都是同一频率的正弦量，则电路中的响应一定是同一频率的正弦量。因此在正弦交流电路中常常遇到同频率的正弦量，设任意两个同频率的正弦量分别为：

$$u = U_{\mathrm{m}}\sin(\omega t + \phi_u)$$

$$i = I_{\mathrm{m}}\sin(\omega t + \phi_i)$$

可以看出，u 与 i 的频率相同而振幅及初相不同。由于初相不同，它们将在不同时间经过各自的零值或最大值。一般用相位差表示这种“步调”不一致的情况。相位差即两个同频率正弦量间的相位之差。则 u 与 i 的相位差为：

$$\varphi = (\omega t + \phi_u) - (\omega t + \phi_i) = \phi_u - \phi_i \qquad (2\text{-}6)$$

可见两个同频率正弦量的相位差在任何时刻都是常数，即等于它们的初相之差。规定 φ 的取值范围是 $|\varphi| \leqslant \pi$。

如果 $\varphi = \phi_u - \phi_i < 0$，如图2-4(a)所示，称 u 比 i 滞后 φ 角度，或为 i 比 u 超前 φ 角度。

如果 $\varphi = \phi_u - \phi_i = 0$，如图2-4(b)所示，称 u 与 i 同相位，简称同相。其特点为：两正弦量同时达到正最大值，或同时过零点。

如果 $\varphi = \phi_u - \phi_i = \pm\dfrac{\pi}{2}$，如图2-4 (c)所示，称 u 与 i 正交。其特点是：当一正弦量的值达到最大时，另一正弦量的值刚好是零。

如果 $\varphi = \phi_u - \phi_i = \pm\pi$，如图2-4 (d)所示，称 u 与 i 反相。其特点是：当一正弦量为正最大值时，另一正弦量刚好是负最大值。

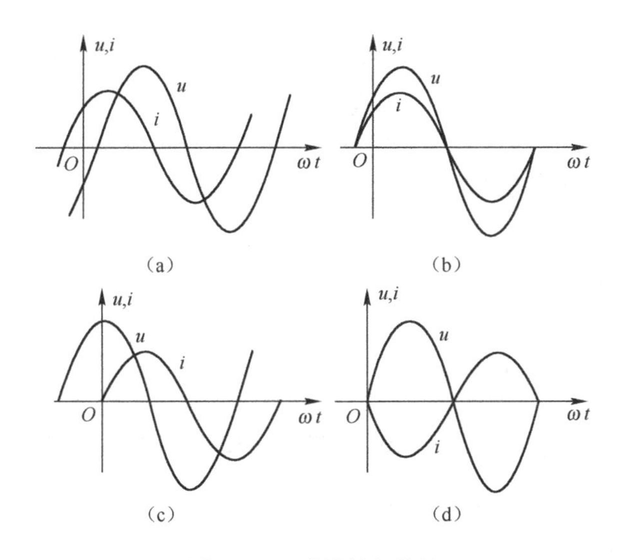

图2-4　正弦量的相位差

[例2-2]　$i_1(t) = 10\sin(\omega t + 60°)$ A，$i_2(t) = 5\sin(\omega t - 150°)$ A，求：哪一个超前？超前多少度？

解：$\phi_1 = 60°$，$\phi_2 = -150°$

$$\varphi = \phi_1 - \phi_2 = 60° - (-150°) = 210°$$

主值范围：　$\varphi = 210° - 360° = -150°$

$\therefore$ i_1 滞后 $i_2$150°，即 i_2 超前 $i_1$150°。

二、正弦量的相量表示

我们知道，一个正弦量是由它的振幅(或有效值)、频率以及初相位三个要素决定的。然而，在线性正弦电流电路中，在相同频率的正弦电源激励下，电路各处的电流和电压响应的频率是相同的。这样，在求解正弦响应的三要素中，只需要知道它们的振幅(或有效值)和初相位，便可确定该正弦响应的值。

例如，对于正弦电流 $i = I_m \sin(\omega t + \phi_i)$，它可以用复数来表示。为了区别于一般的复数，我们称之为电流相量，用 $\dot{I}$ 表示，即：

$$\dot{I} = I\angle\phi_i \tag{2-7}$$

式中，I 为正弦电流的有效值；ϕ_i 为正弦电流的初相位。式(2-7)称为正弦电流的相量表达式。

同理，对于正弦电压，我们也可以分别写出它的相量表达式，即：

$$\dot{U} = U\angle\phi_u \tag{2-8}$$

需要指出的是：有一个正弦量便可唯一地写出它的相量表达式，也就是说，正弦量与表示正弦量的相量是一一对应关系。

相量可以用复平面的有向线段表示，其长度表示正弦量的幅值，与实轴正方向的夹角等于正弦量的初相位。同一频率的相量可以在同一复平面内表示，如图 2-5 所示，我们称之为相量图。相量在相量图上也可以做加减运算。

注意：

(1) 正弦量是时间的函数，而正弦量的相量并非时间的函数，所以我们只能说用相量可以表示正弦量，而不能说相量就等于正弦量。

(2) 只有同频率的正弦量才能画在同一相量图上进行比较和计算。

(3) 两相量相加减时，既可在相量图中用矢量的图解法求解，也可用相量的复数表达式运算。

[例 2-3]　已知 $i_1 = 100\sqrt{2}\sin\omega t$A，$i_2 = 100\sqrt{2}\sin(\omega t - 120°)$A，试用相量法求 $i_1 + i_2$，并画出相量图。

解：

$$\dot{I}_1 = 100\angle 0°\text{A} \qquad \dot{I}_2 = 100\angle -120°\text{A}$$

$$\dot{I}_1 + \dot{I}_2 = 100\angle 0° + 100\angle -120° = 100\angle -60°\text{A}$$

相量图见图 2-6。$i_1 + i_2 = 100\sqrt{2}\sin(\omega t - 60°)$A

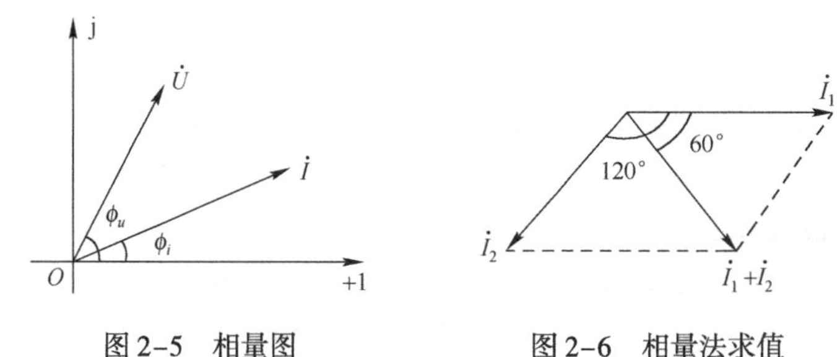

图 2-5　相量图　　　　图 2-6　相量法求值

能力训练

(1) 从正弦交流电的瞬时表达式和波形图中，能获得交流电的三要素吗?

(2) 交流电的值的意义是什么?

(3) 两个相量式相同的交流电一定是同频率的交流电吗?

任务六：单一元件的正弦交流电路

能力目标

(1) 掌握纯电阻、电感、电容元件电路中电压电流之间的各种关系。

(2) 理解瞬时功率、平均功率、无功功率的概念。

(3) 掌握感抗、容抗的概念。

一、纯电阻交流电路

交流电路中如果只有线性电阻，这种电路就称为纯电阻电路。我们日常生活中接触到的白炽灯、电炉、电熨斗等都属于电阻性负载，在这类电路中影响电流大小的主要是负载的电阻 R。下面我们讨论正弦交流电压加在电阻两端时的情况。

1. 纯电阻元件电压、电流关系

将电阻 R 接入如图 2-7 所示的交流电路。

设交流电压为 $u=U_{\mathrm{m}}\sin\omega t$，则电阻 R 中电流的瞬时值为：

$$i=\frac{u}{R}=\frac{U_{\mathrm{m}}}{R}\sin\omega t \tag{2-9}$$

这表明，在正弦电压作用下，电阻中通过的电流是一个相同频率的正弦电流，表示二者的正弦波形如图 2-8(b)所示。

电流最大值为：

$$I_{\mathrm{m}}=\frac{U_{\mathrm{m}}}{R} \tag{2-10}$$

电流有效值为：

$$I=\frac{U_{\mathrm{m}}}{\sqrt{2}R}=\frac{U}{R} \tag{2-11}$$

若用相量表示电压与电流的关系，即：

$$\dot{U}=\dot{I}R \tag{2-12}$$

电压、电流的相量如图 2-8(a)所示。

2. 纯电阻元件的功率

电阻在任一瞬时取用的功率，称为瞬时功率，按下式计算：

$$p = ui = U_m I_m \sin^2 \omega t \tag{2-13}$$

$p \geq 0$，表明电阻任一时刻都在向电源取用功率，起负载作用。i、u、p 的波形图如图2-8(b)所示。

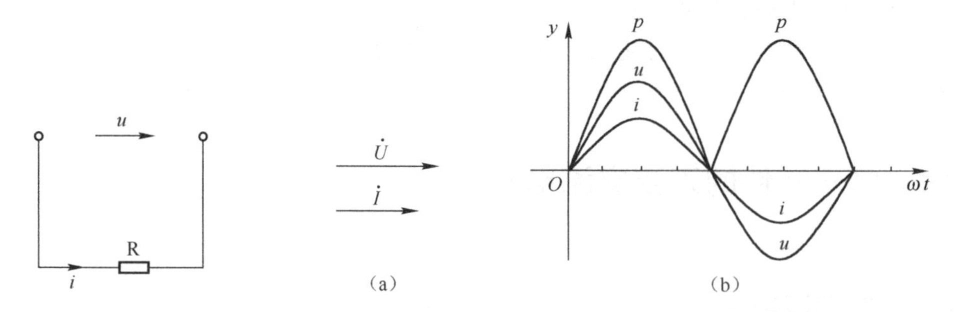

图2-7　纯电阻电路　　图2-8　纯电阻元件电压、电流的相量图、波形图及功率波形图

电阻元件从电源取用能量后转换成了热能，这是一种不可逆的能量转换过程。我们通常这样计算电能：$W = Pt$，P 是一个周期内电路消耗电能的平均功率，即瞬时功率的平均值，称为平均功率。在电阻元件电路中，平均功率为：

$$P = \frac{U_m I_m}{2} = UI = I^2 R \tag{2-14}$$

这表明，平均功率等于电压、电流有效值的乘积。平均功率的单位是W（瓦特）。

［例2-4］　已知电阻 $R = 440\Omega$，将其接在电压 $U = 220\text{V}$、50Hz 的交流电路上，试求电流 I 和功率 P。若将电源的频率改为100Hz，此时电流变不变？

解：电流为：

$$I = \frac{U}{R} = \frac{220}{440} = 0.5\text{A}$$

功率为：

$$P = UI = 220 \times 0.5 = 110\text{W}$$

因为电阻元件的电流与频率无关，故电流不变。

二、纯电感交流电路

1. 纯电感元件电流与电压关系

假设线圈只有电感 L，而电阻 R 可以忽略不计，我们称之为纯电感，本书所说的电感若无特殊说明就是指纯电感。当电感线圈中通过交流电流 i 时，其中产生自感电动势 e_L，设电流 i、电动势 e_L 和电压 u 的正方向如图2-9所示，则有：

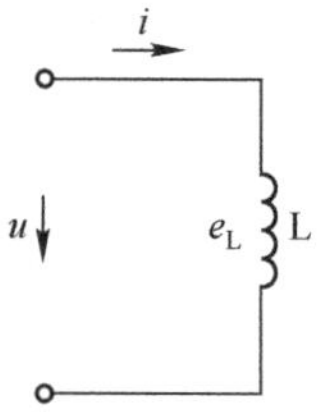

$$u = -e_L = L\frac{\mathrm{d}i}{\mathrm{d}t} \tag{2-15}$$

图2-9　电感元件交流电路

设有电流 $i = I_m \sin\omega t$ 流过电感L，则代入式(2-15)得电感上的电压 u 为：

$$u = \omega L I_m \sin(\omega t + 90°) = U_m \sin(\omega t + 90°)$$

即 u 和 i 也是一个同频率的正弦量。表示电压 u 和电流 i 的正弦波形如图2-10(b)所示。

比较以上 u,i 两式可知，在电感元件电路中，电流在相位上比电压滞后

90°，且电压的有效值与电流的有效值符合下式：

$$U_m = I_m \omega L \text{ 或 } \frac{U_m}{I_m} = \frac{U}{I} = \omega L \tag{2-16}$$

即在电感元件电路中，电压的幅值(或有效值)与电流的幅值(或有效值)之比为 ωL。显然它的单位也为欧姆。电压 U 一定时，ωL 越大，则电流 I 越小。可见电感元件具有对电流起阻碍作用的物理性质，所以称为感抗，用 X_L 表示：

$$X_L = \omega_L = 2\pi f L \tag{2-17}$$

感抗 X_L 与电感 L、频率 f 成正比，因此电感线圈对高频电流的阻碍作用很大，而对直流则可视为短路。还应该注意，感抗只是电压与电流的幅值或有效值之比，而不是它们的瞬时值之比。

若用相量表示电压与电流的关系，令 $\dot{U} = U\angle 90°$，$\dot{I} = I\angle 0°$，则：

$$\frac{\dot{U}}{\dot{I}} = \frac{U}{I}\angle 90° - 0° = \frac{U}{I}\angle 90° = jX_L = j\omega L \text{ 或 } \dot{U} = j\omega L\,\dot{I} \tag{2-18}$$

式(2-18)表示了电压与电流的有效值关系及相位关系，即电压与电流的有效值符合欧姆定理($U = IX_L$)，相位上电压超前电流 90°。电压和电流的相量图如图 2-10(a)所示。

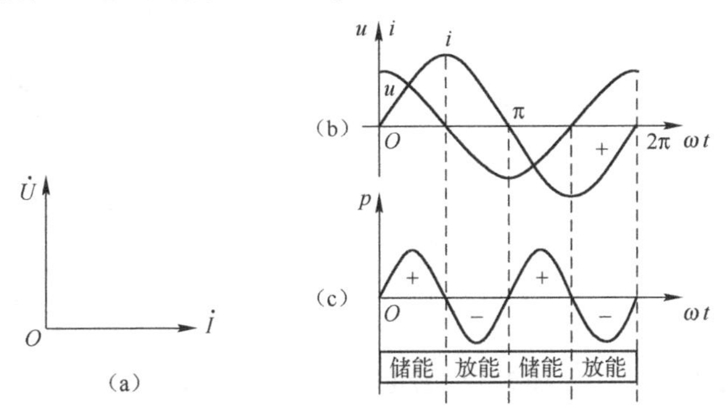

图 2-10　纯电感元件电压、电流相量图、波形图及功率波形图

2. 纯电感元件的功率与储能

知道了电压 u 和电流 i 的变化规律和相互关系后，便可找出瞬时功率的变化规律，即：

$$p = u \cdot i = U_m \sin(\omega t + 90°) \cdot I_m \sin\omega t = UI\sin 2\omega t \tag{2-19}$$

可见，p 是一个幅值为 UI，以 2ω 角频率随时间而变化的交变量，如图 2-10(c)所示。当 u 和 i 正负相同时，p 为正值，电感处于受电状态，它从电源取用电能；当 u 和 i 正负相反时，p 为负值，电感处于供电状态，它把电能归还电源。电感元件电路的平均功率为零，即电感元件的交流电路中没有能量消耗，只有电源与电感元件间的能量互换。这种能量互换的规模用无功功率 Q 来衡量，我们规定无功功率等于瞬时功率 p_L 的幅值，即：

$$Q = UI = I^2 X_L = \frac{U^2}{X_L} \tag{2-20}$$

无功功率的单位是乏(var)。

电感元件在某时刻储存的磁场能量只与该时刻电感元件的电流有关。当电流增加时，电感元件从电源吸收能量，储存在磁场中的能量增加；当电流减小时，电感元件向外释放磁场能量。电感元件并不消耗能量，因此，电感元件是一种储能元件。

在选用电感器时，除了选择合适的电感量外，还需注意实际的工作电流不能超过电感器的额定电流。否则由于电流过大，线圈发热而被烧毁。

三、纯电容交流电路

1. 电容元件电流与电压的关系

将线性电容元件接在正弦交流电路中，如图2-11所示。

电容充放电电流 $i=\frac{\mathrm{d}q}{\mathrm{d}t}=\frac{\mathrm{d}C\cdot u}{\mathrm{d}t}$，故有：$i=C\frac{\mathrm{d}u}{\mathrm{d}t}$，若在电容器两端加一正弦电压 $u=U_{\mathrm{m}}\sin\omega t$，则代入 $i=C\frac{\mathrm{d}u}{\mathrm{d}t}$ 中有：

$$i=\omega CU_{\mathrm{m}}\sin(\omega t+90^{\circ})=I_{\mathrm{m}}\sin(\omega t+90^{\circ}) \tag{2-21}$$

即 u 和 i 也是一个同频率的正弦量。表示电压 u 和电流 i 的正弦波形如图2-12(b)所示。

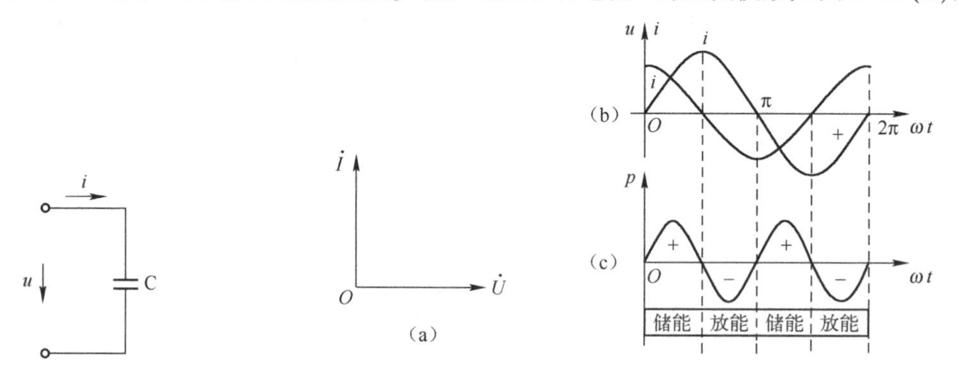

图2-11　纯电容电路　　　　图2-12　纯电容元件电压、电流相量图、波形图及功率波形图

比较以上 u 和 i 两式可知，在电容元件电路中，电压在相位上比电流滞后90°（即电压与电流的相位差为-90°，在本书中，为了便于说明电路的性质，规定：当电流比电压滞后时，其相位差 φ 为正值；当电流比电压超前时，其相位差 φ 为负值），且电压与电流的有效值符合下式：

$$I_{\mathrm{m}}=U_{\mathrm{m}}\omega C \tag{2-22}$$

或

$$\frac{U_{\mathrm{m}}}{I_{\mathrm{m}}}=\frac{U}{I}=\frac{1}{\omega C} \tag{2-23}$$

可见，在电容元件电路中，电压的幅值（或有效值）与电流的幅值（或有效值）之比为 $\frac{1}{\omega C}$，它的单位也为欧姆。当电压 U 一定时，$\frac{1}{\omega C}$ 越大，则电流 I 越小。可见它对电流具有起阻碍作用的物理性质，所以称为容抗，用 X_{C} 表示，即：

$$X_{\mathrm{C}}=\frac{1}{\omega C}=\frac{1}{2\pi fC} \tag{2-24}$$

容抗 X_{C} 与电容 C、频率 f 成反比。因此，电容对低频电流的阻碍作用很大。对直流（$f=0$）而言，$X_{\mathrm{C}}\to\infty$，可视为开路。同样应该注意，容抗只是电压与电流的幅值或有效值之比，而不是它们的瞬时值之比。

若用相量表示电压与电流的关系，则$\dot{U}=U\angle 0°$，$\dot{I}=I\angle 90°$，故：

$$\frac{\dot{U}}{\dot{I}}=\frac{U}{I}\angle 0°-90°=\frac{U}{I}\angle -90°=-\mathrm{j}X_C=-\mathrm{j}\frac{1}{\omega C}$$

或

$$\dot{U}=-\mathrm{j}\dot{I}X_C=-\mathrm{j}\frac{1}{\omega C}\dot{I} \tag{2-25}$$

式(2-25)表示了电压与电流的有效值关系和相位关系，即电压与电流的有效值符合欧姆定理($U=IX_C$)，相位上电压滞后于电流90°，如图2-12(a)所示。

2. 电容元件上的功率

根据电压u和电流i的变化规律和相互关系，便可找出瞬时功率的变化规律，即：

$$p=ui=UI\sin 2\omega t \tag{2-26}$$

由式(2-26)可知，p是一个幅值为UI，并以2ω角频率随时间而变化的交变量，如图2-12(c)所示。当u和i正负相同时，p为正值，电容处于充电状态，它从电源取用电能；当u和i正负相反时，p为负值，电容处于放电状态，它把电能归还电源。

电容元件电路的平均功率也为零，即电容元件的交流电路中没有能量消耗，只有电源与电容元件间的能量互换。这种能量互换的规模用无功功率Q来衡量，我们规定无功功率等于瞬时功率的幅值。

为了与电感元件电路的无功功率相比较，设电流$i=I_m\sin\omega t$为参考正弦量，则得到电容元件的无功功率为：

$$Q=-UI=-I^2X_C \tag{2-27}$$

即电容元件电路的无功功率取负值。

电容在某一时刻储存的电场能量只与该时刻电容元件的端电压成正比。当电压增加时，电容从电源吸收能量，储存在电场中的能量增加，这个过程称为电容的充电过程；当电压减小时，电容向外电路释放电场能量，这个过程称为电容的放电过程。电容元件在充、放电过程中并不消耗能量，因此，电容元件是一种储能元件。

在选用电容器时，除了选择合适的电容外，还需注意实际工作电压与电容器的额定电压是否相等。如果实际工作电压过高，介质就会被击穿，电容器就会损坏。电容器上所标明的额定电压，通常指的是直流电压。如果电容器工作在交流电路中，应使交流电压的最大值不超过它的额定电压。

[例2-5]　一个线圈电阻很小，可略去不计。电感$L=35\text{mH}$。求：该线圈在50Hz和1000Hz的交流电路中的感抗各为多少。若接在$U=220\text{V}$，$f=50\text{Hz}$的交流电路中，电流I、有功功率P、无功功率Q又是多少？

解：(1) 当$f=50\text{Hz}$时：

$$X_L=2\pi fL=2\pi\times 50\times 35\times 10^{-3}\approx 11\Omega$$

当$f=1000\text{Hz}$时：

$$X_L=2\pi fL=2\pi\times 1000\times 35\times 10^{-3}\approx 220\Omega$$

(2) 当$U=220\text{V}$，$f=50\text{Hz}$时：

电流：

$$I=\frac{U}{X_L}=\frac{220}{11}=20\text{A}$$

有功功率：　　$P=0$

无功功率：　　$Q_L=UI=220\times 20=4400\text{var}$

能力训练

（1）R、L、C 三种电路元件的电压、电流瞬时值均符合欧姆定律吗？

（2）为什么可以认为电感元件在直流电路中是短路，而电容元件在直流电路中是开路？

任务七：交流电路的功率、功率因数

能力目标

（1）正确理解交流电路中各种功率的物理含义和提高功率因数的意义和原理。

（2）熟练应用 P、Q 及 S 的计算公式和各种计算方法，求出交流电路的功率。

一、正弦交流电路功率的基本概念

1. 瞬时功率

如图 2-13 所示的任意一端口电路 N_O，在图中端口的电压 u 与电流 i 的参考方向下，设正弦交流电路的总电压 u 与总电流 i 分别为：

$$u=\sqrt{2}U\sin(\omega t+\phi_u),\ i=\sqrt{2}I\sin(\omega t+\phi_i)$$

则其吸收瞬时功率为：

$$\begin{aligned}p&=ui\\&=2UI\sin(\omega t+\phi_u)\sin(\omega t+\phi_i)\\&=UI\cos\varphi+UI\cos(2\omega t+\phi_u+\phi_i)\end{aligned}\tag{2-28}$$

其中：　　$\varphi=\phi_u-\phi_i$

式(2-28)表明，二端网络的瞬时功率由两部分组成：一部分是常量，另一部分是以两倍于电压频率而变化的正弦量。其中 φ 为电压与电流的相位差，如图 2-14 所示。

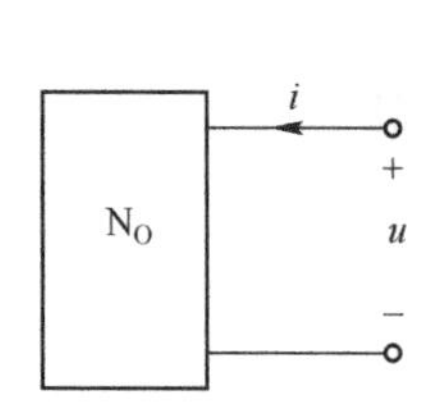

图 2-13　端口网络 N_O

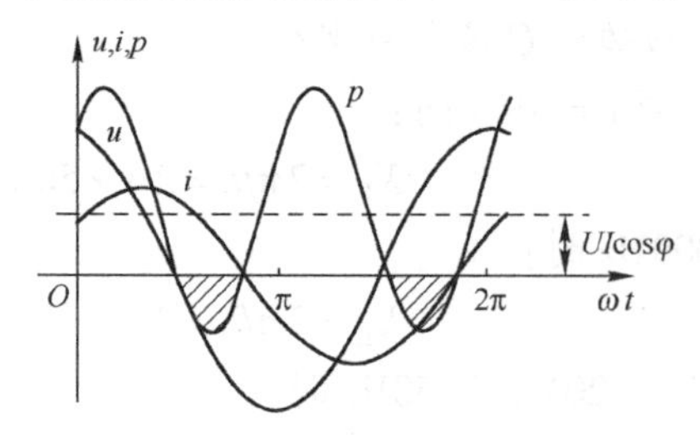

图 2-14　二端网络的瞬时功率波形

2. 平均功率

我们定义瞬时功率 p 在一个周期内的平均值称为平均功率，它反映了交流电路中实际消耗的功率，所以又称有功功率，用 P 表示，单位是瓦特(W)。

瞬时功率 p 在一个周期内的平均值(即有功功率)为：

$$P = \frac{1}{T}\int_0^T p(t)\mathrm{d}t = \frac{1}{T}\int_0^T UI\cos\varphi \mathrm{d}t - \int_0^T UI\cos(2\omega t + \varphi_u + \varphi_i)\mathrm{d}t = UI\cos\varphi \quad (2\text{-}29)$$

其中 $\cos\varphi$ 称为正弦交流电路的功率因数。

3. 无功功率

我们把 $UI\sin\varphi$ 称为交流电路的无功功率，用 Q 表示，其单位是乏(var)。它表示交流电路与电源之间进行能量交换的最大功率，并不代表电路实际消耗的功率，即：

$$Q = UI\sin\varphi \quad (2\text{-}30)$$

4. 视在功率

在交流电路中，电源电压有效值与总电流有效值的乘积(UI)称为视在功率，用 S 表示，单位是伏安(V·A)，即：

$$S = UI \quad (2\text{-}31)$$

S 反映了交流电源可以向电路提供的最大功率，又称为电源的功率容量。于是交流电路的功率因数等于有功功率与视在功率的比值，即：

$$\cos\varphi = \frac{P}{S} \quad (2\text{-}32)$$

所以电路的功率因数能够表示出电路实际消耗功率占电源功率容量的百分比。

当 $\varphi > 0$ 时，$Q > 0$，电路呈感性；当 $\varphi < 0$ 时，$Q < 0$，电路呈容性；当 $\varphi = 0$ 时，$Q = 0$，电路呈电阻性。显然，有功功率 P、无功功率 Q 和视在功率 S 三者之间呈三角形关系，这一关系称为功率三角形，如图2-15所示。

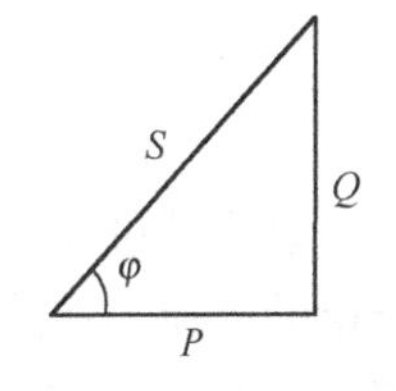

图2-15　功率三角形

P、Q 和 S 之间满足下列关系：

$$S = \sqrt{P^2 + Q^2}$$

$$\tan\varphi = \frac{Q}{P}$$

$$P = UI\cos\varphi = S\cos\varphi$$

$$Q = S\sin\varphi$$

二、功率因数的提高

1. 提高功率因数的意义

在交流电力系统中，负载多为感性负载。例如，常用的感应电动机，接上电源时要建立磁场，所以它除了需要从电源取得有功功率外，还要由电源取得磁场的能量，并与电源做周期性的能量交换。在交流电路中，负载从电源接收的有功功率 $P=UI\cos\varphi$ 显然与功率因数有关。功率因数低会引起下列不良后果。

负载的功率因数低，使电源设备的容量不能充分利用。因为电源设备（发电机、变压器等）是依照它的额定电压与额定电流设计的。例如，一台容量为 $S=100\text{kV}\cdot\text{A}$ 的变压器，若负载的功率因数为 1，则此变压器就能输出 100kW 的有功功率；若功率因数为 0.6，则此变压器只能输出 60kW 了，也就是说，变压器的容量未能充分利用。

在一定的电压 U 下，向负载输送一定的有功功率 P 时，负载的功率因数越低，输电线路的电压降和功率损失越大。这是因为输电线路电流 $I=P/(U\cos\varphi)$，当 $\cos\varphi$ 较小时，I 必然较大，从而输电线路上的电压降也要增加，因电源电压一定，所以负载的端电压将减小，这要影响负载的正常工作。从另一方面看，电流 I 增加，输电线路中的功率损耗也要增加。因此，提高负载的功率因数对科学合理地使用电能有着重要的意义。

2. 提高功率因数的方法

提高感性负载功率因数的最简便的方法，是用适当容量的电容器与感性负载并联，如图 2-16(a) 所示。

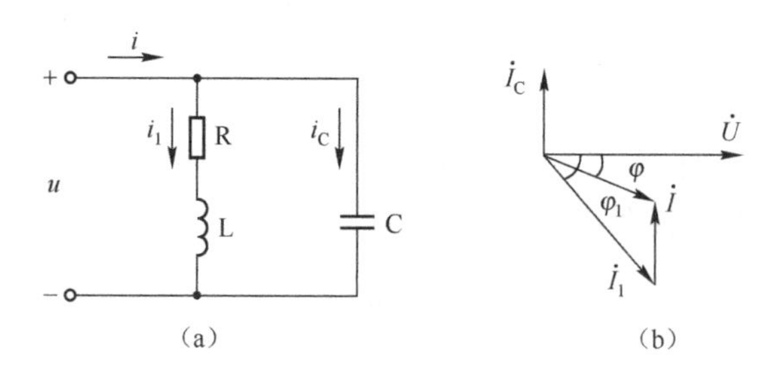

图 2-16　并联电容的 RLC 电路

这样就可以使电感中的磁场能量与电容器的电场能量进行交换，从而减少电源与负载间能量的互换。在感性负载两端并联一个适当的电容后，对提高电路的功率因数十分有效。设原负载为感性负载，其功率因数为 $\cos\varphi$，电流为 I_1，在其两端并联电容器 C，电路如图 2-16(b)所示，并联电容以后，并不影响原负载的工作状态。从相量图可知，由于电容电流补偿了负载中的无功电流，使总电流减小，电路的总功率因数提高。

3. 电容量的计算

有一感性负载的端电压为 U，功率为 P，功率因数为 $\cos\varphi_1$，为了使功率因数提高到 $\cos\varphi$，可推导所需并联电容 C 的计算公式：

流过电容的电流：$I_C=I_1\sin\varphi_1-I\sin\varphi=\dfrac{P}{U}(\tan\varphi_1-\tan\varphi)=\omega CU$

所以：

$$C=\frac{P}{\omega U^2}(\tan\varphi_1-\tan\varphi) \tag{2-33}$$

［例 2-6］　已知：$f=50\text{Hz}$，$U=380\text{V}$，$P=20\text{kW}$，$\cos\varphi=0.6$（滞后）。要使功率因数提高到 0.9，求并联电容 C。

解：如图2-17所示，由 $\cos\varphi_1=0.6$　得　$\varphi_1=53.13°$

由 $\cos\varphi_2=0.9$　得　$\varphi_2=25.84°$

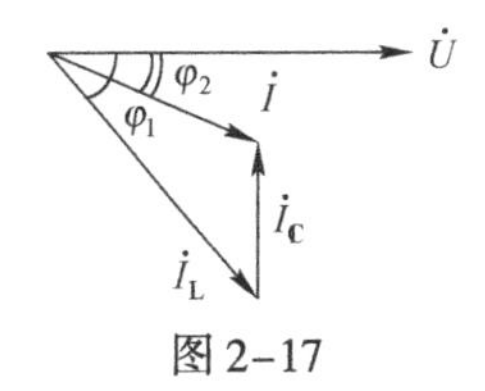

图2-17

$$C=\frac{P}{\omega U^2}(\tan\varphi_1-\tan\varphi_2)$$

$$=\frac{20\times10^3}{314\times380^2}(\tan53.13°-\tan25.84°)$$

$$=375\mu F$$

注意：

(1) 并联电容器后，对原感性负载的工作情况没有任何影响，即流过感性负载的电流和它的功率因数均未改变。这里所谓功率因数提高了，是指包括电容在内的整个电路的功率因数比单独的感性负载的功率因数提高了。

(2) 线路电流的减小，是由于电流的无功分量减小的结果，而电流的有功分量并未改变，这从相量图上可以清楚地看出。实际生产中，并不要求把功率因数提高到1，即补偿后仍使整个电路呈感性，感性电路功率因数习惯上称滞后功率因数。若将功率因数提高到1，需要并联的电容较大，会增加设备投资。

(3) 功率因数提高到什么程度为宜，只有在完成了具体的技术、经济指标比较之后，才能确定。

能力训练

(1) 并联一个合适的电容可以提高感性负载电路的功率因数。那么并联电容后，电路的有功功率、感性负载的电流及电路的总电流怎样变化？

(2) 为了提高功率因数，是不是并联的电容越大越好？

任务八：三相交流电源

能力目标

(1) 深刻理解对称三相正弦量的瞬时表达式、波形、相量表达式及相量图。

(2) 理解对称三相电源的连接及线电压与相电压的关系，线电流与相电流的关系。

一、三相交流电动势的产生

三相交流电动势是由三相交流发电机产生的。图2-18所示是三相交流发电机的原理示意图。三相发电机主要由定子和转子组成。三组完全相同的定子电枢绕组放置在彼此间隔120°的发电机定子铁芯凹槽里固定不动，三相绕组的始端分别用 U_1、V_1、W_1 表示，末端用 U_2、V_2、W_2 表示。转子铁芯上绕有励磁绕组，通入直流电后产生磁场，该磁场磁感应强度在定子与转子之间的气隙中按正弦规律分布。当转子由电动机带动，并以角速度 ω 匀速顺时针旋转时，每个定子绕组(称相)依次切割磁力线产生频率相同、幅值相同、相位角依次相差120°的正弦电动势 e_U、e_V、e_W。

若以 e_U 为参考正弦量，则对称三相电动势的瞬时值表达式为：

$$\left.\begin{aligned} e_U &= E_m\sin\omega t \\ e_V &= E_m\sin(\omega t-120°) \\ e_W &= E_m\sin(\omega t+120°) \end{aligned}\right\} \tag{2-34}$$

用相量形式表示为：

$$\left.\begin{aligned} \dot{E}_U &= E\angle 0° \\ \dot{E}_V &= E\angle -120° = \left(-\frac{1}{2}-j\frac{\sqrt{3}}{2}\right)\dot{E}_U \\ \dot{E}_W &= E\angle 120° = \left(-\frac{1}{2}+j\frac{\sqrt{3}}{2}\right)\dot{E}_U \end{aligned}\right\} \tag{2-35}$$

三相交流电动势的波形图和相量图分别如图2-19所示。三相交流电达到最大值的先后顺序称为相序，图中的相序为U-V-W。

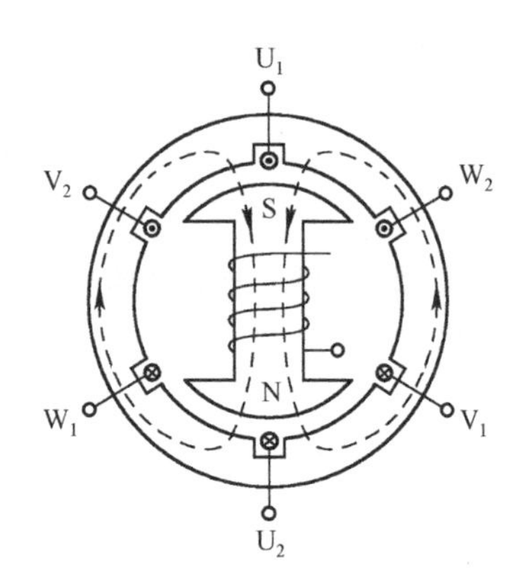

图2-18　三相交流发电机的原理示意图

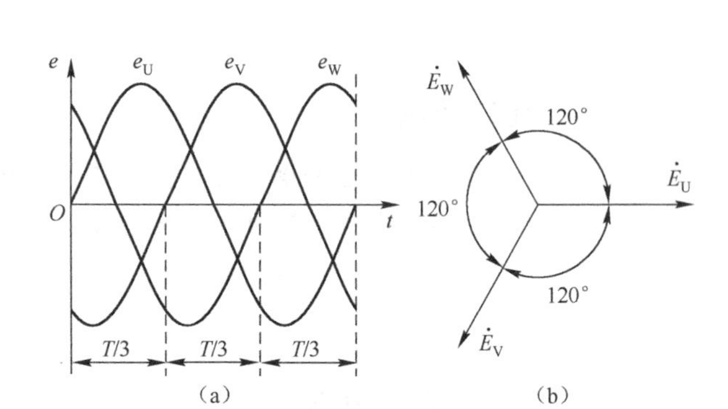

图2-19　三相交流电动势的波形图、相量图

由波形图和相量图可知，三相电动势的幅值相等，频率相同，彼此间的相位差也相等，这种电动势称为对称电动势。显然对称三相电动势的瞬时值或相量之和都为零。即：

$$e_U+e_V+e_W=0 \tag{2-36}$$

$$\dot{E}_U+\dot{E}_V+\dot{E}_W=0 \tag{2-37}$$

二、三相交流电源的连接

三相发电机有三个电源绕组。若每个绕组分别接上一个负载，就得到三个独立的单相电路，构成三相六线制。用三相六线制来输电需要六根输电线，很不经济，没有实用价值。在现代供电系统中，对称三相电源的连接方式有两种：星形连接和三角形连接。

1. 三相电源的星形连接(Y)

将发电机三相绕组的末端 U_2、V_2、W_2 连接在一点，始端 U_1、V_1、W_1 分别接负载，这种连接方式称为星形连接，如图 2-20 所示。图中三个末端相连接的点称为电源中点或零点，从电源中点引出的导线用 N 表示，称为中线。从始端 U_1、V_1、W_1 引出的三根线称为相线或端线，俗称火线。

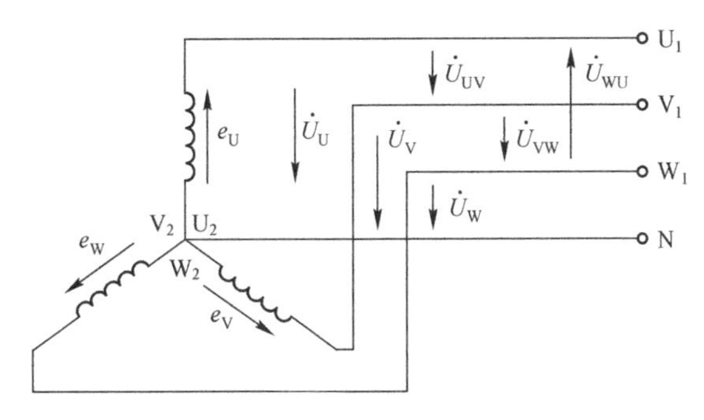

图 2-20　三相电源的星形连接

由三根相线和一根中线所组成的输电方式称为三相四线制；无中线的则称为三相三线制。

三相四线制可输送两种电压：一种是相线与中线之间的电压，称为相电压，分别用$\dot{U}_{U}$、$\dot{U}_{V}$、$\dot{U}_{W}$ 表示，对称的三相相电压的有效值常用 U_P 表示；另一种是相线与相线之间的电压，称为线电压，分别用$\dot{U}_{UV}$、$\dot{U}_{VW}$、$\dot{U}_{WU}$表示，对称的三相线电压的有效值常用 U_L 表示。

通常规定各相电动势的参考方向为从绕组的末端指向始端，相电压的参考方向为从相线指向中线，线电压的参考方向为由第一下标的相线指向第二下标的相线，如$\dot{U}_{UV}$则是由 U 相线指向 V 相线。由图 2-20 所示的电压参考方向，可得到线电压与相电压的关系为：

$$\left.\begin{aligned}\dot{U}_{UV}&=\dot{U}_{U}-\dot{U}_{V}\\\dot{U}_{VW}&=\dot{U}_{V}-\dot{U}_{W}\\\dot{U}_{WU}&=\dot{U}_{W}-\dot{U}_{U}\end{aligned}\right\}\qquad(2-38)$$

在对称三相电源中，有：

$$\left.\begin{aligned}\dot{U}_{UV}&=U\angle0°-U\angle-120°=\sqrt{3}\dot{U}_{U}\angle30°\\\dot{U}_{VW}&=U\angle-120°-U\angle120°=\sqrt{3}\dot{U}_{V}\angle30°\\\dot{U}_{WU}&=U\angle120°-U\angle0°=\sqrt{3}\dot{U}_{W}\angle30°\end{aligned}\right\}\qquad(2-39)$$

式(2-39)表明，对称三相电源作星形连接时，线电压与相电压的有效值关系为：$U_L=\sqrt{3}U_P$；相位关系为：线电压超前对应的相电压 30°。

线电压与相电压的数量关系及相位关系，也可通过作相量图的方法得出，如图 2-21 所示。

一般低压供电的线电压是 380V，它的相电压是 220V。负载可根据额定电压决定其接法：若负载额定电压为 380V，就接在两根相线之间；若额定电压为 220V，就接在相线和中线之间。必须注意：不加说明的三相电源和三相负载的额定电压都是指线电压。

2. 三相电源的三角形连接(△)

将三相发电机每相绕组的末端与另一相绕组的始端依次连接，从三个连接点引出三根相线，这种连接方式称为三角形连接，如图 2-22 所示。

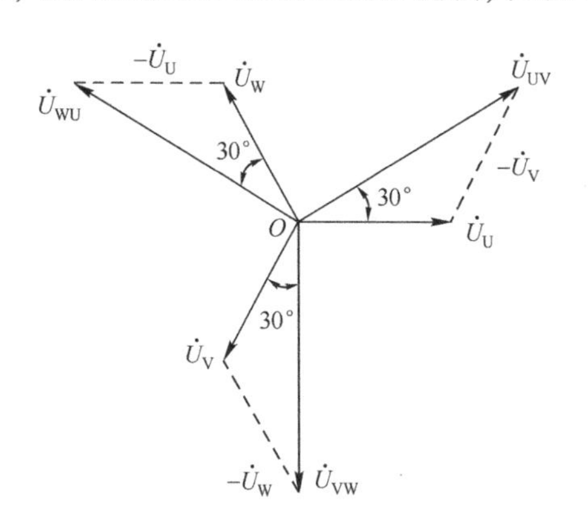

图 2-21　三相电源星形连接时线电压与相电压的关系

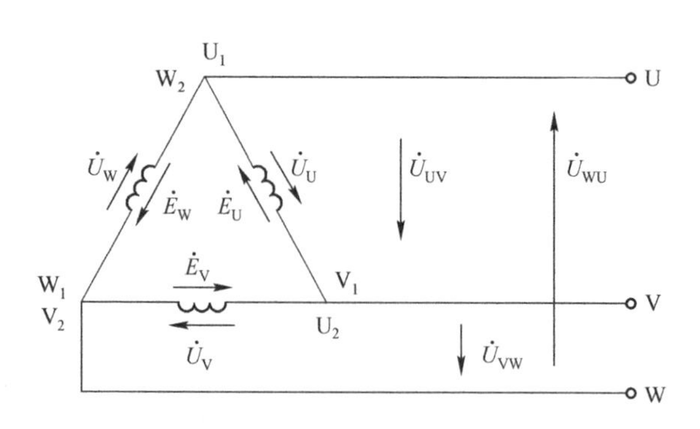

图 2-22　三相电源的三角形连接

由图 2-22 可知，三相电源作三角形连接时，线电压等于相电压，即：

$$\dot{U}_{UV}=\dot{U}_U \qquad \dot{U}_{VW}=\dot{U}_V \qquad \dot{U}_{WU}=\dot{U}_W \tag{2-40}$$

当对称三相电源作三角形正确连接时，由于$\dot{U}_U+\dot{U}_V+\dot{U}_W=0$，所以电源内部无环流。若接错，将可能形成很大的环流，以致烧坏绕组，这是不允许的。发电机绕组一般不采用三角形连接而采用星形连接。

能力训练

（1）三相电源有什么特点？有几种连接方法？各有什么特点？

（2）三相电源作三角形连接时，若其中一相接反，会发生什么情况？

任务九：三相负载连接

能力目标

（1）熟练掌握负载的连接方式。

（2）掌握对称三相负载的线电压与相电压的关系，线电流与相电流的关系。

日常使用的各种电器根据其特点可分为单相负载和三相负载两大类。只采用单相交流电供电的用电设备，如电灯、电炉、电烙铁等，称为单相负载。需同时采用三相交流电供电的用电设备，如三相异步电动机、大功率电炉及作一定连接的三组单相用电设备等，称为三相负载。各相阻抗均相同的三相负载称为对称三相负载，否则称为不对称三相负载。三相负载有星形(Y)和三角形(△)两种连接方法，各有其特点，适用于不同的场合，应注意不要弄错，否则会酿成事故。

一、三相负载的星形连接(Y)

图2-23所示为三相负载作星形连接的三相四线制电路。若不计中线阻抗，则电源中点N与负载中点N′等电位；若忽略相线阻抗，则负载的相电压等于电源的相电压，负载的线电压等于电源的线电压。相电压与线电压的有效值关系为：$U_L=\sqrt{3}U_P$。

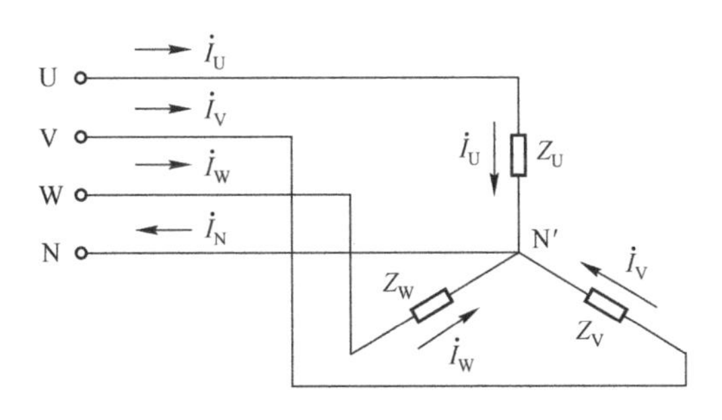

图2-23　三相负载的星形连接

在三相电路中，流过每相负载的电流称为相电流；流过相线的电流称为线电流，用$\dot{I}_U$、$\dot{I}_V$、$\dot{I}_W$表示；流过中线的电流称为中线电流，用$\dot{I}_N$表示。各电流的参考方向如图2-23所示。

从图2-23可见，线电流等于相电流。中线电流则为：$\dot{I}_N=\dot{I}_U+\dot{I}_V+\dot{I}_W$。

如果为对称三相负载，则三相电流$\dot{I}_U$、$\dot{I}_V$、$\dot{I}_W$对称，中线电流$\dot{I}_N=0$。此时可省略中线而构成三相三线制星形连接。

假设三相负载为对称负载，则有：$|Z_P|=|Z_U|=|Z_V|=|Z_W|$，其中$|Z_P|$为每相负载阻抗，各相负载的线电流I_L与相电流I_P相等，即：

$$I_L=I_P=\frac{U_P}{|Z_P|} \tag{2-41}$$

二、三相负载的三角形连接(△)

图2-24所示为三相负载的三角形连接电路，各电流的参考方向可从图中看出，无论负载对称与否，各相负载所承受的电压均为对称的电源线电压。线电流与相电流的关系可由KCL得到：

如果三相负载对称，则三个相电流对称，设：

$$\begin{cases}\dot{I}_{UV}=I_P\angle 0^\circ\\ \dot{I}_{VW}=I_P\angle -120^\circ\\ \dot{I}_{WU}=I_P\angle 120^\circ\end{cases}$$

由以上关系式与KCL可得：

$$\left.\begin{aligned}\dot{I}_U&=\dot{I}_{UV}-\dot{I}_{WU}=I_P\angle 0^\circ-I_P\angle 120^\circ=\sqrt{3}\dot{I}_U\angle -30^\circ\\ \dot{I}_V&=\dot{I}_{VW}-\dot{I}_{UV}=I_P\angle -120^\circ-I_P\angle 0^\circ=\sqrt{3}\dot{I}_V\angle -30^\circ\\ \dot{I}_W&=\dot{I}_{WU}-\dot{I}_{VW}=I_P\angle 120^\circ-I_P\angle -120^\circ=\sqrt{3}\dot{I}_W\angle -30^\circ\end{aligned}\right\} \tag{2-42}$$

式(2-42)表明，对称三相负载作三角形连接时，三个线电流也对称，线电流与相电流的有效值关系为：$I_L=\sqrt{3}I_P$；相位关系为：线电流滞后对应的相电流30°。线电流与相电流的数量关系及相位关系，也可通过作相量图的方法得出，如图2-25所示。

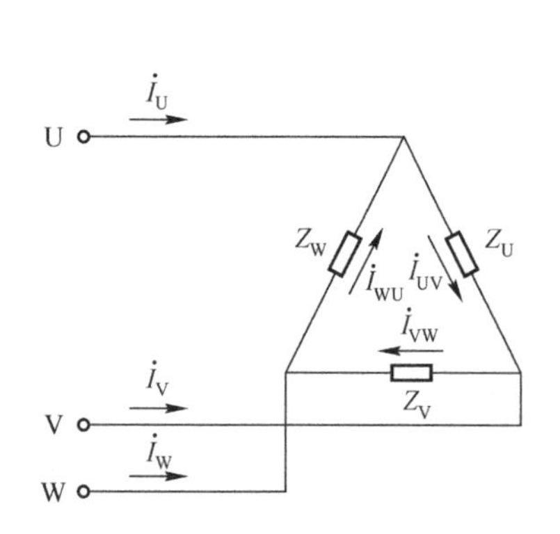

图2-24　三相负载的三角形连接

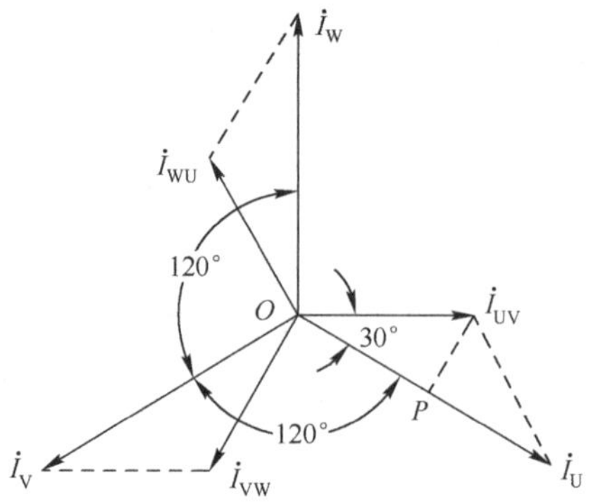

图2-25　三相负载三角形连接时的线电流与相电流

［例2-7］　大功率三相异步电动机启动时，由于启动电流较大而采用降压启动，其方法之一是启动时将三相定子绕组接成星形连接，而在正常运行时改接为三角形连接。试比较当绕组作星形连接和作三角形连接时相电流的比值及线电流的比值。

解：当绕组作星形连接时：

$$U_{YP}=\frac{U_L}{\sqrt{3}}$$

$$I_{YL}=I_{YP}=\frac{U_{YP}}{|Z|}=\frac{U_L}{\sqrt{3}\,|Z|}$$

当绕组作三角形连接时：

$$U_{\triangle P}=U_L$$

$$I_{\triangle P}=\frac{U_{\triangle P}}{|Z|}=\frac{U_L}{|Z|}$$

$$I_{\triangle L}=\sqrt{3}I_{\triangle P}=\frac{\sqrt{3}U_L}{|Z|}$$

因此，两种连接时相电流的比值为：

$$\frac{I_{YP}}{I_{\triangle P}}=\frac{U_L/\sqrt{3}\,|Z|}{U_L/|Z|}=\frac{1}{\sqrt{3}}$$

线电流的比值为：

$$\frac{I_{YL}}{I_{\triangle L}}=\frac{U_L/\sqrt{3}\,|Z|}{\sqrt{3}U_L/|Z|}=\frac{1}{3}$$

可见，三相异步电动机采用星形-三角形(Y-△)降压启动时的线电流仅是直接采用三角形连接启动时线电流的1/3。

能力训练

(1) 在三相四线制中，若负载不对称，为了保证负载正常工作，保险丝能否安装在中线中？

(2) 三相负载星形连接时，测出三相电流相等，能否认为三相负载是对称的？

任务十：三相电路功率

能力目标

(1) 理解对称三相电路各种功率的意义。

(2) 熟练掌握对称三相电路功率的计算方法。

一、有功功率

在三相交流电路中，无论三相负载是星形连接，还是三角形连接，三相负载消耗的总的有功功率必等于各相负载消耗的有功功率之和，即：

$$P = P_U + P_V + P_W = U_U I_U \cos\varphi_U + U_V I_V \cos\varphi_V + U_W I_W \cos\varphi_W \tag{2-43}$$

式中，U_U、U_V、U_W 为各相电压；I_U、I_V、I_W 为各相电流；$\cos\varphi_U$、$\cos\varphi_V$、$\cos\varphi_W$ 为各相负载的功率因数。

在对称三相电路中，每相有功功率相等，因此，三相总的有功功率为：

$$P = 3P_P = 3U_P I_P \cos\varphi_P \tag{2-44}$$

由于在三相电路中，测量线电压和线电流往往比较方便，因此三相功率的计算公式常用线电压和线电流来表示。

当对称负载作星形连接时，$U_L = \sqrt{3}U_P$，$I_P = I_L$，于是三相总的有功功率为：

$$P_Y = 3U_P I_P \cos\varphi_P = 3\frac{U_L}{\sqrt{3}} I_L \cos\varphi_P = \sqrt{3} U_L I_L \cos\varphi_P$$

当对称负载作三角形连接时，$U_L = U_P$，$I_L = \sqrt{3} I_P$，于是三相总的有功功率为：

$$P_Y = 3U_P I_P \cos\varphi_P = 3U_L \frac{I_L}{\sqrt{3}} \cos\varphi_P = \sqrt{3} U_L I_L \cos\varphi_P$$

可见，在对称电路中，无论负载作星形连接，还是三角形连接，三相总的有功功率的计算公式均为：

$$P = \sqrt{3} U_L I_L \cos\varphi_P \tag{2-45}$$

注意：式中的 φ_P 为相电压与相电流之间的相位差。

二、无功功率

在对称三相电路中，与三相有功功率类似，三相总的无功功率为：

$$Q = 3Q_P = 3U_P I_P \sin\varphi_P = \sqrt{3}U_L I_L \sin\varphi_P \tag{2-46}$$

三、视在功率

三相视在功率为：

$$S = \sqrt{P^2 + Q^2} \tag{2-47}$$

在对称三相电路中，三相视在功率为：

$$S = 3S_P = 3U_P I_P = \sqrt{3}U_L I_L \tag{2-48}$$

［例 2-8］ 三相负载 $Z = 8 + 6\text{j}\Omega$，接于线电压为 380V 的电源上，试求分别作星形连接和三角形连接时三相电路总的有功功率。

解：每相阻抗 $Z = 8 + 6\text{j} = 10\angle 36.9°\Omega$。当负载作星形连接时，线电流 $I_L = 22\text{A}$，故三相总的有功功率为：

$$P_Y = \sqrt{3}U_L I_L \cos\varphi_P = \sqrt{3} \times 380 \times 22 \times \cos 36.9° \approx 11.58\text{kW}$$

当负载作三角形连接时，线电流 $I_L = 66\text{A}$，故三相总的有功功率为：

$$P_\triangle = \sqrt{3}U_L I_L \cos\varphi_P = \sqrt{3} \times 380 \times 66 \times \cos 36.9° \approx 34.74\text{kW}$$

计算表明，在电源电压不变时，同一负载由星形连接改为三角形连接时，其功率增加到原来的 3 倍。因此，若要使负载正常工作，则负载的连接必须正确。若正常工作是星形连接的负载，误作三角形连接，则将因功率过大而烧毁；若正常工作是三角形连接的负载，误作星形连接，则将因功率过小而不能正常工作。

能力训练

在电源不变的情况下，三相对称负载由星形连接变为三角形连接，消耗的功率是否相等？

技能训练二：三相交流电路电压、电流和功率的测量

1. 训练目的

（1）掌握三相负载的星形连接和三角形连接方法。

（2）掌握三相交流电压、电流的测量方法。

（3）理解相电压、相电流和线电压、线电流之间的关系以及三相四线制供电系统中中线的作用。

(4) 掌握三相交流电路功率、功率因数和相序的测量方法。

(5) 熟悉功率表、功率因数表的使用方法，了解负载性质对功率因数的影响。

2. 仪表仪器、工具

三相交流电源，三相自耦调压器，交流电压表，交流电流表，功率表，三相灯组负载，电门插座等部件。

3. 训练方法

(1) 三相负载有三角形连接和星形连接两种方式。在对称三相电路中，负载作星形连接时，其线电压 U_L 与相电压 U_P 之间的关系为 $U_L=\sqrt{3}U_P$；负载作三角形连接时，其线电流 I_L 与相电流 I_P 之间的关系为 $I_L=\sqrt{3}I_P$。

负载不对称的星形连接的三相电路一般都采用三相四线制。因为如果不接中线，则由于中性点的位移造成各相电压不对称，会使负载不能正常工作，甚至遭受损坏。接中线可以保证各相负载电压对称和各相负载间互不影响。

(2) 三相负载所吸收的功率等于各相负载之和。在对称三相电路中，因各相负载所吸收的功率相等，故用一只功率表测出任一相的功率乘以 3 即得三相负载的功率。在不对称三相四线制电路中，各相负载功率不等，可用三只功率表同时测出各相功率，然后相加即得三相负载的功率。这种测量法称为三表法。

在不对称的三相三线制电路中，可使用两只功率表来测量三相功率，称为两表法。它们的连接方式如图 2-26 所示。两只功率表的电流线圈分别串入任意两相线(图示为 U、V 相)，它们的电压线圈中的非同名端共同接至余下的一条相线上(图示为 W 相)。两只功率表读数的代数和等于待测的三相功率。

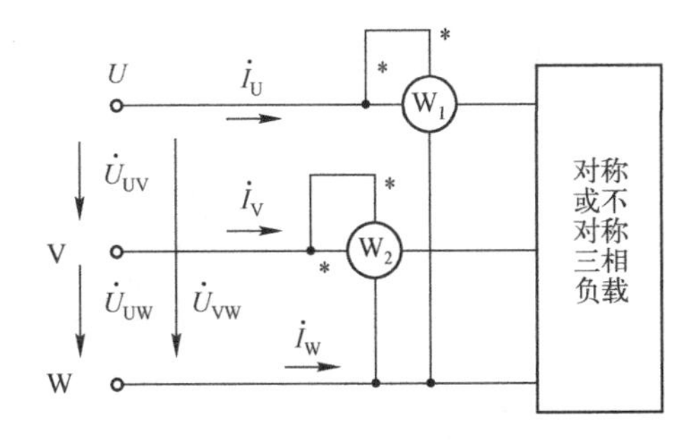

图 2-26　两表法测量的接线图

4. 训练内容

(1) 完成负载作星形连接电路的参数的测量。

① 本实验用三组灯泡作为三相负载，每组有 3 个灯泡，每个灯泡都可由开关控制，按图 2-27 所示接线(负载尾部相连)。经检查无误方可通电。将三相调压器同轴旋钮调至电源线电压 U_{UV} 为 220V。设每相亮三盏灯作为负载对称的状况，将测量结果记入表 2-1。

② 设三相分别亮一盏灯、亮两盏灯、亮三盏灯作为负载不对称的状况，将测量结果记入表 2-1。

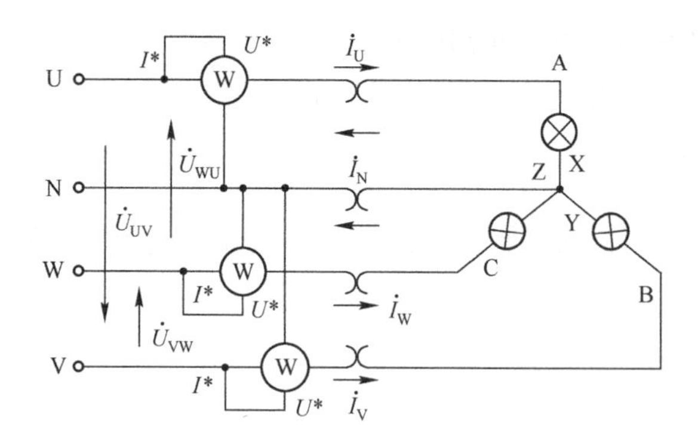

图 2-27　负载作星形连接

表 2-1　测量结果

状态 \ 项目		线电压（V）			相电压（V）			线（相）电流（A）			中线电流（A）	三相功率（W）			
		U_{UV}	U_{VW}	U_{WU}	U_U	U_V	U_W	I_U	I_V	I_W	I_N	P_U	P_V	P_W	P
负载对称	有中线												\	\	
	无中线												\	\	
负载不对称	有中线														
	无中线											\	\	\	

（2）完成负载作三角形连接电路的参数的测量。按图 2-28 所示接线（负载首尾相连），经检查无误方可通电。操作同上，将负载对称与负载不对称情况的测量结果记入表 2-2。

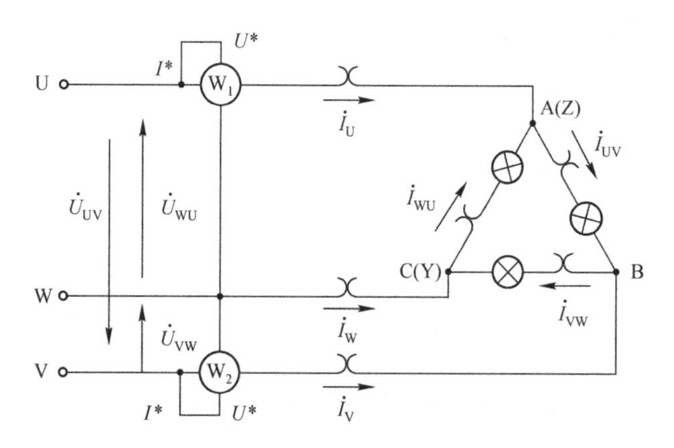

图 2-28　负载作三角形连接

表 2-2　测量结果

状态 \ 项目	线（相）电压（V）			线电流（A）			相电流（A）			三相功率（W）		
	U_{UV}	U_{VW}	U_{WU}	I_U	I_V	I_W	I_{UV}	I_{VW}	I_{WU}	P_1	P_2	P
负载对称												
负载不对称												

自　评　表

序号	自评项目	自评标准	项目配分	项目得分	自评成绩
1	正弦交流电的基础知识	正弦交流电的产生	2分		
		正弦交流电的概念	2分		
		正弦交流电的三要素	4分		
		有效值的概念	2分		
		正弦交流电的相量表示法	4分		
		正弦交流电表示法间的转换	4分		
2	单一参数元件电路的分析、计算	纯电阻电路的分析、计算	4分		
		纯电感电路的分析、计算	4分		
		纯电容电路的分析、计算	4分		
		相量图绘制	4分		
3	交流电路的分析、计算	电路等效变换	4分		
		电路计算	10分		
		有功功率、无功功率的物理意义	4分		
		功率因数提高的意义	2分		
		功率因数提高的方法	3分		
4	三相交流电源	三相电源	4分		
		三相电源两种连接方式	6分		
		线电压、相电压的概念	4分		
5	三相电路中负载的连接	三相负载连接方式	2分		
		三相负载作不同连接时的电压、电流	4分		
		中性线的作用	3分		
		负载接线方式的选择	6分		
6	三相交流电路的有用功率、无功功率及视在功率	三相交流电路的功率概念	4分		
		三相电路的功率计算	10分		
能力缺失					
弥补办法					

能力测试

一、基本能力测试

1. 某正弦量为 $5\sqrt{2}\sin(20t+45°)$，其中响应的相量为(　　)。

A. $-5\sqrt{2}\angle 45°$　　B. $5\angle 45°$　　C. $5\sqrt{2}\angle 45°$　　D. $5\angle 135°$

2. 如图2-29所示，正弦稳态电路，已知电源$\dot{U}_S$的频率为f时，电流表A和A_1的读数分别为0和1A；若$\dot{U}_S$的频率变为$\frac{f}{2}$，而幅值不变，则电流表A的读数为(　　)。

A. 0A　　B. 0.5A　　C. 1.5A　　D. 2A

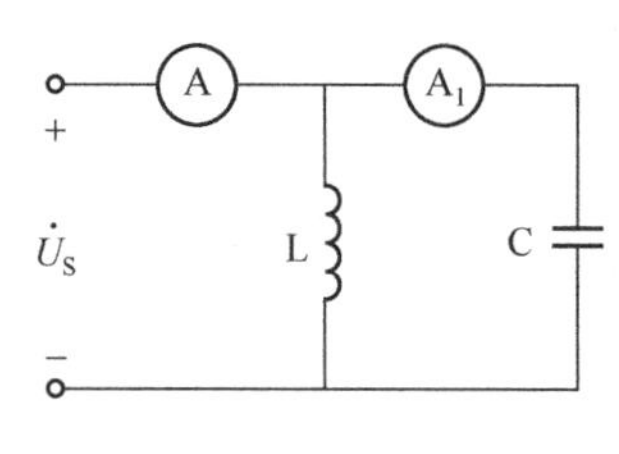

图2-29　第2题图

3. 对称三相电路中，三相正弦电压Y形连接，已知$\dot{U}_{AB}=380\angle0°$，则$\dot{U}_A$应为(　　)。

A. $380\angle-30°$V　　B. $220\angle30°$V　　C. $220\angle-30°$V　　D. $380\angle30°$V

4. 对称三相正弦电源接△形对称负载，线电流有效值为10A，则相电流有效值为(　　)。

A. 10A　　B. $10\sqrt{3}$A　　C. $\frac{10}{\sqrt{3}}$A　　D. 30A

5. 已知$\dot{I}_1=8-j6$A，$\dot{I}_2=-8+j6$A，则它们所代表的正弦电流的时域表达式，$i_1=$________A，$i_2=$________A。

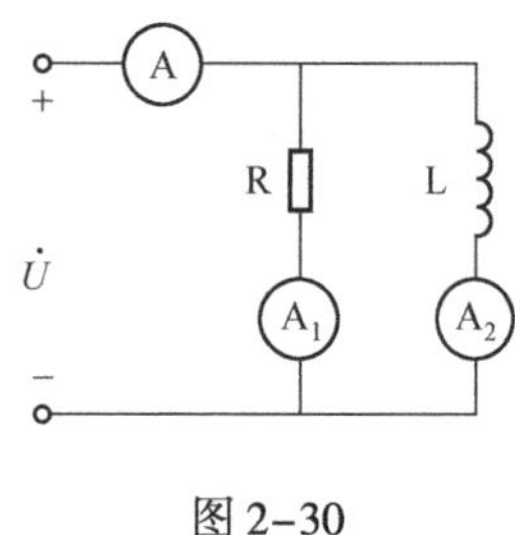

图2-30

6. 已知$i_1=10\sin(\omega t+30°)$A，$i_2=6\sin(\omega t-60°)$，则i_1+i_2=________A。

7. 如图2-30所示的电路中，已知电流表A_1，A_2的数值均为10A，求电流表A的数值为________A。

8. 对称三相正弦电压，已知线电压$\dot{U}_{AB}=380\angle0°$V，Y形连接，则相电压$\dot{U}_A=$________。

9. 三相对称正弦电源，在任何瞬间总有$u_A+u_B+u_C$=________。

10. 某正弦电流的频率为20Hz，有效值为$5\sqrt{2}$A，在$t=0$时，电流的瞬时值为5A，且此时刻电流在增加，求该电流的瞬时值表达式。

11. 已知正弦交流电压和电流分别为：$u=110\sin(\omega t+45°)$V，$i=7.07\sin(\omega t-45°)$A，试求它们的相位差，并画出它们的相量图。

12. 有一个电感为25.5mH的电感线圈，接在电压为220V，频率为50Hz的电源上，试求：电感的感抗，通过电感线圈的电流有效值，电路的无功功率。

13. 有一个电容为318μF的电容器，接在电压为220V，频率为50Hz的电源上，试求：电容的容抗，通过电容器的电流有效值，电路的无功功率。

14. 日光灯管和镇流器串联接在220V、50Hz的交流电源上，灯管可以看做280Ω的电阻，镇流器可以看做20Ω的电阻和1.65H的电感串联，试求电路的电流及灯管两端与镇流器两端的电压。

15. 电阻、电感、电容串联的正弦交流电路如图 2-31 所示，$R=30\Omega$，$L=127\text{mH}$，$C=40\mu\text{F}$，电源电压 $u=220\sqrt{2}\sin(314t-53°)$。计算：(1)感抗 X_L、容抗 X_C；(2)计算 U_R、U_L、U_C；(3)画相量图。

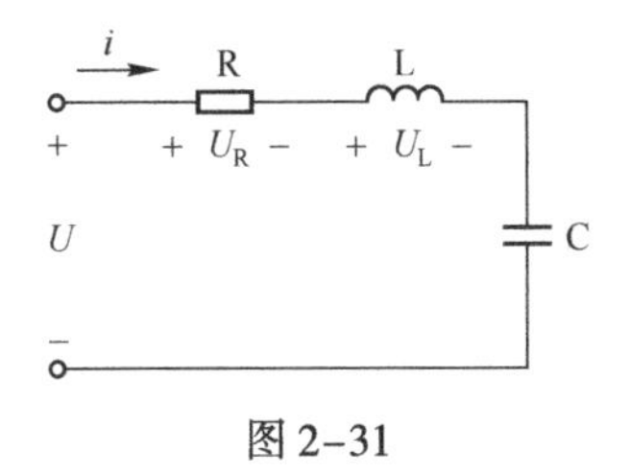

图 2-31

二、应用能力测试

1. 某单相 50Hz 的交流电源，其额定容量 $S_N=40\text{kV}\cdot\text{A}$，额定电压 $U_N=220\text{V}$，供给照明电路，各负载都是 40W 的日光灯(可认为与 R_L 组成串联电路)，其功率因数为 0.5，试求：

(1) 日光灯最多可点多少盏?

(2) 用补偿电容将功率因数提高到 1，这时电路的总电流是多少？需用多大的补偿电容?

(3) 功率因数提高到 1 以后，除供给以上日光灯外，各保持电源在额定情况下工作，还可多点 40W 白炽灯多少盏?

2. 有 20 只 220V、40W 的日光灯和 100 只 220V、40W 的白炽灯并联接在 220V，频率为 50Hz 的交流电源上，已知日光灯的功率因数为 0.5，求电路的有功功率、无功功率、视在功率和功率因数。

3. 一台单相电动机接在 220V，频率为 50Hz 的交流电源上，吸收 1.4kW 的功率，功率因数为 0.7，欲将功率因数提高到 0.9，需并联多大的电容，补偿的无功功率为多少?

4. 某三相对称负载作三角形连接，已知电源的线电压为 380V，测得线电流为 15A，三相功率为 $P=8.5\text{kW}$，则三相对称负载的功率因数为多少?

5. 三相对称负载接在线电压为 230V 的三相电源上，每相负载的电阻为 12Ω，感抗为 16Ω。试求：(1)采用星形连接时负载的相电流和有功功率。(2)采用三角形连接时负载的相电流、线电流和有功功率。

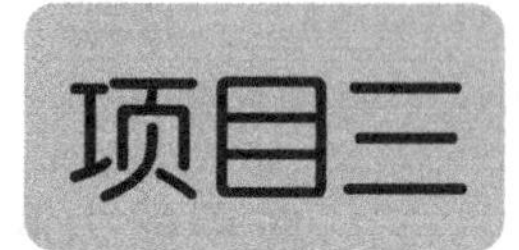

三相异步电动机电气控制

项目描述：生产设备的工作几乎都是由电动机来拖动的，因此电动机的工作必须满足生产过程的控制要求，电气控制就是对拖动系统实施控制，这种采用电动机作为原动机拖动生产机械运动的方式称为电力拖动。电气控制常用的方式是继—接控制，它采用接触器、继电器、按钮、行程开关等电器元件组成控制电路，实现对电动机的启动、正反转、调速、顺序等控制。

电气控制系统势必要使用一些低压电器设备，如何利用这些设备组成一个完善的控制系统，以实现拖动机械工作来满足生产任务的要求，就显得非常关键；了解、掌握电气控制系统的原理，也是电气系统故障分析、诊断的基础。

项目任务：掌握电气控制设备的结构和工作原理；掌握电气控制线路的基本环节。

学习内容：常用低压电气设备；三相异步电动机的启动控制、调速控制、条件控制、顺序控制和制动控制等；电气控制线路的安装工艺及检修方法。

任务十一：常用低压电气设备

能力目标

（1）掌握常用低压电气设备的基本结构、工作原理和用途。

（2）了解常用低压电器的技术数据，并能正确选用。

一、低压电器的分类

低压电器是指交流工作电压在1200V、直流电压在1500V及以下的电路中，对电路进行控制、保护等作用的电器。

低压电器的种类很多，按结构、用途及控制对象不同，可以有不同的分类方式，常用的分类方式有以下三种。

（1）按用途和控制对象分为低压配电电器和低压控制电器两类，如低压断路器、熔断器、接触器、继电器等。

（2）按工作原理分为电磁式和非电量控制电器，如电磁式继电器、速度继电器等。

(3) 按动作方式分为手动电器和自动电器，如刀开关、按钮、继电器等。

二、常用低压电器

1. 刀开关

(1) 刀开关的用途。刀开关是低压配电电器中最简单的一种手动控制电器，用途非常广泛，品种较多，主要用于隔离电源，故也称为隔离开关，也可用于不频繁地通、断小容量负载。

刀开关分单极、双极和三极三种，常用的产品有 HD11—HD14、HS11—HS13 单、双投刀开关系列，HK1、HK2 开启式负荷开关系列，HH3、HH4 封闭式负荷开关系列和 HR3 刀熔开关系列，HH3、HH4 系列铁壳开关等。

(2) 刀开关的结构及分类。刀开关的外形及结构如图 3-1 所示，符号如图 3-2 所示。刀开关的基本结构由操作手柄、刀片(动触点)、触点座(静触点)和底座组成。

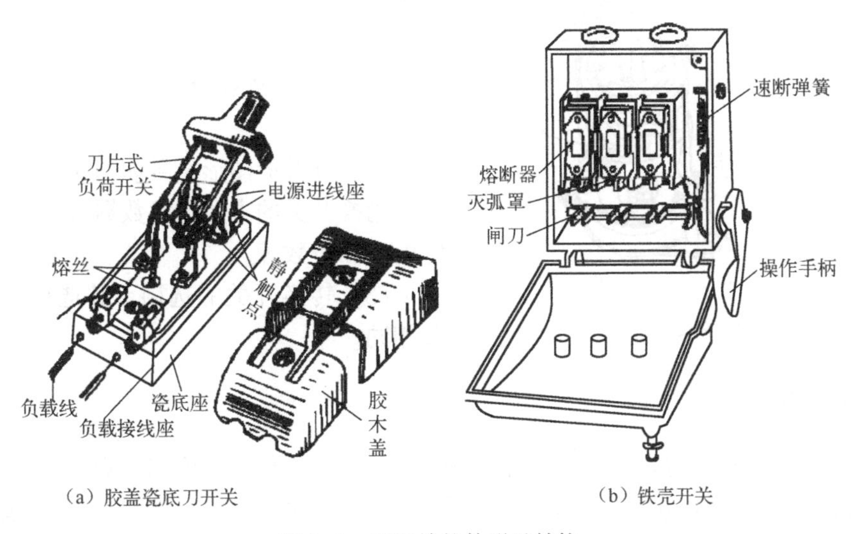

(a) 胶盖瓷底刀开关　(b) 铁壳开关

图 3-1　刀开关的外形及结构

刀开关的主要技术数据有以下几项。

额定电压：指长期工作时承受的最大电压。

额定电流：指长期通过的最大允许电流。

分断能力：指刀开关断开电路的最大容量。

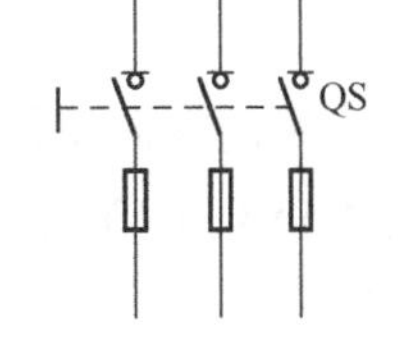

图 3-2　刀开关符号

(3) 刀开关安装的注意事项。

① 操作手柄不能倒装，一定要向上，防止倒装后操作手柄意外落下而接通电源，出现安全事故。

② 电源接线应在上端，负载接线在下端，保证断开后起到隔离电源的作用。

③ 铁壳开关不能放置在地面上操作，也不能面对开关进行操作。

④ 开关安装要有一定的高度。

(4) 刀开关的选用方法。

① 根据适用条件的要求，合理选择刀开关的类型、极数和操作方式。

② 刀开关额定电压应大于或等于线路电压。

③ 开关额定电流应大于或等于线路的工作电流。对电动机负载，开启式负荷开关额定电流可取为电动机额定电流的3倍，封闭式刀开关额定电流可取为电动机额定电流的1.5倍。

2. 转换开关

(1) 转换开关的用途。轮换开关也称为组合开关，一般用来不频繁地接通或断开电路、换接电源或负载，也可以用来控制小容量电动机。

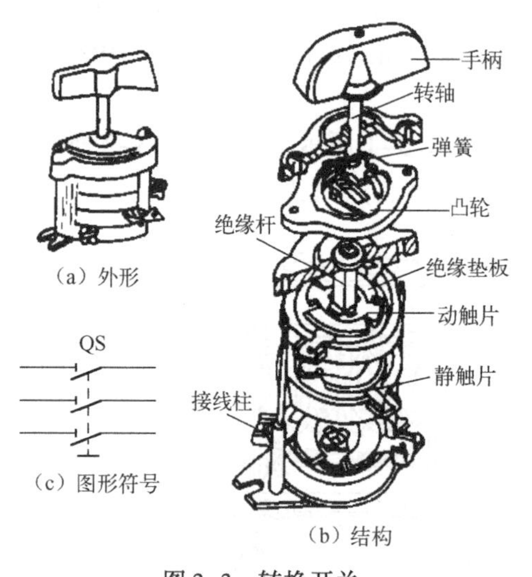

(a) 外形　(b) 结构　(c) 图形符号

图3-3　转换开关

转换开关常用的有HZ5、HZ10、HZ12、HZ15等系列。

(2) 转换开关的结构。转换开关的外形及结构如图3-3(a)、(b)所示。基本结构由动触点(刀片)、静触点、转轴、手柄、定位机构和外壳组成，动触点分别叠装在数层绝缘垫板之间。

转换开关的图形符号如图3-3(c)所示。

轮换开关的主要技术数据有：额定电压、额定电流和极数等。

(3) 转换开关的选用。其选择方法与刀开关相同。

3. 控制按钮

(1) 控制按钮的用途及分类。控制按钮属于主令电器，在控制电路中，用来接通或断开小电流电路。按功能分为自动复位和带锁定功能两种，按结构分为单个按钮、双位按钮和三位按钮，按操作方式分为一般式、蘑菇头急停式、旋转式和钥匙式等，按颜色分有红、绿、黑、黄、蓝、白、灰等，通常红色为停止按钮，绿色为启动按钮，黑色为点动按钮。

常用的控制按钮有LA2、LA4、LA10、LA18、LA19、LA20、LA25等系列，引进国外技术的有LAY3、LAY5、LAY8、LAY9系列和NP2、3、4、5、6等系列。LA19系列按钮与指示灯组合，作为工作状态、预警、故障及其他信号指示用。

(2) 控制按钮的结构。控制按钮外形及结构如图3-4(a)、(b)所示。基本结构一般由按钮帽、桥式动触点、静触点、复位弹簧和外壳组成，触点分为动合触点和动断触点。

控制按钮图形符号如图3-4(c)所示。

(3) 控制按钮的工作原理。对于自复式按钮，按下按钮，动断触点先断开，动合触点后闭合；松开按钮，在复位弹簧的作用下按钮自动复位，即动合触点先断开，动断触点后闭合。对于带自保持机构的按钮，第一次按下后，机械结构锁定，松手后不能自动复位，须第二次按下后，锁定机构脱扣，再松手才能自动复位。

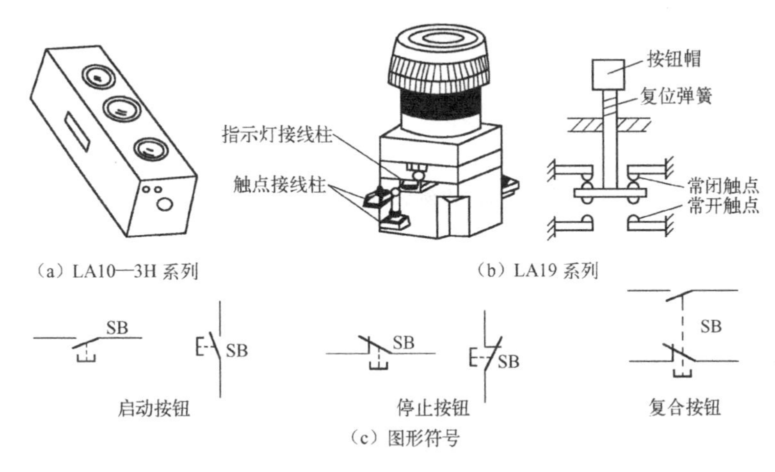

图 3-4　控制按钮

控制按钮的主要技术数据有：额定电压、额定电流等。

（4）按钮的选用。按钮的选择主要依据控制电路需要的触点数、动作要求、是否需要指示灯、使用场所和颜色等。

4. 低压断路器

（1）低压断路器的用途。常用的低压断路器有塑壳式（装置式）和万能式（框架式）两类。用来不频繁通断电路，并能在电路过载、短路及失压时自动分断电路。

常用的低压断路器有 DW15、DW16、DW17、DW15HH 等系列万能式断路器，DZ5、DZ10、DZX10、DZ15、DZ20 等系列塑壳式断路器。

（2）低压断路器的结构（含图形符号）。低压断路器主要由触点系统、灭弧装置、脱扣机构、传动机构等部分构成。它的外形和图形符号如图 3-5 所示。

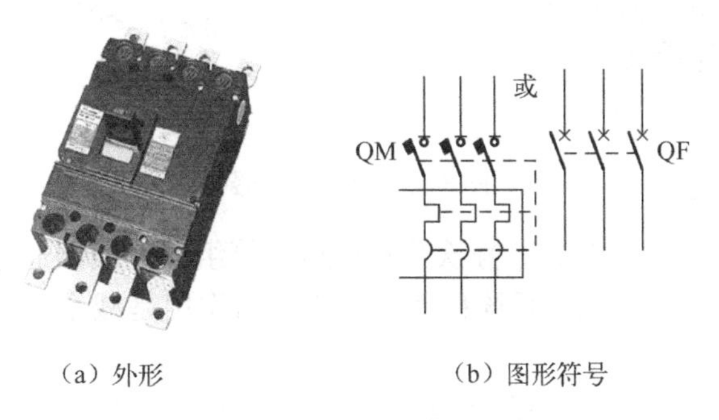

图 3-5　低压断路器

（3）低压断路器的安装。

① 安装前应擦净脱扣器电磁铁工作面上的防锈漆脂。

② 断路器与熔断器配合使用时，为保证使用的安全，熔断器应尽可能装在断路器之前。

③ 不允许随意调整电磁脱扣器的整定值。

④ 使用一段时间后，应检查弹簧是否生锈、卡住，防止不能正常动作。

⑤ 若有严重的电灼伤痕迹，可用干布擦去；若触点烧毛，可用砂纸或细锉修整，主触点一般不允许用锉刀修整。

⑥ 应经常清除灰尘，防止绝缘性能降低。

（4）低压断路器的选用。

① 断路器的额定电压应不低于线路的额定电压。

② 断路器的额定电流应不小于负载电流。

③ 脱扣器的额定电流应不小于负载电流。

④ 极限分断能力应不小于线路中最大短路电流。

⑤ 线路末端单相对地短路电流与瞬时脱扣器整定电流之比应不小于1.25。

⑥ 欠压脱扣器额定电压应等于线路额定电压。

5. 交流接触器

（1）交流接触器的用途，用于远距离通、断交流电路或控制交流电动机的频繁启、停。

常用的交流接触器型号有CJ20、CJ24、CJ40等系列，还有西门子的3TB、3TF系列和TE公司的LC1、LC2系列。

（2）交流接触器的结构，其外形、结构及图形符号如图3-6所示。

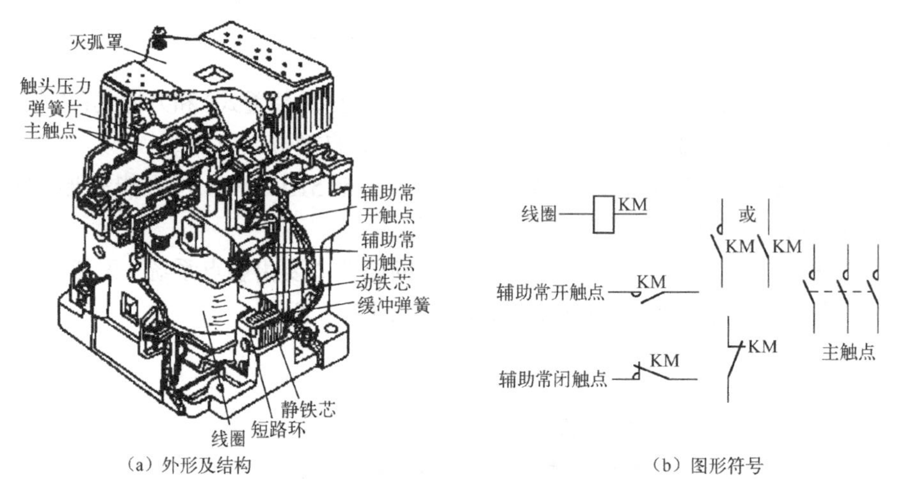

（a）外形及结构　　（b）图形符号

图3-6　交流接触器

① 电磁系统，由线圈、动铁芯、静铁芯和短路环等组成。线圈通电后，在铁芯中产生电磁力，吸引动铁芯移动，带动触点系统移动。短路环的作用是减小电磁噪声和振动，也称减振环。

② 触点系统，分为主触点和辅助触点。一般有三对常开主触点，主触点接在主电路中，用来接通或断开主电路；辅助触点又分为常开和常闭两种，辅助触点多用在控制电路中，用来实现各种控制。主触点相对于辅助触点体积较更大一些。

常闭触点是指电磁系统未通电或触点不受外力的情况下，触点为闭合状态；如果在这种情况下触点为断开状态，则称为常开触点。

③ 灭弧装置，用来熄灭电弧。

④ 其他部分，包括复位弹簧、缓冲弹簧、触头压力弹簧片和接线端子等。

（3）交流接触器安装。

① 安装前应先检查线圈的额定电压、额定电流等技术数据是否符合要求；检查接触器触点接触是否良好，有无卡阻现象；对新安装的接触器应擦净铁芯表面的防锈油。

② 接触器一般应安装在垂直面上，倾斜度不得超过5°。对有散热孔的接触器，散热孔应放在上下位置，以利于散热。

③ 安装与接线时，切勿把零件失落在接触器内部，以免引起卡阻，或引起短路故障。

④ 应拧紧固定螺钉，防止运行振动。

⑤ 触点表面因电弧出现金属小珠时，应及时锉修，但银及银合金触头表面产生的氧化膜，由于接触电阻很小，可不必锉修，否则会缩短触点的使用寿命。

⑥ 接触器的触点应定期清扫保持清洁，但不允许涂油。

(4) 交流接触器的选用。

① 接触器的额定电压应大于或等于负载回路的额定电压。

② 吸引线圈的额定电压应与所接控制电路的额定电压等级一致。

③ 额定电流应大于或等于被控主回路的额定电流。

6. 中间继电器

(1) 中间继电器的用途。中间继电器实质上是一种电压继电器，其结构和工作原理与接触器相同。但它的触点数量较多，在电路中主要是扩展触点的数量。另外，其触点的额定电流较小(5A)。常用的中间继电器有JZ7、JZ15、JZ17等系列。

(2) 中间继电器的结构。中间继电器的基本结构和接触器相类似，但它没有主触点、辅助触点之分，且触点数量较多。中间继电器也是由线圈、静铁芯、动铁芯、触点系统和复位弹簧等组成的，其外形、结构及图形符号如图3-7所示。

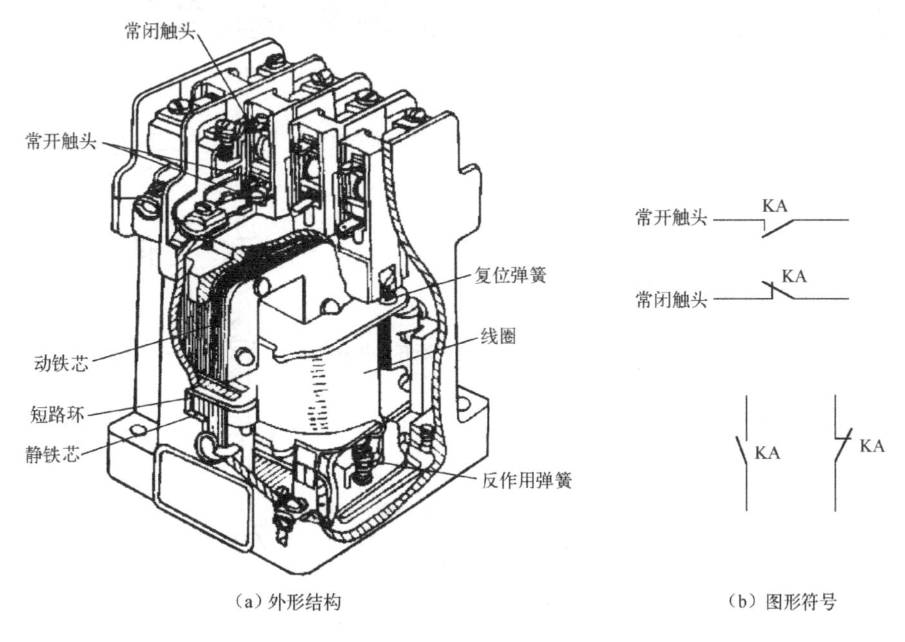

(a) 外形结构　　(b) 图形符号

图3-7　中间继电器

(3) 中间继电器的安装。中间继电器的安装方法和接触器相似，但由于中间继电器触点容量较小，一般不能接到主电路中。

（4）中间继电器的选用。选择中间继电器主要考虑触点的类型和数量，以及线圈额定电压的种类和数值。

7. 时间继电器

（1）时间继电器的用途。时间继电器是利用电磁原理和机械动作来使其触点获得延迟动作时间的。常用的时间继电器有 JS7、JS10、JS11、JSJ、JS14、JSS14、JSS20 等系列。

（2）时间继电器的结构。按照动作原理来分，时间继电器有电磁式、电动式、空气阻尼式、晶体管式和数字式等类型。由于空气阻尼式结构简单、工作可靠、价格低廉、寿命长等优点，是机床控制电路中常用的时间继电器。现以空气阻尼式时间继电器为例介绍其结构。

空气阻尼式时间继电器的动作时间由空气通过小孔节流的原理来控制。根据触点延时的特点，分为通电延时与断电延时两种，通电延时是指时间继电器的电磁线圈通电后，其触点延时动作；断电延时则是指在电磁线圈断电后，触点延时复位。空气阻尼式时间继电器的外形、结构及图形符号如图 3-8 所示。

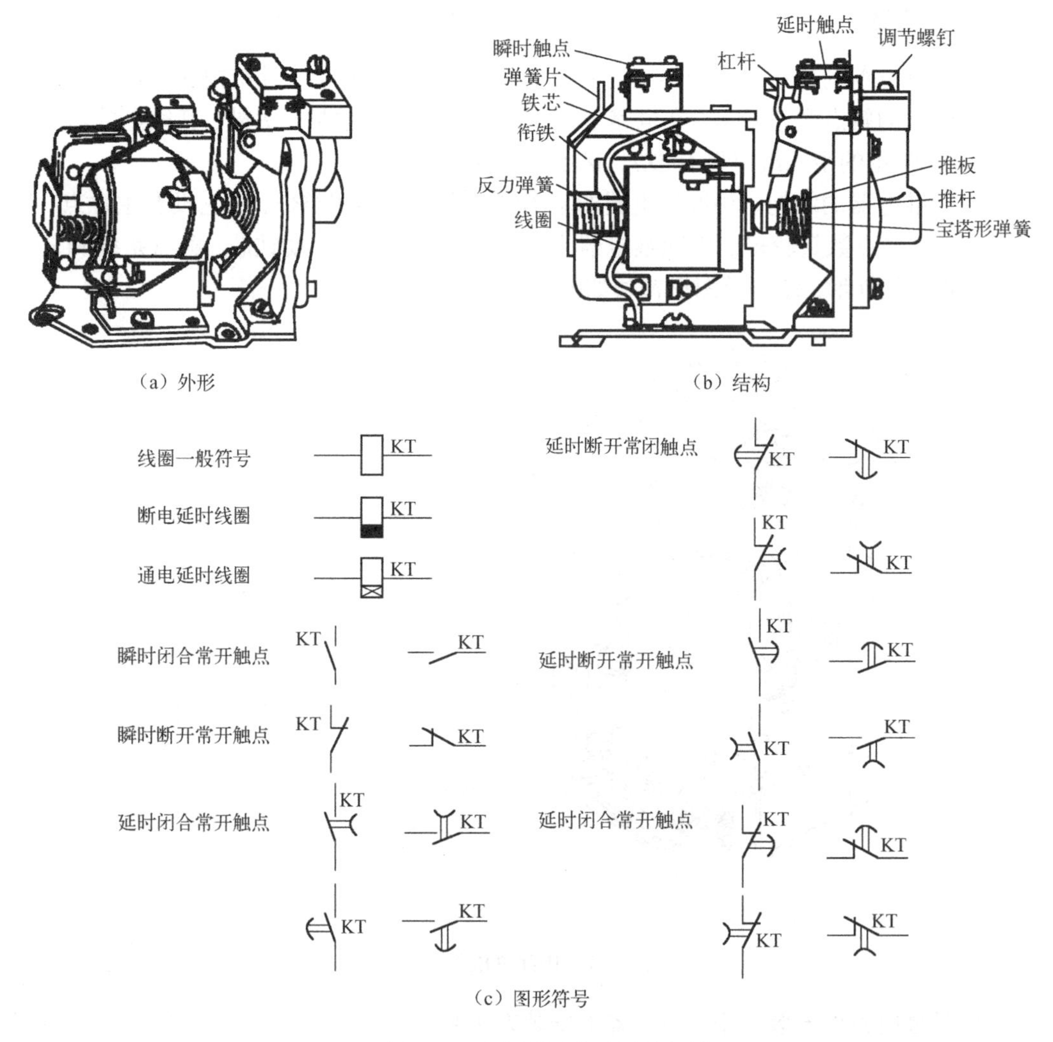

（a）外形　（b）结构

（c）图形符号

图 3-8　空气阻尼式时间继电器

空气阻尼式时间继电器由电磁系统、触点、气室及传动机构等组成。

① 电磁系统，由线圈、动铁芯、静铁芯和反作用弹簧组成。

② 触点，分为瞬时触点和延时触点两种。不同型号的空气阻尼式时间继电器的两种触点的数量不同。

③ 气室,其内部有一块橡皮薄膜和活塞随空气量的增减而移动，气室上面的调节螺钉可以调节延时的长短。

④ 传动机构，由杠杆、推板、推杆和宝塔形弹簧等组成。

(3) 时间继电器的安装。

① 经常清除时间继电器上的灰尘和油污，防止延时误差的增加。

② 将线圈转 180°就能将通电延时改成断电延时。同理也可将断电延时改为通电延时。

(4)时间继电器的选用。

① 根据使用场合、工作环境选择时间继电器类型。

② 根据控制电路中对延时触点的要求选择延时方式。

③ 根据线路工作电压选择电磁机构的线圈额定电压。

8. 熔断器

(1) 熔断器的用途。熔断器是一种在电路中用做短路保护(有时也用做过载保护)的保护电器,分为瓷插式、螺旋式、无填料封闭管式和有填料封闭管式等类型。

(2)熔断器的结构。RC1A 系列瓷插式熔断器的外形和结构如图 3-9 所示。

RL1 系列螺旋式熔断器的外形和结构如图 3-10 所示。

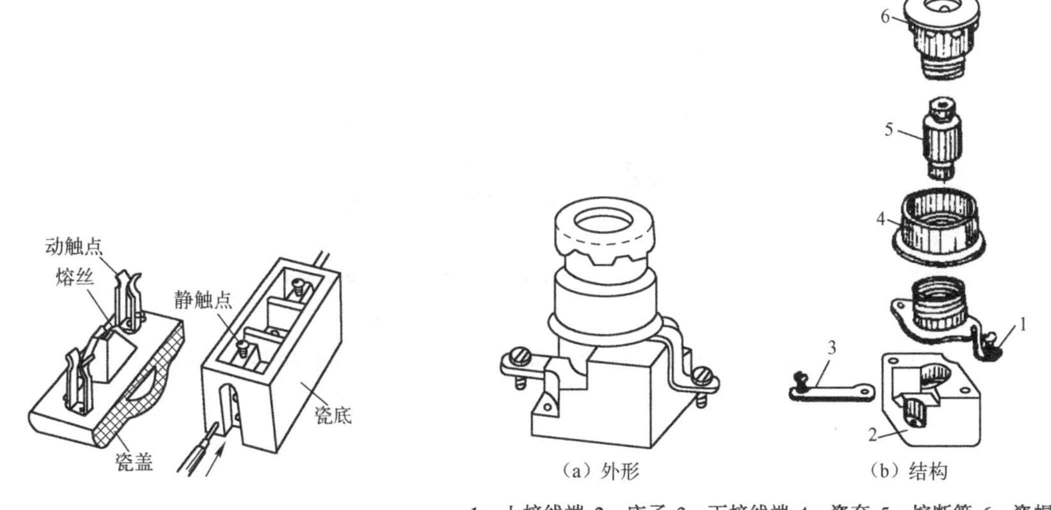

图 3-9　RC1A 系列瓷插式熔断器

1—上接线端;2—座子;3—下接线端;4—瓷套;5—熔断管;6—瓷帽

图 3-10　RL1 系列螺旋式熔断器

RM10 系列无填料封闭管式熔断器的外形和结构如图 3-11 所示。

RT10 系列有填料封闭管式熔断器的外形和结构如图 3-12 所示。

熔断器的图形符号如图 3-13 所示。

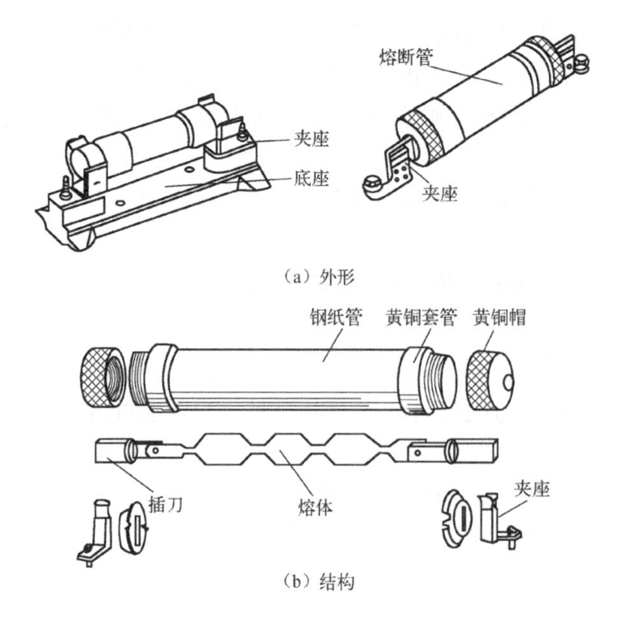

图 3-11　RM10 系列无填料封闭管式熔断器

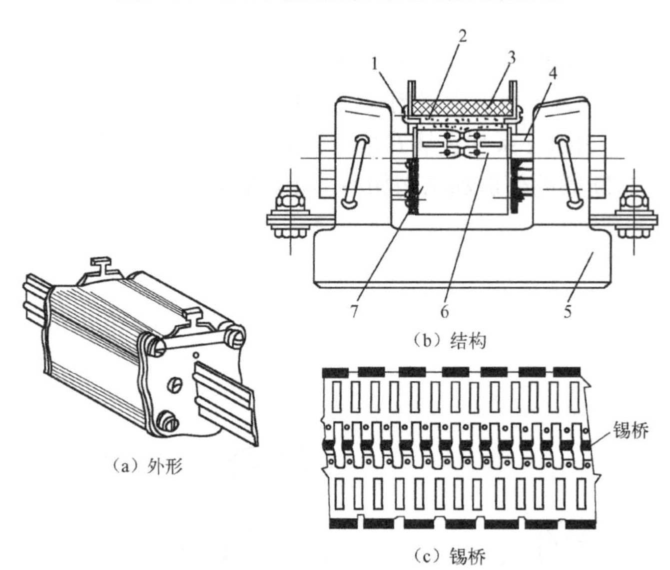

1—熔断指示器;2—石英砂填料;3—指示器熔丝;4—插刀;5—底座;6—熔体;7—熔管

图 3-12　RT10 系列有填料封闭管式熔断器

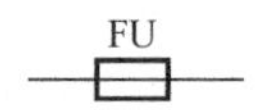

图 3-13　熔断器图形符号

（3）熔断器安装。

① 熔丝的额定电流只能小于或等于熔管的额定电流。

② 瓷插式熔断器的熔丝应顺着螺钉旋紧方向绕过去；不要把熔丝绷紧，以免减小熔丝截面尺寸。

③ 对于螺旋式熔断器，电源线必须与瓷底座的下接线端连接，防止更换熔体时发生触电。

④ 应保证熔体与刀座接触良好，以免因接触电阻过大使熔体温度升高而熔断。

⑤ 更换熔体应在停电的状况下进行。

(4) 熔断器的选用。

① 熔断器类型应满足使用环境的要求。

② 熔断器额定电压应大于或等于线路工作电压。

③ 熔体额定电流：

- 电热或照明电路，熔体额定电流大于或等于线路工作电流；
- 电动机：单台　熔体额定电流是电动机额定电流的1.5～2.5倍

  多台　$I_{RN}=(1.5\sim2.5)I_{Nmax}+\sum I_NS$

④ 熔断器额定电流大于或等于熔体额定电流。

9. 热继电器

(1) 热继电器的用途。热继电器是利用电流的热效应而动作的一种保护电器，主要用做电动机的过载保护、断相保护、电流不平衡运行的保护及其他电气设备发热状态的控制。常用的热继电器有JR20、JRS1、JR16、JR10、JR0等系列。

(2) 热继电器的结构。它由热元件、触点、动作机构、复位按钮和整定电流调整装置等组成，其结构及图形符号如图3-14所示。

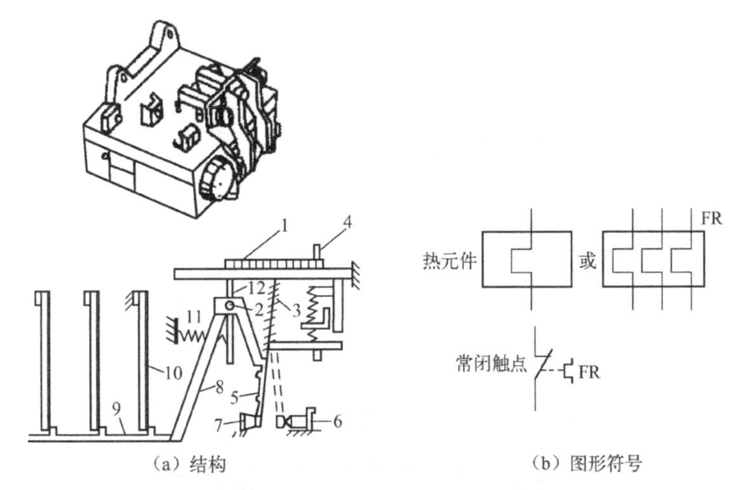

(a) 结构　(b) 图形符号

1—电流调节装置；2—推杆；3—拉簧；4—手动复位按钮；5—动触点；6—调节螺钉；7—常闭静触点；8—温度补偿双金属片；9—导板；10—主双金属片；11—压簧；12—支撑杆

图3-14　热继电器结构及图形符号

(3) 热继电器安装。

① 热继电器安装时，应清除触点表面污垢，以避免接线后电路不通或因接触电阻太大而影响其动作性能。

② 热继电器应安装在其他电器的下方，以防止其他电器发热而影响其动作的准确性。

③ 热继电器出线端的连接导线不宜太粗，也不宜太细。一般规定：额定电流为10A的热继电器，宜选用横截面积为2.5mm^{2}的单股铜芯塑料导线；额定电流为20A的热继电器，宜选用横截面积为4mm^{2}的单股铜芯塑料导线；额定电流为60A的热继电器，宜选用横截面积

为 16mm^2 的多股铜芯塑料导线；额定电流为 150A 的热继电器，宜选用横截面积为 35mm^2 的多股铜芯塑料导线。

（4）热继电器的选用。根据电动机的工作环境、启动情况、负载性质等因素来选用。

能力训练

（1）什么是低压电器？按用途分为哪些类型？

（2）交流接触器的线圈已通电而衔铁尚未闭合的瞬间，为什么会出现很大的冲击电流？

（3）线圈电压 220V 的交流接触器误接入 220V 直流电源上会发生什么问题？为什么？

（4）线圈电压 220V 的直流接触器误接入 220V 交流电源上会发生什么问题？为什么？

（5）熔断器的额定电流、熔体额定电流二者有何区别？

（6）热继电器能否用来进行短路保护？为什么？

（7）比较刀开关与铁壳开关的差异及各自的用途。

（8）选择接触器时，主要考虑交流接触器的哪些参数？

（9）中间继电器与交流接触器有什么差异？在什么条件下中间继电器也可以用来直接控制电动机？

（10）电动机过载，热继电器立即动作吗？为什么？

（11）叙述低压断路器的功能、使用场合。

任务十二：三相交流异步电动机

1. 结构

三相异步电动机主要由定子和转子两大部分组成，定子和转子之间存在很小的气隙，此外还有端盖、轴承、风扇等部件。三相笼式异步电动机的结构如图 3-15 所示。

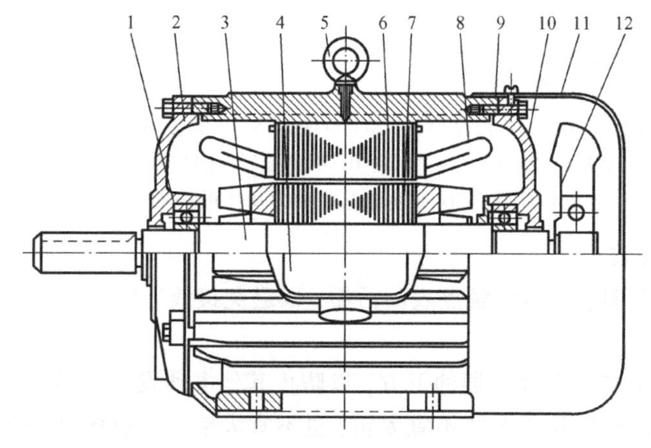

1—轴承；2—前端盖；3—转轴；4—接线盒；5—吊环；6—转子铁芯；7—转子；
8—定子绕组；9—机座；10—后端盖；11—风罩；12—风扇

图 3-15　三相笼式异步电动机的及结构

(1) 定子。三相异步电动机的定子由定子铁芯、定子绕组和机座三部分组成。

① 定子铁芯。定子铁芯是电动机磁路的一部分，定子铁芯的结构如图3-16所示。为了减少电机的铁芯损耗，定子铁芯采用0.5mm厚的硅钢片叠成，叠好后压装在机座的内腔中。硅钢片内圆周表面冲有槽形，用以嵌放定子绕组。槽的形状有半闭口槽、半开口槽和开口槽，如图3-17所示。小容量的电动机由于硅钢片间的涡流电压较小，相叠时利用硅钢片表面的氧化层即可减小涡流损耗。对于容量较大的电动机，在硅钢片两面涂绝缘漆作为片间绝缘。

② 定子绕组。定子绕组是电动机的电路部分，其主要作用是感应电势，通过电流以实现机电能量转换。它由嵌在定子铁芯槽内的线圈按一定规律组成，根据定子绕组线圈在槽内的布置可分为单层和双层绕组。绕组的槽内部分与铁芯之间必须可靠绝缘，这部分绝缘称为槽绝缘，如果是双层绕组，两层绕组之间还应有层间绝缘，槽内的导线用槽楔固定在槽内，如图3-17所示。

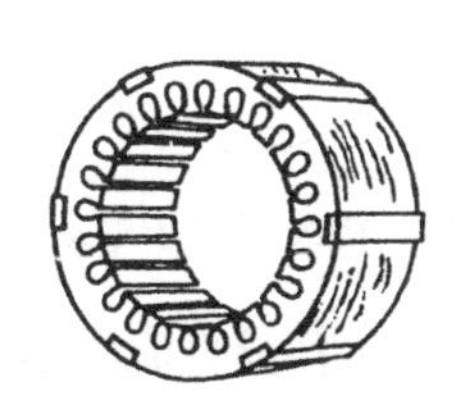

图3-16　定子铁芯的结构

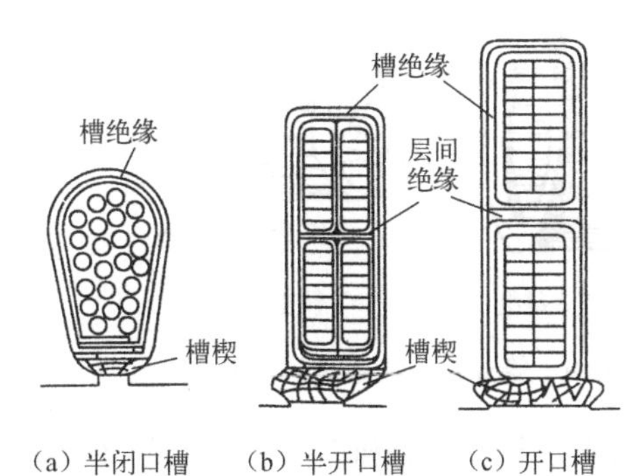

(a) 半闭口槽　(b) 半开口槽　(c) 开口槽

图3-17　定子铁芯槽形及槽内布置

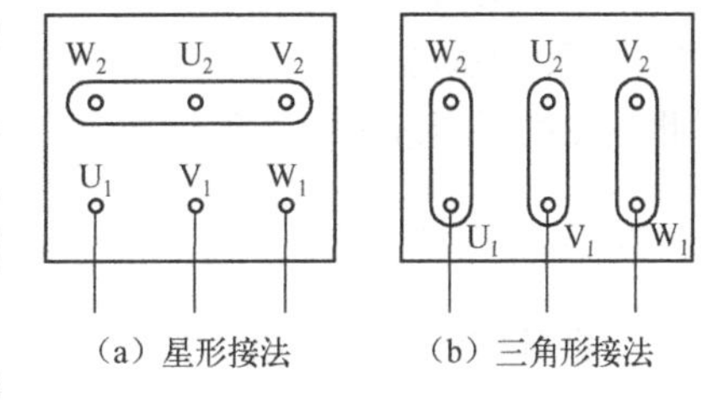

(a) 星形接法　(b) 三角形接法

图3-18　三相异步电动机的接线

三相异步电动机的定子绕组必须是对称绕组，即每相绕组匝数和结构完全相同，在空间相差120°电角。每相绕组的首端用U_1、V_1、W_1表示，尾端用U_2、V_2、W_2表示。首尾端分别引出到电动机的接线盒里，以便根据需要接成星形或三角形，如图3-18所示。

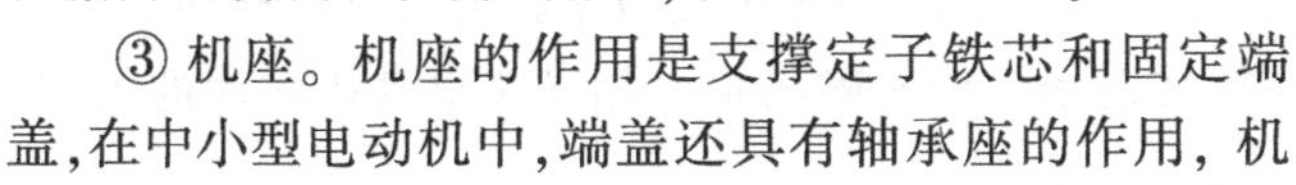

③ 机座。机座的作用是支撑定子铁芯和固定端盖，在中小型电动机中，端盖还具有轴承座的作用，机座还要支撑电动机的转子部分，因此机座必须具有足够的机械强度和刚度。中小型异步电动机通常采用铸铁机座，而大型电动机的机座都是用钢板焊接而成的。

(2) 转子。转子部分由转子铁芯、转子绕组和转轴等构成。

① 转子铁芯。转子铁芯是电动机磁路的一部分，由0.5mm厚的硅钢片叠压而成。硅钢片外圆周上冲有槽形，以便浇铸或嵌放转子绕组。中小型异步电动机的转子铁芯大都直接安装在转轴上，而大型异步电动机转子则固定在转子支架上，转子支架再套装固定在转轴上。

② 转子绕组。转子绕组的作用是产生感应电动势和电流，并产生电磁转矩。其结构形式有笼式和绕线式两种。

- 笼式转子绕组。笼式转子绕组按制造绕组的材料不同可分为铜条转子绕组和铸铝转子绕组。铜条转子绕组是在转子铁芯的每一槽内插入一根铜条，每根铜条两端各用一端环焊接起来。铜条转子绕组主要用在容量较大的异步电动机中。小容量异步电动机为了节约用铜和简化制造工艺，绕组采用铸铝工艺将转子槽内的导条及端环和风扇叶片一次浇铸而成，称为铸铝转子。如果把铁芯去掉，绕组就像一个笼子，故称为笼式绕组，如图 3-19 所示。由于两个端环分别把每根导条的两端连接在一起，因此笼式转子绕组是一个自行闭合的绕组。

- 绕线式转子绕组。绕线式转子绕组和定子绕组一样，是由嵌放到转子铁芯槽内的线圈按一定规律组成的三相对称绕组。转子三相绕组一般接成星形，三个尾端连在一起，三个首端分别与装在转轴上但与转轴绝缘的三个滑环相连接，再经电刷装置引出。当异步电动机启动或调速时，可以串接附加电阻，如图 3-20 所示。

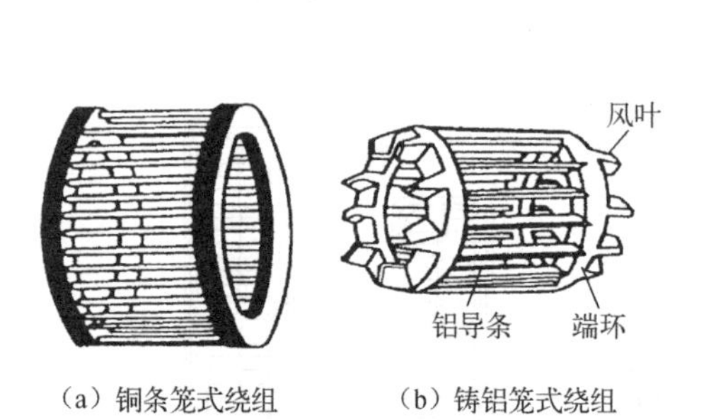

图 3-19 笼式转子绕组结构示意图

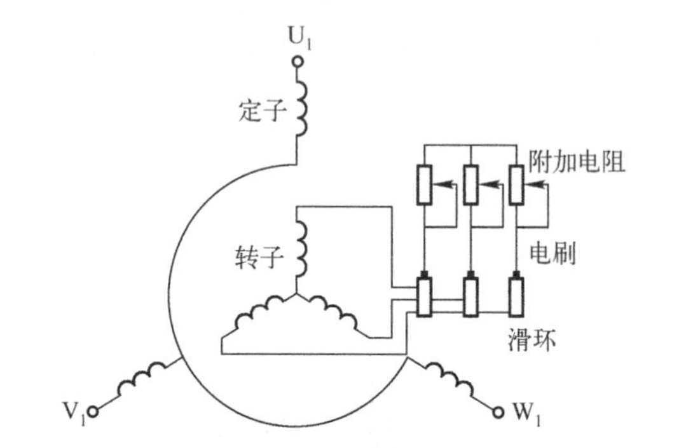

图 3-20 绕线式异步电动机接线示意图

（3）气隙。异步电动机定子铁芯与转子铁芯之间的气隙比同容量直流电动机的气隙小得多。气隙的大小对异步电动机的运行性能影响极大，气隙大，则磁阻大，由电网提供的励磁电流也大，使电动机的功率因数降低。但是气隙过小，将使电动机装配困难，运行时可能会发生定、转子铁芯摩擦，而且气隙过小时高次谐波磁场的影响增大，对电动机产生不良影响，因此，气隙不能过小。一般情况下，异步电动机的气隙在 0.2 ～ 1.6mm 之间。

2. 工作原理

三相对称的定子绕组接到对称的三相交流电源后，在定子绕组中就会通过对称的三相电流，电流流过定子绕组时产生的磁场为旋转磁场。旋转磁场是三相异步电动机转动的关键。下面首先分析旋转磁场的产生。

（1）旋转磁场的产生。三相定子绕组是三相结构相同、彼此在空间位置互差 120°电角的绕组。为简化分析，用彼此互隔 120°电角的三个线圈来表示。当三相定子绕组接上对称的三相电源后，绕组中将流过三相对称电流，各相电流的瞬时表达式为

$$\left.\begin{aligned} i_{\mathrm{U}} &= I_{\mathrm{m}}\cos\omega t \\ i_{\mathrm{V}} &= I_{\mathrm{m}}\cos(\omega t - 120^\circ) \\ i_{\mathrm{W}} &= I_{\mathrm{m}}\cos(\omega t - 240^\circ) \end{aligned}\right\} \tag{3-1}$$

三相电流的波形如图 3-21 所示。

如果规定电流的正方向从绕组的首端流向尾端，那么当各相电流的瞬时值为正值时，电流从该相绕组的首端（U_1、V_1、W_1）流入，从尾端（U_2、V_2、W_2）流出。当电流的瞬时值为负时，

电流从该相绕组的尾端流入，而从首端流出。分析时用⊗符号表示电流流入，⊙表示电流流出。

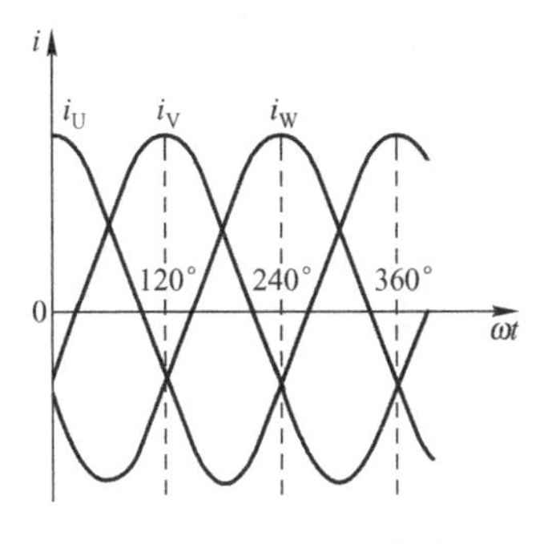

图 3-21　三相电流波形图

下面以 $\omega t=0°$、$\omega t=120°$、$\omega t=240°$、$\omega t=360°$ 四个特定的时刻分析。当 $\omega t=0°$时，U 相电流为正且达到最大值，电流从 U_1 流入，从 U_2 流出，而 V、W 两相电流为负，分别从 V_2、W_2 流入，从 V_1、W_1 流出，如图 3-22(a)所示。根据右手螺旋定则，可知三相绕组产生的合成磁场的轴线与 U 相线圈的轴线相重合。合成磁场为 2 极磁场，磁场的方向从上向下，上方为 N 极，下方为 S 极。

用同样的方法可以画出 $\omega t=120°$、$\omega t=240°$、$\omega t=360°$这三个瞬时的电流分布情况，分别如图 3-22(b)、图 3-22(c)和图 3-22(d)所示。观察图 3-22，发现当三相对称电流流入三相对称绕组后，所建立的合成磁场并不是静止不动的，而是旋转的。电流变化一周，合成磁场在空间也旋转一周。若电源的频率为 f，则 2 极磁场每分钟旋转 $60f$ 周，旋转的方向从 U 相绕组轴线转向 V 相绕组轴线，再转向 W 相绕组轴线。

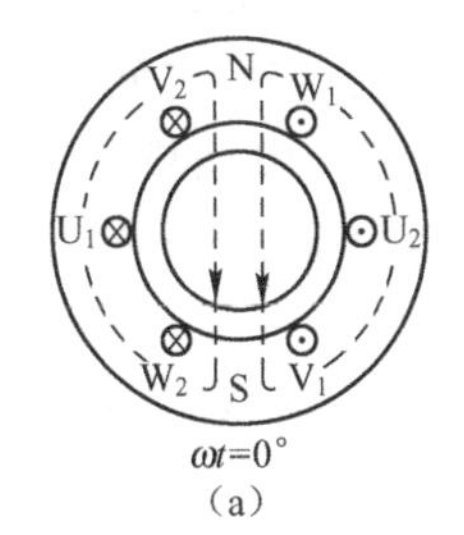

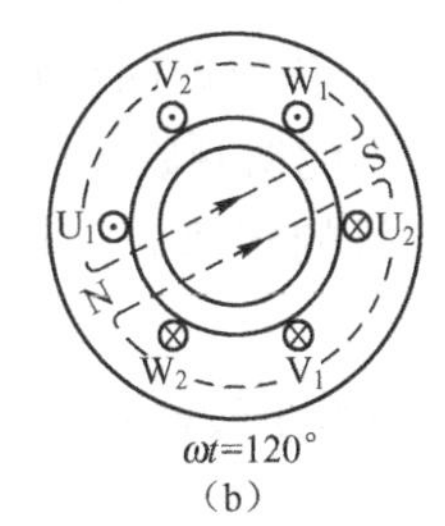

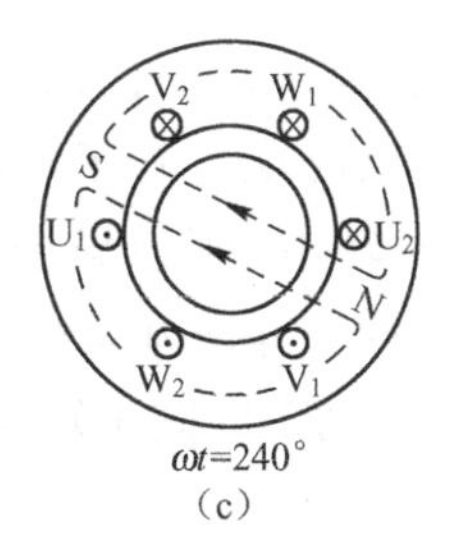

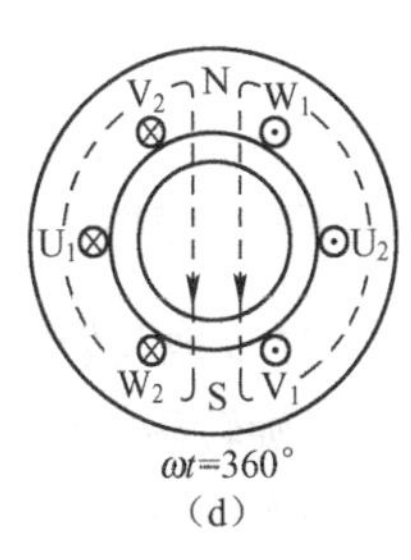

图 3-22　2 极旋转磁场示意图

如果 U、V、W 三相绕组分别由两个线圈串联组成，则三相线圈分布如图 3-23 所示。采用上面的分析方法，从图 3-23 可知，产生的合成磁场为 4 极旋转磁场，电流变化一周，磁场仅转过 1/2 周，它的转速为 2 极旋转磁场转速的 1/2。依此类推，当电动机的极数为 $2p$ 时，旋转磁场的转速为 2 极磁场转速的 $1/p$，即每分钟转 $60f/p$ 周。旋转磁场的转速称为同步转速，以 n_1 表示。即：

$$n_1=\frac{60f}{p} \tag{3-2}$$

由此可见，对称的三相电流通入对称的三相绕组后所形成的磁场是一个随时间而旋转的磁场。

(2) 三相异步电动机的工作原理。当对称的三相定子绕组通入三相对称电流后，定子绕组就产生了一个旋转磁场，磁场的瞬时位置如图 3-24 所示，设磁场为逆时针方向旋转。该磁场的磁力线通过定子铁芯、气隙和转子铁芯而闭合。由于静止的转子绕组与定子旋转磁场存在相对运动，转子槽内的导体即要切割定子磁场而感应电动势，电动势的方向可根据右手定则确定。由于转子绕组为闭合回路，在转子电动势的作用下，转子绕组中就有电流通过，如不考虑电流与电动势的相位差，则电动势的瞬时方向就是电流的瞬时方向。根据电磁力定律，载流的转子导体在旋转磁场中必然会受到电磁力，电磁力的方向可用左手定则确定。所有转子导体受到的电磁力对转轴便形成一逆时针方向的电磁转矩。从图 3-24 可知，电磁转

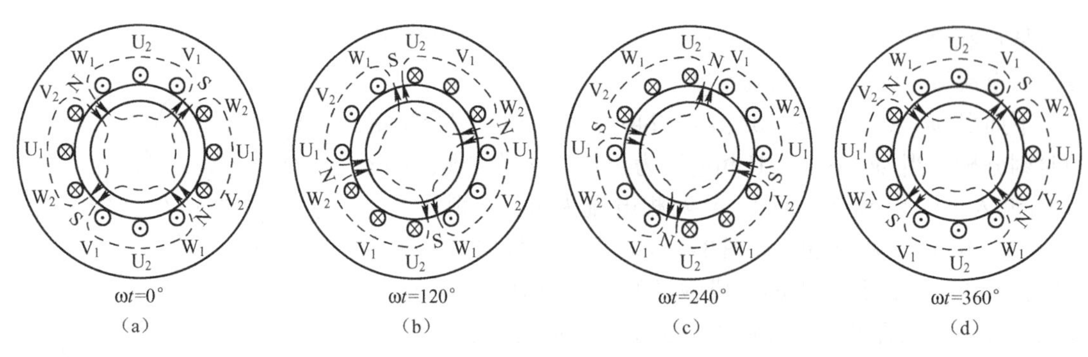

图 3-23 4 极旋转磁场示意图

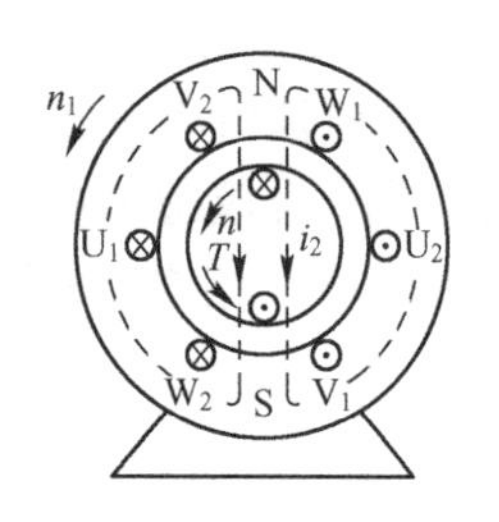

图 3-24 三相异步电动机工作原理示意图

矩的方向与旋转磁场的方向一致。于是转子在电磁转矩作用下，便沿着旋转磁场的方向旋转起来。如果转子与生产机械连接，则转子受到的电磁转矩将克服负载转矩而做功，从而实现电能与机械能的转换。

由于转子的旋转方向和旋转磁场的方向是一致的，如果转子的转速 n 等于旋转磁场的转速即同步转速 n_1，它们之间将不再有相对运动，转子导体就不能切割磁场而产生感应电动势、电流和电磁转矩，所以异步电动机的转速 n 总是略小于同步转速 n_1，即与旋转磁场"异步地"转动，故称为异步电动机。

转子与旋转磁场的相对速度，即同步转速 n_1 与转子转速 n 之差称为转差 Δn。Δn 与 n_1 之比称为转差率，用 s 表示，即：

$$s = \frac{n_1 - n}{n_1} \times 100\% \tag{3-3}$$

异步电动机的转速随负载的变化而变化，转差率 s 也就随负载的变化而变化。但一般情况下，转差率变化不大，空载时，s 在 0.5% 以下；额定负载时，s 在 1.5% ～ 5% 范围内。

3. 三相异步电动机的额定值及主要系列

（1）额定值。

① 额定功率 P_N。指电动机在额定状态时，轴上输出的机械功率，单位为 kW。

② 额定电压 U_N。指额定运行时，电网加在定子绕组上的线电压，单位为 V。

③ 额定电流 I_N。指电动机在额定电压和额定频率下输出额定功率时，定子绕组的线电流，单位为 A。

④ 额定转速 n_N。指电动机在额定电压、额定频率及额定功率下，电动机的转速，单位为 r/min。

⑤ 额定频率 f。指电动机所接电源的频率，单位为 Hz。我国规定标准工业用电的频率为 50Hz。

对于三相异步电动机，其额定功率可表示为：

$$P_N = \sqrt{3} U_N I_N \cos\varphi_{1N} \eta_N \tag{3-4}$$

式中，$\cos\varphi_{1N}$、η_N 分别为电动机额定运行时的功率因数和效率。

此外，铭牌上还标明定子绕组的相数、绕组的接法、绝缘等级及允许温升等。对于绕线式异步电动机，还标明转子额定电压(指定子加额定频率的额定电压时，转子绕组开路时滑环间的电压)和转子额定电流。

(2) 异步电动机的主要系列。Y系列异步电动机是封闭自扇冷式鼠笼式三相异步电动机，其额定电压为380V，额定频率为50Hz，功率范围为0.55～90kW，同步转速为750～3000r/min，采用B级绝缘。Y系列异步电动机具有高效节能、启动转距大、噪声低、振动小、运行可靠等特点，广泛用于驱动无特殊要求的设备，如机床、风机、水泵等。其型号的含义为：字母Y表示异步电动机，后面第一组数字表示电动机的中心高，字母S、M、L分别表示短、中、长机座，字母后的数字为铁芯长度代号，横线后的数字为电动机的极数。例如：

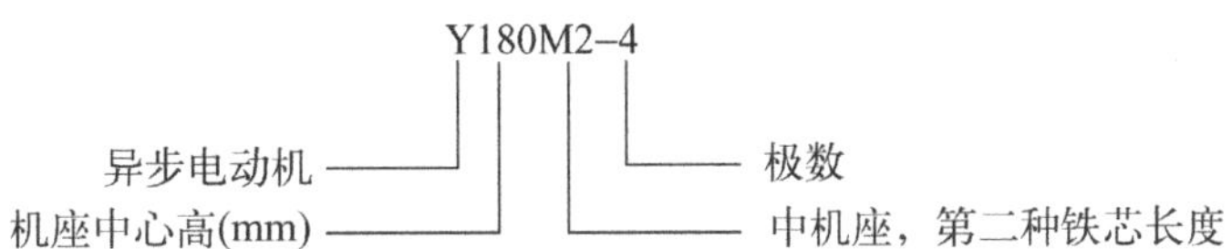

任务十三：三相异步电动机启动控制

能力目标

(1) 掌握电气控制原理图的绘制方法。

(2) 掌握三相异步电动机启动控制系统的组成及各组成部分的作用。

(3) 掌握分析电动机启动控制的电气原理图。

一、电气控制原理图的绘制方法

电气控制线路是将各种电气设备按一定的控制要求连接而成的，实现对某种设备的电气自动化控制。为了表示电气控制线路的原理、组成及功能，以及方便安装、调试、维修等，必须按照国家统一的电气设备图形符号和文字符号及技术规范要求来绘制电气控制系统图等。

电气控制系统图，简称电气图，主要表达的是电气设备之间的连接关系，一般分为电气原理图、电器元件布置图、电气安装图三种。本教材主要介绍电气原理图。

电气原理图一般分为主电路和辅助电路两部分，辅助电路又分为控制电路和照明、指示电路等，主要由继电器的线圈和触点，接触器的线圈和触点、按钮，控制变压器等组成，电路中通过的电流相对较小；主电路是指对电动机提供动力的电力，电流相对较大。

电气控制原理图绘制的基本原则如下。

(1) 主电路绘制在图纸的左侧或上方，线条用粗实线；辅助电路绘制在图纸的右侧或下方，用细实线。主电路和辅助电路可以绘制在一起，也可以分开绘制。

(2) 图中的电气设备一律用国家规定的图形符号和文字符号表示，文字符号一般标注在触点的侧面或线圈的下方。电气元件的电气符号应按功能布置、按动作顺序排列，布置的顺序应为从左到右或从上到下，不考虑电气元件的实际安装位置，同一元件的各部件根据作用可以绘制在图纸中的不同位置，但应标以相同的文字符号。

（3）电气设备的可动部件保持没有通电或不加外力时的自然状态。

（4）电气原理图应布局合理、排列均匀，可以水平布置，也可以垂直布置。垂直布置时，相类似的项目应横向对齐；水平布置时，相类似的项目应纵向对齐。

（5）有直接电联系的导线，接点处用实心圆点表明，无直接电联系的导线则不画实心圆点。

二、三相异步电动机的直接启动控制

异步电动机如果启动电流过大会引起电源电压下降较大，影响其他设备的正常工作等。因此电动机的启动电流一定要控制在电源允许的范围内。现在电源容量一般都比较大，通常 10kW 以下的异步电动机都可以直接启动，也可用下面的经验公式进行判断，电源容量满足下式要求时也可以直接启动。

$$\frac{I_{st}}{I_N} \leqslant \frac{3}{4} + \frac{S_N}{4P_N}$$

式中，I_{st}为电动机的启动电流（A）；I_N 为电动机的额定电流（A）；S_N 为电源容量，一般指变压器容量（kV · A）；P_N 为电动机的额定功率（kW）。

电动机直接启动，也称全压启动，是将电源电压直接加在电动机的定子绕组上，电动机得电启动。

1. 手动控制的直接启动控制电路

如图 3-25 所示为手动控制的三相异步电动机单相旋转控制线路图。工作原理为：合上电源开关 QS，电动机得电运行，断开开关则失电停止。电源开关一般采用负荷开关或胶盖开关，用于小容量电动机的控制，熔断器起断路保护作用。

2. 点动控制

如图 3-26 所示为三相异步电动机的点动控制线路图。工作原理为：首先合上电源开关 QS，再按下按钮 SB，接触器 KM 线圈获电，其主触点闭合，电动机得电运转；松开按钮，接触器线圈 KM 失电，主触点断开，电动机失电停止。

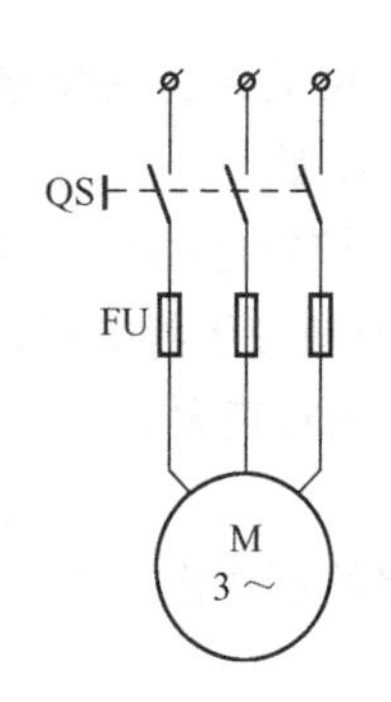

图 3-25　三相异步电动机单相旋转控制线路图

3. 长动控制

如图 3-27 所示为三相异步电动机长动控制线路图。工作原理为：合上电源开关 QS，按下启动按钮 SB_2，接触器 KM 线圈获电，其主触点闭合，电动机得电运转，同时其动合触点闭合，使接触器线圈保持通电状态。这种依靠接触器自身辅助触点使线圈保持通电的现象称为自锁，也称自保持，起自锁的辅助触点称为自锁触点。自锁电路还具有欠压和失压保护功能。

线路中的热继电器 FR 作过载保护用。

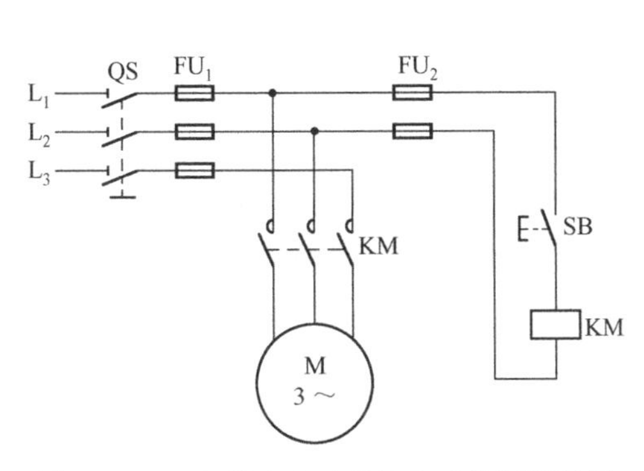

图 3-26　三相异步电动机的点动控制线路图

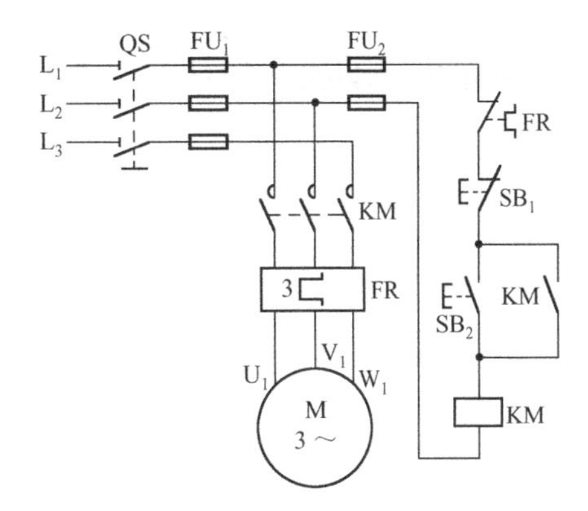

图 3-27　三相异步电动机长动控制线路图

4. 正反转控制线路

电动机在实际拖动负载工作时，可能需要电动机实现两个相反方向的旋转，即需要正、反转运行，如图 3-28 所示为用接触器控制电动机正反转控制线路图。

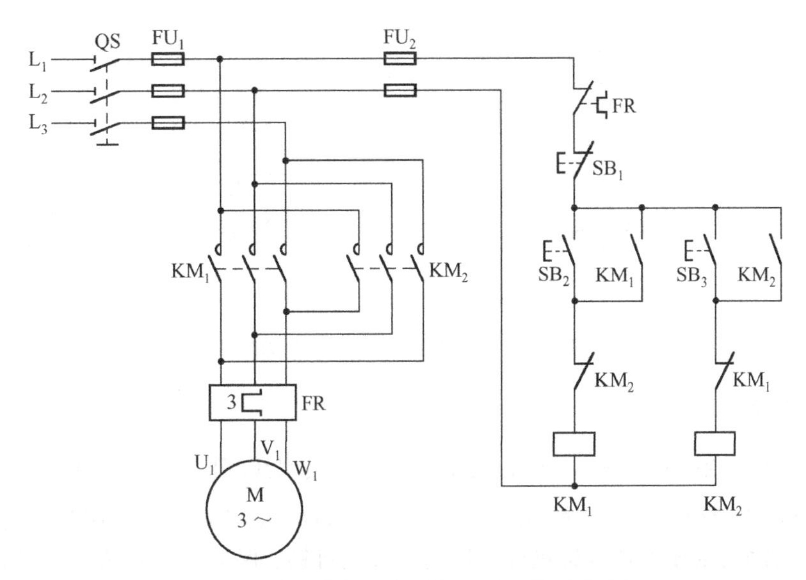

图 3-28　接触器控制电动机正反转控制线路图

工作原理为：合上电源开关 QS，按下启动按钮 SB_1，接触器 KM_1 线圈获电，其主触点闭合，电动机 M 得电正向旋转，同时 KM_1 动合触点闭合自锁；当需要电动机反转时，按下停止按钮 SB_3，接触器 KM_1 线圈失电，主触点断开使电动机停止，同时动合触点断开自锁解除；再按下启动按钮 SB_2，接触器 KM_2 线圈获电，其主触点闭合，使接入电动机绕组的电源相线由两相换接实现电动机反转，同样 KM_2 动合触点自锁。按下按钮 SB_1，电动机失电停止。

电路中，热继电器 FR 作过载保护用，FU_1 对电源进行短路保护，FU_2 对辅助电路进行短路保护，接触器 KM_1、KM_2 的辅助常闭触点作为联锁触点，保证只有一个旋转方向的电路接通，避免电源短路。

三、三相异步电动机的降压启动控制

1. 降压启动的原理

启动时降低加在电动机定子绕组上的电压，以减小启动电流，启动后再将电压恢复到额定值，使之转入正常运行。三相鼠笼型异步电动机常用的降压启动方法有Y－△降压启动、定子绕组串电阻启动、自耦变压器降压启动和延边三角形降压启动等方法，而常用的是Y－△降压启动，它是以改变定子绕组的连接方式来实现降压启动的。本教材以Y－△降压启动为例，介绍其工作原理，电气原理图如图3-29所示。

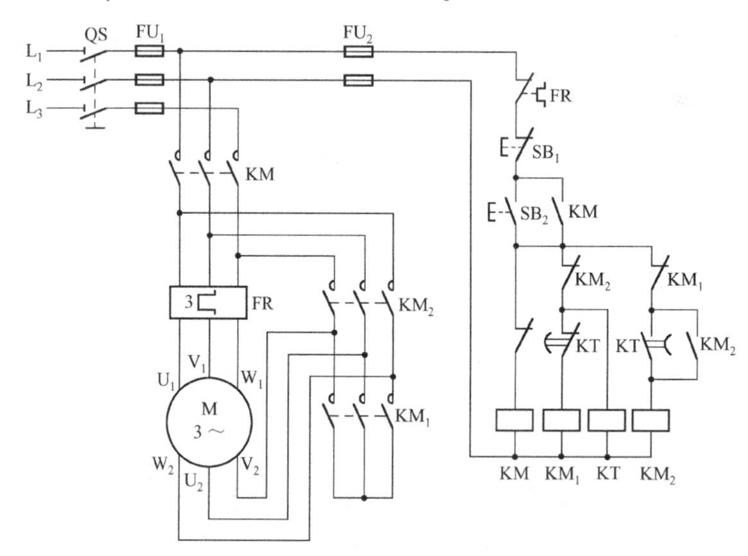

图3-29　Y－△降压启动控制线路图

2. 工作原理

合上电源开关QS，按下SB_2，KM、KM_1和KT的吸引线圈同时得电。KM_1的常开主触点闭合，电动机定子绕组作Y形连接；KM常开主触点闭合，电动机定子绕组接通电源，电动机降压启动。一方面，KM的常开辅助触点闭合，形成自锁，保证启动过程的延续；另一方面，KT开始延时，为从启动转换到运行做好准备；并且KM_1的常闭触点断开，防止KM_2的吸引线圈同时得电，避免电源短路。KT延时时间到，KT通电延时断开常闭触点断开，KM_1吸引线圈失电，KM_1常开主触点复位，电动机定子绕组Y形连接断开，然后KM_1常闭辅助触点复位，同时KT通电延时闭合，常开触点闭合，KM_2吸引线圈得电。KM_2常开主触点闭合，电动机定子绕组作△形连接，电动机转入运行状态，同时KM_2常开辅助触点闭合，形成自锁，保证运行状态的延续；然后KM_2常闭辅助触点断开，KT吸引线圈失电，KT完成线路状态转换。由于KM_2常闭辅助触点的断开，防止了KM_1和KT的吸引线圈在电动机运行时再次得电，避免了电源短路。按下SB_1，KM、KM_2吸引线圈失电，电动机断电停车。

在电路中，热继电器FR作过载保护用，FU_1对电源进行短路保护，FU_2对辅助电路进行短路保护，接触器KM_1、KM_2的辅助常闭触点作为联锁触点。由于降压启动造成了启动转矩的下降，所以该方法适用于空载、轻载启动，定子绕组在运行时作△形连接的电动机。

能力训练

(1) 电气原理图由几个部分组成?辅助电路又由几个部分组成?

(2) 什么条件下可以全压启动? 不能用全压启动，应该用什么方法?

(3) 常用的降压启动方法有哪些? Y－△ 降压启动方法适合什么电动机启动?

(4) 自锁触点用接触器的什么元件来实现? 怎样与线路连接?

(5) 联锁触点用接触器的什么元件来实现? 怎样与线路连接?

(6) 联锁触点的作用是什么?

(7) 三相异步电动机单向旋转长动控制电路中，有失压和欠压保护吗? 分别是怎样实现的?

(8) 联锁有几种形式? 各有什么特点?

(9) 什么是过载、短路、失压和欠压保护? 分别用什么低压电器来实现?

技能训练三：三相异步电动机单向旋转控制线路安装

1. 训练目的

(1) 掌握电气原理图的识图方法。

(2) 掌握低压电器的选择和安装方法。

(3) 掌握电气控制线路的安装工艺和方法。

2. 仪表仪器、工具

万用表、剥线钳、一般电工工具、电笔、电气控制训练板(板内应有交流接触器1个、二点按钮盒1个、热继电器1个、三相电源开关、低压熔断器5只、接线端子等)、导线、三相异步电动机1台等。

3. 训练内容

本训练的训练步骤、内容及要求如表3-1所示。

表3-1　训练步骤、内容及要求

内　容	技 能 点	训练步骤及内容	训 练 要 求
三相异步电动机单向旋转控制线路安装	1. 识图能力 2. 低压电器选择安装能力 3. 线路安装工艺能力	1. 分析电气原理图工作原理 2. 选择线路安装所需的低压电器和相关元件 3. 检查低压电器和相关元件 4. 安装低压电器和相关元件 5. 按照工艺要求安装控制线路 6. 检查线路 7. 通电试车	1. 掌握识图方法 2. 会选择、安装低压电器和相关元件 3. 会检查低压电器和相关元件 4. 会按工艺要求安装控制线路 5. 掌握检查线路的方法

* 技能训练四：三相异步电动机正反转控制线路安装

1. 训练目的

(1) 掌握电气原理图的识图方法。

（2）掌握低压电器的选择和安装方法。

（3）掌握电气控制线路的安装工艺和方法。

2. 仪表仪器与工具

万用表、剥线钳、一般电工工具、电笔、电气控制训练板（板内应有交流接触器2个、三点按钮盒1个、热继电器1个、三相电源开关、低压熔断器5只、接线端子等）、导线、三相异步电动机等。

3. 训练内容

（1）常用电工工具的使用。

① 低压验电器。它是用来判断电气设备或线路上有无电源存在的器具。分为低压和高压两种。

- 必须按照图3-30所示方法握妥笔身，并使氖管小窗背光朝向自己，以便观察。
- 为防止笔尖金属体触及人手，在螺钉旋具试验电笔的金属杆上，必须套上绝缘套管，仅留出刀口部分供测试需要。
- 验电笔不能受潮，不能随意拆装或受到严重振动。
- 应经常在带电体上试测，以检查是否完好。不可靠的验电笔不准使用。
- 检查时如果氖管内的金属丝单根发光，则是直流电；如果是两根都发光，则是交流电。

② 钢丝钳。

- 各部分作用。各部位位置及握法如图3-31所示。

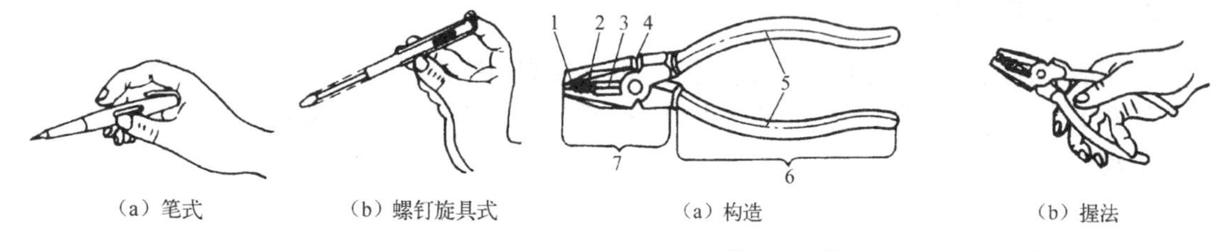

（a）笔式　（b）螺钉旋具式

图3-30　低压验电笔握法

（a）构造　（b）握法

1—钳口；2—齿口；3—刀口；4—铡口；5—绝缘管；6—钳柄；7—钳头

图3-31　钢丝钳

钳口：用来弯绞或钳夹导线线头。

齿口：用来固紧或起松螺母。

刀口：用来剪切导线或剖切软导线的绝缘层。

铡口：用来铡切钢丝和铅丝等较硬金属线材。

- 钳柄上必须套有绝缘管。使用时的握法如图3-31(b)所示。
- 钳头的轴销上应经常加机油润滑。

③ 螺钉旋具。俗称起子或螺丝刀，用来拧紧或旋下螺钉。电工不能使用金属杆直通柄顶的螺钉旋具（俗称通芯螺丝刀），应在金属杆上加套绝缘管。

④ 电工刀。电工刀是用来切割或剖削的常用电工工具。

- 使用时刀口应朝外进行操作。用完后应随即把刀身折入刀柄内。
- 电工刀的刀柄结构是没有绝缘的，不能在带电体上使用电工刀进行操作，避免触电。

- 电工刀的刀口应在单面上磨出呈圆弧状的刃口。在剖削绝缘导线的绝缘层时，必须使圆弧状刀面贴在导线上进行切割，这样刀口不易损伤线芯。

⑤ 剥线钳。用来剥离6mm²以下的塑料或橡皮电线的绝缘层。钳头上有多个大小不同的切口，以适用于不同规格的导线，如图3-32所示。使用时，导线必须放在稍大于线芯直径的切口上切剥，以免损伤线芯。

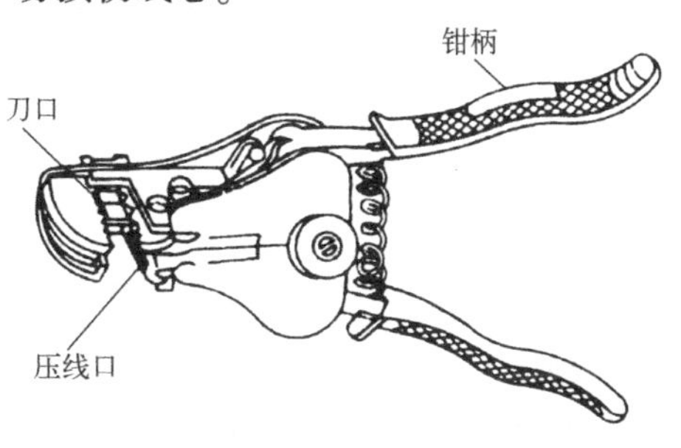

图3-32　剥线钳

(2) 导线连接与绝缘恢复。

① 基本要求。

- 导线连接处要有足够的机械强度、良好的电连接和足够的绝缘强度。
- 去除绝缘时不能伤及线芯。
- 绝缘恢复应完整。

② 绝缘层的剖削。

- 根据导线类型和规格选择剥线钳或电工刀。
- 根据规格确定剖削长度。
- 用剥线钳或电工刀去除绝缘层。

③ 导线的连接。

- 单芯铜导线的直线连接。截面较小的导线，连接时把两根线端作X形相交，然后互相绞合2～3圈后，扳直两线端，将每线端在线芯上紧贴并缠绕6圈。多余的线端剪去，并钳平切口毛刺，如图3-33(a)所示。截面较大的导线，用连接线(绑线)缠绕连接，把需要连接的两根线端并靠在一起，中间填一根同径线芯，然后用连接线从中部开始向两头紧密缠绕，如图3-33(b)所示。

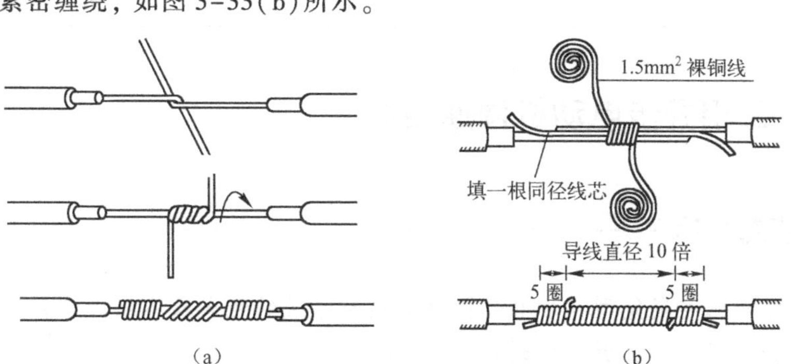

图3-33　单芯铜导线的直线连接

- 单芯铜导线的"T"字连接。连接时，要把支线芯线线头与干线芯线"十"字形相交，使支线芯线根部留出3～5mm。线径为2mm及以下的芯线按图3-34(a)所示方法，环绕成结状，再把支线线头抽紧扳直，然后紧密地缠绕8～10圈，剪去多余芯线，钳平切口毛刺。线径为2mm以上的芯线，把支线芯线线头与干线芯线"十"字形相交，直接将支线芯线线头在干线芯线上紧密地缠绕8～10圈，剪去多余芯线，钳平切口毛刺，如图3-34(b)所示。

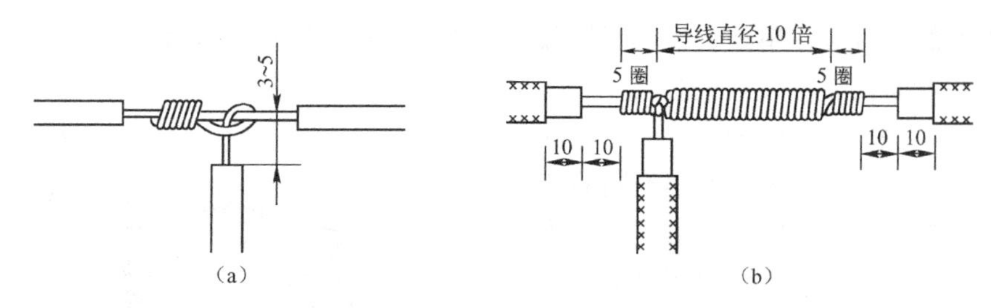

图 3-34　单芯铜导线的“T”字连接

- 绝缘恢复。首先根据导线的工作电压选择绝缘带的类型和缠绕层数。如果工作电压为 220V，则用黑胶布缠绕两层；如果工作电压为 380V，则首先用塑料绝缘带缠绕一层，然后用黑胶布缠绕一层。

从线芯绝缘层开始处向有绝缘方向以两个绝缘带带宽的距离作为起点，将绝缘带向缠绕方向倾斜，并与芯线呈 55°夹角，在缠绕中后一圈应压住前一圈的一半，最后在另一端以线芯绝缘层开始处向有绝缘方向以两个绝缘带带宽的距离作为终点结束缠绕。

（3）单项旋转控制线路安装。

本训练的训练步骤、内容及要求如表 3-2 所示。

表 3-2　训练步骤、内容及要求

内　容	技 能 点	训练步骤及内容	训 练 要 求
三相异步电动机正反转控制线路安装	1. 识图能力 2. 低压电器选择安装能力 3. 线路安装工艺能力	1. 分析电气原理图工作原理 2. 选择线路安装所需的低压电器和相关元件 3. 检查低压电器和相关元件 4. 安装低压电器和相关元件 5. 按照工艺要求安装控制线路 6. 检查线路 7. 通电试车	1. 掌握识图方法 2. 会选择、安装低压电器和相关元件 3. 会检查低压电器和相关元件 4. 会按工艺要求安装控制线路 5. 掌握检查线路的方法

任务十四：三相异步电动机调速控制

能力目标

（1）掌握三相鼠笼型异步电动机调速控制系统的组成及各组成部分的作用。

（2）会分析电动机调速控制的电气原理图。

根据三相鼠笼型异步电动机的转速公式 $n_2 = \dfrac{60f_1(1-s)}{p}$，可以看出，改变 s 或 f_1 或 p，即改变转差率、电源频率或磁极对数，都可以改变笼型异步电动机的转速。下面仅对改变双速笼型异步电动机磁极对数调速方法做简要介绍。

根据鼠笼型异步电动机的工作原理，改变其定子绕组的连接，可以得到不同的磁极对数，从而使电动机具有两种不同的运行转速。以△－YY双速笼型异步电动机控制为例，分析其工作原理，控制线路图如图 3-35 所示，定子绕组为△形连接时为低速，为 Y形连接时为高速。

工作原理：合上电源开关 QS，按下 SB_2，KM_1 吸引线圈得电，KM_1 的常开主触点闭合，电源与电动机定子绕组连接，由于电动机定子绕组为△形连接，这时电动机低速启动，并低速运行，同时 KM_1 的辅助常开触点闭合，形成自锁，延续电动机低速状态；并且 KM_1 的辅助常闭触点断开，保证高速控制支路不被同时接通，避免电源短路。按下 SB_3，KM_1 吸引线圈断电，KM_1 的常开主触点复位，电动机与电源断开，同时 KM_1 辅助常闭触点复位，为高速控制做好准备，然后 KM_2、KM_3 的吸引线圈同时得电，KM_3 的常开主触点闭合，电动机定子绕组作YY连接，同时 KM_2 的常开主触点闭合，电动机接通电源，电动机高速启动并高速运行；另外 KM_2、KM_3 辅助常开触点闭合，形成自锁，保证电动机高速状态的延续；还有 KM_2、KM_3 的辅助常闭触点断开，保证低速控制支路不被同时接通，避免电源短路。按下 SB_1，KM_2、KM_3 的吸引线圈同时失电，电动机断电停车。双速笼型异步电动机在改变磁极对数调速时应注意，在改变定子绕组连接方式的同时，必须改变定子绕组接电源的相序，避免调速时出现电动机反转的现象。

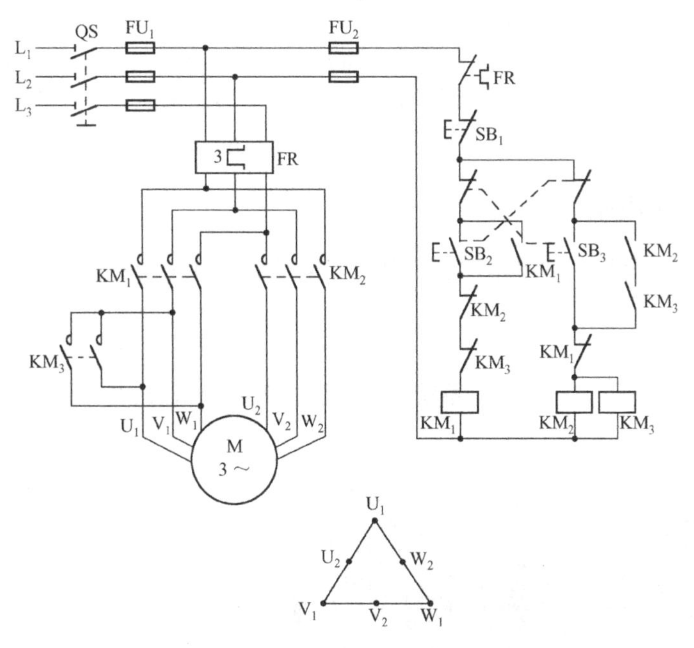

图 3-35　接触器控制双速电动机控制线路

能力训练

(1) 控制线路中有哪些保护环节？

(2) 三相鼠笼型异步电动机的调速方法有哪些？

(3) 控制线路中 KM_1、KM_2、KM_3 辅助常闭触点有什么作用？

(4) 为了避免变极调速时电动机反转，应采取什么措施？

(5) 简述电动机低速控制的工作原理。

(6) 简述电动机高速控制的工作原理。

(7) 调速时需要经过停车操作吗？为什么？

任务十五：三相异步电动机制动控制

能力目标

（1）掌握三相异步电动机电气制动控制系统的组成及各组成部分的作用。

（2）会分析电动机电气制动控制的电气原理图。

三相异步电动机在断开电源后，由于惯性的作用，转轴的旋转要经过一定时间才能停止。这样就不能满足某些生产机械的工艺要求。为了使电动机的控制满足生产机械的工艺要求，应采用能使电动机迅速停车的制动措施。停车制动方法有两种类型：机械制动和电气制动。机械制动是利用电磁铁操纵机械装置，使电动机在断开电源后迅速停车的方法；电气制动是在电动机需要迅速停车时，产生一个和实际旋转方向相反的电磁转矩来使电动机迅速停车的方法。由于机械制动较简单，下面着重介绍电气制动。电气制动的常用方法有反接制动和能耗制动两种。

一、反接制动控制电路

速度继电器又称反接制动继电器，主要用在电动机反接制动时，防止电动机反转。

1. 结构

速度继电器由转子、定子、触点系统、胶木摆杆等部分组成，其外形、结构及图形符号如图 3-36 所示。

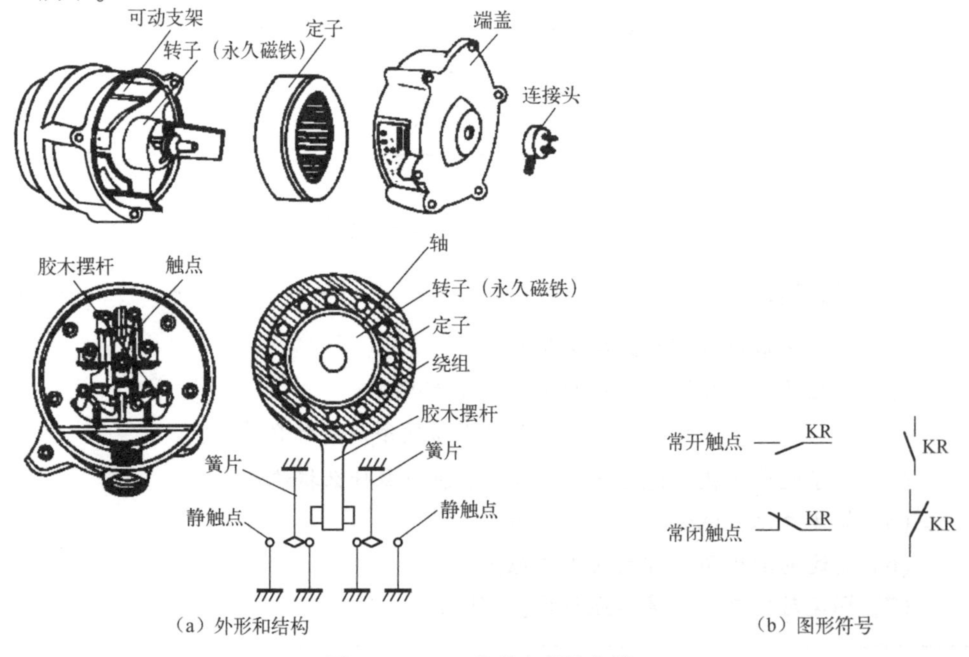

图 3-36　JY1 系列速度继电器

2. 安装方法

速度继电器的转轴应与电动机同轴连接，其常开触头串联在控制电路中，通过控制接触器来进行反接制动。速度继电器安装时，正、反向的触头不能接错，否则不能起到反接制动的效果。

反接制动是利用改变异步电动机定子电路的电源相序，产生与原来旋转方向相反的旋转磁场和电磁转矩，使电动机迅速停转的方法。这种方法制动快，制动转矩大，但制动电流冲击大，适用范围小。由于制动开始时，转子与反向旋转的相对速度接近两倍同步转速，定子绕组中电流很大。为了减小制动冲击和防止电动机过热，应在电动机定子电路中串接反接制动电阻。同时，还应在电动机转速接近零时，及时切断电源，避免电动机反向启动。通常用速度继电器来实现。下面以单向反接制动为例，分析工作原理，单向反接制动控制电路如图3-37所示。

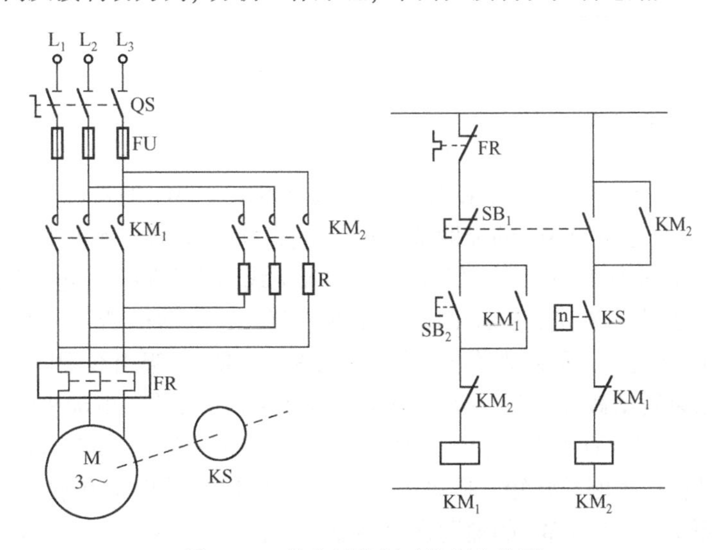

图3-37　单向反接制动控制电路图

3. 工作原理

合上QS，按下SB_2，KM_1吸引线圈得电，KM_1常开主触点闭合，电动机通电全压启动并运行；同时KM_1辅助常开触点闭合，形成自锁，保证电动机运行的延续；然后KM_1辅助常闭触点断开，保证KM_2的吸引线圈不会同时得电，避免电源短路；当电动机转速大于120r/min时，KS的常开触点闭合，为制动做好准备。按下SB_1，KM_1的吸引线圈断电，KM_1的常开主触点复位，电动机断电；另外，KM_1的辅助常闭触点复位，为制动做好准备；然后KM_2的吸引线圈得电，KM_2常开主触点闭合，电动机串电阻（限制制动电流）接通与运行时不同相序的电源，从而获得制动转矩，开始制动；同时KM_2的辅助常开触点闭合，形成自锁，保证制动状态的延续；然后KM_2的辅助常闭触点断开，保证KM_1的吸引线圈不会同时得电，避免电源短路；当电动机的转速低于40r/min时，KS的常开触点复位，KM_2的吸引线圈失电，KM_2的常开主触点复位，电动机断电，制动结束。

二、能耗制动控制电路

所谓能耗制动，就是在正常运行的电动机脱离三相交流电源后，给定子绕组及时接通直流电源，以产生静止磁场，利用转子感应电流和静止磁场相互作用产生的并与转子惯性转动方向相反的电磁转矩对电动机进行制动的方法，现以按时间原则控制的单向能耗制动电路为例，分析其工作原理，控制电路图如图3-38所示。

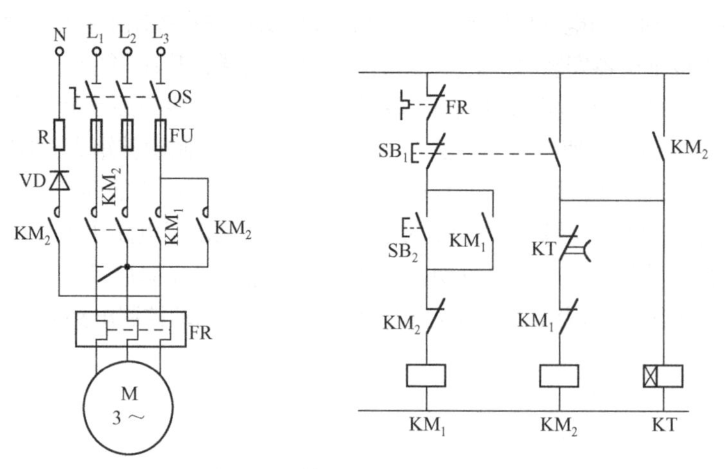

图3-38　单向能耗制动电路图

工作原理：合上QS，按下SB_2，KM_1的吸引线圈得电，KM_1的常开主触点闭合，电动机通电全压启动并运行，同时KM_1的辅助常开触点闭合，形成自锁，保证电动机的运行状态延续，然后KM_1的辅助常闭触点断开，保证KM_2的吸引线圈不会同时得电，避免电源短路；按下SB_1，KM_1的吸引线圈断电，KM_1的常开主触点复位，电动机断开三相交流电源，同时KM_1的辅助常闭触点复位，为制动做好准备；然后KM_2、KT的吸引线圈同时得电，时间继电器开始延时，为结束制动做好准备，同时KM_2的常开主触点闭合，电动机的两相定子绕组串电阻R和二极管VD接通直流电源，其中电阻R限制制动电流，二极管VD将交流电转换为直流电；从而电动机产生制动转矩，制动开始；另外，KM_2的辅助常开触点闭合，形成自锁，保证制动状态的延续；然后KM_2的辅助常闭触点断开，保证KM_1的吸引线圈不会在制动过程中重新得电，避免电源短路；延时时间到，KT的通电延时断开常闭触点断开，KM_2的吸引线圈断电，KM_2的常开主触点复位，电动机断开直流电源，同时KM_2的辅助常开触点复位，KT的吸引线圈断电，制动结束。

能力训练

(1) 什么是反接制动？
(2) 什么是能耗制动？
(3) 电动机停车制动方法有哪些？
(4) 反接制动中，速度继电器的作用是什么？
(5) 能耗制动中，时间继电器的作用是什么？
(6) 能耗制动中，电阻R和二极管VD的作用是什么？
(7) 反接制动中，制动电流很大，如何解决？
(8) 速度继电器的触点在什么条件下动作和复位？

任务十六：三相异步电动机条件控制

能力目标

(1) 掌握三相异步电动机顺序、多地控制系统的组成及各组成部分的作用。

(2) 会分析电动机顺序、多地控制的电气原理图。

一、顺序控制电路

在有多台电动机的生产设备上，由于各台电动机的作用不同，需要按一定顺序启动或停车，才能实现设备的运行要求和安全。这种实现多台电动机按顺序启动或停车的控制方式称为电动机联锁控制。以两台电动机顺序启动、逆序停止的控制电路为例，分析其工作原理，控制电路图如图3-39所示。

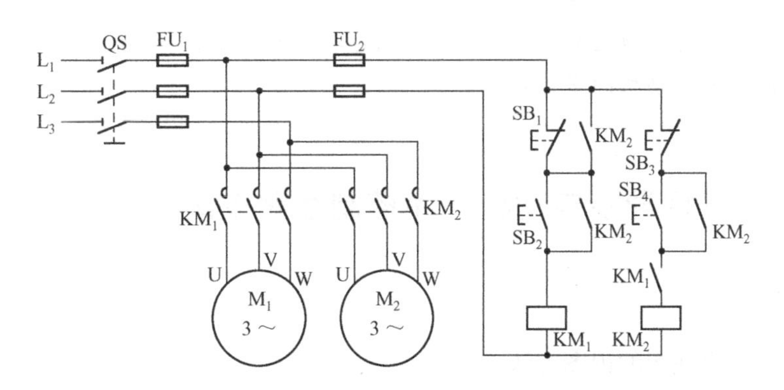

图3-39　顺序控制电路——顺启逆停电路图

工作原理：合上QS，按下SB_4，由于KM_1的吸引线圈没有得电，KM_1的辅助常开触点是断开状态，KM_2的吸引线圈无法得电，从而不能实现先启动电动机M_2；按下SB_2，KM_1的吸引线圈得电，KM_1的常开主触点闭合，电动机M_1通电启动并运行；同时KM_1的辅助常开触点闭合，一方面形成自锁，使电动机M_1保持运行状态，另一方面为启动电动机M_2做好准备；按下SB_4，KM_2的吸引线圈得电，KM_2的常开主触点闭合，电动机M_2通电启动并运行；同时KM_2的辅助常开触点闭合，一方面形成自锁，使电动机M_2保持运行状态，另一方面将SB_1锁住，顺序启动结束。按下SB_1，由于SB_1被锁住，无法让KM_1的吸引线圈断电，电动机M_1不能停车；按下SB_3，KM_2的吸引线圈断电，KM_2的常开主触点复位，电动机M_2停车，并且KM_2的辅助常开触点复位，为停止电动机M_1做好准备；按下SB_1，KM_1的吸引线圈断电，KM_1的常开主触点复位，电动机M_1停车，实现了逆序停车。

二、电动机的多地控制电路

在大型的生产设备上，为了操作方便，需要在多个地点对电动机进行控制，这种控制方

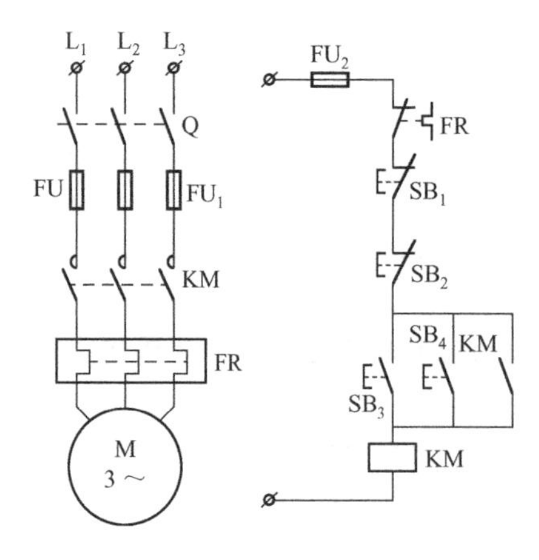

图 3-40　两地控制电路图

法就是多地控制。两地控制原理与多地控制原理相同，本教材以两地控制为例，介绍其工作原理。两地控制电路图如图 3-40 所示。

工作原理：SB_1、SB_2 分别为 A、B 两地的停车按钮，SB_3、SB_4 分别为 A、B 两地的启动按钮。合上 Q，按下 SB_3 或 SB_4，KM 的吸引线圈得电，KM 的常开主触点闭合，电动机通电全压启动并运行，同时 KM 的辅助常开触点闭合，形成自锁，保证运行状态的延续；按下 SB_1 或 SB_2，KM 的吸引线圈断电，KM 的常开主触点复位，电动机断电停车。

能力训练

(1) 顺序启动的限制条件是什么？顺序停车的限制条件是什么？

(2) 什么是电动机的联锁控制？

(3) 电动机的多地控制，启动按钮如何连接？停车按钮如何连接？

(4) 什么是电动机的多地控制？

技能训练五：三相异步电动机顺序控制线路安装

1. 训练目的

(1) 掌握电气原理图的识图方法。
(2) 掌握低压电器的选择和安装方法。
(3) 掌握电气控制线路的安装工艺和方法。

2. 仪表仪器、工具

万用表、剥线钳、一般电工工具、电笔、电气控制训练板(板内应有交流接触器 2 个、二点按钮盒 2 个、热继电器 2 个、三相电源开关、低压熔断器 5 只、接线端子等)、导线、三相异步电动机，等等。

3. 训练内容

(1) 兆欧表的使用。兆欧表俗称摇表，用于测量大电阻和绝缘电阻，它的计量单位是兆欧(MΩ)，故称兆欧表。兆欧表的种类有很多，但其作用大致相同，常用 ZC11 型兆欧表的外形如图 3-41 所示。

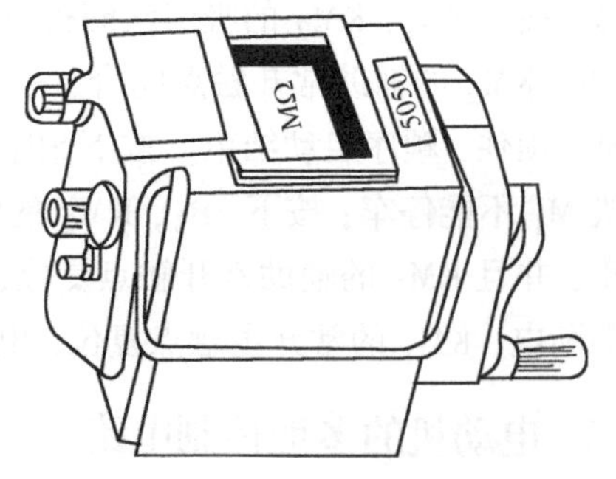

图 3-41　ZC11 型兆欧表的外形

① 兆欧表选用。规定兆欧表的电压等级应高于被测物的绝缘电压等级，所以测量额定电压在 500V 以

下的设备或线路的绝缘电阻时，可选用500V或1000V兆欧表；测量额定电压在500V以上的设备或线路的绝缘电阻时，应选用1000～2500V兆欧表；测量绝缘子时，应选用2500～5000V兆欧表。一般情况下，测量低压电气设备绝缘电阻时，可选用0～200MΩ量程的兆欧表。

② 绝缘电阻的测量方法。兆欧表有三个接线柱，上端两个较大的接线柱上分别标有“接地”(E)和“线路”(L)，在下方较小的一个接线柱上标有“保护环”(或“屏蔽”)(G)。

- 线路对地的绝缘电阻。将兆欧表的“接地”接线柱(即E接线柱)可靠地接地(一般接到某一接地体上)，将“线路”接线柱(即L接线柱)接到被测线路上，如图3-42(a)所示。连接好后，顺时针摇动兆欧表，转速逐渐加快，保持在约120r/min后匀速摇动，当转速稳定，表的指针也稳定后，指针所指示的数值即为被测物的绝缘电阻值。

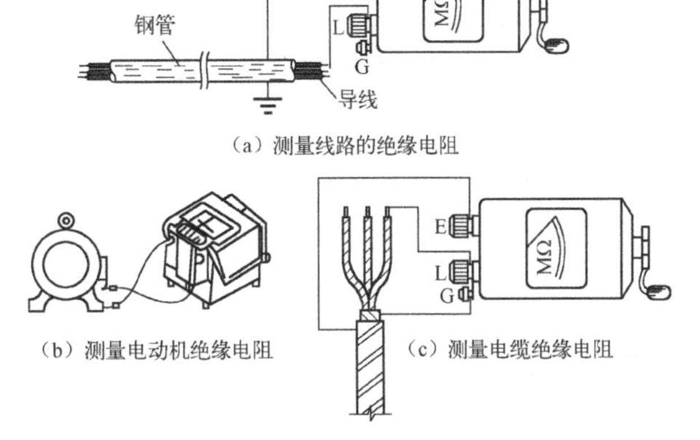

图3-42　兆欧表的接线方法

实际使用中，E、L两个接线柱也可以任意连接，即E可以与被测物相连接，L可以与接地体连接(即接地)，但G接线柱绝不能接错。

- 测量电动机的绝缘电阻。将兆欧表E接线柱接机壳(即接地)，L接线柱接到电动机某一相的绕组上，如图3-42(b)所示，测出的绝缘电阻值就是某一相的对地绝缘电阻值。
- 测量电缆的绝缘电阻。测量电缆的导电线芯与电缆外壳的绝缘电阻时，将接线柱E与电缆外壳相连接，接线柱L与线芯连接，同时将接线柱G与电缆壳、芯之间的绝缘层相连接，如图3-42(c)所示。

③ 使用注意。

- 使用前应做开路和短路试验。使L、E两接线柱处于断开状态，摇动兆欧表，指针应指向“∞”；将L和E两个接线柱短接，慢慢地转动，指针应指在“0”处。这两项都满足要求，说明兆欧表是好的。
- 测量电气设备的绝缘电阻时，必须先切断电源，然后将设备进行放电，以保证人身安全和测量准确。
- 兆欧表测量时应放在水平位置，并用力按住兆欧表，防止在摇动中晃动，摇动的转速为120r/min。
- 引接线应采用多股软线，且要有良好的绝缘性能，两根引线切忌绞在一起，以免造成测量数据的不准确。
- 测量完后应立即对被测物放电，在摇表的摇把未停止转动和被测物未放电前，不可用手去触及被测物的测量部分或拆除导线，以防触电。

(2) 顺序控制线路安装。

本训练的训练步骤、内容及要求如表3–3所示。

表3–3 训练步骤、内容及要求

内　　容	技 能 点	训练步骤及内容	训 练 要 求
三相异步电动机顺序控制线路安装	1. 识图能力 2. 低压电器选择安装能力 3. 线路安装工艺能力 4. 故障分析和排除能力	1. 分析电气原理图工作原理 2. 选择线路安装所需的低压电器和相关元件 3. 检查低压电器和相关元件 4. 安装低压电器和相关元件 5. 按照工艺要求安装控制线路 6. 检查线路 7. 通电试车 8. 故障排除	1. 掌握识图方法 2. 会选择、安装低压电器和相关元件 3. 会检查低压电器和相关元件 4. 会按工艺要求安装控制线路 5. 掌握检查线路的方法 6. 掌握故障分析方法

自　评　表

序号	自 评 项 目	自 评 标 准	项 目 配 分	项 目 得 分	自 评 成 绩
1	熔断器、接触器、热继电器、时间继电器、按钮、中间继电器、刀开关、转换开关、低压断路器等低压电器的选用	作用	4.5分(每种0.5分)		
		结构	9分(每种1分)		
		工作原理	9分(每种1分)		
		选择	18分(每种2分)		
		安装	4.5分(每种0.5分)		
2	电动机启动	全压、降压启动方法和适用范围	2分		
		控制电路分析	4分		
		保护环节设置	2分		
		控制线路安装工艺	4分		
		控制线路的安装	6分		
3	电动机制动	电气制动方法和适用范围	2分		
		制动电路分析	4分		
		保护环节设置	2分		
		控制线路的检测方法	6分		
4	电动机电气调速	电气调速方法和适用范围	2分		
		工作原理分析	3分		
		电路安装	4分		
5	电动机条件控制	顺序、多地控制电路设计	8分		
		电路安装方法	6分		
能力缺失					
弥补办法					

能 力 测 试

一、基本能力测试

1. 填空题

(1) 空气阻尼式时间继电器由________、________、________及________等组成。

(2) 熔断器分为________、________、________和________等类型。

(3) 刀开关基本结构由________、________、________和________组成。

(4) 低压断路器用来________通断电路，并能在电路________、________及________时自动分断电路。

(5) 交流接触器由________、________和________等部分组成。

(6) 热继电器由________、________、________、________和________等组成。

(7) 电气控制系统图一般分为________、________、________三种。

(8) 电气原理图一般分为________和________两部分，辅助电路又分为________和________、________等。

(9) 三相鼠笼型异步电动机常用的降压启动方法有________、________、________和________等。

(10) 速度继电器由________、________、________、________等部分组成。

2. 判断题

(1) 开启式负荷开关用于电动机控制电路时，其额定电流应不大于3倍电动机额定电流。(　　)

(2) 组合开关处于断开位置时，应使手柄在水平位置。(　　)

(3) 自锁触点一般与按钮串联。(　　)

(4) 三相鼠笼型异步电动机变极调速时，改变电源相序是为了改变电动机的旋转方向。(　　)

(5) 多地控制电路中，各地启动按钮应该并联。(　　)

(6) 顺序控制电路中，顺序启动条件应并联在相关支路中。(　　)

(7) 电气控制原理图的主电路绘制在图纸的左侧或上方。(　　)

(8) 刀开关电源接线应在下端。(　　)

(9) 电动机过载，热继电器马上动作。(　　)

(10) 通电延时是指时间继电器的电磁线圈通电后，其触点延时动作。(　　)

3. 选择题

(1) 交流接触器电磁线圈失电时，动合触头(　　)。

A. 断开　　B. 闭合　　C. 不动作

(2) 低压断路器脱扣器的作用之一是(　　)。

A. 接收信号　　B. 辅助熄灭电弧　　C. 构成电路的连锁

(3) 熔体熔化时间的长短取决于通过电流的大小和(　　)。

A. 电流通过的时间　　B. 熔体熔点的高低　　C. 电源电压的大小

(4) 刀开关垂直安装时，手柄(　　)时为合闸状态。

A. 向上　　B. 水平　　C. 向下

(5) 热继电器主要用于电动机的(　　)保护。

A. 过载　　B. 失压　　C. 短路

(6) 电气闭锁可利用(　　)实现。

A. 接触器辅助触点　　B. 按钮　　C. 程序

(7) 作用与按钮相同的主令电器是(　　)。

A. 行程开关　　B. 万能转换开关　　C. 组合开关

(8) 万能式断路器又称(　　)。

A. 塑壳式断路器　　B. 框架式断路器　　C. 智能断路器

(9) HK 系列刀开关用于手动(　　)接通和分断照明、电热设备和小容量电动机。

A. 频繁　　B. 不频繁　　C. 频繁或不频繁

(10) 组合开关一般用于直流(　　)。

A. 220V　　B. 380V　　C. 1000V

二、应用能力测试

(1) 试设计具有两台电动机顺启顺停控制电路。

(2) 试设计具有过载和短路保护的双速电动机自动加速控制电路。

(3) 拟出正反转控制线路的安装步骤及工艺要求。

(4) 电气控制线路常见故障现象及检修方法。

项目四

基本放大电路

项目描述： 半导体器件具有体积小、质量轻、使用寿命长、输入功率小和转换效率高等优点，是电子电路的重要组成部分。用来对电信号进行放大的电路称为放大电路，习惯上称为放大器，它是构成电子电路的基本单元电路。无论日常使用的收音机、电视机，还是精密的测试仪器和复杂的自动控制系统，其内部一般都有各种不同类型的放大电路。由此可见，放大电路是日常生活、工作、科研等设备中使用最为广泛的电子电路之一。只有了解了半导体器件的外特性，掌握了基本放大电路的基础知识，才能正确地分析电子电路性能，合理选择和使用基本放大电路。

项目任务： 掌握半导体器件基础知识，掌握基本放大电路基础知识，会正确识别、检测及使用半导体器件，会测试放大电路主要技术指标，能根据需要合理地选择基本放大电路。

学习内容： 半导体二极管和三极管的特性、主要参数及识别、检测和使用方法；基本放大电路的组成、主要性能指标及基本放大电路的调整测试方法。

任务十七：半导体器件

能力目标

(1) 掌握二极管的单向导电性，能够识别常用半导体二极管的种类。

(2) 掌握半导体三极管的放大原理，能够识别常用半导体三极管的种类。

半导体二极管和三极管是电子电路中的重要器件，其种类繁多，应用十分广泛。识别常用半导体二极管和三极管的种类，掌握检测质量及选用方法是学习电子技术必须掌握的一项基本技能。

一、半导体材料

半导体材料是导电性能介于导体和绝缘体之间的一类材料，在纯净的半导体材料中有选择地加入极微量的其他杂质元素(如硅和锗)，其导电能力会出乎意料地大大增强，这就是半导体的掺杂特性。正是利用这个特性，才使得利用半导体材料制作二极管得以实现。

半导体二极管由纯度极高的半导体晶体(硅或锗)掺入少量杂质(砷或硼)制成，依照掺入的杂质及其所体现出的性能不同分为 N 型半导体和 P 型半导体。N 型半导体的多数载流子是电子，P 型半导体的多数载流子是空穴。半导体材料对热、光、电场敏感。

二、半导体二极管

1. 二极管的基本结构和符号

在一块完整的晶片上，通过掺杂工艺，使晶体的一边为 P 型半导体，另一边为 N 型半导体，则在这两种半导体的交界处形成一个具有特殊物理性质的带电薄膜，称为 PN 结。

在 PN 结的两端各引出一根电极引线，然后用外壳封装起来就构成了半导体二极管，如图 4-1(a)所示，其电路符号如图 4-1(b)所示。二极管两端的引线称为电极，由 P 区引出的电极是正极，由 N 区引出的电极是负极。用二极管就可以试验 PN 结的导电特性。证明只有按三角箭头方向二极管才能导通，产生正向电流。正向电流只能从二极管的正极流入，从负极流出。

几种常见二极管的外形如图 4-2 所示。

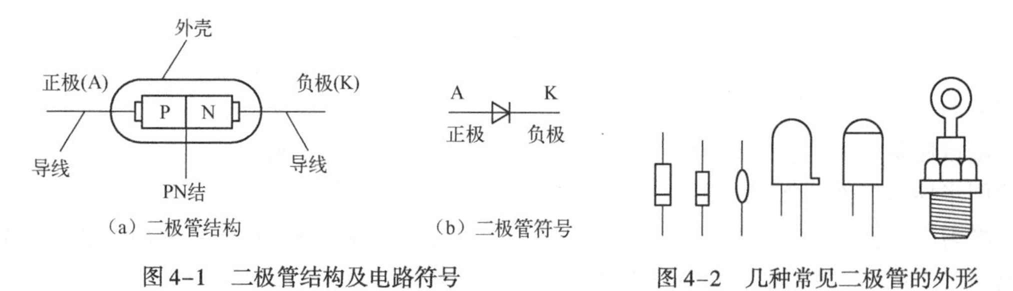

（a）二极管结构　　（b）二极管符号

图 4-1　二极管结构及电路符号　　　图 4-2　几种常见二极管的外形

2. 二极管的基本特性——单向导电性

二极管的基本特性为单向导电性，即加一定的正向电压，二极管导通；加反向电压，二极管截止，如图 4-3 所示。

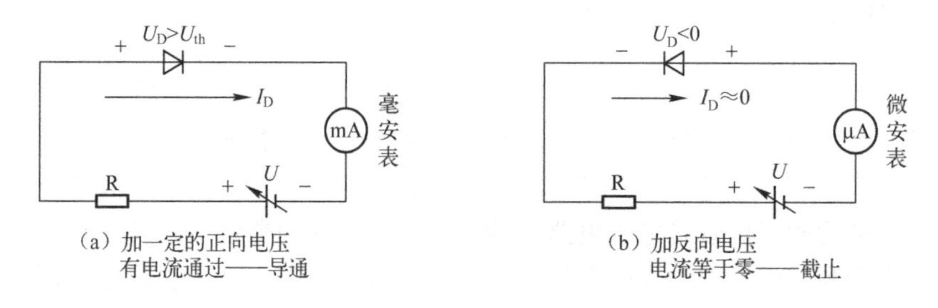

（a）加一定的正向电压
有电流通过——导通　　（b）加反向电压
电流等于零——截止

图 4-3　二极管的单向导电性

但是，二极管正偏时并不是马上导通，也就是说，虽然加了正向电压，由于外加的正向电压很小，二极管内部呈现的电阻仍很大，正向电流几乎为零，这个区域称为死区。使二极管脱离死区而开始导通的临界电压称为门限电压，通常用 U_{th}表示，一般情况下，硅管的门限电压为 0.6 ～ 0.8V，锗管的门限电压为 0.1 ～ 0.3V。

二极管的特性可以用二极管的伏安特性曲线来表示。二极管的伏安特性，即研究流过二极管的电流(i_D)与二极管两端的电压(u_D)之间的关系，用 $i-u$ 直角坐标系描绘出来，就是二极管的伏安特性曲线。描绘出的伏安特性曲线如图 4-4 所示。

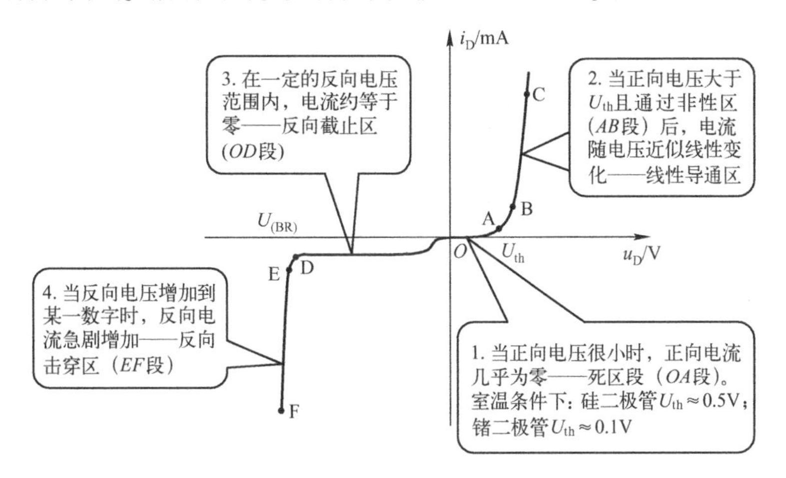

图 4-4　二极管的伏安特性曲线

在实际电路中，当二极管正向导通时，即图 4-4 中 BC 段，二极管两端电压硅管为0.6 ～ 0.8V，锗管为 0.1 ～ 0.3V，在工程上定义这一电压为导通电压，用 $U_{D(on)}$ 表示，认为 $u_d \geqslant U_{D(on)}$ 时，二极管导通，i_D有明显数值，而 $u_d \leqslant U_{D(on)}$ 时，i_D很小，二极管截止。工程上为了估算方便，一般取硅管 $U_{D(on)}=0.7V$，锗管 $U_{D(on)}=0.2V$。

当加反向电压时，OD 段的电流约为零，实际情况是，这个反向电流很小，且与反向电压无关，约等于反向饱和电流 I_S。在室温条件下，小功率硅管的反向饱和电流 I_S小于 0.1μA，锗管为几十微安。

当二极管两端电压增大到 $U_{(BR)}$时(如图 4-4 中的 D 点)，二极管内部 PN 结被击穿，二极管的反向电流将随反向电压的增加而急剧增大(如图 4-4 中的 DEF 段)，$U_{(BR)}$ 称为反向击穿电压。

3. 二极管的种类

二极管的种类很多，按材料不同分为硅管、锗管等；按结构不同分为点接触型、面接触型、平面型等；按用途不同分为普通二极管、整流二极管、检波二极管、开关二极管、稳压二极管、发光二极管、光敏二极管等。

大部分二极管都利用二极管的单向导电特性，实现检波、整流、开关等作用。发光二极管是将电能直接转变为光能的发光器件，常用于指示电路、光电传感器等；稳压二极管利用其反向击穿特性，在二极管的两端得到比较稳定的电压，所以它工作在反向击穿状态。

4. 二极管的主要参数

为了安全使用二极管，必须考虑电流、电压、功率、温度等参数不能超过规定的最大额定值。使用中可以通过查阅半导体器件手册进行选用或代换，主要考虑以下参数。

(1) 最大正向电流 I_F。指二极管长期运行允许通过的最大正向平均电流。使用时若超过此值，有可能烧坏二极管。

（2）最高反向工作电压 U_{RM}。指允许施加在二极管两端的最大反向电压，通常规定为击穿电压的一半。使用时若超过此值，二极管有可能因反向击穿而损坏。

（3）反向电流 I_R。指二极管未击穿时的反向电流值。其值会随温度的升高而急剧增加，其值越小，二极管单向导电性能越好。反向电流值会随温度的上升而显著增加，在实际应用中应加以注意。

（4）最高工作频率 f_M。指保证二极管单向导电作用的最高工作频率。当工作频率超过 f_M 时，二极管的单向导电性能就会变差，甚至失去单向导电特性。

5. 稳压二极管

除了前面讨论的普通二极管外，在电子技术的发展过程中，还研制成了各种特殊二极管，如稳压二极管、变容二极管、光电二极管和发光二极管等。这里只介绍稳压二极管。

（1）稳压二极管的结构、电路符号和特性。稳压二极管俗称稳压管，其外形如图 4-5(a)所示，它是一种用特殊工艺制造、能稳定电压的二极管。稳压管的型号按半导体型号标准来命名，主要有 2CW、2DW 系列，其电路符号如图 4-5(b)所示。

稳压二极管的伏安特性曲线如图 4-5(c)所示，与普通二极管的伏安特性曲线相似，只是反向击穿电压较低。

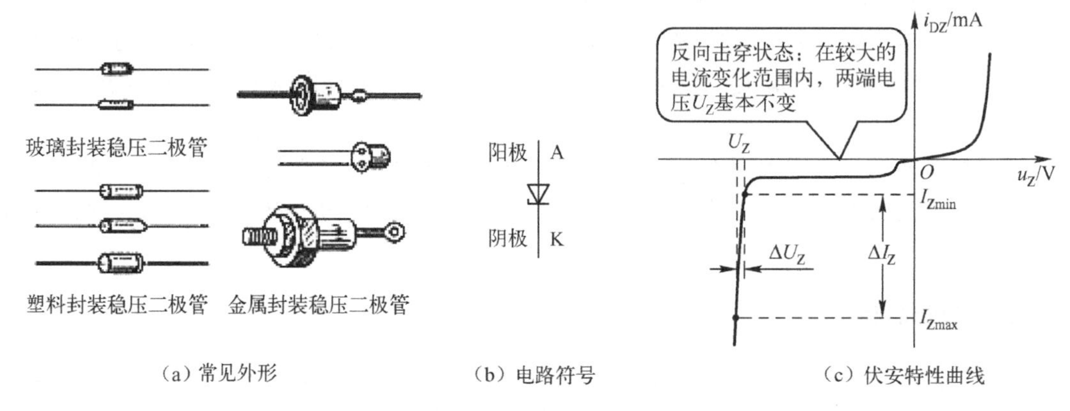

（a）常见外形　　（b）电路符号　　（c）伏安特性曲线

图 4-5　稳压二极管的外形、电路符号及特性曲线

（2）稳压二极管的主要参数。

稳定电压 U_Z：稳压管在正常工作状态（反向击穿且电流 I_Z 为额定值）下两端的电压值。

稳定电流 I_Z：也称最小稳压电流 I_{Zmin}，即保证稳压管具有正常稳压性能的最小工作电流。

最大耗散功率 P_M：稳压管的稳定电压 U_Z 与最大稳定电流 I_{Zmax}（也称 I_{ZM}）的乘积。超过 P_M 或 I_{ZM} 时，稳压管将会因过热而损坏。

此外，还有动态电阻 r_Z 和温度系数 α_t 等反映稳压管的稳定性能。动态电阻 r_Z 越小，稳压管性能越好。温度系数 α_t 反映温度对稳定电压 U_Z 的影响，在要求较高的电路中，可用具有温度补偿的稳压二极管。

（3）稳压二极管稳压电路。利用稳压二极管组成的稳压电路如图 4-6 所示，R 为限流电阻，R_L为稳压电路负载。当输入电压U_I、负载R_L变化时，该电路可维持输出电压U_O稳定。

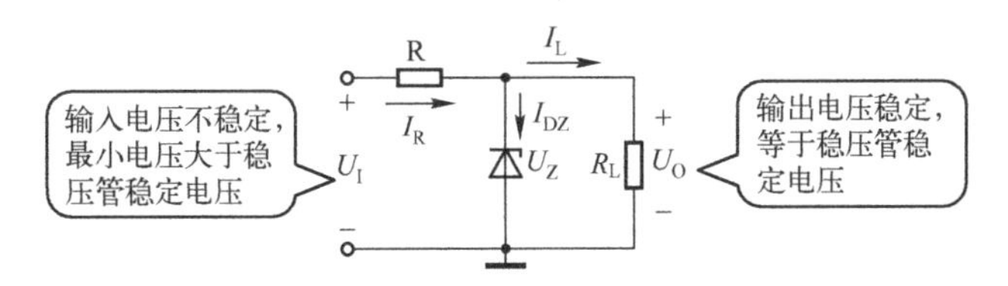

图4-6　稳压二极管稳压电路

由图4-6可知，当稳压二极管正常稳压工作时，有下述方程：

$$U_O = U_I - I_R R = U_Z \tag{4-1}$$

$$I_R = I_{DZ} + I_L \tag{4-2}$$

若负载电阻R_L不变，U_I增大时，U_O将会随之上升，由于稳压二极管两端的反向电压增加，使电流I_{DZ}大大增加，由式(4-2)可知，I_R也随之显著增加，从而使限流电阻上的压降$I_R R$增大，结果使U_I增量的绝大部分降落在限流电阻R上，从而使输出电压U_O基本维持恒定。相反，U_I下降时I_R减小，R上压降减小，从而维持U_O基本恒定。

若U_I不变，负载电阻R_L增大(即负载电流I_L减小)时，输出电压U_O将会随之增加，则流过稳压管的电流I_{DZ}大大增加，致使$I_R R$增大，迫使U_O下降。同理，若负载电阻R_L减小(即负载电流I_L增加)时，输出电压U_O将会随之减小，则流过稳压管的电流I_{DZ}大大减小，致使$I_R R$减小，迫使U_O上升，从而维持了输出电压的稳定。

电路特点：电路简单，输出电压稳定性能较差，且不可调节，故一般适用于输出电流较小、稳定性能要求不高的场合。

[例4-1]　在如图4-6所示稳压电路中，已知稳压二极管$U_Z = 8V$、$I_Z = 5mA$、$I_{ZM} = 30mA$，限流电阻$R = 390\Omega$，负载电阻$R_L = 510\Omega$，试求输入电压$U_I = 17V$时，输出电压U_O及电流I_L、I_R、I_{DZ}的大小。

解：令稳压二极管开路，求得R_L上的压降U_O'为：

$$U_O' = \frac{U_I R_L}{R + R_L} = \frac{17 \times 510}{390 + 510} = 9.6V$$

因此$U_O' > U_Z$，稳压二极管接入电路后即可工作在反向击穿区，略去动态电阻r_Z的影响，稳压电路的输出电压U_O就等于稳压二极管的稳定电压U_Z，即

$$U_O = U_Z = 8V$$

由此，可求出各电流大小分别为

$$I_L = \frac{U_O}{R_L} = \frac{8}{510}A = 0.0157A = 15.7mA$$

$$I_R = \frac{U_I - U_O}{R} = \frac{17 - 8}{390}A = 0.0231A = 23.1mA$$

$$I_{DZ} = I_R - I_L = 23.1 - 15.7 = 7.4mA$$

可见，$I_Z < I_{DZ} < I_{ZM}$，稳压二极管处于正常稳压工作状态。

三、半导体三极管

半导体三极管具有放大和开关作用，其应用非常广泛。它有双极型和单极型两种类型，

双极型半导体三极管通常称为晶体管，简称 BJT，它有空穴和自由电子两种载流子参与导电，故称为双极型三极管；单极型半导体三极管通常称为场效应管，简称 FET，是一种利用电场效应控制输出电流的半导体器件，它由一种载流子(多子)参与导电，故称为单极型半导体三极管。

1. 晶体管的基本结构

晶体管是由形成两个 PN 结的 3 块杂质半导体组成，因杂质半导体仅有 P、N 型两种，所以晶体管的组成只有 NPN 型和 PNP 型两种。采用平面工艺制成的 NPN 型硅材料晶体管的结构如图 4-7(a)所示，其结构示意图如图 4-7(b)所示。按 PN 结的组合方式不同可分为 NPN 和 PNP 两种类型的晶体管，其符号如图 4-7(c)所示。

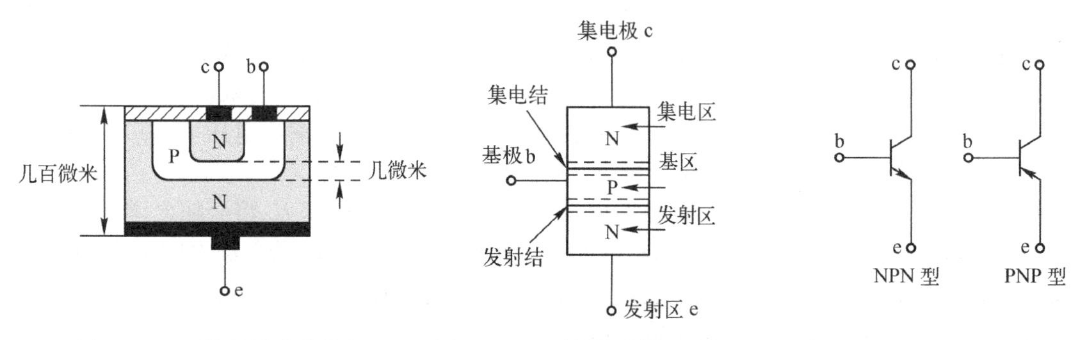

（a）NPN 型硅材料晶体管的结构　（b）NPN 型硅材料晶体管的结构示意图　（c）NPN 和 PNP 型晶体管的符号

图 4-7　晶体管的结构示意图和符号

不管是 NPN 型还是 PNP 型晶体管，都有三个区：发射区、基区、集电区，以及分别从这三个区引出的电极：发射极 E、基极 B 和集电极 C，两个 PN 结分别为发射区与基区之间的发射结和集电区与基区之间的集电结。

晶体管具有基区很薄(一般仅有 1μm 至几十微米厚)、发射区浓度很高、集电结截面积大于发射结截面积的特点。

注意：PNP 型和 NPN 型晶体管表示符号的区别是发射极的箭头方向不同，它表示发射结加正向偏置电压时的电流方向。使用中注意电源的极性，确保发射结加正向偏置电压，晶体管才能正常工作。

晶体管根据基片的材料不同，分为硅管和锗管两大类，目前国内生产的硅管多为 NPN 型(3D 系列)，锗管多为 PNP 型(3A 系列)；从频率特性分为高频管和低频管；从功率大小分为大功率管、中功率管和小功率管等。实际应用中采用 NPN 型晶体管较多，所以下面以 NPN 型晶体管为例加以讨论，所得结论对于 PNP 型晶体管同样适用。

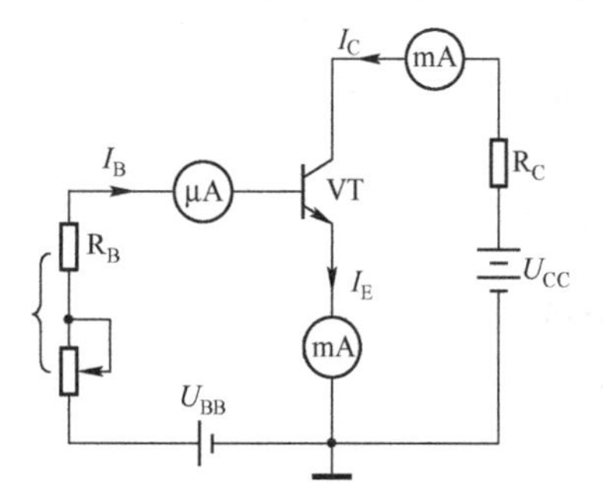

图 4-8　共发射极放大实验电路

2. 晶体管的放大原理

为了定量地了解晶体管的电流分配关系和放大原理，先做一个实验，实验电路如图 4-8 所示。

加电源电压 U_{BB}时发射结承受正向偏置电压，而电源 $U_{CC}>U_{BB}$，使集电结承受反向偏置电压，这样做的目的是使晶体管能够具有正常的电流放大作用。

通过改变电阻 R_B，基极电流 I_B、集电极电流 I_C 和发射极电流 I_E 都发生变化，表 4-1 为实验所得一组数据。

表 4-1 晶体管各极电流实验数据

I_B(μA)	0	20	40	60	80	100
I_C(mA)	0.005	0.99	2.08	3.17	4.26	5.40
I_E(mA)	0.005	1.01	2.12	3.23	4.34	5.50

将表中数据进行比较分析，可得出如下结论：

(1) $I_E=I_B+I_C$。此关系就是晶体管的电流分配关系，它符合基尔霍夫电流定律。

(2) I_E和 I_C几乎相等，但远远大于基极电流 I_B，从第三列和第四列的实验数据可知，I_C与 I_B的比值分别为：

$$\bar{\beta}=\frac{I_C}{I_B}=\frac{2.08}{0.04}=52,\ \bar{\beta}=\frac{I_C}{I_B}=\frac{3.17}{0.06}=52.8$$

I_B的微小变化会引起 I_C较大的变化，计算可得：

$$\beta=\frac{\Delta I_C}{\Delta I_B}=\frac{I_{C4}-I_{C3}}{I_{B4}-I_{B3}}=\frac{3.17-2.08}{0.06-0.04}=\frac{1.09}{0.02}=54.5$$

计算结果表明，微小的基极电流变化，可以控制比之大数十倍至数百倍的集电极电流的变化，这就是晶体管的电流放大作用。$\bar{\beta}$、β 称为电流放大系数。

晶体管电流之间为什么具有这样的关系呢？可以通过晶体管内部载流子的运动规律来解释。

下面以 NPN 型晶体管为例分三个过程来讨论晶体管内部载流子的传输过程 。

(1) 发射。由图 4-9 可知，由于发射结正向偏置，则发射区高浓度的多数载流子——自由电子在正向偏置电压作用下，大量地扩散注入到基区，与此同时，基区的空穴向发射区扩散。由于发射区是重掺杂，所以注入到基区的电子浓度远大于基区向发射区扩散的空穴数(一般高几百倍)，因此可以在分析中忽略这部分空穴的影响。可见，扩散运动形成发射极电流 I_E，其方向与电子流动方向相反。

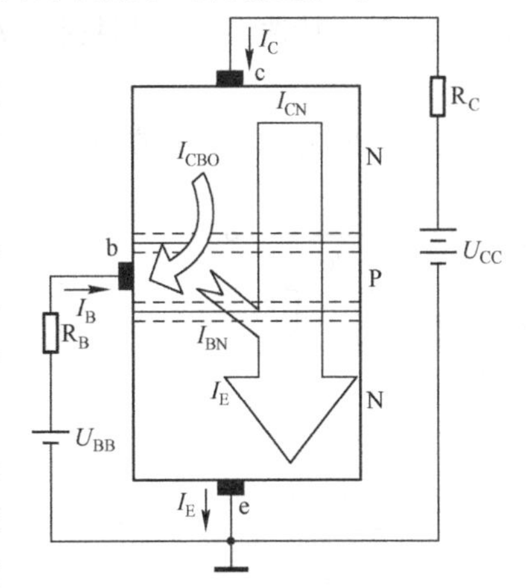

图 4-9 晶体管的电流分配

(2) 扩散和复合。电子的注入使基区靠近发射结处电子浓度很高，此外，集电结反向作用，使靠近集电结处的电子浓度很低(近似为 0)，因此在基区形成电子浓度差，浓度差使电子向集电区扩散运动。电子扩散时，在基区将与空穴相遇产生复合，同时接在基区的电源的正端则不断地从基区拉走电子，好像不断地供给基区空穴。电子复合的数目与电源从基区拉走的电子数目相等，使基区的空穴浓度基本维持不变，这样就形成了基极主要电流 I_{BN}，这部分电流就是电子在基区与空穴复合的电流。由于基区空穴浓度比较低，且基区做得很薄，因此复合的电子是极少数，绝大多数电子均能扩散到集电结处，被集电极收集。

（3）收集。由于集电结反向偏置，在结电场的作用下，使集电区中电子和基区的空穴很难通过集电结，但这个结电场对扩散到集电结边缘的电子却有极强的吸引力，可以使电子很快漂移过集电结为集电区所收集，形成集电极主电流 I_{CN}。因为集电极的面积大，所以基区扩散过来的电子基本上全部被集电极收集。

此外，因为集电结反向偏置，所以集电区中的多数载流子电子和基区中的多数载流子空穴都不能向对方扩散，但集电区中的空穴和基区中的电子(均为少数载流子)在结电场的作用下可以做漂移运动，形成反向饱和电流 I_{CBO}。I_{CBO}数值很小，这个电流对放大没有贡献，且受温度影响较大，容易使管子不稳定，所以在制造过程中要尽量减小 I_{CBO}。

3. 晶体管的特性曲线

晶体管外部的极间电压与电流的相互关系称为晶体管的特性曲线。它既简单又直观地反映了各极电流与电压之间的关系。晶体管的特性曲线和参数是选用晶体管的主要依据。晶体管的不同连接方式有不同的特性曲线，因共发射极用得最多，下面讨论 NPN 型晶体管共发射极的输入特性和输出特性。电路的典型连接方式如图 4-10(a)所示。

（1）输入特性。当 U_{CE}不变时，输入回路的 i_B与电压 u_{BE}之间的关系曲线称为输入特性，即：

$$i_B = f(u_{BE})\big|_{U_{CE}=\text{常数}} \tag{4-3}$$

由于输入回路只有发射结为非线性部件，而其他元件都为线性元件，所以输入特性与二极管伏安特性曲线相似。当改变 U_{CE}值时可得一簇曲线，如图 4-10(b)所示。当 U_{CE}增大时，集电极收集电子的能力增强，在基区获得相同的 i_B值，所需的电压 u_{BE}相应增大，则曲线随 U_{CE}增大而向右移，当 $U_{CE} \geq 1V$ 后，各曲线已经很接近了，通常只给出 $U_{CE} \geq 1V$ 的一条输入特性曲线。

（2）输出特性。输出特性是指 I_B一定时，输出回路中 i_C与 u_{CE}之间的关系，即：

$$i_C = f(u_{CE})\big|_{I_B=\text{常数}} \tag{4-4}$$

它是对应不同 I_B值的一组曲线，如图 4-10(c)所示。

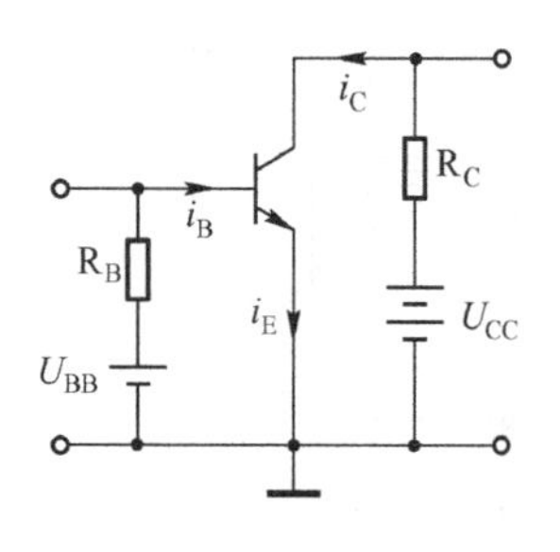

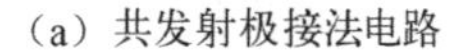

（a）共发射极接法电路

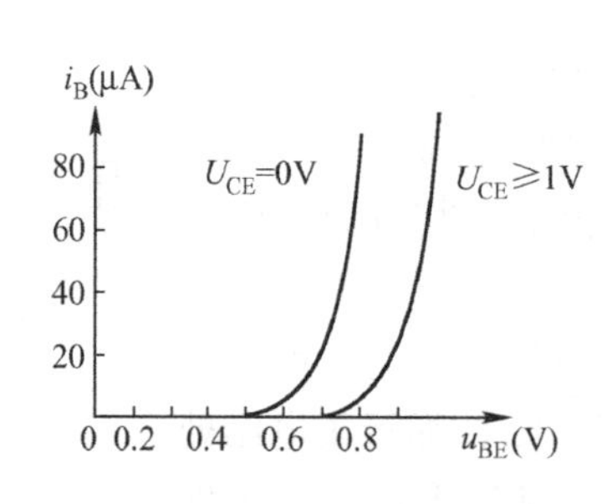

（b）三极管的输入特性

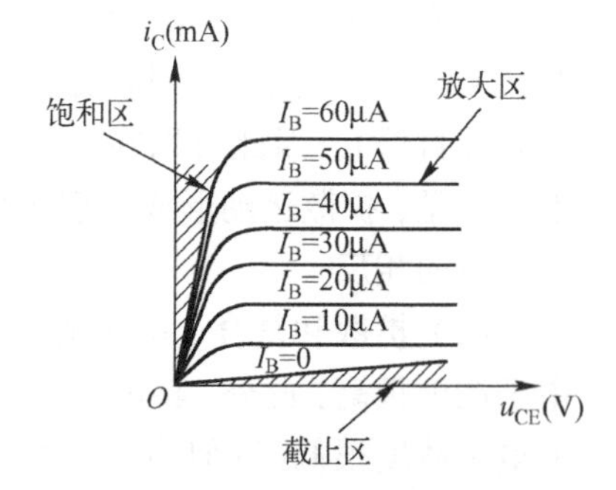

（c）三极管的输出特性

图 4-10　三极管的特性曲线

每条曲线可分为上升、转折、平坦三个阶段。上升段曲线很陡，这是由于 u_{CE}的值很小，集电区收集电子的能力不够，当 u_{CE}增加时，集电区收集电子能力增加，所以 i_C受 u_{CE}影响较大。当u_{CE}略有增加时，i_C增加较快；转折段i_C随u_{CE}变化缓慢，这是由于$u_{CE} \geq 1V$后，集电区收集电子的能力基本恢复正常，当I_B一定时，则基区扩散到集电结附近的电子数目一定，大部分电子已被集电区收集，再增大u_{CE}，i_C的增大趋势减缓；平坦段曲线比较平坦，i_C基本上不随u_{CE}的增加而增加，这是由于，u_{CE}增加到一定程度以后，集电区把从基区扩散过来的电子全部收集到集电区，u_{CE}再增大，扩散过来的电子数目也不会增多，即i_C值不随u_{CE}增加而增加，只与I_B有关。在这个区域内，β近似为常数。

输出特性曲线可分为三个区：放大区、饱和区和截止区，分别对应晶体管的三个状态。

放大区：特性曲线上平坦的部分，其特征是发射结正向偏置（u_{BE}大于发射结开启电压u_{on}），集电结反向偏置。此时$i_C = \beta I_B$，而与u_{CE}无关，i_C的大小只受I_B的控制。在此区域内，三极管的输出回路可等效为受控电流源。

饱和区：曲线上拐点左面的区域，其特征是发射结和集电结均处在正向偏置。此时i_C不仅与I_B有关,而且明显随u_{CE}的增大而增大。在此区域内，$i_C < \beta I_B$，三极管无放大作用。当三极管处于深度饱和时，u_{CE}值很小。

截止区：在曲线上靠近横轴的部分，其特征是发射结电压小于开启电压u_{on}且集电结反向偏置，此时$I_B = 0$，$i_C \leq I_{CEO}$。在近似分析时可认为$i_C = 0$。

特性曲线随温度而变化。温度升高时，输入特性曲线向左平移；输出特性曲线平行上移。

综上所述，晶体管工作在放大区，具有电流放大作用，常用来构成各种放大电路；晶体管工作在饱和区和截止区，相当于开关的断开和接通，常用于开关控制和数字电路。

4. 晶体管的主要参数

（1）电流放大系数β和$\bar{\beta}$。它们是衡量晶体管放大能力的重要指标。有共射直流电流放大系数$\bar{\beta} = I_C/I_B$和交流放大系数$\beta = i_C/i_B$。在放大区，由于β与$\bar{\beta}$值相差不大，通常只给出β值。

（2）极间反向电流I_{CBO}和I_{CEO}。I_{CBO}为发射极开路时集电极与基极之间的反向饱和电流。I_{CEO}为基极开路时集电极与发射极之间的穿透电流。它在输出特性上对应$I_B = 0$时I_C的值。$I_{CEO} = (1+\beta)I_{CBO}$。

硅管的反向电流很小，锗管的较大。

（3）特征频率f_T。由于晶体管中PN结的结电容存在，晶体管的交流电流放大系数是所加信号频率的函数。信号频率高到一定程度时，集电极电流与基极电流之比不但数值上下降，且产生相移。f_T为β下降到1时的信号频率。

（4）集电极最大允许电流I_{CM}。i_C在相当大的范围内β值基本不变，但当i_C的数值大到一定程度时，β值将减小。使β值明显减小的i_C即为I_{CM}。通常将β值下降到额定值的2/3时所对应的集电极电流规定为I_{CM}。

（5）极间反向击穿电压。表示使用晶体管时外加在各极之间的最大允许反向电压，如果超过这个限度，则管子的反向电流急剧增大，可能损坏晶体管。反向击穿电压有以下几项。

U_{CBO}——发射极开路时，集电极—基极间的反向击穿电压。

U_{CEO}——基极开路时，集电极—发射极间的反向击穿电压。

U_{CER}——基极与发射极间有电阻 R 时，集电极—发射极间的反向击穿电压。

U_{CES}——基极与发射极短路时，集电极—发射极间的反向击穿电压。

U_{EBO}——集电极开路时，发射极—基极间的反向击穿电压。一般较小，仅有几伏左右。

上述电压一般存在如下关系：

$$U_{CBO} > U_{CES} > U_{CER} > U_{CEO}$$

由于 U_{CEO}最小，因此使用时使 $U_{CE} < U_{CEO}$即可安全工作。

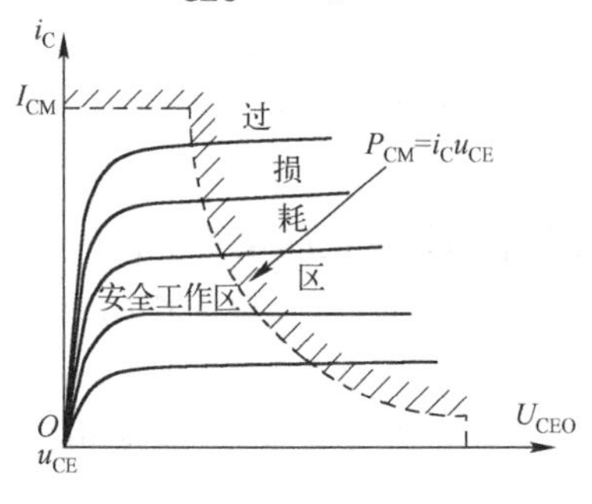

图 4-11　晶体管极限参数

（6）集电极最大允许功率 P_{CM}。P_{CM}决定了晶体管的温升。当硅管的结温度大于 150℃，锗管的结温度大于 70℃时，管子的特性明显变坏，甚至烧坏。对于确定型号的晶体管，P_{CM}是一个确定值，即 $P_{CM}=i_C u_{CE}=$常数，在输出特性坐标平面中为双曲线中的一条，如图 4-11所示。曲线右上方为过损耗区。

对于大功率管的 P_{CM}，应特别注意测试条件，如对散热片的规格要求。当散热条件不满足要求时，允许的最大功耗将小于 P_{CM}。

5. 场效应管介绍

场效应管(FET)是一种电压控制器件，它是利用输入电压产生的电场效应来控制输出电流大小的器件。它具有体积小、质量轻、寿命长、输入电阻大、噪声低、热稳定性好、抗辐射能力强、便于集成化等优点。

（1）场效应管的种类与符号。按其结构不同分为绝缘栅型和结型两大类。绝缘栅型场效应管由于制造工艺简单，便于实现集成化，应用更为广泛。绝缘栅型场效应管简称 MOS 管，有 N 沟道和 P 沟道两类，每一类又分为增强型和耗尽型两种，共有四种类型，其图形符号如图 4-12 所示。3 个引脚分别是源极(S)、栅极(G)和漏极(D)，它们分别相当于三极管的发射极、基极和集电极。

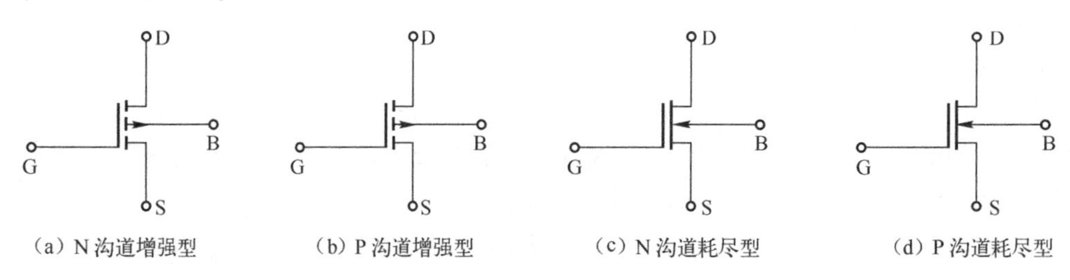

（a）N 沟道增强型　（b）P 沟道增强型　（c）N 沟道耗尽型　（d）P 沟道耗尽型

图 4-12　绝缘栅型场效应管图形符号

结型场效应管也包括 N 沟道和 P 沟道两种，其图形符号如图 4-13 所示。

将 N 沟道 MOS 管和 P 沟道 MOS 管组成互补电路，就构成 CMOS 管，它具有输入电流小、功耗小、工作电源范围宽等优点，广泛应用于集成电路中。

CMOS 管从结构上较好地解决了散热问题，其耗散功率大，工作速度快，耐压高，是理想的大功率器件。

(2) 场效应管的工作特点。场效应管也有三个工作区域：可变电阻区、恒流区和夹断区。当利用场效应管作放大管时，应使它工作在恒流区。对于增强型的场效应管，必须建立一个栅－源极电压使其达到开启电压，才会形成导电沟道，并有漏电电流；对于耗尽型的场效应管则不加栅－源极电压时已存在导电沟道，只有栅－源极电压达到某一值时，才能使漏－源极之间电流为零，此时的栅－源极电压称为夹断电压。

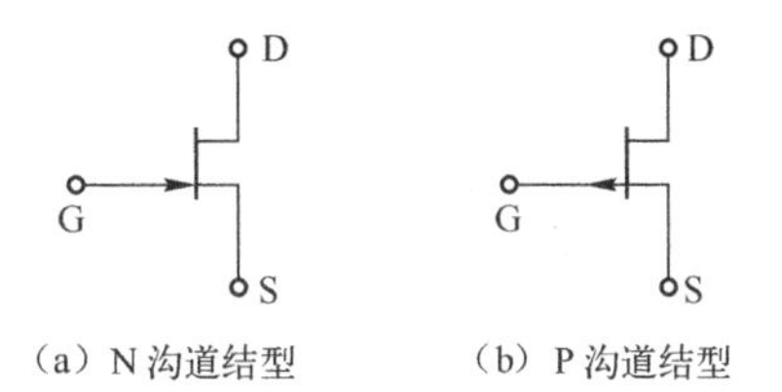

图4-13　结型场效应管图形符号

能力训练

1. 选择题

(1) 半导体二极管具有(　　)。

A. 导通特性　　B. 双向导通特性　　C. 单向导通特性

(2) 稳压二极管工作在稳压状态时，其工作区是伏安特性的(　　)。

A. 正向特性区　　B. 反向击穿区　　C. 反向特性区

(3) 某 NPN 型晶体管电路中，$U_{BE} = 0V$，$U_{BC} = -5V$，则可知管子工作于(　　)状态。

A. 放大　　B. 饱和　　C. 截止　　D. 不能确定

2. 填空题

(1) 二极管导通时，则二极管两端所加的是________电压；只有当二极管两端正向偏置电压大于________电压时，二极管才能完全导通；二极管两端的反向电压增高时，在达到________电压以前通过的电流很小。

(2) 晶体管的 3 个电极分别称为________、________和________；晶体管有三个工作区域：________区、________区、________区；在模拟电路中，绝大多数情况下应保证晶体管工作在________区。

(3) 场效应管 3 个引脚分别是________、________、________；场效应管也有三个工作区域：________区、________区和________区；当利用场效应管作为放大管时，应使它工作在________区。

3. 有人在测量一个二极管反向电阻时，为了使万用表测试笔接触良好，就用两手把引脚与表笔捏紧，结果测得管子的反向电阻较小，认为该二极管不合格，但将这只管子用在电路中，却比较正常，这是为什么?

4. 放大电路中，测得几个三极管的三个电极电位 U_1、U_2、U_3 分别为下列各组数值，判断它们是NPN型还是PNP型?是硅管还是锗管?确定 e、b、c。(说明：硅管的导通管压降为 0.6 ～ 0.8V；锗管的导通管压降为 0.1 ～ 0.3V)

(1) $U_1 = 3.3V$，$U_2 = 2.6V$，$U_3 = 15V$。

（2）$U_1=3.2\text{V}$，$U_2=3\text{V}$，$U_3=15\text{V}$。

（3）$U_1=6.5\text{V}$，$U_2=14.3\text{V}$，$U_3=15\text{V}$。

（4）$U_1=8\text{V}$，$U_2=14.8\text{V}$，$U_3=15\text{V}$。

任务十八：放大电路性能指标及测试

能力目标

掌握放大电路的功能、组成及主要性能指标。

一、放大的概念

人们在生产和工作中，需要通过放大器对微弱的信号加以放大，以便进行有效地观察、测量和利用。放大器就是把微弱的电信号放大为较强电信号的电路；它放大的对象是微弱的变化的电信号；其放大的本质是实现能量的控制，即需要在放大电路中另外提供一个能源，由能量较小的输入信号控制这个能源，使之输出较大的能量，然后推动负载。

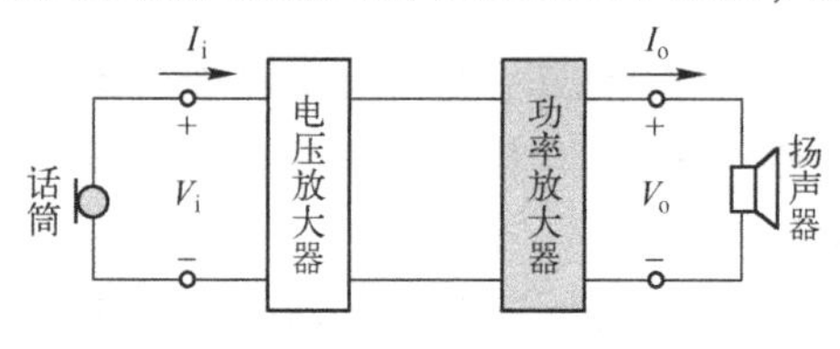

图 4-14　扩音机原理图

扩音机是一种常见的放大器，其原理图如图 4-14所示。声音先经过话筒转换成随声音强弱变化的电信号；再送入电压放大器和功率放大器进行放大；最后通过扬声器把放大的电信号还原成比原来响亮得多的声音。

二、放大电路的主要性能指标

对放大电路进行分析是放大电路的学习者和使用者必须掌握的技能之一，其目的是为了了解放大器的性能，而放大器的性能通常是用一组性能指标来描述的，所以必须掌握放大器性能指标的具体定义和有关知识。

分析放大器时，通常把放大电路等效成如图 4-15 所示的电路。该电路可以看做由三个部分组成：信号源、放大器的等效电路、负载 R_L。图中，U_s 为信号源电压，R_s 为信号源内阻，放大电路的输入电压和电流分别为 U_i 和 I_i，输出电压和电流分别为 U_o 和 I_o。图中电流和电压正方向的规定是：电流流入放大器的方向为正；电压的方向是上正、下负。

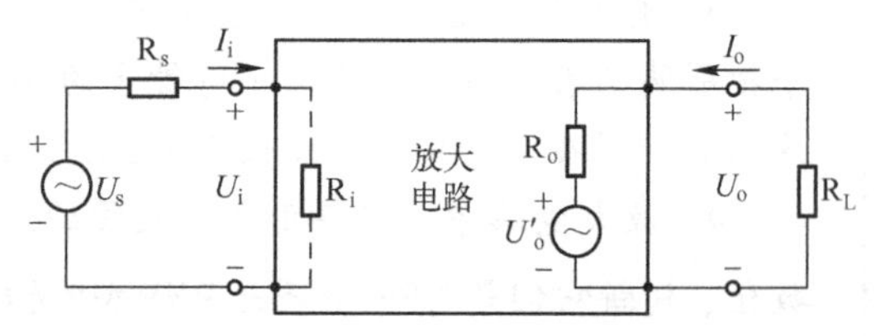

图 4-15　放大电路示意图

放大电路的主要性能指标如下。

1. 放大倍数

放大倍数是衡量放大电路放大能力的指标，它有电压放大倍数、电流放大倍数和功率放大倍数等表示方法，其中，电压放大倍数应用最多。

放大电路的输出电压 U_o 与输入电压 U_i 之比，称为电压放大倍数 A_u，即

$$A_u = U_o/U_i \tag{4-5}$$

放大电路的输出电流 I_o 与输入电流 I_i 之比，称为电流放大倍数 A_i，即

$$A_i = I_o/I_i \tag{4-6}$$

放大电路的输出功率 P_o 与输入功率 P_i 之比，称为功率放大倍数 A_p，即

$$A_p = P_o/P_i \tag{4-7}$$

2. 输入电阻 R_i

把输入电压 U_i 加在放大器的输入端，会产生一个输入电流 I_i，在两者同相时，放大器输入端等效存在一个电阻 R_i，即输入电阻

$$R_i = U_i/I_i \tag{4-8}$$

由输入电阻的概念，从图 4－15 中可以得到：

$$U_i = \frac{R_i}{R_i + R_s}U_s \tag{4-9}$$

输入电阻 R_i 越大，U_i 就越接近 U_s，从其前级取得的电流越小，对前级的影响越小。

3. 输出电阻 R_o

输出电阻又称放大器的内阻，是从放大器的负载 R_L 左边向放大器内部看进去的等效电阻。定义为：负载断开，同时信号源电压 $U_s = 0$，在放大器的输出端加上一个电压源 U_2，由 U_2 产生的电流为 I_2，则 U_2 与 I_2 的比值就是放大器的输出电阻。

$$R_o = \frac{U_2}{I_2}\Big|_{U_S = 0} \tag{4-10}$$

从图 4－15 还可以得到：

$$U_o = \frac{R_L}{R_o + R_L}U_o' \tag{4-11}$$

实际上，总是希望 R_o 小一些，这样在一定的输出电流的情况下，损失在内阻上的信号源电压就小一些，有利于输出较高的信号电压。

4. 通频带

放大电路中通常含有电抗元件(外接的或有源放大器件内部寄生的)，它们的电抗值与信号频率有关，这就使放大电路对于不同频率的输入信号有着不同的放大能力。所以，放大电路的增益 $A(f)$ 可以表示为频率的函数。在低频段和高频段放大倍数通常都要下降。当 $A(f)$ 下降到中频电压放大倍数 A_o 的 $\frac{1}{\sqrt{2}}$ 时，即

$$A(f_L)=A(f_H)=\frac{A_o}{\sqrt{2}}\approx 0.7A_o \tag{4-12}$$

相应的频率f_L称为下限频率，f_H称为上限频率，如图4-16所示。

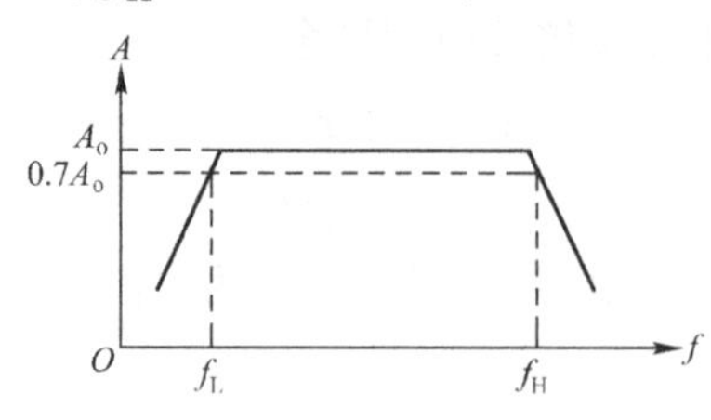

图4-16　通频带的定义

能力训练

1. 放大电路如图4-15所示，电流、电压均为正弦波，已知$R_s=600\Omega$，$U_s=30mV$，$U_i=20mV$，$R_L=1k\Omega$，$U_o=1.2V$。求该电路的电压、电流、功率放大倍数及其分贝数和输入电阻R_i。当R_L开路时，测得$U_o=1.8V$，求输出电阻R_o。

2. 什么是放大电路的输入电阻和输出电阻?它们的数值是大一些好，还是小一些好?为什么?

任务十九：共发射极放大电路及其应用

能力目标

掌握共发射极放大电路的特点与分析方法。

以晶体管作为控制能量的元件，与电阻、电容组成共发射极放大电路，可以实现将小的电信号不失真地放大功能。如图4-17所示是共发射极放大电路原理图。

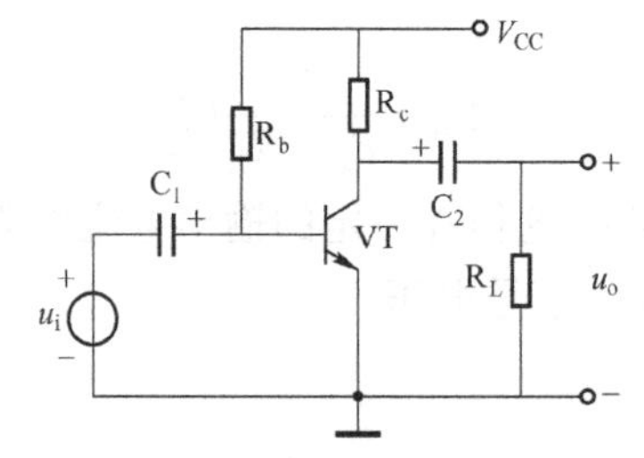

图4-17　共发射极放大电路原理图

一、电路的组成及各元件的作用

1. 基本放大电路的组成

由原理图可以看出，电路以晶体管为核心，左边为输入回路，右边为输出回路，通过晶体管的电流控制作用可以实现信号放大作用。

2. 元器件的作用

(1) 晶体管T。放大器的核心，利用它的电流控制作用实现信号放大作用。

(2) 偏置电阻 R_b。其作用是提供正偏电压，从而决定电路在没有信号(也称静态)时基极电流 I_{BQ} 的大小。由于通常把 I_{BQ} 称为偏置电流，所以 R_b 被称为偏置电阻。

(3) 集电极电阻 R_C。它有两个作用，一是提供集电极电流的通路，二是把放大的电流信号转换成电压信号。

(4) 输入耦合电容 C_1 和输出耦合电容 C_2。其作用分别是把输入信号中交流成分传递给晶体管，把集电极电压中的交流成分传递给负载。在低频放大电路中，耦合电容的容量一般取几十微法。

(5) 输入端的交流信号电压 U_i。需要放大的交流信号。

(6) 放大器的负载 R_L。输出交流信号的承受者，如音频功率放大器的负载就是喇叭(扬声器)，而在多级放大器中间级，其负载就是下一级的输入电阻。

(7) 直流电源 V_{CC}。其作用是给电路提供能量，同时也为晶体管正常工作提供合适的直流偏置条件。

二、静态工作点的设置与调整

1. 静态工作点的设置

所谓“静态”，就是当放大电路的输入信号为零时电路的工作状态。通常可以通过把信号输入端对地交流短接来实现。

为什么要设置静态工作点呢？由前面介绍的晶体管基本特性可知，当发射结的电压小于开启电压时，晶体管处于截止状态，那么若输入信号是正弦波，在正半周信号电压小于导通电压的区间和整个负半周，晶体管都处于截止状态，输出的信号将是不完整的，即出现严重失真。对于放大电路的最基本要求，一是能够放大，二是不失真，如果输出严重失真，放大就毫无意义了。如何解决失真问题呢？假如能够使晶体管在静态时工作在放大状态，并且有一个合适的基极电流 I_{BQ}、集电极电流 I_{CQ} 和集射极电压 U_{CEQ}，使输入信号能够完整地不失真地得到放大，就把这个基极电流 I_{BQ}、集电极电流 I_{CQ} 和集射极电压 U_{CEQ} 称为静态工作点。静态工作点的选取必须合适，过大将出现饱和失真，对于NPN型晶体管，输出电压的波形将产生底部失真；过小将出现截止失真，对于NPN型晶体管，输出电压的波形将产生顶部失真。在实际电路中，可以由直流电源 V_{CC} 通过基极偏置电阻给晶体管提供一个 U_{BE}，改变基极偏置电阻的大小可以改变 U_{BE} 的大小，进而改变基极电流 I_B 和集电极电流 I_C 的大小。图4-17所示电路称为固定式偏置共射放大电路。

设置静态工作点后，输入、输出的交流信号就被叠加在直流工作点上，满足了不失真放大的要求。

2. 静态工作点的调整

静态工作点一般是通过测量集电极电流来调整的。首先使输入信号为零，然后把电流表

（万用表电流挡）串接在集电极回路中，调整基极偏置电阻，使 I_{CQ} 达到预定值。一般取集电极最大电流 $\left(\frac{V_{CC}}{R_C}\right)$ 的一半左右即可。在实际操作中，为了避免切断集电极回路，也可以通过测量集电极负载电阻两端的直流电压值，利用欧姆定律计算出集电极电流的近似值。

注意：不同的晶体管电流放大倍数的大小也会影响静态工作点的调整。

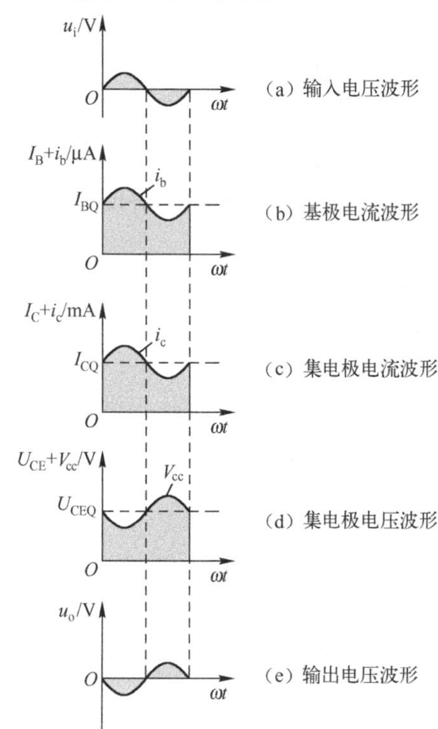

图 4-18　放大电路的电压、电流波形

三、简单分析与计算

1. 动态工作情况

当放大电路输入交流信号，即 $u_i \neq 0$ 时称为动态。电路中的电压、电流波形如图 4-18 所示。

晶体管基极与发射极之间的输入电压 $u_{BE} = U_{BEQ} + u_i$，其中 U_{BEQ} 为直流分量，u_i 为交流分量。

基极电流 $i_B = I_{BQ} + i_b$；集电极电流 $i_C = I_{CQ} + i_c$；i_b 和 i_c 为交流分量。

集电极与发射极之间的电压 $u_{CE} = V_{CC} - i_C R_C = U_{CEQ} - i_c R_C$。

经过耦合电容后，直流分量被隔断，放大电路输出交流电压 $u_o = -i_c R_C$

从以上波形可以得出以下结论：在共发射极放大电路中，i_b、i_c 与 u_i 同频率、同相位，u_O 与 u_i 同频率，但相位相反（相差180°）。

2. 典型共射放大电路的近似计算

下面通过分析分压偏置共射放大电路的相关参数，帮助大家进一步掌握共射放大电路的特点。

图 4-19 所示是一个典型的分压式偏置共射放大电路，图中电源 V_{CC} 通过 R_{B1}、R_{B2}、R_C、R_E 使晶体管获得合适的偏置，为晶体管的放大作用提供必要的条件，R_{B1}、R_{B2} 称为基极偏置电阻，R_E 称为发射极电阻，R_C 称为集电极负载电阻，利用 R_C 的降压作用，将晶体管集电极电流的变化转换成集电极电压的变化，从而实现信号的电压放大。与 R_E 并联的电容 C_E，称为发射极旁路电容，用于短路交流，使 R_E 对放大电路的电压放大倍数不产生影响，故要求它对信号频率的容抗越小越好，因此，在低频放大电路中，C_E 通常也采用电解电容器。

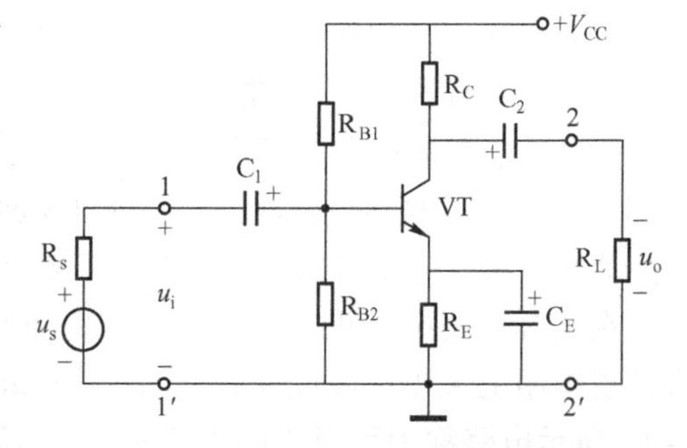

图 4-19　分压式偏置共射放大电路

(1) 直流分析。将图 4-19 所示电路中所有电容均断开，即可得到该放大电路的直流通路，如图 4-20(a)所示，可以将它画成图 4-20(b)所示的形式。由图可知，晶体管的基极偏

置电压由直流电源 V_{CC}通过 R_{B1}、R_{B2}的分压而获得，图 4-20(a)所示电路称为“分压偏置式工作点”稳定直流电路。

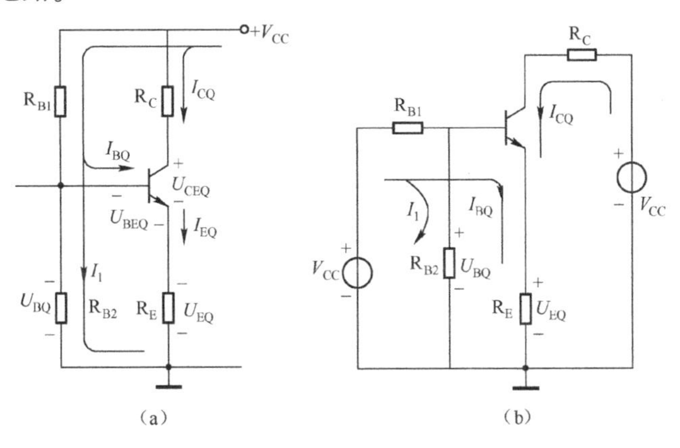

图 4-20　共发射极放大电路的直流通路

静态工作点的计算：当流过 R_{B1}、R_{B2}的直流电流 I_1远大于基极电流 I_{BQ}时，可得到晶体管基极直流电压 U_{BQ}。

$$U_{BQ} \approx \frac{R_{B2}}{R_{B1}+R_{B2}} V_{CC} \tag{4-13}$$

$$I_{EQ} = \frac{U_{BQ}-U_{BEQ}}{R_E} \approx I_{CQ} \tag{4-14}$$

$$I_{BQ} = \frac{I_{CQ}}{\beta} \tag{4-15}$$

$$U_{CEQ} \approx V_{CC} - I_{CQ}(R_C + R_E) \tag{4-16}$$

(2) 晶体三极管 H 参数小信号电路模型。在放大电路中，当晶体三极管处于小信号放大状态时，晶体三极管可以用 H 参数简化电路模型（如图 4-21 所示）来代替。这是把晶体三极管特性线性化后的线性电路模型，可用来分析计算晶体三极管电路的小信号交流特性，从而可使复杂电路的计算大为简化。

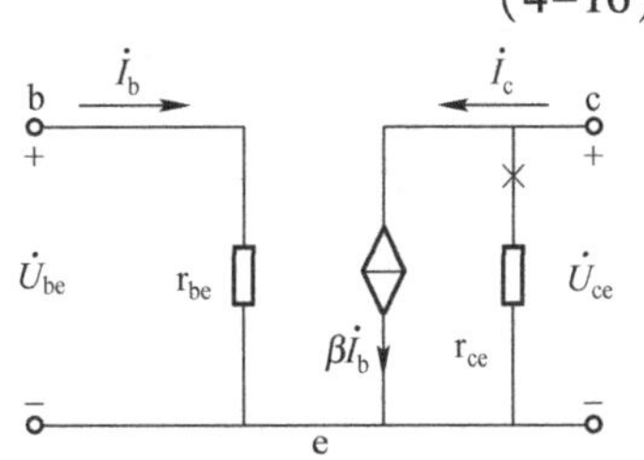

图 4-21　H 参数简化电路模型

由晶体三极管 H 参数简化电路模型可以看出，对于交流信号来说，晶体三极管 b、e 之间可用一线性电阻 r_{be}来等效。r_{be}称为三极管输出端交流短路时的输入电阻，其值与三极管的静态工作点 Q 有关。工程上 r_{be}可用下面的公式进行估算：

$$r_{be} = 300\Omega + (1+\beta)\frac{26\text{mV}}{I_{EQ}} \tag{4-17}$$

而晶体三极管 c、e 间可用一个输出电流为 βi_b 的电流源表示。它不是一个独立的电源，而是一个大小及方向均受 i_b 控制的受控电流源。

(3) 性能指标分析。下面利用 H 参数小信号电路模型进行晶体三极管电路的性能指标分析。

将放大电路中的 C_1、C_2、C_E短路，电源 V_{CC}短路，得到交流通路，然后将晶体三极管用

H 参数小信号电路模型代入，便得到放大电路小信号电路模型，如图 4-22 所示。

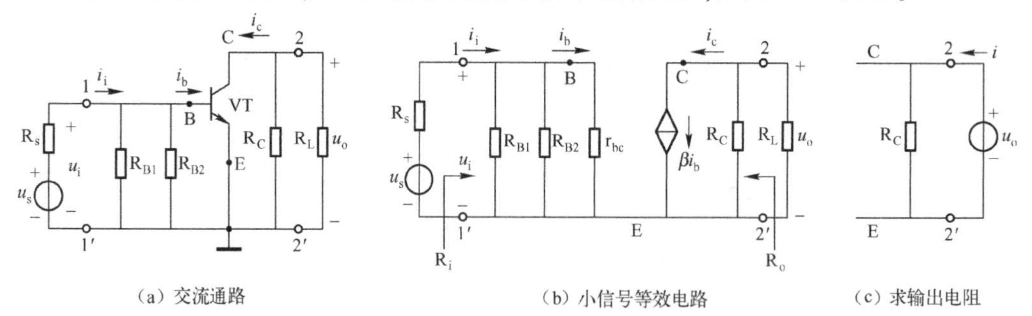

（a）交流通路　　（b）小信号等效电路　　（c）求输出电阻

图 4-22　典型共射放大电路的交流小信号等效电路

① 电压放大倍数。

$$A_u = \frac{u_o}{u_i} = \frac{-\beta i_b R'_L}{i_b r_{be}} = -\beta \frac{R'_L}{r_{be}} \tag{4-18}$$

$$A_{us} = \frac{u_o}{u_s} = \frac{u_o}{u_i}\frac{u_i}{u_s} = \frac{u_i}{u_s}A_u = \frac{R_i A_u}{R_S + R_i} \tag{4-19}$$

② 输入电阻。

$$R_i = \frac{u_i}{i_i} = R_{B1} /\!/ R_{B2} /\!/ r_{be} \tag{4-20}$$

③ 输出电阻。

$$R_O = R_C \tag{4-21}$$

没有旁路电容 C_E 时，电路如图 4-23 所示。

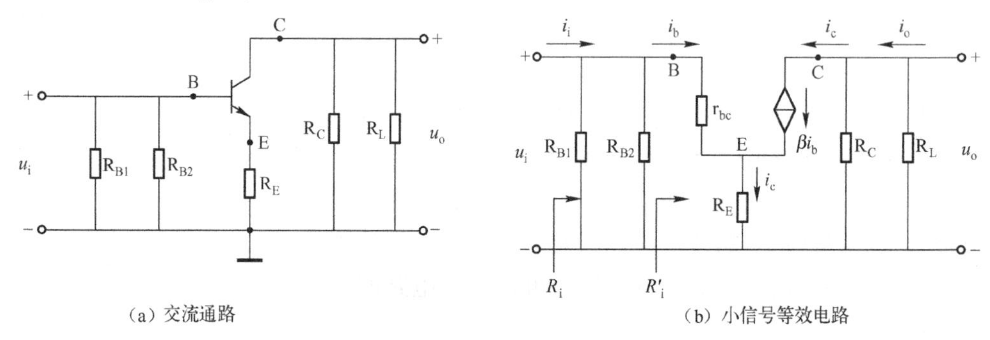

（a）交流通路　　（b）小信号等效电路

图 4-23　发射极旁路电容开路的交流小信号等效电路

④ 电压放大倍数。

$$A_u = \frac{u_o}{u_i} = \frac{-\beta i_b R'_L}{i_b[r_{be} + (1+\beta)R_E]} \tag{4-22}$$

源电压放大倍数：

$$A_{us} = \frac{u_o}{u_S} = \frac{u_i}{u_S}\frac{u_o}{u_i} = \frac{R_i A_u}{R_S + R_i} \tag{4-23}$$

⑤ 输入电阻。

$$R_i = R'_B /\!/ [r_{be} + (1+\beta)R_E] \tag{4-24}$$

⑥ 输出电阻。

$$R_O = R_C \tag{4-25}$$

四、静态工作点的稳定措施

半导体材料对光、热、电场非常敏感，工作环境温度升高或自身功耗引起的温升都会影响晶体三极管的工作状态，容易造成静态工作点发生偏移，使电路工作不稳定，甚至无法正常工作。因此，必须设法稳定晶体三极管的工作点，通常使用分压式偏置电路来实现静态工作点的稳定，如图 4-19 所示。

电路中 R_{B1} 是上偏置电阻，R_{B2} 是下偏置电阻，构成对电源 V_{CC} 的分压电路，只要电源电压稳定，晶体三极管基极就可以得到比较稳定的偏置电压 U_B。根据分压公式可知，上偏置电阻的阻值与 U_B 呈反比关系，下偏置电阻的阻值与 U_B 呈正比关系，由此可见，改变上、下偏置电阻的阻值都能改变三极管的静态工作点。

晶体三极管发射极接入发射极电阻 R_E，起到稳定静态工作点的作用。当温度升高引起晶体三极管的 I_C 增大时，I_B 和 U_E（电阻 R_E 上的电压降）也增大，由于 U_B 基本不变，由 $U_{BE}=U_B-U_E$ 可知，U_{BE} 将变小，I_B 随之减小，I_C 也减小。结果，I_C 随温度升高而增大的部分几乎被由于 I_B 减小而减小的部分相抵消，I_C 将基本不变，即稳定了静态工作点。上述工作过程可以简写为：

$$T(℃)\uparrow \rightarrow I_C\uparrow (I_E\uparrow)\rightarrow U_E\uparrow (U_B\text{ 基本不变})\rightarrow U_{BE}\downarrow \rightarrow I_B\downarrow$$

$$\rightarrow I_C\downarrow$$

与发射极电阻 R_E 并联的是交流旁路电容 C_E，它为交流信号提供通路，以消除接入发射极电阻后对交流信号放大能力的衰减。

从理论上讲，发射极电阻越大，静态工作点越稳定，但是实际上，发射极电阻太大会使晶体三极管进入饱和区，电路将不能正常工作。

由以上讨论可知，共发射极放大电路输出电压 U_O 与输入电压 U_i 反相，输入电阻和输出电阻大小适中。由于共发射极放大电路的电压、电流、功率增益都比较大，因而应用广泛，适用于一般放大或多级放大电路的中间级。

能力训练

1. 选择题

（1）共发射极放大电路中，基极电流与集电极电流的相位关系是（　　）。

A. 同相　　B. 反相　　C. 不确定

（2）共发射极放大电路中，输入电压与输出电压的相位关系是（　　）。

A. 同相　　B. 反相　　C. 不确定

（3）调整输入信号使共发射极放大电路的输出为最大且刚好不失真，若再增大，则输入信号电路将出现（　　）。

A. 截止失真　　B. 饱和失真　　C. 不失真

（4）分压式偏置电路中，下偏置电阻变大，集电极静态工作电流（　　）。

A. 变大　　B. 不变　　C. 变小

2. 填空题

（1）在共发射极放大电路中，三极管 T 是核心器件，在电路中起到电流、电压的________作用。

（2）所谓“静态”，就是当放大电路的输入信号________时，电路的工作状态。通常可以把信号输入端对地________来实现。

（3）电路中的晶体三极管在工作环境________升高或自身功耗引起________都会影响它的工作状态，容易造成静态工作点发生________，使电路工作________，甚至无法________。

（4）对于放大电路的最基本要求，一是________，二是________。

（5）常用分压式偏置电路由________电阻和________电阻，构成对________的分压电路。

3. 在图 4-19 所示电路中，若分别出现下列故障会产生什么现象？为什么？

（1）C_1 击穿短路或失效；（2）C_E 击穿短路；（3）R_{B1} 开路或短路；（4）R_{B2} 开路或短路；（5）R_E 短路；（6）R_C 短路。

*任务二十：共集电极放大电路及其应用

能力目标

掌握共集电极放大电路的特点与分析方法。

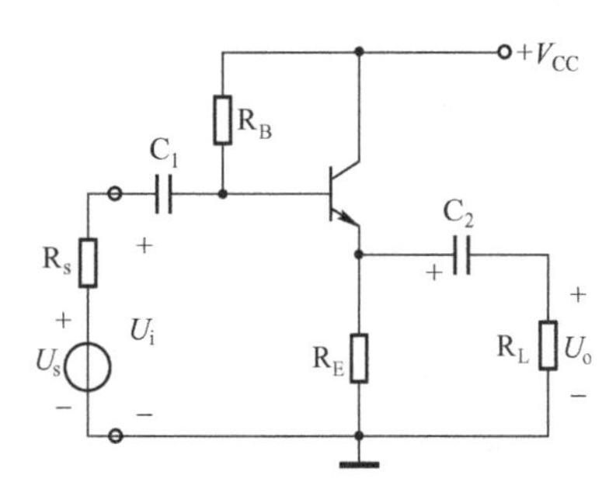

图 4-24　共集电极放大电路原理图

从共发射极放大电路的分析可以看到，晶体三极管始终工作于放大状态，通过基极电流对集电极电流的控制作用，实现能量转换，既实现了电流放大，又实现了电压放大，获得比输入信号大得多的输出信号功率。实际上，一个放大电路只要能够放大电流或者放大电压都能实现功率放大。共集电极放大电路就是以集电极为公共端，基极为输入端，发射极为输出端，通过基极电流对发射极电流的控制作用实现电流放大。如图 4-24 所示为共集电极放大电路原理图。

一、电路分析

从电路的结构上看，共集电极放大电路与共发射极放大电路的主要不同是集电极电阻为零，集电极通过电源对地形成交流通路（集电极交流接地），输出端由集电极改成发射极，故也称共集电极放大电路为射极输出器。交流信号输入时，产生动态的基极电流，通过晶体三极管得到放大了的发射极电流，其交流分量在发射极电阻 R_E 上产生的交流电压即为输出电压。

1. 静态工作点的估算

由图 4-24 得出

$$V_{CC}=I_{BQ}R_B+U_{BEQ}+I_{EQ}R_E=I_{BQ}R_B+U_{BEQ}+(1+\beta)I_{BQ}R_E$$

所以

$$I_{BQ}=\frac{V_{CC}-V_{BEQ}}{R_B+(1+\beta)R_E}\approx\frac{V_{CC}}{R_B+(1+\beta)R_E} \tag{4-26}$$

$$I_{CQ}=\beta I_{BQ}\approx I_{EQ} \tag{4-27}$$

$$U_{CEQ}=V_{CC}-I_{EQ}R_E\approx V_{CC}-I_{CQ}R_E \tag{4-28}$$

2. 性能指标分析

根据图 4-25 所示共集电极放大电路的 H 参数小信号等效电路，可求得共集电极放大电路的各性能指标。

（1）电压放大倍数。

$$A_u=\frac{u_o}{u_i}=\frac{(1+\beta)i_bR_E/\!/R_L}{i_br_{be}+(1+\beta)i_bR_E/\!/R_L}=\frac{(1+\beta)R_L'}{r_{be}+(1+\beta)R_L'}\leqslant 1 \tag{4-29}$$

（2）输入电阻。

$$R_i=\frac{u_i}{i_i}=\frac{u_i}{\dfrac{u_i}{R_B}+\dfrac{u_i}{r_{be}+(1+\beta)R_L'}}=R_B/\!/[r_{be}+(1+\beta)R_L'] \tag{4-30}$$

式中，$R_L'=R_E/\!/R_L$

（3）输出电阻。求放大电路输出电阻 R_O 的等效电路如图 4-26 所示。图中，u 为由输出端断开 R_L 接入的交流电源，由它产生的电流为：

$$i=i_{R_E}-i_b-\beta i_b=\frac{u}{R_E}+(1+\beta)\frac{u}{r_{be}+R_S'} \tag{4-31}$$

式中，$R_S'=R_S/\!/R_B$。由此可得共集电极放大电路的输出电阻为：

$$R_O=\frac{u}{i}=\frac{1}{\dfrac{1}{R_E}+\dfrac{1}{(r_{be}+R_S')/(1+\beta)}}=R_E/\!/\frac{r_{be}+R_S'}{1+\beta} \tag{4-32}$$

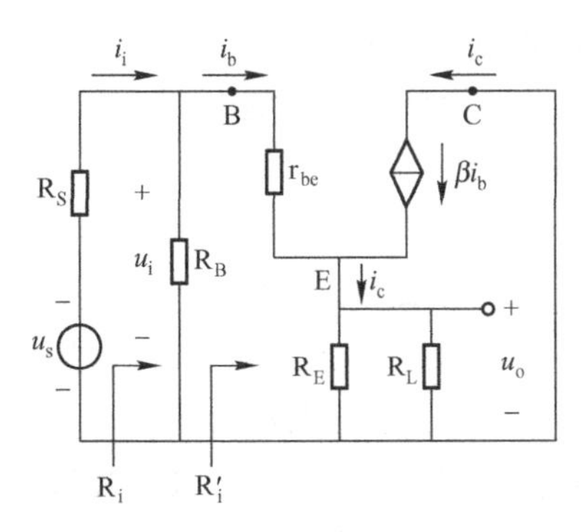

图 4-25　共集电极放大电路 H 参数小信号等效电路

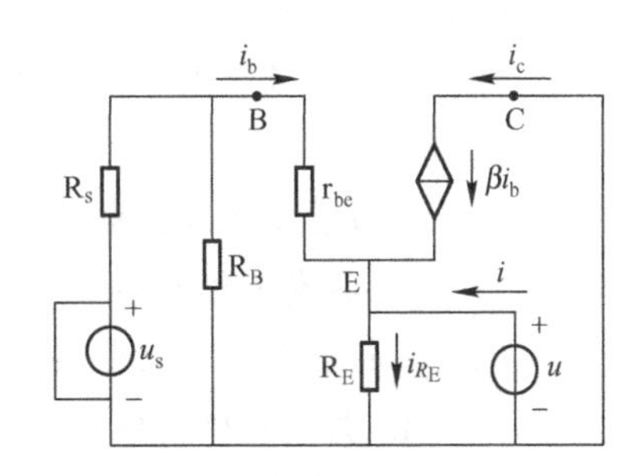

图 4-26　求共集电极放大电路输出电阻的等效电路

二、电路特点

综上所述，共集电极放大电路具有电压放大倍数小于 1 而接近于 1、输出电压与输入电压同相、输入电阻大、输出电阻小等特点。虽然共集电极电路本身没有电压放大作用，但由于其输入电阻很大，只从信号源吸取很小的功率，所以对信号源影响很小；又由于输出电阻很小，当负载 R_L 改变时，输出电压变动很小，故有较好的负载能力，可作为恒压源输出。所以，共集电极放大电路多用于输入级、输出级或缓冲级。

三、共基极放大电路介绍

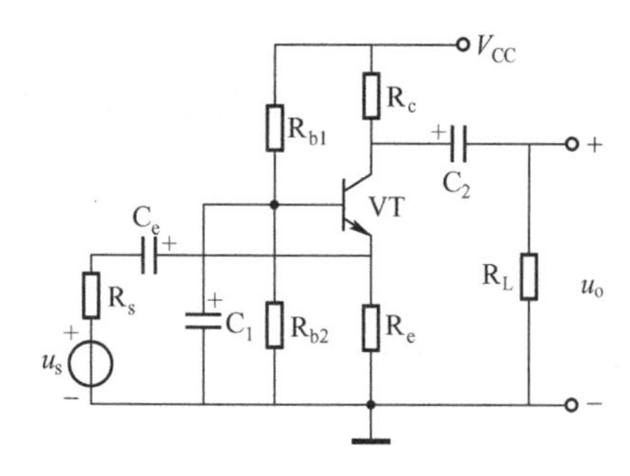

图 4-27　共基极放大电路原理图

共基极放大电路如图 4-27 所示，可以看出输入回路和输出回路的公共端是基极，输入回路电流为 i_E，而输出回路电流为 i_C，所以电流放大倍数略小于 1。但是电路有足够的电压放大能力，且输出电压与输入电压同相，输入电阻较共射极电路小，输出电阻与共发射极电路相当，共基极放大电路的优点是频带宽，常用于高频电压放大。

共基极放大电路的静态工作点估算方法与共发射极放大电路的分压式偏置电路相同。

电压放大倍数：
$$A_u = \frac{\beta R_c}{r_{be} + (1+\beta) R_e} \tag{4-33}$$

输入电阻：
$$r_i = R_e // \frac{r_{be}}{1+\beta} \tag{4-34}$$

输出电阻：
$$r_o = R_c \tag{4-35}$$

能力训练

1. 判断题

(1) 当电路既能放大电流又能放大电压时，该电路才具有放大作用。　(　　)

(2) 任何放大电路都具有功率放大作用。　(　　)

(3) 放大电路必须加上合适的直流电源才能正常工作。　(　　)

(4) 放大电路的输入电阻越小，对前级电路索取的电流越小。　(　　)

(5) 共基极放大电路的电流放大倍数略小于 1。　(　　)

2. 选择题

(1) 三极管基本放大电路三种接法中，输入电阻最小的是(　　)。

A. 共发射极电路　　B. 共集电极电路　　C. 共基极电路

(2) 三极管基本放大电路三种接法中，电压放大倍数最小的是(　　)。

A. 共发射极电路　　B. 共集电极电路　　C. 共基极电路

(3) 三极管基本放大电路三种接法中，输出电阻最小的是(　　)。

A. 共发射极电路　　B. 共集电极电路　　C. 共基极电路

(4) 三极管基本放大电路三种接法中，输入、输出电压反相的是(　　)。

A. 共发射极电路　　B. 共集电极电路　　C. 共基极电路

(5) 三极管基本放大电路三种接法中，电流放大倍数最小的是(　　)。

A. 共发射极电路　　B. 共集电极电路　　C. 共基极电路

3. 比较共发射极、共集电极、共基极三种放大电路的性能。

*任务二十一：多级放大电路及其应用

能力目标

掌握多级放大电路的组成及分析方法。

一、多级放大电路的组成

上文讨论的为基本单元放大电路，其性能通常很难满足电路或系统的要求，因此，实际使用时需将两级或两级以上的基本单元电路连接起来组成多级放大电路，如图4-28所示。通常把与信号源相连接的第一级放大电路称为输入级，与负载相连接的末级放大电路称为输出级，输出级与输入级之间的放大电路称为中间级。输入级与中间级的位置处于多级放大电路的前几级，故又称为前置级。前置级一般都属于小信号工作状态，主要进行电压放大；输出级是大信号放大，以提供负载足够大的信号，常采用功率放大电路。

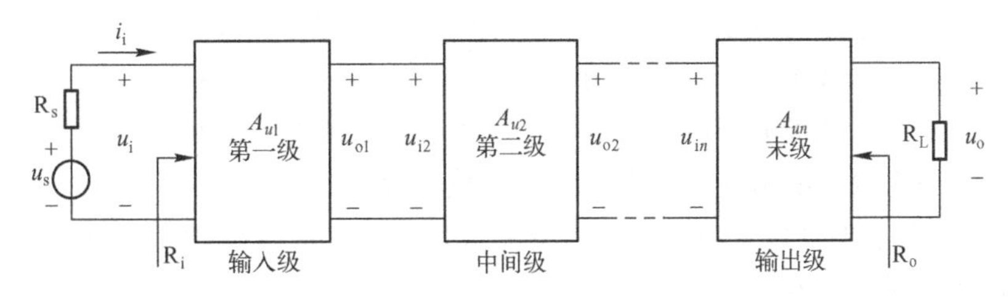

图4-28　多级放大电路的组成框图

多级放大电路级与级之间的连接常采用直接连接(直接耦合)和电容连接(电容耦合)方式，集成电路中多采用直接耦合方式。电容耦合方式由于耦合电容器隔断了级间的直流通路，因此各级直流工作点彼此独立，互不影响，这也使得电容耦合放大电路不能放大直流信号或缓慢变化的信号，若放大的交流信号的频率较低，则需采用大容量的电解电容。直接耦合方式可省去级间耦合元件，信号传输的损耗很小，它不仅能放大交流信号，而且还能放大变化十分缓慢的信号，但由于级间为直接耦合，所以前后级之间的直流电位相互影响，使得多级放大电路的各级静态工作点不能独立，当某一级的静态工作点发生变化时，其前后级也将受到影响。例如，当工作温度或电源电压等外界因素发生变化时，直接耦合放大电路中各级静态工作点将跟随变化，这种变化称为工作点漂移。值得注意的是，第一级的工作点漂移将会随信号传送至后级，并被逐级放大。这样一来，即使输入信号为零，输出电压也会偏离原来的初始值而上下波动，这个现象称为零点漂移。零点漂移将会造成有用信号的失真，严重时有用信号将被零点漂移所“淹没”，使人们无法辨认是漂移电压，还是有用信号电压。

在引起工作点漂移的外界因素中，工作温度变化引起的漂移最严重，称为温漂。这主要是由于三极管的β、I_{CBO}、U_{BE}等参数都随温度的变化而变化，从而引起工作点的变化。衡量放大电路温漂的大小，不能只看输出端漂移电压的大小，还要看放大倍数多大。因此，一般都是将输出端的温漂折合到输入端来衡量。如果输出端的温漂电压为 ΔU_O，电压放大倍数为 A_u，则折合到输入端的零点漂移为：

$$\Delta U_i = \frac{\Delta U_O}{A_u} \tag{4-36}$$

ΔU_i 越小，零点漂移越小。采用差分放大电路可有效抑制零点漂移。

二、多级放大电路性能指标的估算

图 4-28 所示多级放大电路的框图中，每级电压放大倍数分别为 $A_{u1} = \frac{u_{o1}}{u_i}$、$A_{u2} = \frac{u_{o2}}{u_{i2}}$、$A_{un} = \frac{u_o}{u_{in}}$。由于信号是逐渐传送的，前级的输出电压便是后级的输入电压，所以整个放大电路的电压放大倍数为：

$$A_u = \frac{u_o}{u_i} = \frac{u_{o1}}{u_{i1}} \cdot \frac{u_{o2}}{u_{i2}} \cdot \cdots \cdot \frac{u_o}{u_{in}} = A_{u1} \cdot A_{u2} \cdot \cdots \cdot A_{un} \tag{4-37}$$

式（4-37）表明，多级放大电路的电压放大倍数等于各级电压放大倍数的乘积，若用分贝表示，则多级放大电路的电压总增益等于各级电压增益之和，即：

$$A_u(\text{dB}) = A_{u1}(\text{dB}) + A_{u2}(\text{dB}) + \cdots + A_{un}(\text{dB}) \tag{4-38}$$

应当指出，在计算各级电压放大倍数时，要注意级与级之间的相互影响。即计算每级的放大倍数时，下一级输入电阻应作为上一级的负载来考虑。

由图 4-28 可知，多级放大电路的输入电阻就是由第一级求得的考虑到后级放大电路影响后的输入电阻，即 $R_i = R_{i1}$。

多级放大电路的输出电阻为由末级求得的输出电阻，即 $R_o = R_{on}$。

能力训练

1. 放大电路中产生零点漂移的主要原因是什么？

2. 什么是多级放大电路？多级放大电路的增益与各级增益有何关系？在计算各级增益时应注意什么问题？

3. 级间耦合电路应解决哪些问题？常采用的耦合方式有哪些？各有何特点？

任务二十二：功率放大电路及其应用

能力目标

掌握功率放大电路的组成、工作原理及功率与效率的估算。

前面学过的放大电路主要是把微弱的信号不失真地放大为较大的输出电压，输出功率并不是很大，而在实际应用中，放大的最终目的是要使信号具有足够的功率以驱动负载，实现电路的特定功能，如使扬声器发出声音、继电器动作、电动机转动、数据或图像显示、信号发射或传输等。

一、功率放大电路的基本要求及其种类

功率放大电路在各种电子设备中有着极为广泛的应用。从能量控制的观点来看，功率放大电路与电压放大电路没有本质的区别，只是完成的任务不同，电压放大电路主要是不失真地放大电压信号，而功率放大电路是为负载提供足够的功率。因此，对电压放大电路的要求是要有足够大的电压放大倍数，对功率放大电路的要求则与前者不同。

1. 功率放大电路的特点

功率放大电路因其任务与电压放大电路不同，所以具有以下特点。

(1) 尽可能大的最大输出功率。为了获得尽可能大的输出功率，要求功率放大电路中的功放管其电压和电流应该有足够大的幅度，因而要求要充分利用功放管的三个极限参数，即功放管的集电极电流接近 I_{CM}，管压降最大时接近 $V_{(BR)CEO}$，耗散功率接近 P_{CM}。在保证管子安全工作的前提下，尽量增大输出功率。

(2) 尽可能高的功率转换效率。功放管在信号作用下向负载提供的输出功率是由直流电源供给的直流功率转换而来的，在转换的同时，功放管和电路中的耗能元件都要消耗功率。所以，要求尽量减小电路的损耗，从而提高功率转换效率。若电路输出功率为 P_o，直流电源提供的总功率为 P_E，其转换效率为：

$$\eta = \frac{P_o}{P_E} \tag{4-39}$$

(3) 允许的非线性失真。工作在大信号极限状态下的功放管，不可避免地会存在非线性失真。不同的功放电路对非线性失真要求是不一样的。因此，只要将非线性失真限制在允许的范围内就可以了。

(4) 三极管良好的散热与保护。功率放大电路中，功放管的集电结要消耗较大的功率，使结温和管壳温度升高，为了降低温度，提高耗散功率，应采取散热措施，如加装散热器、良好的通风、强制风冷等。

2. 功率放大电路的分类

(1) 甲类。甲类功率放大电路中晶体管的静态工作点设在放大区的中间，管子在整个周期内，集电极都有电流。导通角为360°，静态工作点和电流波形如图4-29(a)所示。工作于甲类时，管子的静态电流 I_C 较大，而且无论有没有信号，电源都要始终不断地输出功率。在没有信号时，电源提供的功率全部消耗在管子上；有信号输入时，随着信号增大，输出的功率也增大。但是，即使在理想情况下，效率也仅为50%。所以，甲类功率放大器的缺点是损耗大、效率低。

(2) 乙类。为了提高效率，必须减小静态电流 I_C，将静态工作点下移。若将静态工作点设在静态电流 $I_C=0$ 处，即静态工作点在截止区时，管子只在信号的半个周期内导通，称为乙类。乙类状态下，信号等于零时，电源输出的功率也为零。信号增大时，电源供给

的功率也随之增大，从而提高了效率。乙类状态下的静态工作点与电流波形如图 4-29(b)所示。

(3) 甲乙类。若将静态工作点设在接近 $I_C \approx 0$ 而 $I_C \neq 0$ 处，即静态工作点在放大区且接近截止区。管子在信号的半个周期以上的时间内导通，称此为甲乙类。由于 $I_C \approx 0$，因此，甲乙类的工作状态接近乙类工作状态。甲乙类状态下的静态工作点与电流波形如图 4-29(c)所示。

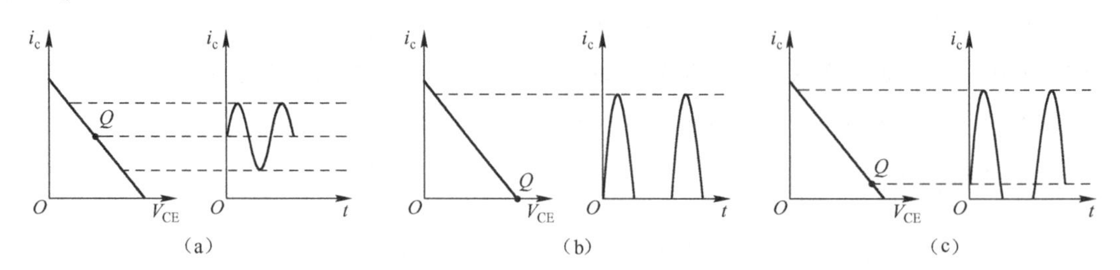

图 4-29　静态工作点设置与三种工作状态

二、互补对称的功率放大器

互补对称式功率放大电路有两种形式，采用单电源及大容量电容器与负载和前级耦合，而不用变压器耦合的电路的互补对称电路，称为 OTL(Output Transformer Less)无输出变压器互补对称功率放大器；采用双电源不需要耦合电容的直接耦合互补对称电路，称为 OCL(Output Capacitor Less) 无输出电容耦合互补对称功率放大器，两者工作原理基本相同。由于耦合电容影响低频特性和难以实现电路的集成化，加之 OCL 电路广泛应用于集成电路的直接耦合式功率输出级，下面对 OCL 电路作重点讨论。

1. 乙类互补对称的功率放大器(OCL)

(1) 电路的组成及工作原理。如图 4-30 所示为 OCL 乙类互补对称功率放大电路。电路是由一对特性及参数完全对称、类型却不同(NPN 和 PNP)的两个晶体管组成的射极输出器电路。输入信号接于两管的基极，负载电阻 R_L 接于两管的发射极，由正、负等值的双电源供电。下面分析电路的工作原理。

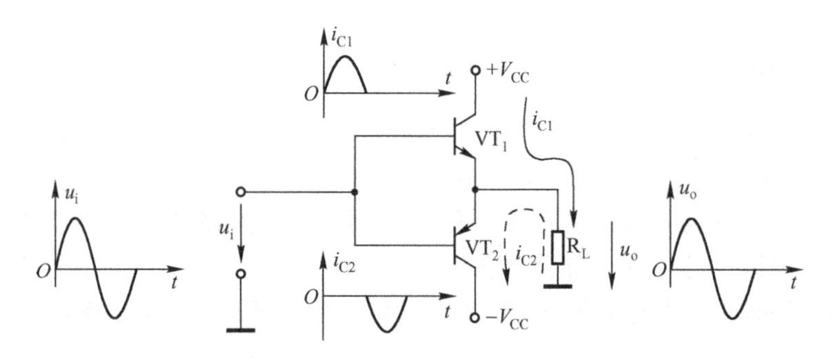

图 4-30　OCL 乙类互补对称功率放大电路

由图 4-30 可见，静态时($u_i=0$)，两管均未设直流偏置，因而 $I_B=0$，$I_C=0$，两管处于乙类。动态时($u_i \neq 0$)，设输入为正弦信号。当 $u_i>0$ 时，VT_1 导通，VT_2 截止，R_L 中有图 4-30

实线所示的经放大的信号电流 i_{C1} 流过，R_L 两端获得正半周输出电压 u_o；当 $u_i<0$ 时，VT_2 导通，VT_1 截止，R_L 中有图 4-30 虚线所示的经放大的信号电流 i_{C2} 流过，R_L 两端获得输出电压 u_o 的负半周；可见，在一个周期内两管轮流导通，使输出电压 u_o 取得完整的正弦信号。VT_1、VT_2 在正、负半周交替导通，互相补充故名互补对称电路。功率放大电路采用射极输出器的形式，提高了输入电阻和带负载的能力。

(2) 输出功率及转换效率。

① 输出功率 P_o。如果输入信号为正弦波，那么输出功率为输出电压、电流有效值的乘积。设输出电压幅度为 U_{om}，则输出功率为：

$$P_o=\left(\frac{U_{om}}{\sqrt{2}}\right)^2\frac{1}{R_L}=\frac{1}{2}\frac{U_{om}^2}{R_L} \tag{4-40}$$

② 电源提供的功率 P_E。电源提供的功率 P_E 为电源电压与平均电流的积，即：

$$P_E=U_{CC}I_{DC} \tag{4-41}$$

输入为正弦波时，每个电源提供的电流都是半个正弦波，幅度为 $\frac{U_{om}}{R_L}$，平均值为 $\frac{1}{\pi}\frac{U_{om}}{R_L}$，因此，每个电源提供的功率为：

$$P_{E1}=P_{E2}=\frac{1}{\pi}\frac{U_{om}}{R_L}\cdot U_{CC} \tag{4-42}$$

两个电源提供的总功率为：

$$P_E=P_{E1}+P_{E2}=\frac{2}{\pi}\frac{U_{om}}{R_L}\cdot U_{CC} \tag{4-43}$$

③ 转换效率 η。效率为负载得到的功率与电源供给功率的比值，代入 P_o、P_E 的表达式，可得效率为：

$$\eta=\frac{P_o}{P_E}=\frac{\frac{1}{2}\frac{U_{om}^2}{R_L}}{\frac{2}{\pi}\frac{U_{om}U_{CC}}{R_L}}=\frac{\pi}{4}\frac{U_{om}}{U_{CC}} \tag{4-44}$$

可见，η 正比于 U_{om}，U_{om} 最大时，P_o 最大，η 最高。忽略管子的饱和压降时，$U_{om}\approx U_{CC}$，因此

$$\eta_M=\frac{\pi}{4}=78.5\% \tag{4-45}$$

$$P_{OM}=\frac{1}{2}\frac{U_{CC}^2}{R_L} \tag{4-46}$$

(3) 功率管的最大管耗。电源提供的功率一部分输出到负载，另一部分消耗在管子上，由前面的分析可得两个管子的总管耗为：

$$P_T=P_E-P_o=\frac{2}{\pi}\frac{U_{om}}{R_L}\cdot U_{CC}-\frac{1}{2}\frac{U_{om}^2}{R_L} \tag{4-47}$$

由于两个管子参数完全对称，因此每个管子的管耗为总管耗的一半，即：

$$P_{C1}=P_{C2}=1/2P_T \tag{4-48}$$

由式(4-47)可以看出，管耗 P_T 与 U_{om} 有关，实际进行设计时，必须找出对管子最不利的情况，即最大管耗 P_{TM}。将 P_T 对 U_{om} 求导，并令导数为零，即：

令 $\frac{dP_T}{dU_{om}}=\frac{2}{\pi}\frac{U_{CC}}{R_L}-\frac{U_{om}}{R_L}=0$，可得管耗最大时，$U_{om}=\frac{2}{\pi}U_{CC}$，最大管耗为：

$$P_{CM}=\frac{2}{\pi}\frac{\frac{2}{\pi}U_{CC}}{R_L}\cdot U_{CC}-\frac{1}{2}\frac{\left(\frac{2}{\pi}U_{CC}\right)^2}{R_L}=\frac{2}{\pi^2}\frac{U_{CC}^2}{R_L}=\frac{4}{\pi^2}P_{OM}\approx 0.4P_{OM} \tag{4-49}$$

$$P_{C1M}=P_{C2M}=\frac{1}{\pi^2}\frac{U_{CC}^2}{R_L}\approx 0.2P_{OM} \tag{4-50}$$

（4）功率管的选择。根据乙类工作状态及理想条件，功率管的极限参数 P_{CM}、$U_{(BR)CEO}$、I_{CM} 可分别按下式选取

$$I_{CM}\geqslant\frac{U_{CC}}{R_L}$$
$$U_{(BR)CEO}\geqslant 2U_{CC}$$
$$P_{CM}\geqslant 0.2P_{OM} \tag{4-51}$$

互补对称电路中，一管导通、一管截止，截止管承受的最高反向电压接近 $2U_{CC}$。

［例 4-2］ 试设计一个图 4-30 所示的乙类互补对称电路，要求能给 8Ω 的负载提供 20W 功率，为了避免晶体管饱和引起的非线性失真，要求 U_{CC} 比 U_{om} 高出 5V。求：(1) 电源电压 U_{CC}；(2) 每个电源提供的功率；(3) 效率 η；(4) 单管的最大管耗；(5) 功率管的极限参数。

解：① 求电源电压。

由式 $P_o=\frac{1}{2}\frac{U_{om}^2}{R_L}$ 可知，$U_{om}=\sqrt{2P_oR_L}=\sqrt{2\times 20\times 8}=17.9\text{V}$

由 $U_{CC}-U_{om}>5$，得 $U_{CC}>17.9+5=22.9\text{V}$，可取 $U_{CC}=23\text{V}$

② 求每个电源提供的功率。

$$P_{E1}=P_{E2}=\frac{1}{\pi}\frac{U_{om}}{R_L}\cdot U_{CC}=16.4\text{W}$$

③ 效率。

$$\eta=\frac{P_o}{P_E}=\frac{P_o}{2P_{E1}}=\frac{20}{2\times 16.4}\times 100\%=61\%$$

④ 管耗。

$$P_{C1M}=P_{C2M}=\frac{1}{\pi^2}\frac{U_{CC}^2}{R_L}=6.7\text{W}$$

⑤ 极限参数。

$$I_{CM}\geqslant\frac{U_{CC}}{R_L}=\frac{23}{8}=2.875(\text{mA})$$
$$U_{(BR)CEO}\geqslant 2U_{CC}=2\times 23=46\text{V}$$
$$P_{CM}\geqslant 0.2P_{OM}=6.7\text{W}$$

（5）交越失真及其消除方法。工作在乙类互补电路，由于发射结存在“死区”。三极管没有直流偏置，管子中的电流只有在 u_{be} 大于死区电压 u_{th} 后才会有明显的变化，当 $|u_{be}|<u_{th}$ 时，VT_1、VT_2 都截止，此时负载电阻上电流为零，出现一段死区，使输出波形在正、负半周交接处出现失真，如图 4-31 所示，这种失真称为交越失真。

在图 4-32 所示电路中，为了克服交越失真，静态时，给两个管子提供较小的能消除交越失真所需的正向偏置电压，使两管均处于微导通状态，因而放大电路处于接近乙类的甲乙类工作状态，因此称为甲乙类互补对称电路。

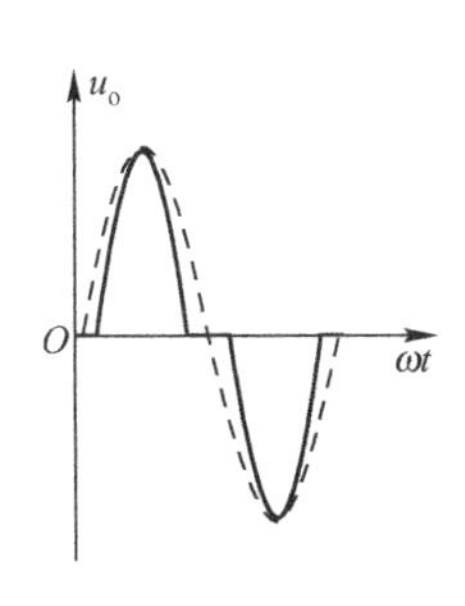

图 4-31　交越失真

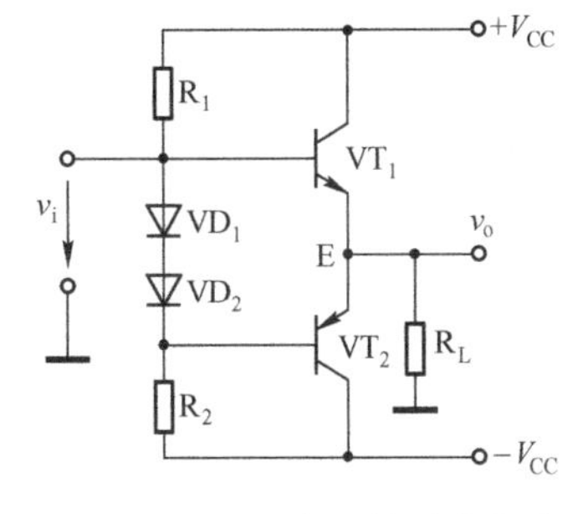

图 4-32　甲乙类互补对称电路

图 4-32 所示是由二极管组成的偏置电路，给 VT_1、VT_2的发射结提供所需的正偏压。静态时，$I_{C1} = I_{C2}$，在负载电阻 R_L中无静态压降，所以两管发射极的静态电位 $U_E = 0$。在输入信号作用下，因 VD_1、VD_2的动态电阻都很小，VT_1和 VT_2管的基极电位对交流信号而言可认为是相等的，正半周时，VT_1继续导通。VT_2截止；负半周时，VT_1截止，VT_2继续导通。这样，可在负载电阻 R_L上输出已消除了交越失真的正弦波。因为电路处于接近乙类的甲乙类工作状态，因此，电路的动态分析计算可以近似按照分析乙类电路的方法进行。

2. 单电源互补对称电路(OTL)

图 4-33 所示为单电源 OTL 乙类互补对称功率放大电路。电路中放大元件仍是两个不同类型但特性和参数对称的晶体管，其特点是由单电源供电，输出端通过大电容量的耦合电容 C_L与负载电阻 R_L相连。

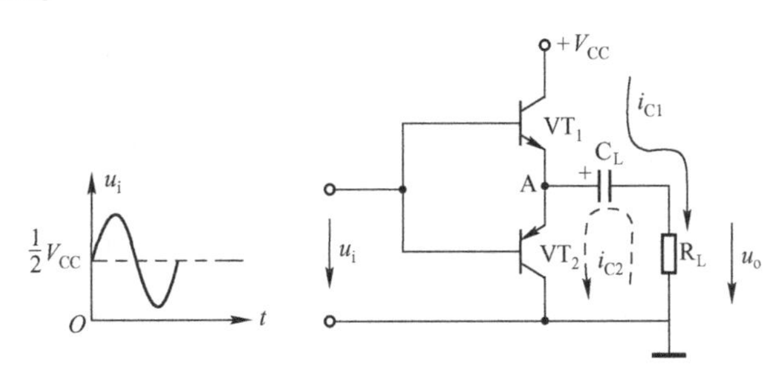

图 4-33　单电源 OTL 乙类互补对称功率放大电路

OTL 电路工作原理与 OCL 电路基本相同。

静态时，因两管对称，穿透电流 $I_{CEO1} = I_{CEO2}$，所以中点电位 $U_A = 1/2U_{CC}$，即电容 C_L两端的电压 $U_{C_L} = 1/2U_{CC}$。

动态有信号时，如不计 C_L的容抗及电源内阻的话，在 u_i正半周，VT_1导通、VT_2截止，电源 U_{CC}向 C_L充电并在 R_L两端输出正半周波形；在 u_i负半周，VT_1截止、VT_2导通，C_L向 VT_2放电提供电源，并在 R_L两端输出正半周波形。只要 C_L容量足够大，放电时间常数 R_LC_L远大于输入信号最低工作频率所对应的周期，则 C_L两端的电压可认为近似不变，始终保持为 $1/2U_{CC}$。因此，VT_1和 VT_2的电源电压都是 $1/2U_{CC}$。

讨论 OCL 电路所引出的计算 P_O、P_E、η 等公式中，只要以 $1/2U_{CC}$代替式中的 U_{CC}，就可以用于 OTL 电路的公式计算。

三、复合管的应用

1. 复合管

互补对称放大电路要求输出管为一对特性相同的异型管，这往往很难实现，在实际电路中常采用复合管来实现异型管子的配对。

所谓复合管，就是由两只或两只以上的三极管按照一定的连接方式，组成一只等效的三极管。复合管的类型与组成该复合管的第一只三极管相同，而其输出电流、饱和管压降等基本特性，主要由最后的输出三极管决定。图 4-34 所示为由两只三极管组成复合管的四种情况，图 4-34(a)、(c)为同型复合，图 4-34(b)、(d)为异型复合。复合管的电流放大倍数约等于两个管子的电流放大倍数的乘积，即 $\beta=\beta_1\beta_2$。复合管虽然有电流放大倍数高的优点，但它的穿透电流较大，且高频特性变差。因此，图 4-34 中的电阻 R_1 为泄放电阻，其作用是为了减小复合管的穿透电流 I_{CEO}。

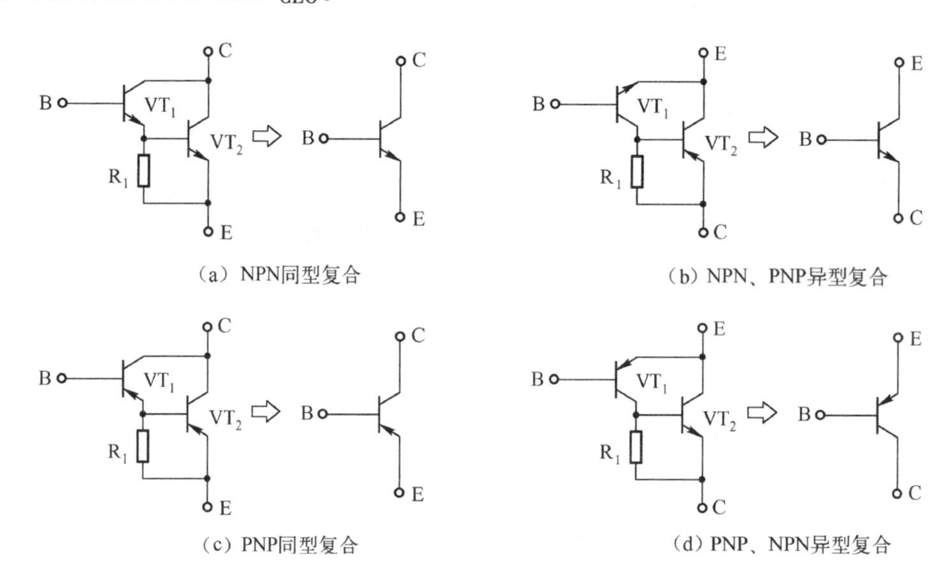

图 4-34　四种类型的复合管及等效类型

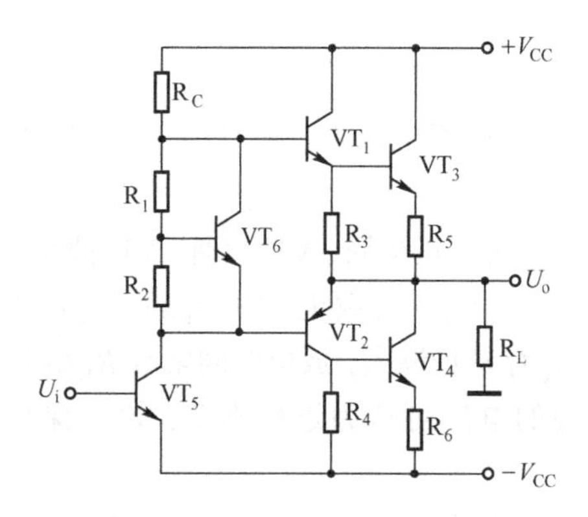

图 4-35　异型复合管组成的准互补对称电路

2. 异型复合管组成的准互补对称电路

异型复合管组成的准互补对称电路如图 4-35所示。图中，调整 R_3 和 R_4 可以使 VT_3、VT_4 有一个合适的静态工作点，R_5 和 R_6 为改善偏置热稳定性的发射极电阻，R_L 短路时，还可限制复合管电流的增长，起到一定的保护作用。电路的工作情况与互补对称电路相同。

能力训练

1. 选择题

(1) 甲类功率放大电路的静态工作点设置在(　　)内。

A. 截止区　B. 放大区　C. 饱和区　D. 不确定

(2) 乙类功率放大电路由两个功放管组合起来(　　)工作，合成一个完整的全波信号。

A. 同时　B. 交替　C. 间隙同时　D. 不确定

(3) 复合管的电流放大倍数约等于两个管子的电流放大倍数(　　)。

A. 之和　B. 之差　C. 乘积　D. 均方根

(4) 功放管安装散热器，可以(　　)。

A. 降低功放管的管压降　B. 提高功放管的管压降

C. 降低功放管的耗散功率　D. 提高功放管的耗散功率

2. 试判断下列说法是否正确，并说明理由。

(1) 乙类互补对称功率放大电路输出功率越大，功率管的损耗也越大，所以放大器效率也越低。

(2) 由于OCL电路的最大输出功率$p_{om} \approx \frac{U_{CC}^2}{2R_L}$，可见其最大输出功率仅与电源电压$U_{CC}$和负载电阻$R_L$有关，故与管子无关。

(3) OCL电路中输入信号越大，交越失真也越大。

3. OTL电路与OCL电路有哪些主要区别?使用中应注意哪些问题?

技能训练六：常用分立电子元器件的测试

1. 训练目的

(1) 学会用万用表检测普通半导体二极管、稳压半导体二极管、发光半导体二极管的质量。
(2) 学会识别三极管的3个电极。
(3) 学会用万用表判别三极管的导电类型，估测放大能力。

2. 仪表仪器、工具

(1) 万用表。
(2) 各种半导体二极管。
(3) 各种类型的三极管。

3. 训练内容

(1) 半导体二极管的识别与检测。

表 4–1 半导体二极管识别与检测训练步骤、内容及要求

内　　容	技 能 点	训练步骤及内容	训 练 要 求
普通二极管的检测	① 直观识别二极管的极性。 ② 用万用表识别二极管的极性。 ③ 用万用表检测二极管的性能	① 二极管的正、负极一般都在外壳上标注出来，常用图形符号、色点、标志环等表示。标有色点的一端是正极，标志环的一端是负极。 ② 万用表识别二极管的极性。 a. 万用表量程“×1k”或“×100”挡，进行“0Ω”校正。 b. 将万用表的红表笔和黑表笔分别与二极管的两个引脚相接，记下万用表的电阻值读数。注意，人体不要同时与二极管的两个引脚相接，以免影响测量结果。 c. 交换与红表笔和黑表笔相接的二极管引脚，记下万用表的电阻值读数。以电阻值较小的一次为准，与黑表笔相接的二极管引脚是正极，与红表笔相接的半导体二极管引脚是负极，该电阻值称为二极管的正向电阻。反之，较大的电阻值称为二极管的反向电阻。 ③ 用万用表检测二极管性能。将万用表二次测量的结果，即将二极管的正向电阻与反向电阻进行比较，阻值相差越大，说明二极管的单向导电性越好。若二次测量的结果均较大或较小，说明二极管已损坏	掌握使用万用表检测普通二极管的质量
稳压二极管的判别	检测稳压二极管	① 按普通二极管的检测方法判断出稳压二极管的正、负极性。 ② 将万用表的量程置“×10k”挡测量二极管的反向电阻值，若此时的阻值变得较小，说明该二极管是稳压二极管	会用万用表判断稳压二极管的极性及检测其质量
发光二极管的检测	检测发光二极管	① 将万用表的量程置“×10k”挡测量其正、反向电阻值，判断出其正、负极。 ② 用万用表外接 1 节 1.5V 电池，万用表量程置“×10或×100”挡，黑表笔接电池负极，红表笔接发光二极管负极，电池正极接发光二极管正极，发光二极管如能正常发光则表示其质量合格	会用万用表判断发光二极管的极性及检测其质量

（2）半导体三极管的识别与检测。

表 4–2 半导体三极管识别与检测训练步骤、内容及要求

内　　容	技 能 点	训练步骤及内容	训 练 要 求
使用万用表测量三极管	万用表检测三极管的 3 个电极	① 将万用表置于 R×1k 或者 R×100 挡。 ② 用红、黑表笔分别测量三极管 3 个管脚中每个管脚之间的正反向电阻（6 次），其中两次阻值较小时，测试连接的公共引脚就是基极，若是黑表笔连接基极，该三极管是 NPN 型三极管；若是红表笔连接基极，该三极管是 PNP 型三极管。 ③ 确定三极管的集电极与发射极，并估测放大能力。 a. 在确定基极和导电类型后，如果是 NPN 型三极管，可以将红、黑表笔分别接在两个未知电极上，表针应指向无穷大处，再用手把基极和黑表笔所连接引脚一起捏紧（注意两极不能直接相碰，即相当于接入一个电阻），记下此时万用表测得的阻值。 b. 对调红、黑表笔所接的两个引脚，用同样方法再测得一个阻值。 c. 比较两次结果，阻值读数较小的一次黑表笔所接的管脚为集电极，红表笔所接的管脚为发射极。 d. 阻值读数越小说明三极管的放大能力越大，若两次测试均不动，则表明三极管没有放大能力。 e. PNP 型三极管的测试方法基本相似，但在测试时，应当用手同时捏紧基极和红表笔所接管脚。按上述步骤测两次阻值，则读数较小的一次红表笔所接管脚为集电极，黑表笔所接管脚为发射极	掌握使用万用表测量三极管的 3 个电极、导电类型及估测放大能力

续表

内　　容	技 能 点	训练步骤及内容	训 练 要 求
三极管质量的判别	万用表检测三极管的质量	① 在确定基极的测量中，若出现 2 次以上或 2 次以下阻值较小的情况，说明三极管已损坏。 ② 三极管若没有放大能力，不能使用。 ③ 若测得集电极与发射极阻值变小，说明三极管性能变差，不宜使用	掌握使用万用表检测三极管的质量

技能训练七：单管交流电压放大器的安装与性能测试

1. 训练目的

（1）学会对电路中使用的元器件进行检测与筛选。

（2）学会单管交流电压放大器的装配方法。

（3）学会检查、调整和测量电路的工作状态。

2. 仪表仪器、工具

（1）元件、面包板或印制电路板。

（2）万用表。

（3）直流稳压电源。

（4）双通道示波器。

（5）低频信号发生器。

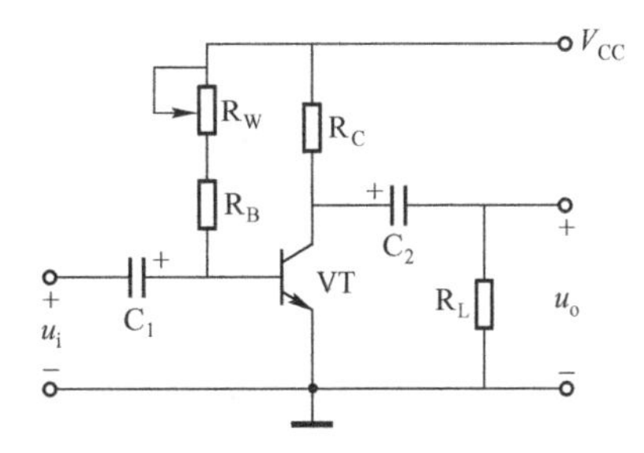

图 4-36　单管交流电压放大器电路原理图

这是一个验证性技能训练，同学们需要利用晶体管、电阻、电容等元器件自己制作一个单管放大器，并根据训练要求，通过技能训练，体会课本内容的正确性，加深对课本内容的理解。要进行上述技能训练，首先需要自己构建一个单管放大器的基本电路，此电路需要晶体管 1 只，电阻若干，电容器 2 只。电路原理图如图 4-36 所示。

3. 训练内容

本训练的训练步骤、内容及要求如表 4-3 所示。

表 4-3　单管交流电压放大器训练步骤、内容及要求

内　　容	技 能 点	训练步骤及内容	训 练 要 求
按电路原理图设计绘制装配草图	设计绘制装配图		学会设计装配图
对电路中使用的元器件进行检测与筛选	检测与筛选元器件		会检测、筛选元器件
按照装配图进行装配	装配单管交流电压放大器	① 电阻器采用水平安装方式，电阻贴紧电路板，色标法电阻器的色环标志顺序一致。 ② 电容采用垂直安装方式，电容器底部离开电路板 5mm，注意正负极性。 ③ 三极管采用垂直安装方式，三极管底部离开电路板 10mm，注意引脚极性。 ④ 微调电位器贴紧电路板安装，不能歪斜。 ⑤ 布线正确，焊接可靠，无漏焊、短路现象。 ⑥ 装配完成后应进行自检，正确无误后才能进行调试	会装配单管交流电压放大器

续表

内　容	技能点	训练步骤及内容	训练要求
静态工作点的调试	调试单管交流电压放大器的静态工作点	① 直流稳压电源(12V)与电路板之间用多股软导线连接，注意正、负极性不能接错；将万用表“直流电流10mA挡”串接在集电极回路中，红表笔接电源 V_{CC} 正极端，黑表笔接集电极电阻R2。 ② 将C1负极接地，使输入信号为零。 ③ 接通直流稳压电源，调整 R_W（最大→中间→最小），观察万用表电流挡读数的变化，并将结果记录下来。最后调整 R_W 使万用表电流挡读数为2mA。 ④ 切断直流稳压电源，将集电极回路的缺口连接好。重新接通直流稳压电源，用万用表的直流电压挡测量三极管的 U_{CE}，约为6V左右，通过计算也能求出静态工作电流	会调试单管交流电压放大器的静态工作点
观察输入、输出波形	使用双通道示波器观察单管交流电压放大器输入、输出波形的特点	① 将低频信号发生器“频率”置“1000Hz”，输出信号电压为50mV，并将电压输出端与放大电路输入端（C1负极）连接，接好地线。 ② 将双通道示波器Y轴输入电缆分别和放大电路的输入、输出端连线，调整相应开关，使输入、输出波形稳定显示（1～3个周期）。 ③ 逐渐增大低频信号发生器的输出电压，使放大电路输出电压达到最大值（不失真）。 ④ 读取输入、输出电压波形的峰-峰值，计算电压放大倍数，观察输入输出波形的相位差，将结果记录下来。 ⑤ 调整 R_W 的大小，观察输出波形的失真情况	会通过双通道示波器观察静态工作点对放大器输出波形的影响

自　评　表

序　号	自评项目	自评标准	项目配分	项目得分	自评成绩
1	半导体二极管	普通二极管的伏安特性及工作特点	5分		
		普通二极管的主要参数	4分		
		二极管的识别与检测方法	5分		
2	半导体三极管	三极管的工作原理、伏安特性及主要参数	5分		
		三极管电路放大、饱和、截止状态的判断	10分		
		三极管的识别与检测方法	5分		
3	放大电路基本概念	放大电路的功能及组成	8分		
		放大电路的主要性能指标	8分		
4	共发射极放大电路	共发射极放大电路静态工作点的估算	10分		
		共发射极放大电路性能指标的估算	10分		
5	共集、共基放大电路	共集、共基放大电路的组成、工作原理及主要特点	5分		
6	多级放大电路	多级放大电路的耦合方式及性能指标的估算	5分		

续表

序　号	自评项目	自评标准	项目配分	项目得分	自评成绩
7	功率放大电路	乙类互补对称放大电路的组成、工作原理及主要特点	5分		
		甲乙类互补对称放大电路的组成、工作原理及主要特点	5分		
		乙类互补对称放大电路功率与效率的估算	10分		
能力缺失					
弥补办法					

能力测试

一、基本能力测试

(1) 为了提高半导体的导电能力，可在高纯度半导体中进行________，从而生成________和________两种不同类型的杂质半导体。

(2) 二极管具有________性，加________电压导通，加________电压截止。

(3) 稳压二极管是利用二极管的________特性实现稳压的。

(4) 晶体管从结构上可以分成________和________两种类型，它工作时有________中载流子参与导电。

(5) 晶体管具有电流放大作用的外部条件是发射结________，集电结________。

(6) 晶体管的输出特性曲线通常分为三个区域，分别是________、________、________。

(7) 放大电路的输入电压 $U_i = 10mV$，输出电压 $U_o = 1V$，该放大电路的电压放大倍数为________，电压增益为________ dB。

(8) 放大电路的输入电阻越大，放大电路向信号源索取的电流就越________，输入电压也就越________；输出电阻越小，负载对输出电压的影响就越________，放大电路的负载能力就越________。

(9) 共发射极放大电路的输出电压与输入电压________相，输入电阻和输出电阻大小________。由于共发射极放大电路的电压、电流、功率增益都比较________，因而应用广泛，适用于一般放大或多级放大电路的________。

(10) 功率放大电路中采用乙类工作状态是为了提高________。

(11) OTL 电路负载电阻 $R_L = 10\Omega$，电源电压 $V_{CC} = 10V$，略去晶体管的饱和压降，其最大不失真输出功率为________ W。

(12) 什么是静态？什么是静态工作点？温度对静态工作点有什么影响？

(13) 分压式偏置电路为什么能稳定静态工作点？旁路电容 C_E 有什么作用？

(14) 与电压放大电路相比，功率放大电路有何特点？功率放大电路如何分类？什么是 OCL 电路？什么是 OTL 电路？它们是如何工作的？乙类功率放大电路为什么会产生交越失真？如何消除交越失真？在选择功率晶体三极管时，应该特别注意晶体三极管的什么参数？

(15) 二极管电路如图 4-37 所示，二极管的导通电压 $U_{D(on)} = 0.7V$，试分别求出 R 为 $1k\Omega$、$4k\Omega$ 时，电路中电流 I_1、I_2、I_o 和输出电压 U_o。

（16）图 4-38 中各管均为硅管，试判断其工作状态。

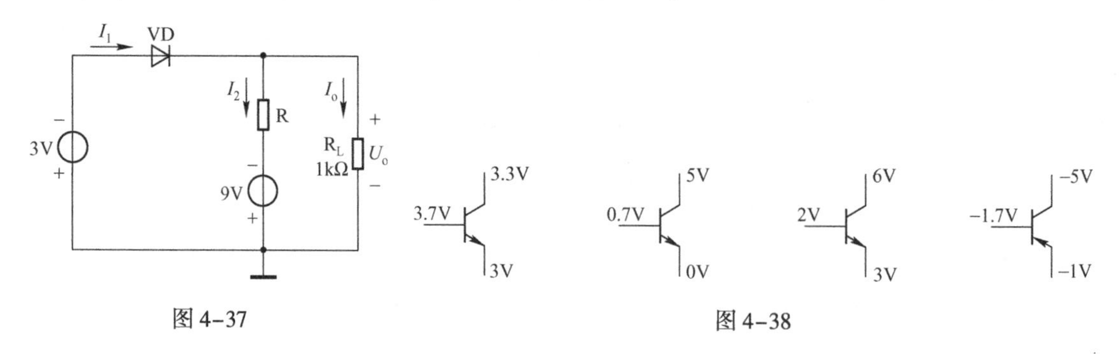

图 4-37　　　　　　　　　　图 4-38

二、应用能力测试

（1）放大电路如图 4-39 所示，电流、电压均为正弦波，已知 $R_S = 600\Omega$，$U_s = 30\text{mV}$，$U_i = 20\text{mV}$，$R_L = 1\text{k}\Omega$，$U_o = 1.2\text{V}$。求该电路的电压、电流、功率放大倍数及其分贝数和输入电阻 R_i；当 R_L 开路时，测得 $U_o = 1.8\text{V}$，求输出电阻 R_o。

（2）在图 4-40 所示电路中，已知 $\beta = 50$，$R_B = 680\text{k}\Omega$，$U_{CC} = 20\text{V}$，$R_C = 6.2\text{k}\Omega$，求静态管压降。若要求使 $u_{CE} = 6.8\text{V}$，应将 R_B 调到多大阻值？

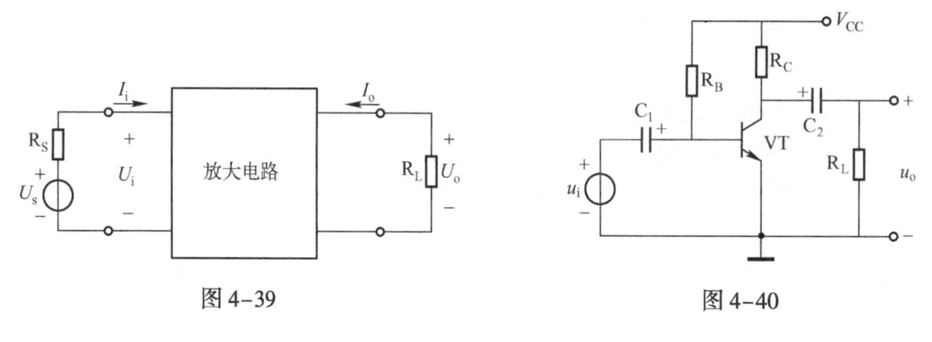

图 4-39　　　　　　　　　　图 4-40

（3）在图 4-41 所示电路中，已知 $\beta = 50$，$R_{B1} = 33\text{k}\Omega$，$R_{B2} = 10\text{k}\Omega$，$V_{CC} = 12\text{V}$，$R_C = R_E = R_L = R_S = 3\text{k}\Omega$，$U_{BE} = 0.7\text{V}$。试求：①静态工作点；②画出微变等效电路；③输入电阻和输出电阻；④电压放大倍数 A_u 和源电压放大倍数 A_{us}。

（4）放大电路如图 4-42 所示，已知三极管 $\beta = 100$，$r_{bb'} = 200\Omega$，$U_{BEQ} = 0.7\text{V}$。试求：① 计算静态工作点 I_{BQ}、I_{CQ}、U_{CEQ}；② 画出 H 参数小信号等效电路，求 A_u、R_i、R_o；③ 源电压增益 A_{us}。

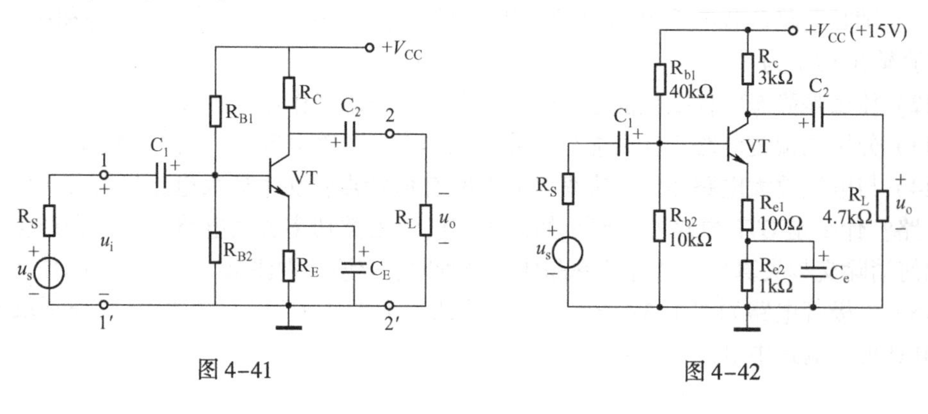

图 4-41　　　　　　　　　　图 4-42

（5）电路如图4-30所示，已知 $V_{CC}=20V$，$R_L=10\Omega$，晶体管的饱和压降 $U_{CE(sat)}\leqslant 2V$，输入电压 u_i 为正弦信号。试求：①最大不失真输出功率、电源供给功率、管耗及效率；②当输入电压幅度 $U_{im}=10V$ 时的输出功率、电源供给功率、管耗及效率；③该电路的最大管耗及此时输入电压的幅度。

（6）在图4-43所示的功放电路中，晶体管均为硅管，求：

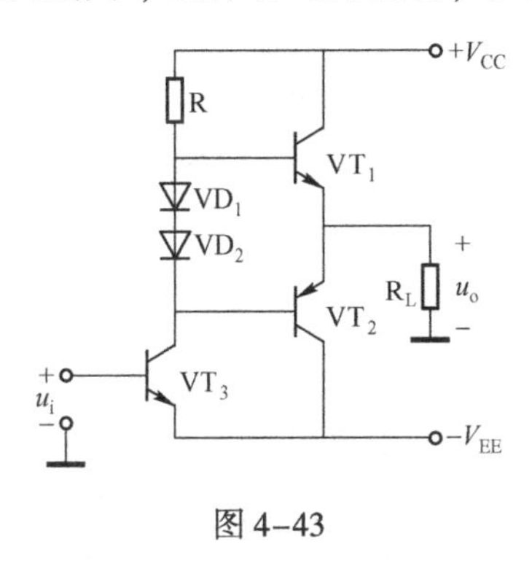

图4-43

① 说明 VD_1、VD_2 的作用。

② 分析 u_o 与 u_i 的相位关系。

③ 估算本电路的最大输出功率。

项目五

集成运算放大器的应用

项目描述：集成运算放大器简称集成运放。它是一种通用性很强的电子器件，用其作为电路核心器件，利用负反馈技术，外接线性负反馈元件，可以构成多种线性应用电路，实现信号产生、采集、处理、测量等方面功能。由集成运放组成的应用电路具有性能好、可靠性高、组装调节方便、材料成本低廉等诸多优点，因此，在测量技术、自动控制技术等方面应用非常广泛。总之，具有集成运放和负反馈的基础知识，可为今后解决工程设备中的电子电路技术问题打下坚实基础。

项目任务：掌握集成运放的特点，负反馈对放大电路性能的影响；会分析以集成运放为核心器件的集成运放应用电路。

学习内容：集成运放的组成及特点，反馈概念及负反馈对放大电路性能的影响，重点讨论集成运放的线性应用。

任务二十三：集成运算放大器

能力目标

（1）掌握理想集成运放的特征。

（2）熟悉理想集成运放在线性状态的特点。

（3）会初步选择和使用通用型集成运算放大器。

一、通用型集成运算放大器的概念

集成电路是指利用半导体制造工艺，把整个电路中的元器件制作在一块基片上，经封装后构成特定功能的电路块。集成运算放大器简称集成运放，它是将一个高电压放大倍数、高输入电阻、低输出电阻的直接耦合多级放大电路制作在一个单晶硅芯片上的器件，因为它最初主要用于模拟量的数学运算而得此名。

1. 集成运算放大器的基本组成及电路符号

集成运算放大器内部通常由 4 部分组成，即输入级、中间级、输出级和偏置电路，如图 5-1 所示。

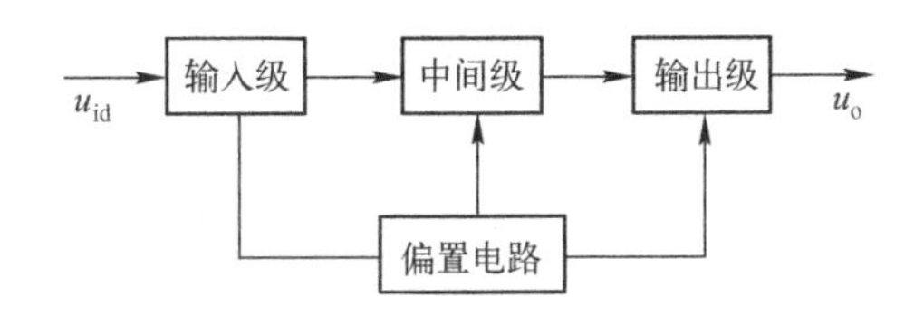

图 5-1　集成运算放大器的基本组成

集成运算放大器的电路符号如图 5-2(a)所示。由于集成运算放大器的输入级通常由差分放大电路组成，因此一般有两个输入端和一个输出端。在两个输入端中，一个与输出端为反相关系，称为反相输入端，在图中用符号“ - ”标明，另一个与输出端为同相关系，称为同相输入端，在图中分别用符号“ + ”标明。

集成运算放大器要有直流电源才能工作，大多数集成运算放大器需要有两个直流电源供电，如图 5-2(b)所示，运算放大器内部引出的两个电源端子分别接到电源 $+V_{CC}$ 和 $-V_{EE}$，一般情况下 $V_{CC}=V_{EE}$，运算放大器的参考地就是两个电源的公共地端。

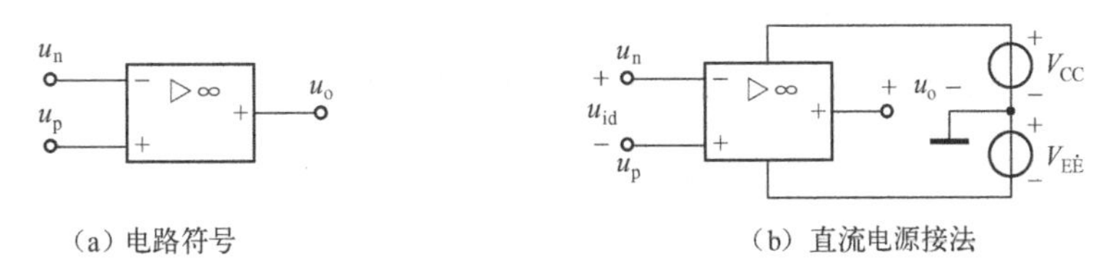

图 5-2　集成运算放大器电路符号及直流电源接法

集成运算放大器至少有上述 5 个端子，根据功能不同，有的运算放大器还可能有几个专门用途的端子，如频率补偿和调零端等，相应功能可查阅有关手册。

2. 集成运算放大器的理想化

集成运算放大器的等效电路如图 5-3 所示，图中，R_{id}、R_o 分别为集成运算放大器的差模输入电阻和输出电阻，A_{ud} 为开环差模电压放大倍数，u_n 和 u_p 分别反相、同相端输入电压，差模输入电压 $u_{id}=u_n-u_p$。在线性工作状态、输出端开路时，输出电压 $u_o=A_{ud}u_{id}$。

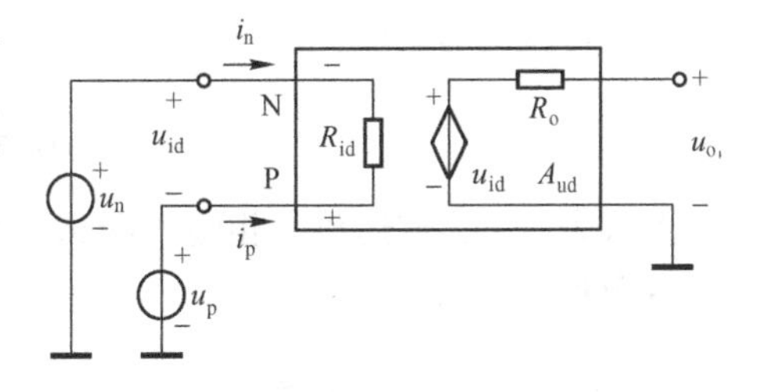

图 5-3　集成运算放大器的等效电路

一般集成运算放大器的开环差模电压增益 A_{ud} 都非常大，其值可达 10^4 ～ 10^7 倍(80 ～ 140dB)，差模输入电阻 R_{id} 很高，采用双极型三极管作为输入级，其值为几十千欧到几兆欧，而采用场效应管作为输入级，其输入电阻通常大于 $10^8\Omega$。输出电阻 R_o 很小，其值约为几十到几百欧姆，一般小于 200Ω。另外，失调电压、失调电流以及它们的温漂均很小。因此，在实际应用电路中，常把集成运算放大器特性理想化，即可认为：$A_{ud}\to\infty$，$R_{id}\to\infty$，$R_o\to 0$。

实际集成运算放大器当然不可能达到上述理想化的技术指标。但是由于制造集成运算放大器工艺水平的不断提高，集成运算放大器产品的各项性能指标日益改善。因此，一般情况下，在分析集成运算放大器的应用时，将实际的集成运算放大器视为理想运放所带来的误差在工程上是允许的。以后将会看到，在分析集成运算放大器应用电路的工作原理和输入/输出关系时，运用理想运放的概念，有利于抓住事物的本质，忽略次要因素，简化分析过程。今后对各种集成运算放大器电路的分析，若无特殊说明，均将集成运算放大器视为理想运放来考虑。

二、集成运算放大器的基本特点

在不同的应用电路中，集成运算放大器的工作状态可能有两种情况：一种是工作在线性状态；另一种是工作在非线性状态。

1. 集成运算放大器工作在线性状态时的特点

集成运算放大器工作在线性状态时，其输出电压与其两个输入端之间的电压存在着线性关系，即：

$$u_o = A_{ud}(u_n - u_p) \tag{5-1}$$

由于输出电压 u_o 为有限值，根据理想化条件，开环差模电压增益 A_{ud} 无穷大，则差模输入电压 $u_{id} = u_n - u_p$ 就必趋于零，理想条件下可视为零，即：

$$u_n - u_p = \frac{u_o}{A_{ud}} = 0$$

得

$$u_n = u_p \tag{5-2}$$

上式表明：集成运放同相输入端和反相输入端两点的电压相等，如同两点短路一样，但是该两点实际上并未真正被短路，只是表面上似乎短路，因而是虚假的短路，所以将这种现象称为“虚短”。

实际的集成运算放大器 $A_{ud} \neq \infty$，因此 u_n 与 u_p 不可能完全相等。但是当 A_{ud} 足够大时，集成运算放大器的差模输入电压（$u_n - u_p$）的值很小，与电路中其他电压相比，可以忽略不计。

由于差模输入电阻 R_{id} 趋于无穷大，因而流进集成运算放大器的电流也必然趋于零，理想条件下可视为零，即：

$$i_n = i_p = \frac{u_{id}}{R_{id}} = 0 \tag{5-3}$$

上式表明：集成运放同相输入端和反相输入端的电流等于零，如同该两点被断开一样，这种现象称为“虚断”。

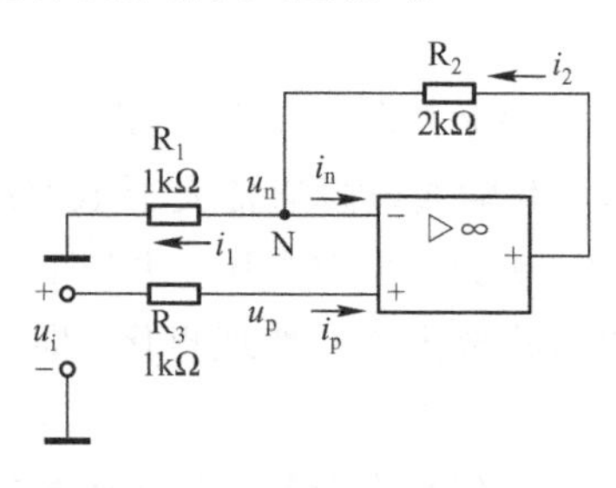

图5-4　理想运放电路

“虚短”和“虚断”是集成运算放大器工作在线性状态时的两个重要特点。这两个重要特点常常作为今后分析许多集成运放电路的出发点，因此必须牢牢记住。

［例5-1］　由理想运放构成的电路，如图5-4所示，已知 $u_i = 1V$，试用“虚短”、“虚断”特点，求流过电阻 R_2 的电流 i_2。

解：根据“虚断”特点，可知运放同相输入端 $i_p = 0$，电阻 R_3 上电压降为零，得：

$$u_p = u_i$$

根据“虚短”特点，可知 $u_n = u_p$，得：

$$u_n = u_p = u_i = 1V$$

根据“虚断”特点，即运放反相输入端 $i_n = 0$，在节点 N 有 $i_2 = i_1 + i_n = i_1$，即得：

$$i_2 = i_1 = \frac{u_n}{R_1} = \frac{u_p}{R_1} = \frac{u_i}{R_1} = \frac{1V}{1k\Omega} = 1mA$$

2. 工作在非线性状态时的特点

如果集成运算放大器的工作信号超出了线性放大的范围，则输出电压不再随着输入电压线性增长，而将达到饱和，此时集成运放工作在非线性状态，也称为工作在非线性区。

集成运算放大器的传输特性如图 5-5 所示。

理想运放工作在非线性状态时，也有两个重要的特点。

特点一：运放在非线性状态，“虚短”现象不复存在。

理想运放的输出电压 u_o 的值只有两种可能，或等于运放的正向最大输出电压 $+U_{OPP}$，或等于其负向最大输出电压 $-U_{OPP}$，如图 5-5 所示实线。

$$当 u_+ > u_- 时，\quad u_o = +U_{OPP} \tag{5-4}$$

$$当 u_+ < u_- 时，\quad u_o = -U_{OPP} \tag{5-5}$$

在非线性状态，运放的差模输入电压 $(u_- - u_+)$ 的绝对值可能很大，即 $u_+ \neq u_-$。也就是说，此时“虚短”现象不复存在。

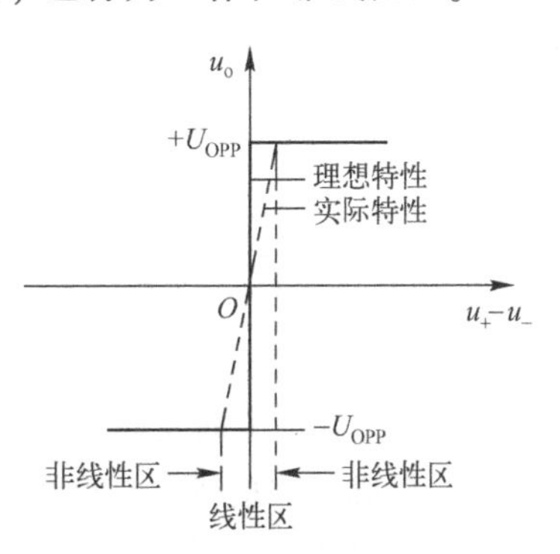

图 5-5　集成运算放大器的传输特性

特点二：运放在非线性区，“虚断”现象仍然存在。

在非线性状态，$u_+ \neq u_-$，即运放两个输入端之间电压不等于零，但因为理想运放的 R_{id} 趋于无穷大，故此时的输入电流仍等于零，即：

$$i_n = i_p = 0 \tag{5-6}$$

在非线性状态，集成运放的同相输入端和反相输入端的电流等于零，故运放的两个输入端 “虚断”现象仍然存在。

综上所述，理想运放工作在线性状态或非线性状态，各有不同的特点。因此在分析各种集成运放的应用电路时，首先必须判定其中的集成运放究竟工作在哪种状态。

集成运放的开环差模电压增益 A_{ud} 通常很大，如果不采取适当措施，即使在输入端加上一个很小的电压，仍可能使集成运放超出线性工作范围；为了保证集成运算放大器工作在线性区，一般情况下，必须在电路中引入深度负反馈，以减小直接施加在集成运放两个输入端之间的净输入量。

本项目中介绍的各种运算电路，其输出与输入的模拟信号之间存在着一定的数学关系，集成运算放大器都工作在线性状态。因此，在分析各种运算电路时，始终将理想运放工作在线性状态的两个特点，即“虚短”、“虚断”作为运算电路分析的基本出发点。

三、集成运算放大器的封装及使用注意事项

1. 集成运放常见封装

集成运算放大器的封装形式有金属圆形、双列直插式、扁平式封装等。封装所用材料有

陶瓷、金属、塑料等，陶瓷封装的集成电路气密性、可靠性高，使用的温度范围宽（-55 ～ 125℃），塑料封装的集成电路在性能上要稍差一些，不过由于其价格低廉而获得广泛应用。如图 5-6 所示为集成电路 CF741 金属圆形封装和塑料双列直插式封装外形及引脚排列图。

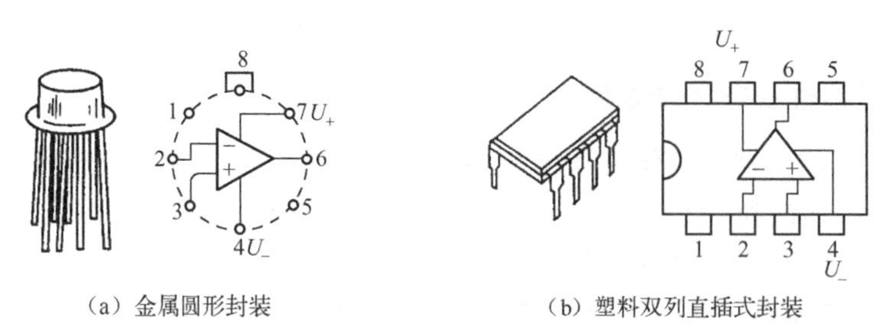

（a）金属圆形封装　　（b）塑料双列直插式封装

图 5-6　CF741 金属圆形封装和塑料双列直插式封装外形及引脚排列图

2. 集成运放使用注意事项

（1）使用前应认真查阅有关手册，了解所用集成运放各引脚排列位置，外接电路时，要特别注意正、负电源端及同相、反相输入端位置。

（2）集成运放接线要正确可靠。由于集成运放外接点比较多，很容易接错，因此要求集成运放电路接线完毕后，应认真检查，确认没有错误后，方可接通电源，否则有可能损坏器件。另外因集成运放工作电流很小，输入电流只有纳安级，故集成运放各端点接触应良好，否则电路将不能正常工作。接触是否可靠可用直流电压表测量各引脚之间的电压来判定。

集成运放的输出端应尽量避免与地、正电源、负电源短接，以免损坏器件。同时输出端连接的负载电阻也不易过小，其值应使集成运放输出电流小于其最大输出电流，否则有可能损坏器件或使输出波形变差。

（3）输入信号不能过大。输入信号过大可能造成阻塞现象或损坏器件，因此为了保证集成运放正常工作，在输入信号接入集成运放之前，应对其幅度进行初测，使之不能超过规定的极限，即差模输入信号应小于最大差模输入电压，共模输入信号也应小于最大共模输入电压。

注意：输入信号源应能给集成运放提供直流通路，否则应为其设置直流通路。

（4）电源电压不能过高，极性不能接反，应满足器件使用要求；在接入电源时，首先调整好直流电源输出电压，然后将电源接入电路，且接入电路时，必须注意极性，绝不能接反，否则易损坏器件。

注意：装接、改接电路或插拔器件时，必须断开电源，避免器件因受到感应或冲击而损坏。

（5）集成运放的调零。所谓调零，就是将运放应用电路输入端短路，调节调零电位器，使运放输出电压等于零。集成运放作为直流运算使用时，特别是在小信号高度精密直流放大电路中，调零是十分重要的。因为集成运放存在失调电压和失调电流，即使输入端短路，也会出现输出电压不为零的现象，从而影响运算的精度，严重时会使运算电路不能工作。目前，大部分集成运放都设有调零端子，所以使用中应按手册中给出的调零电路进行调零，但也有的集成运放没有调零端子，就应外接调零电路进行调零。调零电位器应采用工作稳定、线性度好的多圈绕线电位器。另外，在电路设计中应尽量保证两输入端的外接直流电阻相等，以减小失调电流、失调电压的影响。

调零时，还应注意以下几点：①调零必须在闭环条件下进行；②输出端电压应用电压挡小量程测量；③若调节调零电位器使输出电压不能达到零，或输出电压不变，例如，电压等于 $+V_{CC}$或 $-V_{EE}$，则应检查电路连接是否正确，输入端是否短接或接触不良，电路有没有构成闭环，等等。若通过检查，接线正确、可靠，输出端电压仍不能调零，则可考虑是不是集成运放损坏或质量不好。

能力训练

1. 集成运算放大器的两个输入端分别称为 ________ 端和 ________ 端；前者的极性与输出端 ________，后者的极性与输出端 ________。

2. 应如何理解线性状态下，集成运算放大器的“虚短”和“虚断”特点？

3. 已知某运放的开环电压增益 A_u 为 80dB，最大输出电压 $U_{OPP}=\pm 10V$，输入信号($u_i=u_+-u_-$) 加在两个输入端之间，如果 $u_i=0$ 时，$u_o=0$，试求：

(1) $u_i=0.5mV$ 时，$u_o=$(　　)。

(2) $u_i=-0.5mV$ 时，$u_o=$(　　)。

(3) $u_i=1.5mV$ 时，$u_o=$(　　)。

任务二十四：放大电路中的负反馈及其应用

能力目标

(1) 会用反馈概念判断反馈类型，分析负反馈对放大电路性能的影响。

(2) 会按放大电路要求选择合适的负反馈。

(3) 能应用深度负反馈放大电路的特点估算闭环电压增益。

在放大电路中，将输出量(输出电压或输出电流)的一部分或者全部通过一定的电路形式作用到输入回路，用来影响其输入量(放大电路的输入电压或输入电流)的措施称为反馈。反馈有正、负之分，在放大电路中主要引入负反馈，它可使放大电路的性能得到显著改善，所以负反馈放大电路得到了广泛应用。

本任务讨论分析的反馈，是指人为地通过外部元件正确连接所产生的反馈。

一、反馈放大电路的组成及基本关系

含有反馈网络的放大电路称为反馈放大电路，其组成如图 5-7 所示，A 称为基本放大电路，F 称为反馈网络，反馈网络一般由线性元件构成。由图 5-7 可见，反馈放大电路由基本放大电路和反馈网络构成一个闭环系统，因此又把它称为闭环放大电路，而把基本放大电路称为开环放大电路。x_i、x_f、x_{id}和 x_o 分别称为输入信号、反馈信号、净输入信号和输出信号，它们可以是电压，也可以是电流。图中箭头表示信号的传输方向，由输入端到输出端称为正

向传输，由输出端到输入端称为反向传输。因为在实际放大电路中，输出信号 x_o 经由基本放大电路内部反馈产生的反向传输作用很微弱，可略去，所以可以认为基本放大电路只能将净输入信号 x_{id} 正向传输到输出端。同样，在实际反馈网络中，输入信号 x_i 通过反馈网络产生的正向传输作用也很微弱，也可略去，这样也可认为反馈网络只能将输出信号 x_o 反向传输到输入端。

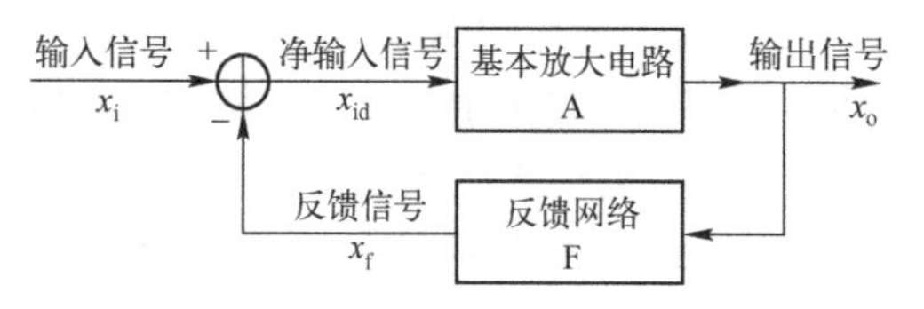

图5-7　反馈放大电路的组成

由图5-7可得，基本放大电路的放大倍数(也称开环增益)：

$$A = \frac{x_o}{x_{id}} \tag{5-7}$$

反馈网络的反馈系数为：

$$F = \frac{x_f}{x_o} \tag{5-8}$$

反馈放大电路的放大倍数(也称闭环增益)用 A_f 表示为：

$$A_f = \frac{x_o}{x_i} \tag{5-9}$$

x_i、x_f 和 x_{id} 三者之间的关系为：

$$x_{id} = x_i - x_f \tag{5-10}$$

将式(5-7)、式(5-8)和式(5-10)代入式(5-9)，则可得：

$$A_f = \frac{A}{1+AF} \tag{5-11}$$

式(5-11)称为反馈放大电路的基本关系式，它表明了闭环放大倍数与开环放大倍数、反馈系数之间的关系。$(1+AF)$ 称为反馈深度，AF 称为环路放大倍数(也称为环路增益)。由式(5-7)和式(5-8)可知：

$$AF = \frac{x_f}{x_{id}} \tag{5-12}$$

反馈有正、负之分。若放大电路中引入反馈后使净输入量 x_{id} 减少，即 x_{id} 比 x_i 小的称为负反馈。由式(5-7)和式(5-9)可知，此时增益 A_f 小于 A，因此负反馈使放大电路增益降低；由式(5-11)则可知，负反馈放大电路中反馈深度 $1+AF>1$。若放大电路中引入反馈后使净输入量 x_{id} 增大，即 x_{id} 比 x_i 大的称为正反馈。正反馈使放大电路增益提高，即闭环增益 A_f 大于开环 A，此时反馈深度 $1+AF<1$。

正反馈虽然能提高增益，但会使放大电路的工作稳定度、失真度、频率特性等性能显著变差；负反馈虽然降低了放大电路增益，但却能使放大电路许多方面的性能得到改善，所以实际放大电路均采用负反馈，而正反馈主要用于振荡电路中。

反馈还有直流反馈和交流反馈之分。若反馈信号中只含有直流量，称为直流反馈；若反馈信号中只含有交流量，称为交流反馈。直流负反馈影响放大电路的直流性能，常用以稳定静态工作点；交流负反馈影响放大电路的交流性能，常用以改善放大电路动态性能。

［例5-2］　试分析图5-8所示电路是否存在反馈？反馈元件是什么？是正反馈还是负

反馈？是交流反馈还是直流反馈？

解：(1) 判别电路中是否存在反馈。判别一个电路是否存在反馈，要看电路的输出回路与输入回路之间，是否存在有联系的反馈网络。构成反馈网络的元件称为反馈元件。

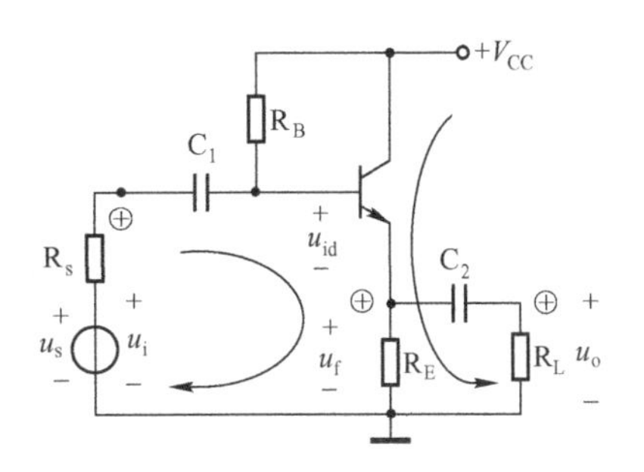

图5-8　反馈电路举例

在图5-8所示的电路中，电阻 R_E 包含于输出回路又包含于输入回路，通过 R_E 把输出电压信号 u_o 全部反馈到输入回路中，因此存在反馈，反馈元件为 R_E。

(2) 判断反馈极性。判断反馈是正反馈还是负反馈采用瞬时极性法。具体方法是：先假定输入信号 x_i 在某一瞬时的极性对地为正，并用⊕标记，然后顺着信号的传输方向，逐步推出信号 x_o 和 x_f 信号的瞬时极性(并用⊕或⊖标记)，最后判断反馈信号是增强还是削弱净输入信号，如果是削弱，则为负反馈，若为增强，则为正反馈。

在图5-8所示的电路中，假定输入电压 u_i 的瞬时极性对地为⊕，根据共集放大电路输出电压与输入电压同相的原则，可确定输出电压 u_o 的瞬时极性对地为⊕，由于反馈信号 u_f 等于 u_o，放大电路的净输入信号 $u_{id}=u_i-u_f$，因此 u_f 瞬时极性⊕削弱了净输入信号 u_{id}，故为负反馈。

(3) 判断交、直流反馈。如果反馈仅存在于直流通路中，反馈信号只含有直流量，则为直流反馈；如果反馈仅存在于交流通路中，反馈信号只含有交流量，则为交流反馈；如果反馈既存在于直流通路，又存在于交流通路中，则既有直流反馈又有交流反馈。

在图5-8所示的电路中，R_E 既通过直流也通过交流，反馈信号中既有直流量又有交流量，所以该电路同时存在直流反馈和交流反馈。

二、负反馈放大电路的基本类型

反馈网络与基本放大电路在输入、输出端有不同的连接方式：根据输入端的连接方式不同分为串联型反馈和并联型反馈；根据输出端连接方式不同分为电压反馈和电流反馈。因此负反馈放大电路有四种基本类型，即电压串联负反馈、电压并联负反馈、电流串联负反馈和电流并联负反馈，如图5-9所示。

1. 电压反馈和电流反馈

在输出端，若反馈网络与基本放大电路、负载电阻 R_L 并联连接，如图5-9(a)、(c)所示，反馈信号取样于输出电压，称为电压反馈。判定方法：将输出负载电阻 R_L 短路(即令 $u_o=0$)时，若反馈信号 u_f 或 i_f 消失，则为电压反馈。电压负反馈的作用：能使输出电压稳定。在如图5-9(a)所示的电路中，当输入电压不变时，如果负载电阻 R_L 变化则导致输出电压 u_o 增大，通过反馈 u_f 也增大，因此 $u_{id}=(u_i-u_f)$下降，使 u_o 减小，从而稳定了输出电压，故电压负反馈放大电路具有恒压输出特性。

在输出端，若反馈网络与基本放大电路、负载电阻 R_L 串联连接，如图5-9(b)、(d)所示，反馈信号取样于电流，称为电流反馈。判定方法：将输出负载电阻 R_L 短路(即令 $u_o=0$)时，反馈信号仍然存在，则为电流反馈。电流负反馈的作用：能使输出电流稳定。在如图5-9(b)所示的电路中，当输入电压不变时，如果负载电阻 R_L 变化导致输出电流 i_o 增大，则通过反

馈 u_f 也增大，因此 $u_{id}=(u_i-u_f)$ 下降，使 i_o 减小，从而稳定了输出电流，故电流负反馈放大电路具有恒流输出特性。

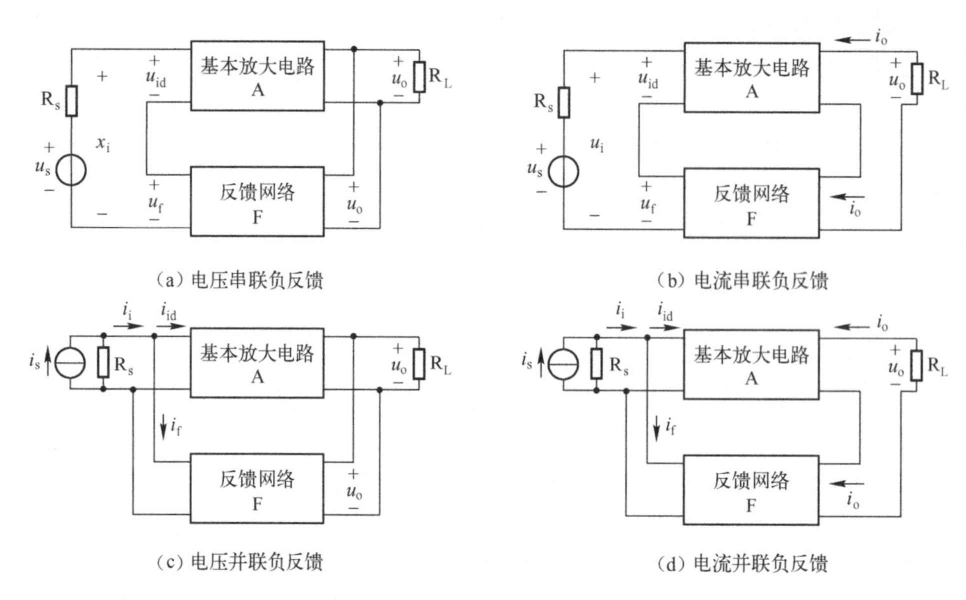

（a）电压串联负反馈　（b）电流串联负反馈

（c）电压并联负反馈　（d）电流并联负反馈

图5-9　四种基本类型负反馈的框图

2. 串联反馈和电流反馈

在输入端，若反馈网络与基本放大电路串联连接，如图5-9(a)、(b)所示，实现了输入电压 u_i 与反馈电压 u_f 相减，使 $u_{id}=u_i-u_f$，就称为串联反馈。

由于反馈电压 u_f 经过信号源内阻 R_s 反馈到净输入电压 u_{id} 上，R_s 的阻值越小对 u_f 的阻碍作用就越小，反馈效果就越好，所以，串联负反馈宜采用低内阻的恒压源作为输入信号源。

在输入端，若反馈网络与基本放大电路并联连接，如图5-9(c)、(d)所示，实现了输入电流 i_i 与反馈电流 i_f 相减，使 $i_{id}=i_i-i_f$，就称为并联反馈。由于反馈电流 i_f 经过信号源内阻 R_s 的分流反映到净输入电流 i_{id} 上，R_s 的阻值越大对 i_f 的分流作用就小，反馈效果就越好，所以，并联负反馈宜采用高内阻的恒流源作为输入信号源。

三、负反馈放大电路的分析

下面通过例题介绍几种常用的负反馈放大电路，并通过对这些电路的讨论介绍反馈放大电路的基本分析方法。

[例5-3]　分析图5-10(a)所示的反馈电路。

解：图5-10(a)所示为集成运放构成的反馈放大电路，将它改画成图5-10(b)，可见，集成运放A为基本放大电路，电阻 R_F 跨接在输入回路和输出回路之间，输出电压 u_o 通过 R_F 与 R_1 的分压反馈到输入回路，因此 R_F、R_1 构成反馈网络。

在输入端，反馈网络与基本放大电路相串联，故为串联反馈。

在输出端，反馈网络与基本放大电路、负载电阻 R_L 并联连接，由图可得反馈电压：

$$u_f = \frac{R_1}{R_1 + R_F} = u_o$$

即反馈信号 u_f 取样于输出电压 u_o，故为电压反馈。

假设输入电压 u_i 的瞬时极性对地为⊕，如图 5-10(b)所示，根据运放电路同相输入时，输出电压与输入电压同相的原则，可确定输出电压 u_o 的瞬时极性对地为⊕，u_o 经 R_F、R_1 分压后得到 u_f，u_f 的瞬时极性也为⊕。由图 5-10 (b)可见，放大电路的净输入信号 $u_{id} = u_i - u_f$，可见，反馈信号 u_f 使净输入信号 u_{id}减小，故为负反馈。

综上所述，图 5-10(a)所示的电路为电压串联负反馈放大电路。

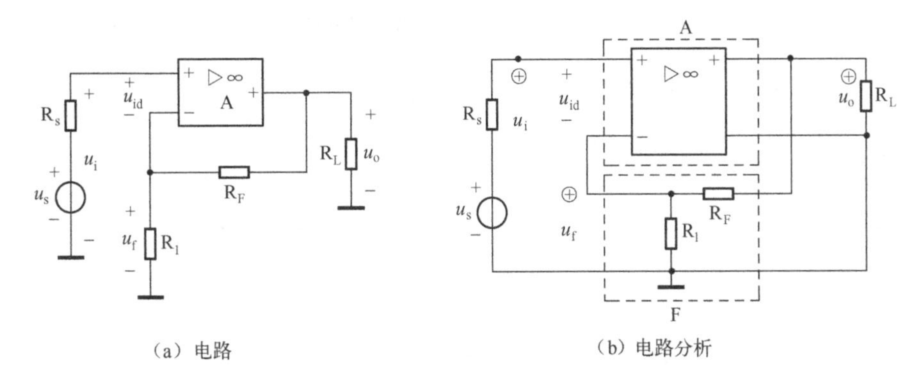

图 5-10　电压串联负反馈放大电路分析

[例 5-4]　分析图 5-11(a)所示的反馈放大电路。

解：图 5-11(a)所示为集成运放构成的反馈放大电路，R_L 为放大电路输出负载电阻。将它改画成图 5-11(b)，可见，集成运放 A 为基本放大电路，电阻 R_F 为输入回路和输出回路的公共电阻，故 R_F 构成反馈网络。

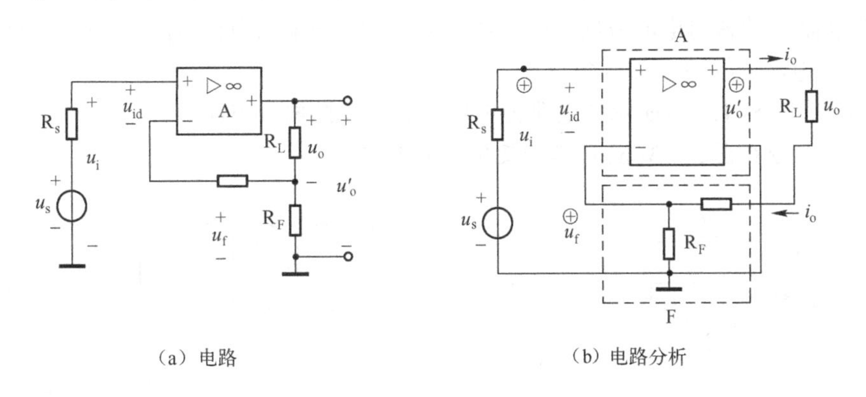

图 5-11　电流串联负反馈放大电路分析

在输入端，反馈网络与基本放大电路相串联，故为串联反馈。

在输出端，反馈网络与基本放大电路、负载电阻 R_L 串联连接，由图可得反馈电压：

$$u_f = i_o R_F$$

即反馈信号 u_f 取样于输出电流 i_o，故为电流反馈。

假设输入电压 u_i 的瞬时极性对地为⊕，如图 5-11(b)所示，根据运放电路同相输入时，输出电压与输入电压同相的原则，可确定输出电压 u_o' 的瞬时极性对地为⊕，故电流 i_o 的瞬时流向如图 5-11（b）所示，它流过 R_F 产生反馈电压 u_f，u_f 的瞬时极性也为⊕。由图 5-11(b)可见，放大电路的净输入信号 $u_{id}=u_i-u_f$，可见，反馈电压 u_f 使净输入信号 u_{id} 减小，故为负反馈。

综上所述，图 5-11(a)所示电路为电流串联负反馈放大电路。

［例 5-5］　分析图 5-12(a)所示反馈放大电路。

解：图 5-12(a)所示为集成运放构成的反相输入反馈放大电路，将它改画成图 5-12(b)，可见，集成运放 A 为基本放大电路，R_F 跨接在输入回路和输出回路之间构成反馈网络。

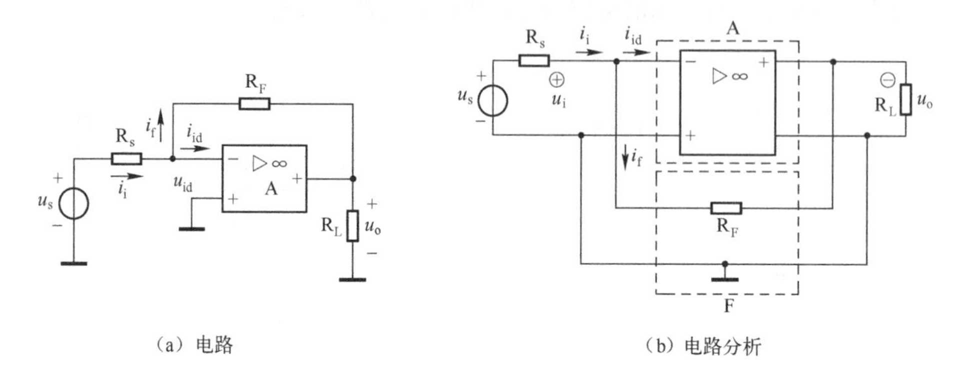

（a）电路　　（b）电路分析

图 5-12　电压并联负反馈放大电路分析

在输入端，反馈网络与基本放大电路相并联，故为并联反馈。

在输出端，反馈网络与基本放大电路、负载电阻 R_L 相并联，反馈信号 i_f 取自于输出电压 u_o，故为电压反馈。

假设输入电压 u_i 的瞬时极性对地为⊕，则输入电流 i_i 的瞬时流向如图 5-12(b)所示，根据运放反相输入时，输出电压与输入电压反相，可确定运放输出电压 u_o 的瞬时极性对地为⊖，故反馈电流 i_f 的瞬时电流方向如图 5-12(b)所示，净输入电流 $i_{id}=i_i-i_f$，可见，反馈电流 i_f 使净输入电流 i_{id}减小，故为负反馈。

综上所述，图 5-12(a)所示的电路为电压并联负反馈放大电路。

［例 5-6］　分析图 5-13(a)所示的反馈放大电路。

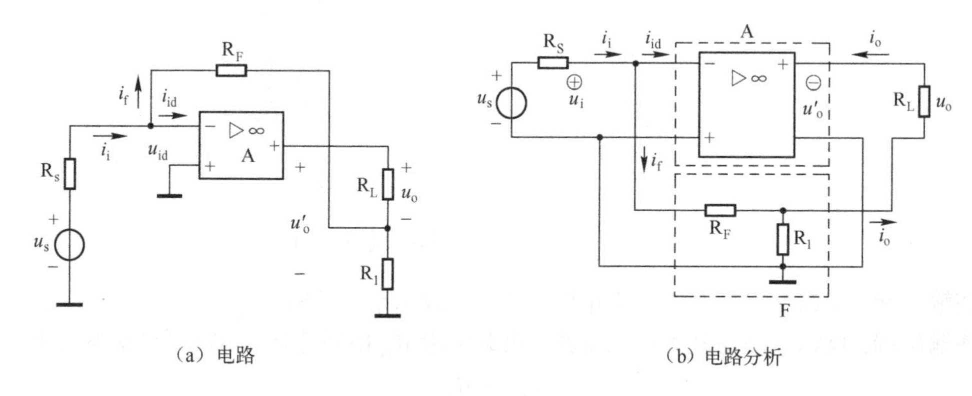

（a）电路　　（b）电路分析

图 5-13　电流并联负反馈放大电路分析

解：图 5-13(a)所示为集成运放构成的反相输入反馈放大电路，将它改画成图 5-13(b)，可见，集成运放 A 为基本放大电路，R_F 跨接在输入回路和输出回路之间，R_F、R_1 构成反馈网络。

在输入端，反馈网络与基本放大电路相并联，故为并联反馈。

在输出端，反馈网络与基本放大电路、负载电阻 R_L 串联连接，反馈信号 i_f 取自于输出电流 i_o，故为电流反馈。

假设输入电压 u_i 的瞬时极性对地为⊕，则运放输出电压 u_o' 的瞬时极性对地为⊖，所以输入电流 i_i 和反馈电流 i_f 的瞬时流向如图5-13(b)所示，可见，净输入电流 $i_{id}=i_i-i_f$，反馈电流 i_f 使净输入电流 i_{id} 减小，故为负反馈。

综上所述，图5-13(a)所示电路为电流并联负反馈放大电路。

四、负反馈对放大电路性能的影响

负反馈使放大电路增益下降，但可以使放大电路很多方面的性能得到改善，下面分析负反馈对放大电路主要性能的影响。

1. 提高增益的稳定性

由于负载和环境温度的变化、电源电压的波动和器件老化等因素的影响，放大电路的放大倍数会发生变化。通常用放大倍数相对变化量的大小来表示放大倍数稳定性的优劣，相对变化量越小，则稳定性越好。

设信号频率为中频，则式(5-11)中各量均为实数。对式(5-11)求微分，可得：

$$\frac{dA_f}{A_f}=\frac{1}{1+AF}\frac{dA}{A} \tag{5-13}$$

可见，引入负反馈后放大倍数的相对变化量 dA_f/A_f 为其基本放大电路放大倍数相对变化量 dA/A 的 $1/(1+AF)$ 倍，即放大倍数 A_f 的稳定性提高到 A 的 $(1+AF)$ 倍。

当反馈深度 $(1+AF)\gg 1$ 时，称为深度负反馈。这时 $A_f\approx 1/F$，说明深度负反馈时，放大倍数基本上由反馈网络的反馈系数决定，而反馈网络一般由电阻等性能稳定的无源线元件组成，故反馈系数基本不受外界因素变化的影响，因此放大倍数比较稳定。

[例5-7]　某放大电路的放大倍数 $A=10^3$，当引入负反馈后，放大倍数稳定性提高到原来的100倍。试求：(1)反馈系数 F；(2)闭环放大倍数 A_f；(3) A 变化 ±10% 时的闭环放大倍数及其相对变化量。

解：(1)根据式(5-13)，引入负反馈后放大倍数稳定性提高到原来的 $(1+AF)$ 倍，因此由题意可得：

$$1+AF=100$$

反馈系数为：

$$F=\frac{100-1}{A}=\frac{99}{10^3}=0.099$$

(2) 闭环放大倍数为：

$$A_f=\frac{A}{1+AF}=\frac{10^3}{100}=10$$

(3) A 变化 ±10% 时，闭环放大倍数的相对变化量为：

$$\frac{dA_f}{A_f}=\frac{1}{100}\frac{dA}{A}=\frac{1}{100}\times(\pm 10\%)=\pm 0.1\%$$

此时的闭环放大倍数为：

$$A_f' = A_f\left(1 + \frac{dA_f}{A_f}\right) = 10(1 \pm 0.1\%)$$

即 A 变化 $+10\%$ 时，A_f' 为 10.01；A 变化 -10% 时，A_f' 为 9.99。

可见，引入负反馈后放大电路的增益受外界影响明显减小。

2. 减小放大电路引起的非线性失真

三极管、场效应管等有源器件伏安特性的非线性会造成输出信号非线性失真，引入负反馈可以减小这种失真，其原理可用图 5-14 加以说明。

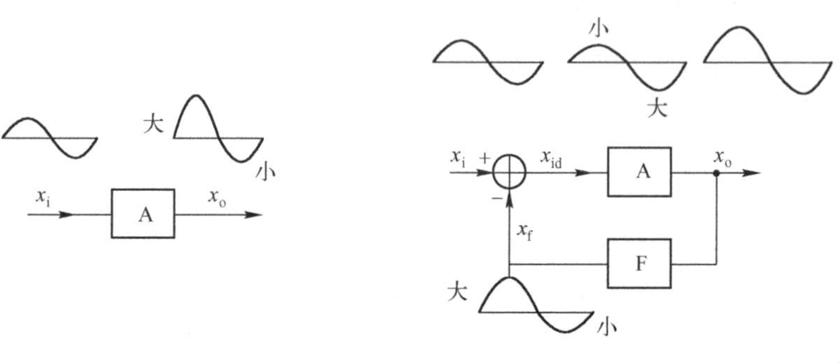

(a) 无反馈时信号波形　　(b) 引入负反馈时信号波形

图 5-14　负反馈减小非线性失真

设输入信号 x_i 为正弦波，无反馈时放大电路的输出信号 x_o 为正半周幅度大、负半周幅度小的失真正弦波，如图 5-14(a)所示。引入负反馈时，如图 5-14(b)所示，这种失真被引回到输入端，x_f 也为正半周幅度大而负半周幅度小的波形，由于 $x_{id} = x_i - x_f$，因此 x_{id}波形将变为正半周幅度小而负半周幅度大的波形，即通过负反馈使净输入信号产生预失真，这种预失真正好补偿了放大电路非线性引起的失真，使输出波形 x_o 接近正弦波。根据分析，引入反馈后的非线性失真减小为无反馈时的 $1/(1+AF)$。

必须指出，负反馈只能减小放大电路内部引起的非线性失真，对于信号本身固有的失真则无能为力。此外，负反馈只能减小而不能消除非线性失真。

3. 扩展放大电路通频带

图 5-15 所示为基本放大电路和负反馈放大电路的幅频特性 $A(f)$ 和 $A_f(f)$，图中 A_m、f_L、f_H、BW 和 A_{mf}、f_{Lf}、f_{Hf}、BW_f 分别为基本放大电路、负反馈放大电路的中频放大倍数、下限频率、上限频率和通频带宽度。可见，引入负反馈后的通频带宽度比无负反馈时的大。扩展通频带的原理如下：当输入等幅不同频率的信号时，高频段和低频段的输出信号比中频段的小，因此反馈信号也小，对净输入信号的削弱作用小，所以高、低频段的放大倍数减小程度比中频段的小，从而扩展了通频带。

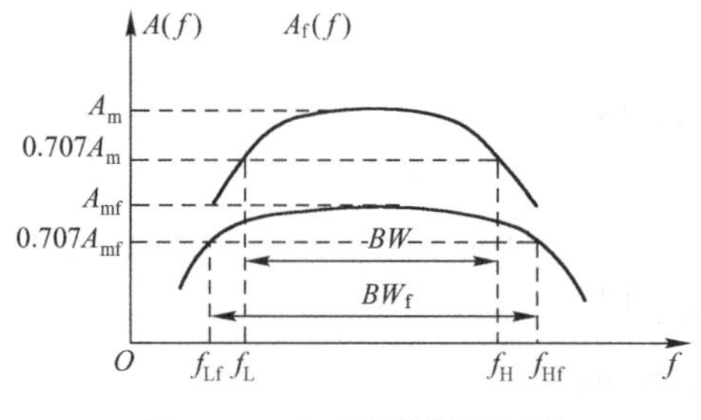

图 5-15　负反馈扩展通频带

4. 改善放大电路的输入和输出电阻

放大电路引入负反馈后，其输入电阻和输出电阻将会发生变化，变化的情况与反馈类型有关：串联负反馈使放大电路输入电阻增大；并联负反馈使放大电路输入电阻减小；电流负反馈使放大电路输出电阻增大；电压负反馈使放大电路输出电阻减小。其原理如下：

(1) 对输入电阻的影响。负反馈对输入电阻的影响取决于输入端的反馈类型，因此，分析时只需画出输入端的连接方式，如图 5-16 所示。图中，R_i 为基本放大电路的输入电阻，又称开环输入电阻。R_{if}为引入负反馈时的输入电阻，又称闭环输入电阻。

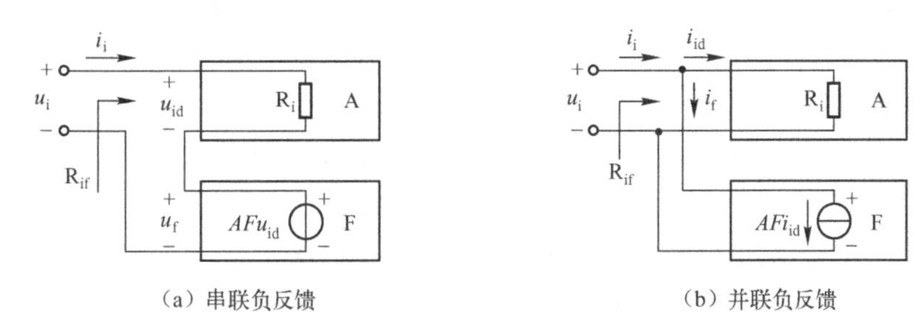

(a) 串联负反馈　　(b) 并联负反馈

图 5-16　负反馈对输入电阻的影响

由图 5-16(a)可见，在串联负反馈放大电路中，反馈网络与基本放大电路相串联，所以 R_{if}必大于 R_i，即串联负反馈使放大电路输入电阻增大。

由图 5-16(a)可求得串联负反馈放大电路的输入电阻为：

$$R_{if} = \frac{u_i}{i_i} = \frac{u_{id} + u_f}{i_i} = \frac{u_{id} + AFu_{id}}{i_i} = (1 + AF)\frac{u_{id}}{i_i}$$

由于 $R_i = u_{id}/i_i$，所以

$$R_{if} = (1 + AF)R_i \tag{5-14}$$

由图 5-16(b)可见，在并联负反馈电路中，反馈网络与基本放大电路相并联，所以 R_{if}必小于 R_i，即并联负反馈使放大电路输入电阻减小。

由图 5-16(b)可求得并联负反馈放大电路的输入电阻为：

$$R_{if} = \frac{u_i}{i_i} = \frac{u_i}{i_{id} + i_f} = \frac{u_i}{i_{id} + AFi_{id}} = \frac{1}{(1 + AF)}\frac{u_i}{i_{id}}$$

由于 $R_i = u_i/i_{id}$，所以

$$R_{if} = \frac{1}{(1 + AF)}R_i \tag{5-15}$$

(2) 对输出电阻的影响。输出电阻就是放大电路输出端等效电源的内阻。放大电路引入负反馈后，对输出电阻的影响取决于输出端的取样方式，而与输入端的反馈类型无关。

在电压负反馈放大电路中，能够稳定输出电压，即在输入信号一定时，电压负反馈放大电路的输出趋近于一个恒压源，说明其输出电阻 R_{of}很小，故电压负反馈使输出电阻减小。

在电流负反馈放大电路中，能够稳定输出电流，即在输入信号一定时，电流负反馈放大电路的输出趋近于一个恒流源，说明其输出电阻 R_{of}很大，故电流负反馈使输出电阻增大。

五、负反馈放大电路应用的几个问题

负反馈放大电路应用中常遇到下面几个问题：

（1）如何根据使用要求选择合适的负反馈类型？

（2）如何估算深度负反馈放大电路的性能？

下面对上述问题分别加以讨论。

1. 放大电路引入负反馈的一般原则

根据不同形式负反馈对放大电路的影响，为了改善放大电路性能，引入负反馈时一般要考虑以下几点。

（1）要稳定放大电路的某个量，就采用某个量的负反馈方式。例如，要想稳定直流量，就应引入直流负反馈；要想稳定交流量，就应引入交流负反馈；要想稳定输出电压，就应引入电压负反馈；要想稳定输出电流，就应引入电流负反馈。

（2）根据对输入、输出电阻的要求来选择反馈类型。放大电路引入负反馈后，不管反馈类型如何都会使放大电路的增益稳定性提高、非线性失真减小、频带展宽，但不同类型的反馈对输入、输出电阻的影响却不同，所以实际放大电路中引入负反馈主要根据对输入、输出电阻的要求来确定反馈的类型。若要求高内阻输出，则应采用电流负反馈；若要求低内阻输出，则应采用电压负反馈。

（3）根据信号源及负载来确定反馈类型。若放大电路输入信号源已确定，为了使反馈效果显著，就要根据输入信号源内阻的大小来确定输入端反馈类型，例如，当输入信号源为恒压源时，应采用串联负反馈，而输入信号源为恒流源输出时，则应采用并联负反馈。当要求放大电路负载能力强时，应采用电压负反馈，而要求以恒流源形式输出时，则应采用电流负反馈。

2. 深度负反馈放大电路的特点

$(1+AF)\gg1$ 时的负反馈放大电路称为深度负反馈放大电路。由$(1+AF)\gg1$，可得：

$$A_f=\frac{A}{1+AF}\approx\frac{A}{AF}=\frac{1}{F} \tag{5-16}$$

由于 $A_f=\frac{x_o}{x_i}$，$F=\frac{x_f}{x_o}$，代入式(5-16)，可得深度负反馈放大电路中有：

$$x_f\approx x_i \tag{5-17}$$

即：

$$x_{id}\approx0 \tag{5-18}$$

式(5-16)、式(5-17)和式(5-18)说明：在深度负反馈放大电路中，闭环放大倍数由反馈网络决定；反馈信号 x_f 近似等于输入信号 x_i；净输入信号 x_{id} 近似为零。这是深度负反馈放大电路的重要特点。此外，由于负反馈对输入、输出电阻的影响，深度负反馈放大电路还有以下特点：串联反馈输入电阻 R_{if} 非常大，并联反馈 R_{if} 非常小；电压反馈输出电阻 R_{of} 非常小，电流反馈 R_{of} 非常大。工程估算时，常把深度负反馈放大电路的输入电阻和输出电阻理想化，即认为：深度串联负反馈的输入电阻 $R_{if}\to\infty$；深度并联负反馈的输入电阻 $R_{if}\to0$；深度电压负反馈的输出电阻 $R_{of}\to0$；深度电流负反馈的输出电阻 $R_{of}\to\infty$。

根据深度负反馈放大电路的上述特点，对深度串联负反馈，如图 5-17(a)可得：①净输入信号 u_{id} 近似为零，即基本放大电路两输入端 P、N 的电位 $u_p \approx u_n$，两输入端之间似乎短路但并没有真的短路，称为“虚短”；②闭环输入电阻 $R_{if} \to \infty$，即闭环放大电路的输入电流近似为零，也即流过基本放大电路两输入端 P、N 的电流 $i_p \approx i_n \approx 0$，两输入端似乎开路但并没有真的开路，称为“虚断”。

对深度并联负反馈，如图 5-17(b)可得：①净输入信号 $i_{id} \to 0$，即基本放大电路两输入端“虚断”；②闭环输入电阻 $R_{if} \to 0$，即放大电路两输入端也即基本放大电路两输入端“虚短”。

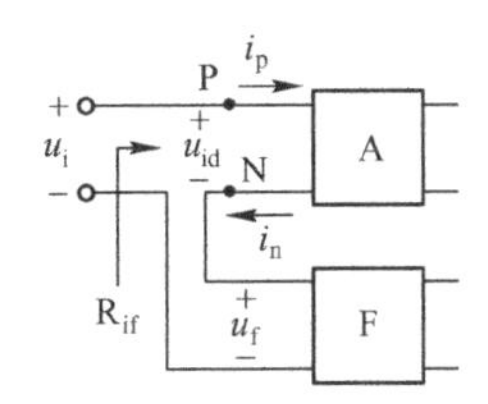

（a）深度串联负反馈放大电路简化框图

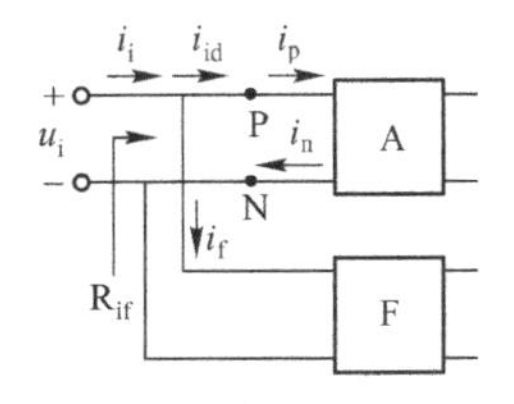

（b）深度并联负反馈放大电路简化框图

图 5-17　深度负反馈放大电路中的“虚短”和“虚断”

因此，对深度放大电路可得出两个重大结论：基本放大电路的两输入端满足“虚短”和“虚断”。

3. 深度负反馈放大电路性能的估算

利用上述“虚短”和“虚断”的概念，可以方便地估算深度负反馈放大电路的性能，下面通过例题来说明估算方法。

[例 5-8]　估算图 5-18 所示的负反馈放大电路的电压放大倍数 $A_{uf} = \dfrac{u_o}{u_i}$。

解：这是一个电流串联负反馈放大电路，反馈元件为 R_F，基本放大电路为集成运放，由于集成运放开环增益很大，故为深度负反馈。因此由“虚短”知 $u_f \approx u_i$，由“虚断”知 $i_n \approx 0$，可得：

$$u_f \approx i_o R_F = \frac{u_o}{R_L} R_F$$

因此，整理可得该放大电路的闭环电压放大倍数为：

$$A_{uf} = \frac{u_o}{u_i} \approx \frac{u_o}{u_f} = \frac{R_L}{R_F}$$

[例 5-9]　估算图 5-19 所示的电路的电压放大倍数 $A_{uf} = u_o/u_i$。

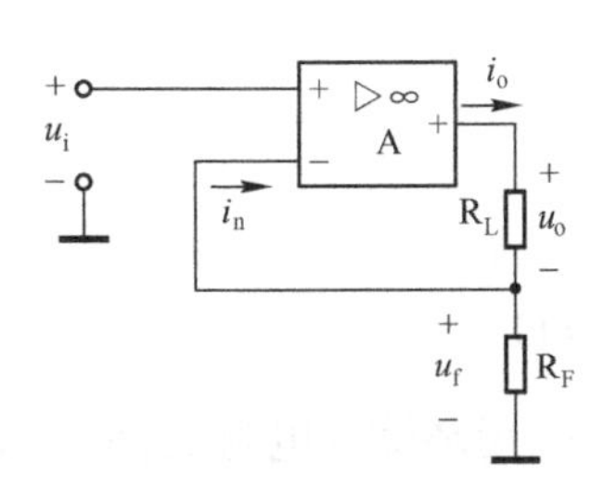

图 5-18　电流串联负反馈放大电路增益的估算

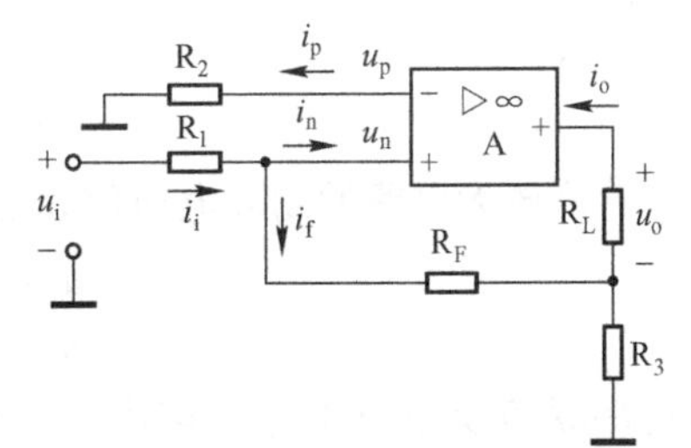

图 5-19　电流并联负反馈放大电路增益估算

解：这是一个电流并联负反馈放大电路，反馈元件为 R_3、R_F，基本放大电路为集成运放，由于集成运放开环增益很大，故为深度负反馈。

根据深度负反馈的特点，基本放大电路输入端“虚断”，可得 $i_n \approx i_p \approx 0$，故同相端电位为 $u_p \approx 0$。

根据深度负反馈的特点，基本放大电路输入端“虚短”，可得 $u_n \approx u_p$，故反相端电位 $u_n \approx 0$。

因此，由图 5-19 可得：

$$i_i = \frac{u_i - u_n}{R_1} \approx \frac{u_i}{R_1}$$

$$i_f \approx \frac{R_3}{R_F + R_3} i_o = \frac{R_3}{R_F + R_3} \frac{-u_o}{R_L}$$

在深度并联负反馈放大电路中，有 $i_i \approx i_f$，可得：

$$\frac{u_i}{R_1} \approx \frac{R_3}{R_F + R_3} \frac{-u_o}{R_L}$$

故该放大电路的闭环放大倍数为：

$$A_{uf} = \frac{u_o}{u_i} \approx -\frac{R_L}{R_1} \frac{R_F + R_3}{R_3}$$

[例 5-10]　估算图 5-20 所示电路的电压放大倍数、输入电阻和输出电阻。

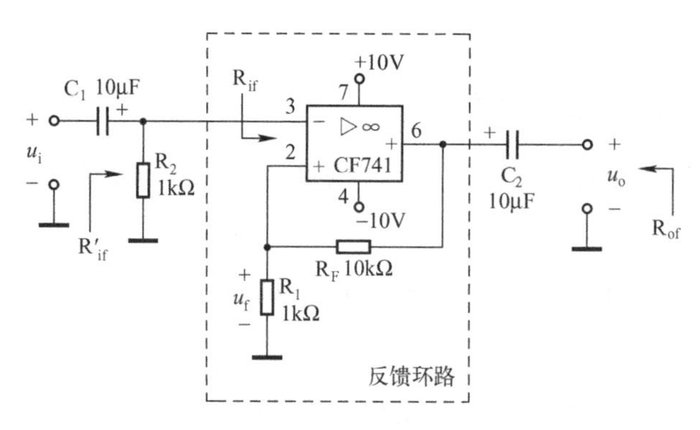

图 5-20　电压串联负反馈放大电路实例

解：这是一个由集成运放 741 构成的交流放大电路，C_1 和 C_2 为交流耦合电容，其对交流的容抗可以略去。R_1、R_F 构成电压串联负反馈，由于集成运放开环增益很大，所以电路构成深度电压串联负反馈。

根据深度串联负反馈放大电路的“虚短”可知 $u_f \approx u_i$，由“虚断”可知 $i_n \approx 0$，因此，由图 5-20可得：

$$u_i \approx u_f = \frac{R_1}{R_1 + R_F} u_o$$

所以，该放大电路的闭环电压放大倍数 A_{uf} 为：

$$A_{uf} = \frac{u_o}{u_i} \approx \frac{R_1 + R_F}{R_1} = \frac{1 + 10}{1} = 11$$

深度串联负反馈闭环输入电阻 $R_{if} \to \infty$，需要注意的是，闭环输入电阻 R_{if} 是指反馈环路输入端呈现的电阻，而图 5-20 中的 R_2 与反馈环路无关，是环外电阻，所以该放大电路的输入电阻为：

$$R'_{\mathrm{if}} = R_2 /\!/ R_{\mathrm{if}} \approx R_2 = 1\mathrm{k}\Omega$$

该放大电路的输出电阻即为闭环输出电阻 R_{of}，由于是深度电压负反馈，故输出电阻近似为零。

能力训练

(1) 选择负反馈的四种基本类型之一填空：需要一个电流控制的电压源，应选择 ________。某仪器放大电路要求 R_{i} 大、输出电流 i_{o} 稳定，应选 ________。

(2) 负反馈虽然使放大电路的增益 ________，但能使增益的 ________ 提高，通频带 ________，非线性失真 ________。

(3) 在做放大电路实验时，用示波器观察到输出波形产生了非线性失真，然后引入负反馈，发现输出幅度明显变小，并且消除了失真，你认为这就是负反馈减小非线性失真的结果吗？

(4) 比较四种基本类型负反馈对放大电路性能影响的异同。

(5) 深度负反馈放大电路有何特点？其闭环增益应如何估算？

(6) 什么叫“虚短”和“虚断”？负反馈放大电路是否都有该特点？

(7) 在放大电路中，为了稳定静态工作点，应引入 ________ 负反馈；为了稳定输出电流，应引入 ________ 负反馈；为了提高输入阻抗，应引入 ________ 负反馈。

(8) 某负反馈放大器的开环放大倍数为75，反馈系数为0.04，则闭环放大倍数为 ________ 倍。

任务二十五：集成运算放大器的线性应用

能力目标

(1) 会分析简单线性运算电路。

(2) 能计算简单线性运算电路的输入/输出电压关系。

(3) 会设计简单的运算电路。

采用集成运放接入适当的负反馈就可以构成各种线性运算电路，主要有比例运算、加减法和微积分运算等。由于集成运放开环增益很高，所以它构成的基本运算电路均为深度负反馈电路，运放两输入端之间满足“虚短”和“虚断”，根据这两个特点很容易分析各种线性运算电路。

一、比例运算

比例运算包括同相比例运算和反相比例运算，它们是最基本的运算电路，也是组成其他各种运算电路的基础。下面分析它们的电路构成和主要工作特点。

1. 反相比例运算

图5-21所示为反相比例运算电路，输入信号 u_I 通过电阻 R_1 加到集成运放的反相输入端，而输出信号通过电阻 R_F 引回到反相输入端，R_F 为反馈电阻，构成深度电压并联负反馈。同相端通过电阻 R_2 接地，R_2 称为直流平衡电阻，其作用是使集成运放两输入端的对地直流电阻相等，从而避免运放输入偏置电流在两端之间产生附加的差模输入电压，故要求 $R_2 = R_1 // R_F$。

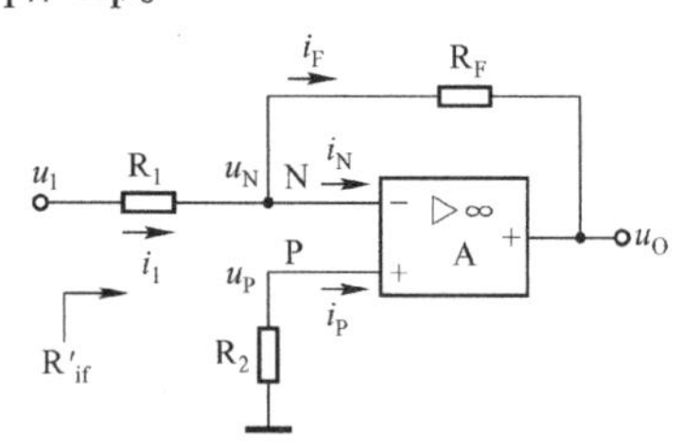

图5-21 反相比例运算电路

根据运放输入端“虚断”，可得 $i_P \approx 0$，故 $u_P \approx 0$，根据运放两输入端“虚短”可得 $u_N \approx u_P \approx 0$，因此由图5-21可得：

$$i_1 = \frac{u_I - u_N}{R_1} \approx \frac{u_I}{R_1}$$

$$i_F = \frac{u_N - u_O}{R_F} \approx -\frac{u_O}{R_F}$$

根据运放输入端“虚断”，可得 $i_N \approx 0$，在节点N，有 $i_1 \approx i_F$，所以：

$$\frac{u_I}{R_1} \approx -\frac{u_O}{R_F}$$

故可得输出电压与输入电压的关系为：

$$u_O = -\frac{R_F}{R_1} u_I \tag{5-19}$$

可见，u_O 与 u_I 成比例，且输出、输入电压反相，因此称为反相比例运算电路，其比例系数为：

$$A_{uf} = \frac{u_O}{u_I} = -\frac{R_F}{R_1} \tag{5-20}$$

由于 $u_P \approx u_N \approx 0$，由图5-21可得该反相比例运算电路的输入电阻为：

$$R'_{if} \approx R_1 \tag{5-21}$$

因此，反相比例运算电路主要有如下工作特点：

（1）它是深度电压并联负反馈电路，可作为反相放大器，调节 R_F 与 R_1 比值即可调节放大倍数 A_{uf}；A_{uf}值可大于1，也可小于1。

（2）输入电阻等于 R_1，较小。

（3）反相运算电路中 $u_N \approx u_P \approx 0$，故反相输入端有“虚地”特点。

2. 同相比例运算电路

图5-22所示为同相比例运算电路，输入信号 u_I 通过电阻 R_2 加到集成运放的同相输入端，而输出信号通过反馈电阻 R_F 引回到反相输入端，构成深度电压串联负反馈，反相端则通过电阻 R_1 接地。R_2 同样是直流平衡电阻，应满足 $R_2 = R_1 // R_F$。

根据运放反相输入端“虚断”，$i_N \approx 0$，知：

$$i_1 \approx i_F$$

由图5-22可得：

$$\frac{0-u_N}{R_1}\approx\frac{u_N-u_O}{R_F}$$

根据同相输入端“虚断”，$i_P\approx0$，可得$u_P\approx u_I$，又由运放两输入端“虚短”可得$u_N\approx u_P\approx u_I$，代入上式，整理可得输出电压$u_O$与输入电压$u_I$的关系为：

$$u_O=\left(1+\frac{R_F}{R_1}\right)u_P=\left(1+\frac{R_F}{R_1}\right)u_I \tag{5-22}$$

由于u_O与u_I成比例且同相，故称为同相比例运算电路，其比例系数为：

$$A_{uf}=\frac{u_O}{u_I}=1+\frac{R_F}{R_1} \tag{5-23}$$

如果$R_1=\infty$或$R_F=0$，则由式（5-23）可得$A_{uf}=1$，这种电路称为电压跟随器，如图5-23所示。

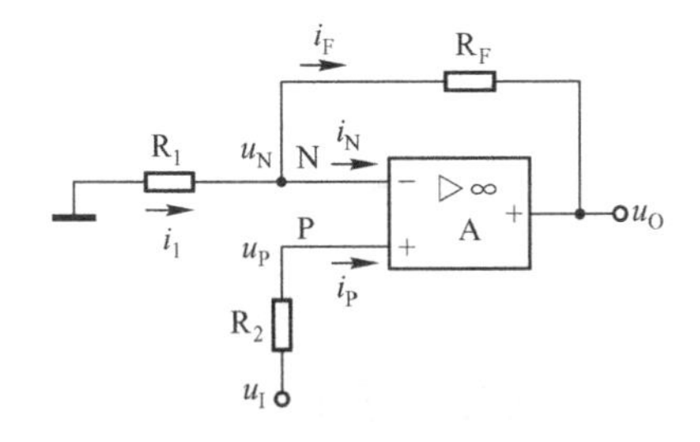

图5-22　同相比例运算电路

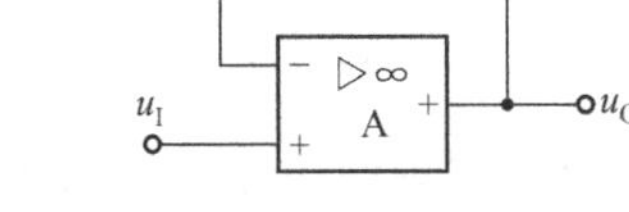

图5-23　电压跟随器

根据运放同相端“虚断”可得同相比例运算电路的输入端电阻为

$$R'_{if}\approx\infty \tag{5-24}$$

综上所述，同相比例运算电路主要有如下工作特点：

（1）它是深度电压串联负反馈电路，可作为同相放大器，调节R_F与R_1比值即可调节放大倍数A_{uf}，电压跟随器是它的应用特例。

（2）输入电阻趋于无穷大。

二、加法与减法运算

1. 加法运算

加法运算即对多个输入信号进行求和，根据输出信号与求和信号是反相还是同相，分为反相加法运算和同相加法运算两种方式。

（1）反相加法运算。图5-24所示为反相输入加法运算电路，它是利用反相比例运算电路实现的。图中输入信号u_{I1}、u_{I2}分别通过电阻R_1、R_2加至运放的反相输入端，R_3为直流平衡电阻，要求$R_3=R_1/\!/R_2/\!/R_F$。

根据运放反相输入端“虚断”，可知$i_F\approx i_1+i_2$，根据运放反相输入端“虚地”特点，可得$u_N\approx0$，由图5-24可得：

$$-\frac{u_O}{R_F}\approx\frac{u_{I1}}{R_1}+\frac{u_{I2}}{R_2}$$

故可得输出电压为：

$$u_O = -\left(\frac{R_F}{R_1}u_{I1} + \frac{R_F}{R_2}u_{I2}\right) \tag{5-25}$$

可见实现了反相加法运算。若 $R_F = R_1 = R_2$，则 $u_O = -(u_{I1} + u_{I2})$。

由式(5-25)可见，这种电路在调节一路输入端电阻时，并不影响其他路信号产生的输出值，因而电路调节方便，使用得比较多。

(2) 同相加法运算。图5-25所示为同相输入加法运算电路，它是利用同相比例运算电路实现的。图中，输入信号 u_{I1}、u_{I2} 均加至运放同相输入端。为使直流电阻平衡，要求 $R_2 /\!/ R_3 = R_1 /\!/ R_F$。

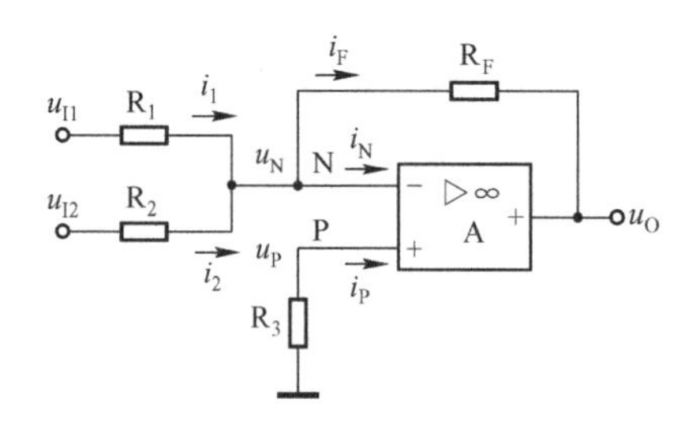

图5-24　反相输入加法运算电路

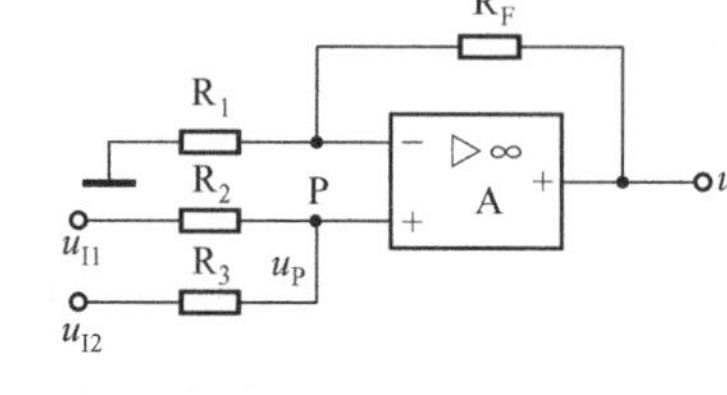

图5-25　同相输入加法运算电路

根据运放同相端“虚断”，同相端电压 u_P，应用叠加原理可求得：

$$\begin{aligned} u_P &\approx \frac{R_3}{R_2 + R_3}u_{I1} + \frac{R_2}{R_3 + R_2}u_{I2} \\ &= \frac{R_2R_3}{R_2 + R_3}\frac{u_{I1}}{R_2} + \frac{R_2R_3}{R_2 + R_3}\frac{u_{I2}}{R_3} \\ &= (R_2 /\!/ R_3)\frac{u_{I1}}{R_2} + (R_2 /\!/ R_3)\frac{u_{I2}}{R_3} \\ &= (R_2 /\!/ R_3)\left(\frac{u_{I1}}{R_2} + \frac{u_{I2}}{R_3}\right) \end{aligned}$$

根据同相输入时，输出电压 u_O 与运放同相端电压 u_P 的关系式(5-22)可得：

$$u_O = \left(1 + \frac{R_F}{R_1}\right)u_P = \left(1 + \frac{R_F}{R_1}\right)(R_2 /\!/ R_3)\left(\frac{u_{I1}}{R_2} + \frac{u_{I2}}{R_3}\right)$$

化简整理可得：

$$\begin{aligned} u_O &= \frac{R_1 + R_F}{R_1R_F}R_F(R_2 /\!/ R_3)\left(\frac{u_{I1}}{R_2} + \frac{u_{I2}}{R_3}\right) \\ &= \frac{R_2 /\!/ R_3}{R_1 /\!/ R_F}R_F\left(\frac{u_{I1}}{R_2} + \frac{u_{I2}}{R_3}\right) \end{aligned} \tag{5-26}$$

因 $R_2 /\!/ R_3 = R_1 /\!/ R_F$，所以：

$$u_O = R_F\left(\frac{u_{I1}}{R_2} + \frac{u_{I2}}{R_3}\right)$$

$$u_O = \frac{R_F}{R_2}u_{I1} + \frac{R_F}{R_3}u_{I2} \tag{5-27}$$

可见实现了同相加法运算。若 $R_2 = R_3 = R_F$，则 $u_O = u_{I1} + u_{I2}$。应当指出，只有在 $R_2 /\!/ R_3 = R_1 /\!/ R_F$ 的条件下，式(5-27)才成立，否则应利用式(5-26)求解。

2. 减法运算

图5-26所示为减法运算电路，输入信号u_{I1}和u_{I2}分别加至反相输入端和同相输入端，这种形式的电路称为差分运算电路。对该电路也可用“虚短”和“虚断”来分析，应用叠加定理，根据同、反相比例电路已有的结论进行分析，可使分析更简便。

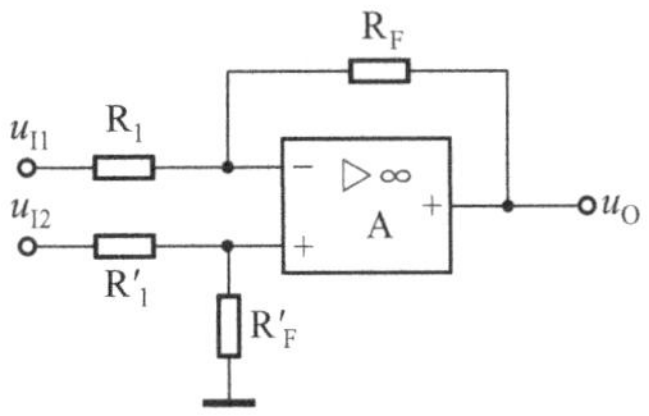

令$u_{I2}=0$，让u_{I1}单独作用，此时电路相当于一个反相比例运算电路，可得u_{I1}独立作用时的输出电压u_{O1}为：

$$u_{O1}=-\frac{R_F}{R_1}u_{I1}$$

图5-26　减法运算电路

令$u_{I1}=0$，让u_{I2}单独作用，此时电路相当于一个同相比例运算电路，可得u_{I2}独立作用时的输出电压u_{O2}为：

$$u_{O2}=\left(1+\frac{R_F}{R_1}\right)u_P=\left(1+\frac{R_F}{R_1}\right)\frac{R_F'}{R_1'+R_F'}u_{I2}\qquad 说明：u_P=\frac{R_F'}{R_1'+R_F'}u_{I2}$$

u_{I1}和u_{I2}共同作用时，u_O为：

$$u_O=u_{O1}+u_{O2}=-\frac{R_F}{R_1}u_{I1}+\left(1+\frac{R_F}{R_1}\right)\frac{R_F'}{R_1'+R_F'}u_{I2}\tag{5-28}$$

当$R_1=R_1'$，$R_F=R_F'$时，则有：

$$u_O=\frac{R_F}{R_1}(u_{I2}-u_{I1})\tag{5-29}$$

假如式(5-29)中有$R_F=R_1$，则：

$$u_O=-(u_{I1}-u_{I2})\tag{5-30}$$

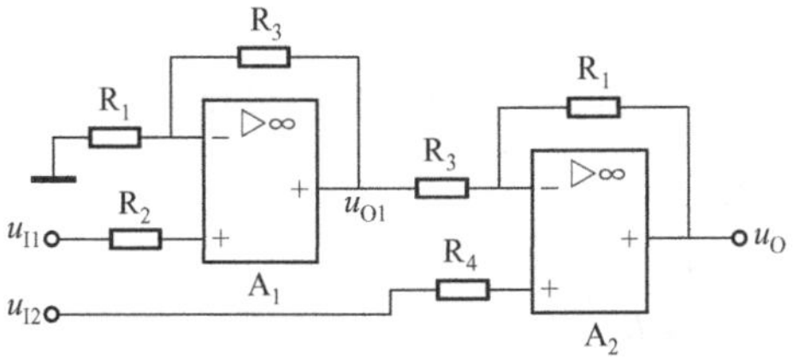

［例5-11］　使用两只集成运算放大器构成的减法运算电路，如图5-27所示，试求输出电压与输入电压的运算关系。

图5-27　高输入电阻减法运算电路

解：在多个运算电路相连时，由于前级电路的输出电阻均为零，其输出电压仅受控于它自己的输入电压，后级电路并不影响前级电路的运算关系。所以在分析多级运算电路的运算关系时，只需逐级将前级电路的输出电压作为后级电路的输入电压代入后级电路的运算关系式，就可以得到整个电路运算关系式。

由图5-27可见，A_1构成同相运算电路，有：

$$u_{O1}=\left(1+\frac{R_3}{R_1}\right)u_{I1}$$

利用叠加定理，可得A_2的输出电压为：

$$u_O=\left(1+\frac{R_1}{R_3}\right)u_{I2}-\frac{R_1}{R_3}u_{O1}$$

将u_{O1}代入u_O的表达式，可得：

$$u_O=\left(1+\frac{R_1}{R_3}\right)u_{I2}-\frac{R_1}{R_3}\left(1+\frac{R_3}{R_1}\right)u_{I1}=\left(1+\frac{R_1}{R_3}\right)(u_{I2}-u_{I1})$$

可见，电路输出电压与两输入电压之差成比例。还可以看出，无论 u_{O1} 还是 u_{O2} 均可认为输入电阻为无穷大。

［例 5-12］　求解图 5-28 所示运算电路的运算关系。

解：利用叠加定理求解。

先令 $u_{I3}=0$，此时电路相当于一个反向求和电路，因此可得 u_{O1} 为：

$$u_{O1}=-\frac{R_F}{R_1}u_{I1}-\frac{R_F}{R_2}u_{I2}=-6u_{I1}-1.5u_{I2}$$

再令 $u_{I1}=u_{I2}=0$，此时电路相当于一个同相比例运算电路，可得输出电压 u_{O2} 为：

$$u_O=\left(1+\frac{R_F}{R_1/\!/R_2}\right)\frac{R_4}{R_3+R_4}u_{I3}=6u_{I3}$$

由此可得总的输出电压与输入电压之间的关系为：

$$u_O=u_{O1}+u_{O2}=-6u_{I1}-1.5u_{I2}+6u_{I3}$$

［例 5-13］　若给定反馈电阻 $R_F=10\text{k}\Omega$，请设计实现 $u_O=u_{I1}-2u_{I2}$ 的运算电路。

解：根据题意，对照运算电路的功能可知，用差分运算电路实现，将 u_{I1} 从同相端输入，u_{I2} 从反相端输入，电路如图 5-29 所示。

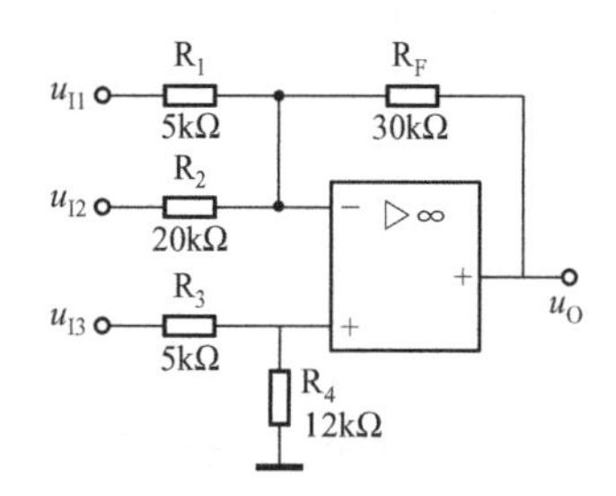

图 5-28　加法运算电路

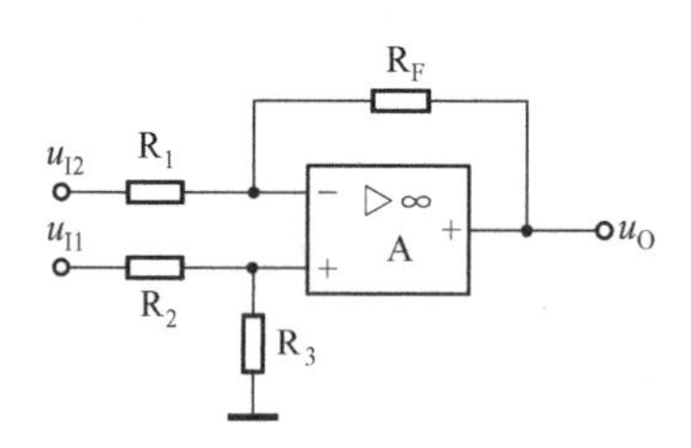

图 5-29　差分运算电路的设计

根据式(5-28)可求得图 5-29 中输出电压 u_O 的表达式为：

$$u_O=-\frac{R_F}{R_1}u_{I2}+\left(1+\frac{R_F}{R_1}\right)\frac{R_3}{R_2+R_3}u_{I1}$$

要求实现的 $u_O=u_{I1}-2u_{I2}$ 与上式比较可得：

$$-\frac{R_F}{R_1}=-2 \tag{5-31}$$

$$\left(1+\frac{R_F}{R_1}\right)\frac{R_3}{R_2+R_3}=1 \tag{5-32}$$

因为给定 $R_F=10\text{k}\Omega$，由式(5-31)可得：

$$R_1=5\text{k}\Omega$$

将式(5-31)代入式(5-32)可得：

$$\frac{R_3}{R_2+R_3}=\frac{1}{3} \tag{5-33}$$

再根据输入端直流电阻平衡的要求，由式(5-32)可得：

$$R_2/\!/R_3=R_1/\!/R_F=\frac{5\times10}{5+10}\text{k}\Omega=(10/3)\text{k}\Omega$$

即：

$$\frac{R_2R_3}{R_2+R_3}=\frac{10}{3}\text{k}\Omega \tag{5-34}$$

联列求解式(5-33)和式(5-34)可得：

$$R_2=10\text{k}\Omega,\ R_3=5\text{k}\Omega$$

[例5-14]　如图5-30所示电路通常称为仪用放大器或数据放大器，它在测量、数据采集、工业控制等方面得到广泛应用。试证明：

$$u_O=-\frac{R_4}{R_3}\left(1+\frac{2R_2}{R_1}\right)(u_{I1}-u_{I2})$$

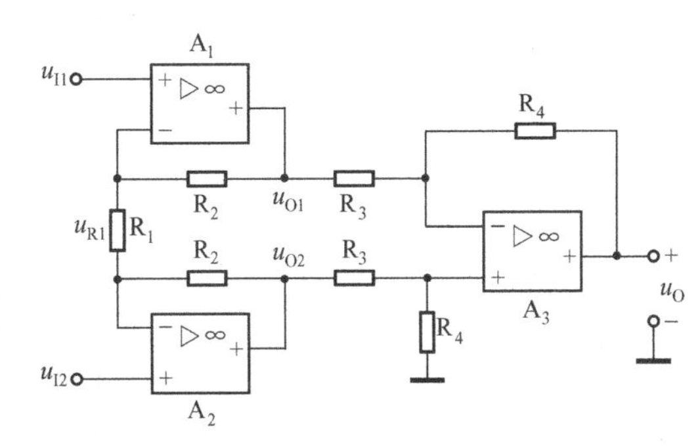

图5-30　具有高输入电阻抗、低输出阻抗的仪用放大器

解：该放大电路有运放 A_1、A_2 组成第一级差分放大电路，运放 A_3 组成第二级差分运算电路，三个运放电路都引入了深度负反馈。根据运放 A_1、A_2 输入端“虚短”可得：

$$u_{R_1}=u_{I1}-u_{I2}$$

根据运放 A_1、A_2 反相端“虚断”可知，流过电阻 R_1、R_2 的电流相等，可得：

$$u_{R_1}=\frac{R_1}{R_1+R_2+R_2}(u_{O1}-u_{O2})$$

因此，第二级电路的差模输入电压为：

$$u_{O1}-u_{O2}=\frac{R_1+2R_2}{R_1}u_{R_1}=\left(1+\frac{2R_2}{R_1}\right)(u_{I1}-u_{I2}) \tag{5-35}$$

根据加减(差分)运算电路输出电压的计算式(5-29)可得：

$$u_O=\frac{R_4}{R_3}(u_{O2}-u_{O1}) \tag{5-36}$$

将式(5-35)代入式(5-36)，可得：

$$u_O=-\frac{R_4}{R_3}\left(1+\frac{2R_2}{R_1}\right)(u_{I1}-u_{I2})$$

因此该放大电路的电压放大倍数为：

$$A_u=\frac{u_O}{u_{I1}-u_{I2}}=-\frac{R_4}{R_3}\left(1+\frac{2R_2}{R_1}\right) \tag{5-37}$$

改变 R_1 可调节放大倍数 A_u 的大小。

三、微分与积分运算

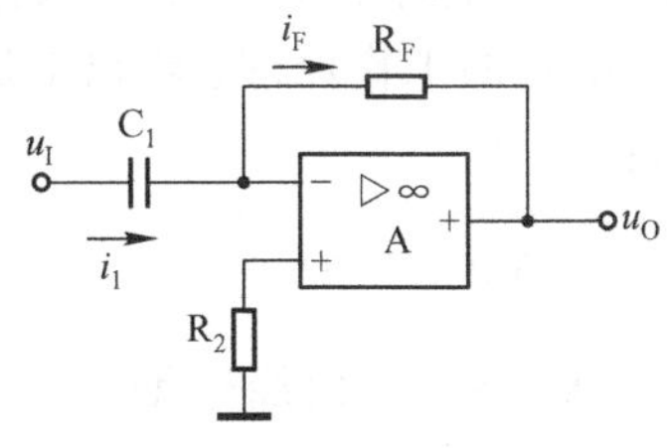

图5-31　微分运算电路

1. 微分运算

图5-31所示为微分运算电路，它和反相比例运算电路的差别是用电容 C_1 代替电阻 R_1。为使直流电阻平衡，要求：

$$R_2=R_F$$

根据运放反相端“虚地”可得：

$$i_1 = C_1 \frac{du_I}{dt},\ i_F = -\frac{u_O}{R_F}$$

由于 $i_1 \approx i_F$，因此可得输出电压 u_O 为：

$$u_O = -R_F C_1 \frac{du_I}{dt} \quad (5-38)$$

可见，输出电压 u_O 正比于输入电压 u_I 对时间 t 的微分，从而实现微运算。式中 $R_F C_1$ 为电路的时间参数。

2. 积分运算

图 5-32 所示为积分运算电路，它和反相比例运算电路的差别是用电容 C_F 代替电阻 R_F。

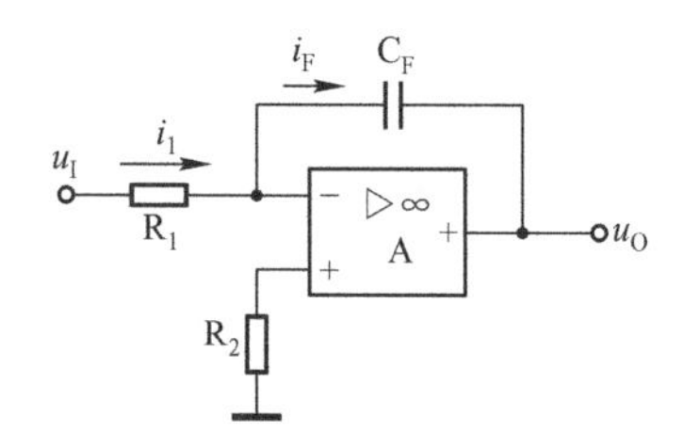

图 5-32　积分运算电路

由图 5-32 可得：

$$i_1 = \frac{u_I}{R_1},\ i_F = -C_F \frac{du_O}{dt}$$

由于 $i_1 = i_F$，因此可得输出电压 u_O 为：

$$u_O = -\frac{1}{R_1 C_F}\int u_I dt \quad (5-39)$$

可见，输出电压 u_O 正比于输入电压 u_I 对时间 t 的积分，从而实现了积分运算。式(5-39)中 $R_1 C_F$ 为电路的时间参数。

当输入端加入阶跃信号，如图 5-33(a)所示，若 $t = 0$ 时电容器上的电压为零，则可得：

$$u_O = -\frac{1}{R_1 C_F}\int_0^t u_I dt = -\frac{u_i}{R_1 C_F} t \quad (5-40)$$

u_O 的波形如图 5-33(b)所示，为一线性变化的斜坡电压，其最大值受运放最大输出电压 U_{OM} 限制。

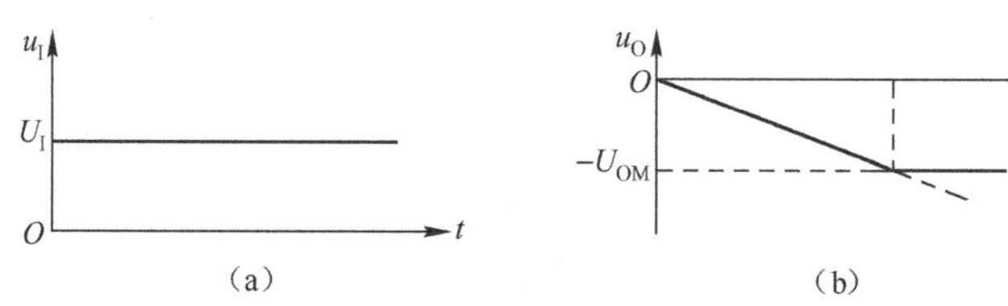

图 5-33　积分运算电路输入阶跃信号时的输出波形

[例 5-15]　基本积分电路如图 5-34(a)所示，输入信号 u_I 为一对称方波，如图 5-34(b)所示，运放最大输出电压为 ±10V，$t = 0$ 时电容器上的电压为零，试画出理想情况下的输出电压 u_O 波形。

解：由图 5-34(a)求得电路时间常数为：

$$\tau = R_1 C_F = 10\text{k}\Omega \times 10\text{nF} = 0.1\text{ms}$$

根据运放同相端接地，反相输入端为“虚地”，可知输出电压等于电容电压，$u_O = -u_C$，$u_O(0) = 0$。因为在 0 ～ 0.1ms 时间段内 u_I 为 +5V，而根据积分电路的工作原理，输出电压 u_O 将从零开始线性减小，在 $t = 0.1$ms 时达到负峰值，其峰值为：

$$u_O\Big|_{t=0.1\text{ms}} = -\frac{1}{R_1 C_F}\int_0^t u_I dt + u_O(0) = -\frac{1}{0.1\text{ms}}\int_0^{0.1\text{ms}} 5dt = -5\text{V}$$

而在 0.1 ～ 0.3ms 时间段内 u_I 为 -5V，所以输出电压 u_O 从 -5V 开始线性增大，在 $t = 0.3$ms 达到正峰值，其峰值为：

$$u_O\big|_{t=0.3\text{ms}} = -\frac{1}{R_1C_F}\int_{0.1\text{ms}}^{0.3\text{ms}} u_I\text{d}t + u_O\big|_{t=0.1\text{ms}} = -\frac{1}{0.1\text{ms}}\int_{0.1\text{ms}}^{0.3\text{ms}}(-5)\text{d}t + (-5) = +5\text{V}$$

同理可得，在0.3～0.5ms时间段，从+5V开始线性减小到-5V；在0.5～0.7ms时间段，u_O从-5V开始线性增大到+5V。

综上所述，输出电压u_O的最大值均不超过运放最大输出电压，所以输出电压与输入电压间为积分关系。由于输入信号u_I为对称方波，因此可画出输出电压波形，如图5-34(c)所示，为一对称三角波。

可见积分电路能将方波转换成三角波。

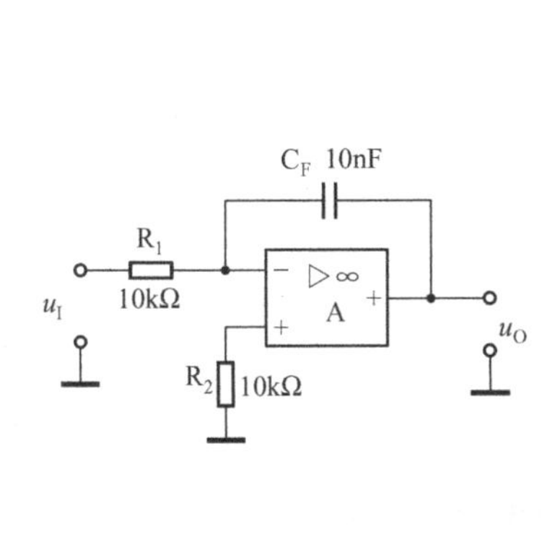

(a) 积分电路

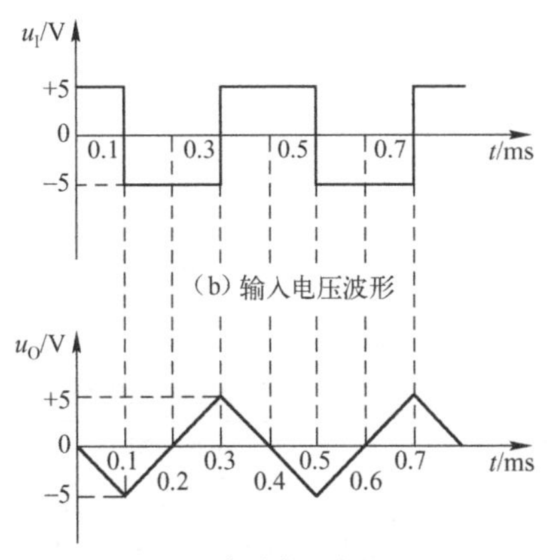

(c) 输出电压波形图

图5-34　积分电路应用举例

能力训练

(1) 集成运算放大器怎样才能实现线性应用？

(2) 说明反相比例运算电路和同相比例运算电路各有什么特点(包括比例系数、输入电阻、反馈类型和极性、有无“虚地”等)？

(3) 集成运算放大器构成的基本运算电路主要有哪些？这些电路中集成运算放大器工作在什么状态？

(4) 为什么说两个运放电路在相互连接时可以不考虑前后级之间的影响？

技能训练八：集成运算放大器的线性应用电路测试

1. 训练目的

(1) 了解集成运算放大器外形及引脚功能。
(2) 掌握集成运算放大器的基本应用。
(3) 加深对集成运算放大器工作在线性状态下特点的理解。

2. 仪表仪器、工具

(1) 仪器：双路直流稳压电源，信号发生器，交流毫伏表，示波器，万用表。

（2）元器件：集成运放 μA741 1只，电阻2kΩ 3只，5.1kΩ、10kΩ、20kΩ 各1只。

3. 训练内容

训练用电路原理图如图5–35所示，训练步骤、内容及要求如表5–1所示。

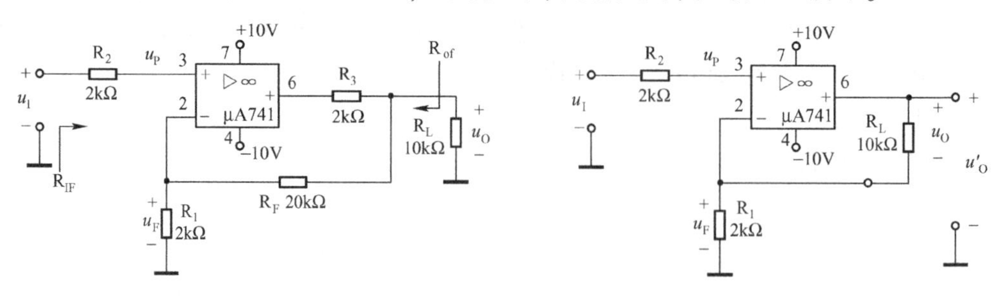

（a）电压串联负反馈放大电路　　（b）电流串联负反馈放大电路

图5–35　由集成运放组成的单级负反馈放大电路

表5–1　训练步骤、内容及要求

内容	步骤	技　能　点	训练步骤及内容	训 练 要 求
电压串联负反馈放大电路研究	1	电路连接	连接放大电路	连接正确
	2		连接电源	
	3	仪器连接	信号发生器提供：正弦波，（kHz，有效值100mV），示波器、交流毫伏表设置	设置正确
	4		仪器接入电路	共地，连接正确
	5	数据测量	测量 u_I、u_P、u_F、u_O 的有效值 U_i、U_p、U_f、U_o	操作规范，数据正确
	6	数据处理及结论分析	计算 A_{uf}、R_{if}、R_{of}，并分析数据	计算合理，结论正确
电流串联负反馈放大电路研究	1	电路连接	连接放大电路	连接正确
	2		连接电源	
	3	仪器连接	信号发生器，示波器、交流毫伏表设置	设置正确
	4		仪器接入电路	共地，连接正确
	5	数据测量	测量 u_I、u_P、u_F、u'_O 的有效值 U_i、U_p、U_f、U'_o	操作规范，数据正确
	6	数据处理及结论分析	计算 A_{uf}；再改接 R_L 为5.1kΩ，2kΩ，计算 A_{uf} 并分析数据	计算合理，结论正确

自　评　表

序号	自 评 项 目	自 评 标 准	项目配分	项目得分	自评成绩
1	通用型集成运算放大器的组成及其基本特性	理想集成运放的特征	5分		
		集成运放在线性状态的特点	5分		
		集成运放使用注意事项	10分		
2	放大电路中的负反馈及其应用	反馈概念	5分		
		负反馈类型判别	5分		
		负反馈对放大电路性能的影响	10分		
		按放大电路要求选择合适的负反馈	5分		
		深度负反馈放大电路的特点	5分		
		深度负反馈放大电路闭环电压增益估算	10分		

续表

序号	自评项目	自评标准	项目配分	项目得分	自评成绩
3	集成运算放大器的线性应用	比例运算	5分		
		加法与减法运算电路	10分		
		微分运算电路	5分		
		积分运算电路	5分		
		计算线性运算电路输入/输出电压关系	5分		
		简单线性运算电路的设计	10分		
能力缺失					
弥补办法					

能力测试

一、基本能力测试

(1) 反馈放大电路如图5-36所示，试指出各电路的反馈元件，并说明是交流反馈还是直流反馈？(设图中所有电容对交流信号均可视为短路)

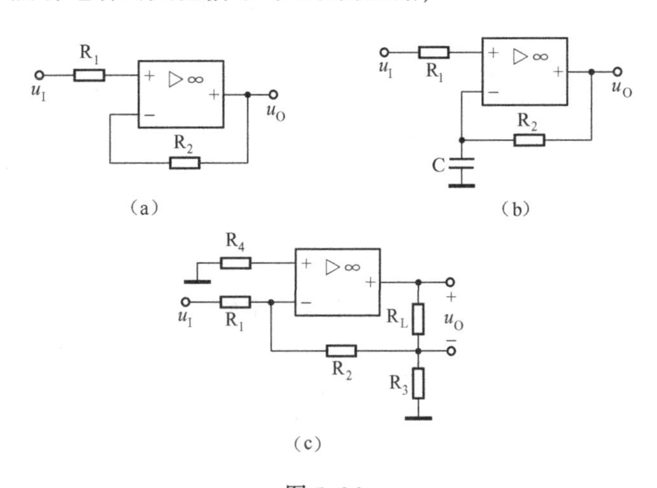

图5-36

(2) 分别设计实现下列运算关系的运算电路。(括号中的反馈电阻 R_F 或反馈电容 C_F 为给定值，要求画出电路并求出元件值)。

① $u_O = -3u_I$　　($R_F = 39k\Omega$)

② $u_O = -(u_{I1} + 0.2u_{I2})$　　($R_F = 10k\Omega$)

③ $u_O = 5u_I$　　($R_F = 20k\Omega$)

④ $u_O = -u_{I1} + 0.2u_{I2}$　　($R_F = 10k\Omega$)

(3) 写出图5-37(a)～(d)所示集成线性运算电路的名称，分别求出各电路输出电压 u_O 的大小。

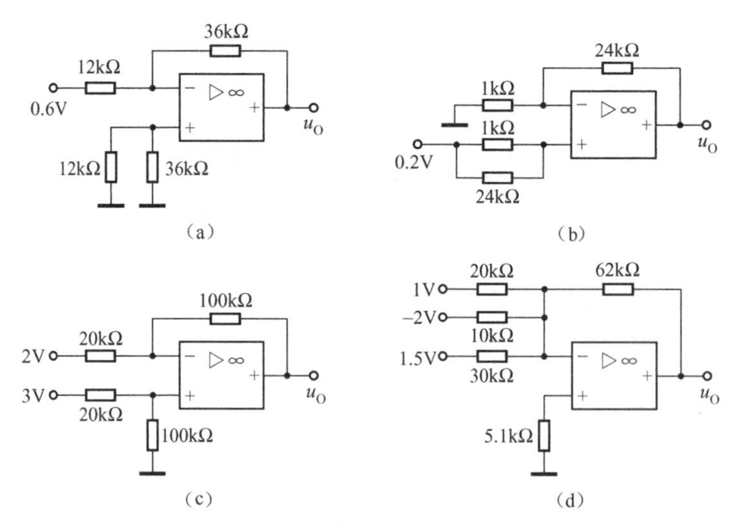

图 5-37

二、应用能力测试

（1）如图 5-38 所示，该电路是利用集成运放构成的电流—电压转换器，试求电路输出电压 u_O 与输入电流 i_S 之间的关系式。

（2）写出如图 5-39 所示电路中输出电压 u_O 与 U_Z 的关系式，并说明其功能。

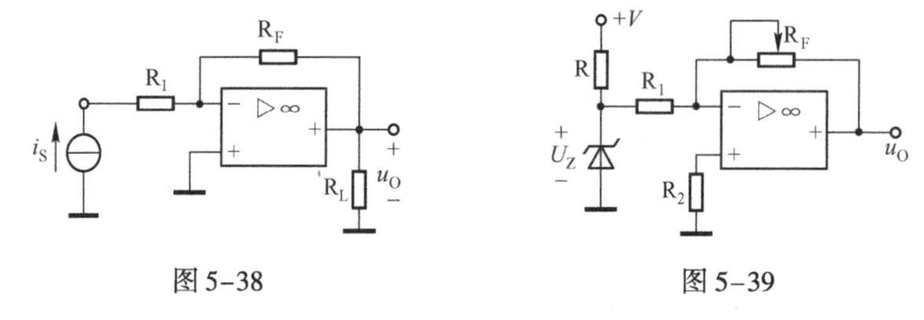

图 5-38　　　　图 5-39

（3）由集成运算放大器作为前级的互补对称功率放大电路如图 5-40 所示。

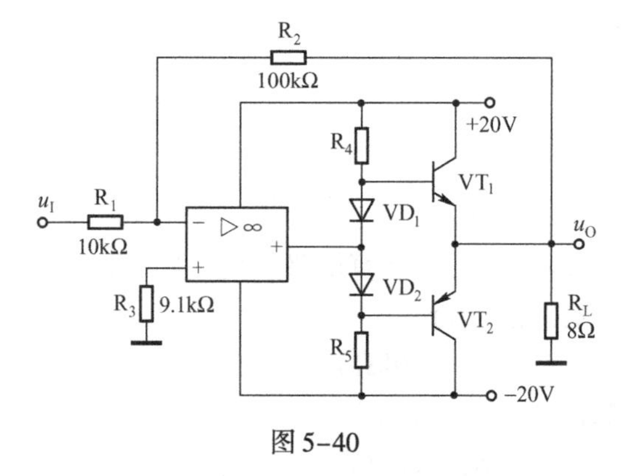

图 5-40

① 说明二极管 VD_1、VD_2 的作用，并指出 VT_1、VT_2 的工作状态；

② 略去功放管的饱和压降，求最大不失真输出功率；

③ 说明电路引入了什么类型的级间负反馈？反馈元件是哪个？

④ 用深度负反馈条件，求出该电路的闭环电压放大倍数 $A_{uf} = u_O/u_I$。

项目六

直流稳压电源安装与调试

项目描述：在工农业生产和科学试验中，主要应用交流电，在某些场合，如电解、电镀、蓄电池充电、直流电动机等，都需要直流电源。此外，在电子线路和自动控制装置中还需要电压非常稳定的直流电源。获得直流电源的方法很多，如干电池、蓄电池、直流发电机等，但比较常用的还是将50Hz的交流市电经降压、整流、滤波和稳压后获得直流电压的直流稳压电源。因此，学习直流稳压电源的基础知识，对今后工作、生活是非常必要的。

项目任务：掌握直流稳压电源的组成、工作原理、主要性能指标，能组装直流稳压电路，会测试直流稳压电路的主要性能指标。

学习内容：整流电路、滤波电路、串联型稳压电路工作原理，线性集成稳压器的典型应用及直流稳压电源的调整与测试方法。

任务二十六：整流滤波电路

能力目标

(1) 会分析单相整流滤波电路。

(2) 会选择滤波电容。

(3) 会估算整流滤波电路输出电压。

一、单相整流电路

小功率电源因功率比较小，通常采用单相交流电供电，因此，本任务只讨论单相整流滤波电路。利用二极管的单向导电作用，可将交流电变为直流电，常用的二极管整流电路有单相半波整流电路和桥式整流电路等。

1. 半波整流电路

单相半波整流电路如图6-1(a)所示，图中Tr为电源变压器，用来将市电220V交流电压变换为整流电路所要求的交流低压电，同时保证直流电源与市电电源有良好的隔离。VD为整流二极管，令它为理想二极管，R_L为负载等效电阻。

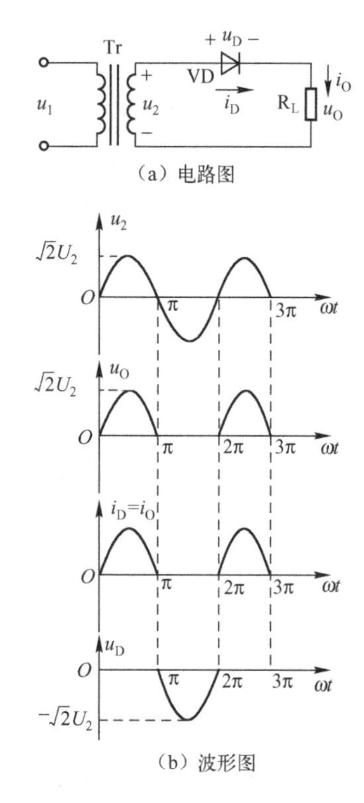

图 6-1 半波整流电路及其波形

设变压器次级绕组电压为 $u_2=\sqrt{2}U_2\sin\omega t$。当 u_2 为正半周（$0\leqslant\omega t\leqslant\pi$）时，由图 6-1（a）可见，二极管 VD 因正偏而导通，流过二极管的电流 i_D 同时流过负载电阻 R_L，即 $i_O=i_D$，负载电阻上的电压 $u_O\approx u_2$。当 u_2 为负半周（$\pi\leqslant\omega t\leqslant 2\pi$）时，二极管因反偏而截止，$i_O\approx 0$，因此，输出电压 $u_O\approx 0$，此时 u_2 全部加在二极管两端，即二极管承受反向电压 $u_D=u_2$。

u_2、u_O、i_O、u_D 波形如图 6-1（b）所示，由图可见，负载上得到单方向的脉动电压，只在 u_2 的正半周有输出，所以称为半波整流电路。

半波整流电路输出电压的平均值 U_O 为：

$$U_O=\frac{1}{2\pi}\int_0^{2\pi}u_O\mathrm{d}(\omega t)$$

$$=\frac{1}{2\pi}\int_0^{\pi}\sqrt{2}U_2\sin(\omega t)\mathrm{d}(\omega t)$$

$$U_O=\frac{\sqrt{2}}{\pi}U_2=0.45U_2 \tag{6-1}$$

流过二极管的平均电流 I_D 为：

$$I_D=I_O=\frac{U_O}{R_L}=0.45\frac{U_2}{R_L} \tag{6-2}$$

二极管承受的反向峰值电压 U_{RM} 为：

$$U_{RM}=\sqrt{2}U_2$$

半波整流电路结构简单，使用元件少，但整流效率低，输出电压脉动大，因此，它只适用于要求不高的场合。

2. 桥式整流电路

为了克服半波整流的缺点，常采用桥式整流电路，如图 6-2（a）所示。图中，$VD_1\sim VD_4$ 4 只整流二极管接成电桥形式，故称为桥式整流，其简化电路如图 6-2（b）所示。

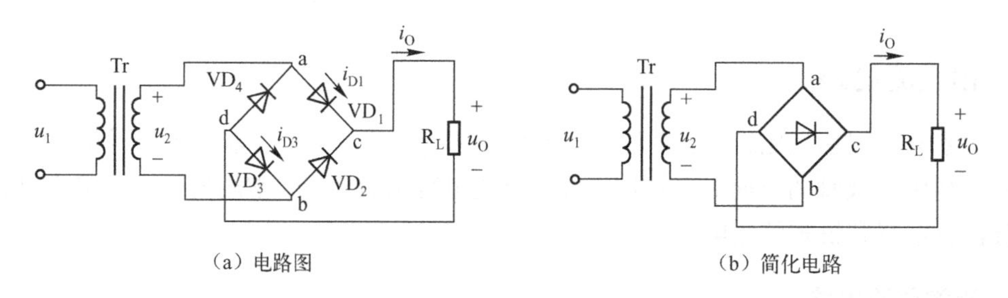

图 6-2 桥式整流电路

设变压器次级绕组电压 $u_2=\sqrt{2}U_2\sin\omega t$，波形如图 6-3（a）所示。在 u_2 的正半周，即 a 点为正，b 点为负时，VD_1、VD_3 因承受正向电压而导通，此时有电流流过 R_L，电流路径为 a→

$VD_1 \rightarrow R_L \rightarrow VD_3 \rightarrow b$，此时 VD_2、VD_4 因反偏而截止，负载 R_L 上得到一个半波电压，如图 6-3(b)所示的0 ～ π段，若略去二极管的正向压峰，则 $u_O \approx u_2$。

在 u_2 的负半周，即 a 点为负、b 点为正时，VD_1、VD_3 因反偏而截止，VD_2、VD_4 因正偏而导通，此时有电流流过 R_L，电流路径为 $b \rightarrow VD_2 \rightarrow R_L \rightarrow VD_4 \rightarrow a$，这时 R_L 上得到一个与 0 ～ π 段相同的半波电压，如图 6-3(b)所示的 π ～ 2π 段，若略去二极管的正向压降，$u_O \approx -u_2$。

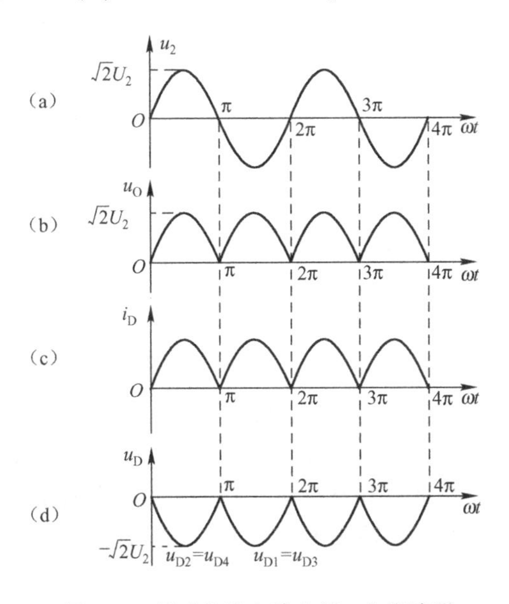

图 6-3　桥式整流电路电压、电流波形

由此可见，在交流电压 u_2 的整个周期始终有同方向的电流流过负载电阻 R_L，故 R_L 上得到单方向全波脉动的直流电压。可见，桥式整流电路输出电压为半波整流电路输出电压的两倍，所以桥式整流电路输出电压平均值为：

$$U_O = 2 \times 0.45U_2 = 0.9U_2 \tag{6-3}$$

桥式整流电路中，由于每两只二极管只导通半个周期，故流过每只二极管的平均电流仅为负载电流的一半，即：

$$I_D = \frac{1}{2}I_O = \frac{1}{2}\frac{U_O}{R_L} = 0.45\frac{U_2}{R_L} \tag{6-4}$$

在 u_2 的正半周，VD_1、VD_3 导通时，可将它们看成短路，这样 VD_2、VD_4 就并联在 u_2 上，其承受的反向峰值电压为：

$$U_{RM} = \sqrt{2}U_2 \tag{6-5}$$

同理，VD_2、VD_4 导通时，VD_1、VD_3 截止，其承受的反向峰值电压也为 $U_{RM} = \sqrt{2}U_2$。二极管承受电压的波形如图 6-3(d)所示。

由以上分析可知，桥式整流电路与半波整流电路相比较，其输出电压 U_O 提高，脉动成分减小了。

将桥式整流电路的 4 只二极管制作在一起，封装成为一个器件就称为整流桥堆，其外形如图 6-4 所示。a、b 端接交流输入电压，标有"～"符号；c、d 为直流输出端，c 端为正

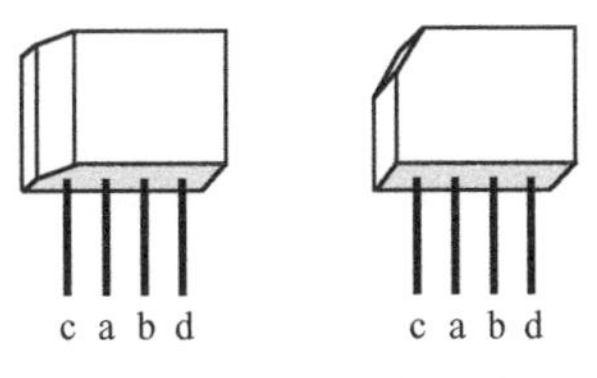

图 6-4　整流全桥堆外形

极性端，标有“ + ”符号，且桥堆实体外形存在明显标志；d 端为负极性端，标有“ - ”符号。

二、滤波电路

整流电路将交流电变为脉动直流电，但其中含有大量的交流成分(称为纹波电压)。为了获得平滑的直流电压，应在整流电路的后面加接滤波电路，以滤去交流成分。

1. 电容滤波电路

在桥式整流电路输出端与负载电阻 R_L 之间并联一个大容量电容 C，就构成了电容滤波电路，如图 6-5(a)所示。

设电容两端的初始电压为零，并假定在 $t=0$ 时接通电源，u_2 为正半周，当 u_2 由零上升时，VD_1、VD_3 导通，C 被充电，同时电流经 VD_1、VD_3 向负载电阻供电。如果忽略二极管正向电压降和变压器内阻，电容充电时间常数近似为零，在 u_2 达到最大值时，u_C 也达到最大值，见图 6-5(b)中 a 点，此时 $u_O=u_C\approx u_2$；然后 u_2 开始下降，但 u_2 下降较 u_C 慢，故 VD_1、VD_3 仍保持导通，此时仍保持 $u_O=u_C\approx u_2$，一直持续到 c 点；过 c 点后，u_2 下降速度快于 u_C，此时 $u_C>u_2$，VD_1、VD_3 因反偏而截止，仅电容 C 向负载电阻 R_L 放电，由于放电时间常数 $\tau=R_LC$，一般较大，电容电压 u_C 按指数规律缓慢下降；当 $u_O(u_C)$下降到图 6-5(b)中 b 点后，$|u_2|>u_C$，VD_2、VD_4 导通，电容 C 再次被充电，输出电压增大，以后重复上述充、放电过程，便可得到图 6-5(b)所示的输出电压波形，它近似为一锯齿波直流电压。

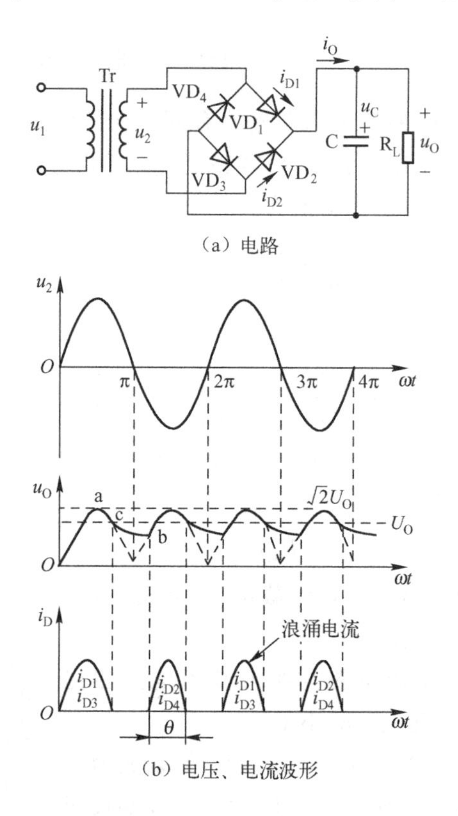

图 6-5　桥式整流电容滤波电路及其波形

由图6-5(b)可见，整流电路接入滤波电容后，不仅使输出电压变得平滑、纹波显著减小，同时输出电压的平均值也增大了。输出电压平均值 U_O 的大小与滤波电容C及负载电阻 R_L 的大小有关，C的容量一定时，R_L 阻值越大，C的放电时间常数 τ 就越大，其放电速度越慢，输出电压就越平滑，U_O 就越大。当 R_L 开路时，$U_O \approx \sqrt{2}U_2$。为了获得良好的滤波效果，一般取：

$$R_L C \geqslant (3 \sim 5)\frac{T}{2} \tag{6-6}$$

式中，T 为输入交流的周期。此时输出电压的平均值近似为：

$$U_O = 1.2U_2 \tag{6-7}$$

在整流电路采用电容滤波后，只有当 $|u_2| > u_C$ 时二极管才导通，故二极管的导通时间缩短，一个周期的导通角 $\theta < \pi$，如图6-5(b)所示。由于电容C充电的瞬时电流大，形成了浪涌电流，容易损坏二极管，故在选择二极管时，必须留有足够的电流裕量。

[例6-1]　单向桥式整流电容滤波电路如图6-5(a)所示，交流电源频率 $f = 50\text{Hz}$，负载电阻 $R_L = 40\Omega$，要求输出电压 $U_O = 20\text{V}$。试求变压器二次电压有效值 U_2，并选择二极管和滤波电容。

解：由式(6-7)可得：

$$U_2 = \frac{U_O}{1.2} = \frac{20\text{V}}{1.2} = 17\text{V}$$

通过二极管的电流平均值为：

$$I_D = \frac{1}{2}I_O = \frac{1}{2}\frac{U_O}{R_L} = \frac{1}{2} \times \frac{20\text{V}}{40\Omega} = 0.25\text{A}$$

二极管承受最高反向电压为：

$$U_{RM} = \sqrt{2}U_2 = \sqrt{2} \times 17\text{V} = 24\text{V}$$

因此应选择 $I_F \geqslant (2 \sim 3)I_D = (0.5 \sim 0.75)\text{A}$，$U_{RM} > 24\text{V}$ 的二极管，查手册可选4只二极管1N4001(参数：$I_F = 1\text{A}$，$U_{RM} = 50\text{V}$)。

根据式(6-6)，取 $R_L C = 4 \times \frac{T}{2}$，因为 $T = \frac{1}{f}$，故 $T = \frac{1}{50} = 0.02\text{s}$，所以：

$$C = \frac{4 \times \frac{T}{2}}{R_L} = \frac{4 \times 0.02\text{s}}{2 \times 40\Omega} = 1000\mu\text{F}$$

可选取1000μF耐压为50V的电解电容器。

2. 其他形式滤波电容电路

(1) 电感滤波电路。电路如图6-6所示，电感L起着阻止负载电流变化，并使之趋于平直的作用。在整流电路输出的电压中，直流分量由于电感近似于短路而全部加到负载 R_L 两端的电压大小约为 $U_O = 0.9U_2$，交流分量由于电感的感抗远大于负载电阻，而大部分电压降在电感L上，故负载 R_L 上只有很小的交流电压，从而达到了滤除交流分量的目的。一般电感滤波电路用于低电压、大电流的场合。

(2) π型滤波电路。为了进一步减小输出电压中的纹波，可采用图6-7所示的π型LC

滤波电路。由于电容 C_1、C_2 对交流的容抗很小，而电感 L 对交流阻抗很大，因此，负载 R_L 上的纹波电压很小。

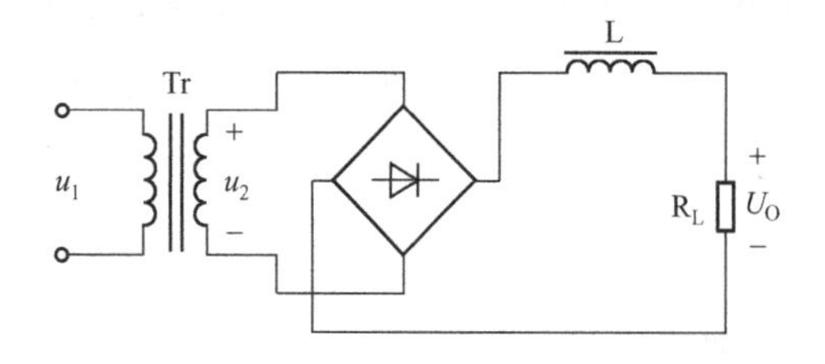

图 6-6　电感滤波电路

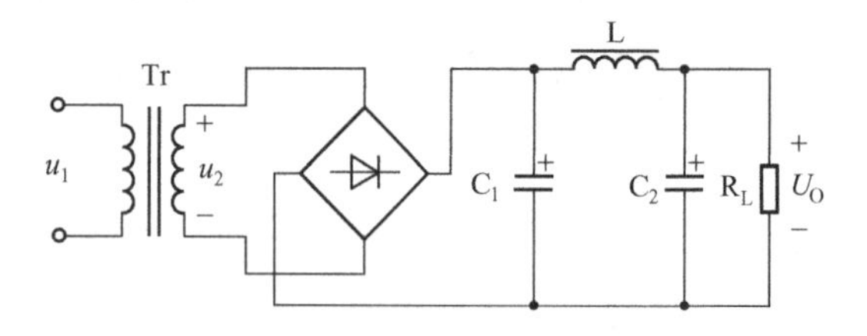

图 6-7　π 型 LC 滤波电路

若负载电流较小时，也可用电阻代替电感组成 π 型 RC 滤波电路。由于电阻要消耗功率，此时电源的损耗功率较大，电源效率降低。

能力训练

1. 选择题

(1) 整流的目的是(　　)。

A. 将正弦波变成方波　　B. 将交流电变成直流电

C. 将高频信号变成低频信号

(2) 在桥式整流电路中，若其中一个二极管开路，则输出(　　)。

A. 只有半周波形　　B. 为全波波形

C. 无波形，且变压器或整流管可能烧坏

(3) 在桥式整流电容滤波电路中，若 $U_2 = 15\text{V}$，则 U_O 为(　　)V。

A. 20　　B. 18　　C. 24　　D. 9

(4) 在桥式整流电路中，每只整流管的电流 I_D 为(　　)。

A. I_O　　B. $2I_O$　　C. $I_O/2$　　D. $I_O/4$

(5) 在桥式整流电路中，每只整流管承受的最大反向电压 U_{RM} 为(　　)。

A. U_2　　B. $\sqrt{2}\,U_2$　　C. $2\sqrt{2}\,U_2$　　D. $(\sqrt{2}/2)U_2$

2. 桥式整流电容滤波电路如图 6-8 所示，已知交流电源频率 50Hz，变压器二次电压有效值 $U_2 = 10\text{V}$，$R_L = 50\Omega$，$C = 2200\mu\text{F}$。试问：

(1) 输出电压 $U_O = ?$

(2) R_L 开路时，$U_O = ?$

(3) C 开路时，$U_O = ?$

(4) 二极管 VD_1 开路时，$U_O = ?$

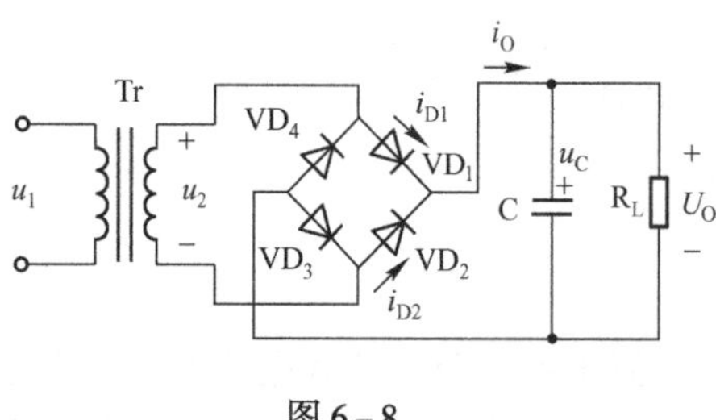

图 6-8

任务二十七：稳压电路

能力目标

(1) 能分析串联型稳压电源电路。

(2) 会正确应用集成三端固定输出稳压器。

(3) 会测试直流稳压电源的主要技术指标。

一、串联型稳压电路的工作原理

串联型稳压电路基本组成如图 6-9 所示，它主要由调整电路、取样电路、基准电压电路和比较放大电路等部分组成。由于调整管和负载串联，故称为串联型稳压电路。图中 VT 为调整管，它工作在线性放大区，故称为线性放大电路；R_1、R_2 和 R_P 组成取样电路；R 和稳压管 VDz 组成基准电压电路；集成运放组成比较放大电路。

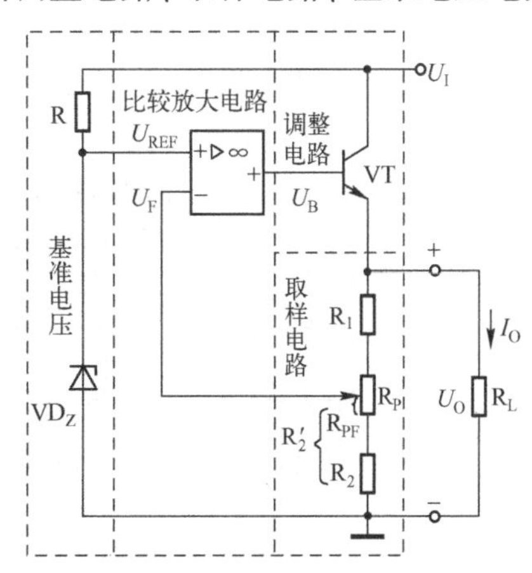

图 6-9　串联型稳压电路的基本组成

比较放大电路（集成运放）的两输入端，同相端输入基准电压 U_{REF}，反相端输入 U_O 的取样电压 U_F，基准电压与取样电压的差值在集成运放中进行放大。当输入电压 U_I 增大（或负载 R_L 电阻增大）引起输出电压 U_O 增加时，取样电压 U_F 随之增大，U_{REF}与 U_F 的差值减小，经比较放大电路放大后，调整管的基极电压 U_B 减小，集电极 I_C 减小，输出电压 U_O 随之减小，使稳压电路的输出电压上升趋势受到抑制，从而稳定了输出电压。

同理，输入电压 U_I 减小（或负载 R_L 电阻减小）引起 U_O 下降，电路产生与上述相反的稳压过程，亦将维持输出电压基本不变。

由图 6-9 可得：

$$U_F = \frac{R_2'}{R_1 + R_2 + R_P} U_O$$

由集成运放两输入端“虚短”知 $U_F \approx U_{REF}$，所以稳压电路输出电压 U_O 为：

$$U_O = \frac{R_1 + R_2 + R_P}{R_2'} U_{REF} \tag{6-8}$$

$$R_2' = R_2 + R_{P下端} \tag{6-9}$$

调节电位器 R_P 的动端，即可调节输出电压 U_O 的大小。

当 R_P 动端调到最上端时，输出电压最低，U_{Omin}为：

$$U_{Omin} = \frac{R_1 + R_2 + R_P}{R_2 + R_P} U_{REF} \tag{6-10}$$

当 R_P 动端调到最下端时，输出电压最高，U_{Omax}为：

$$U_{\mathrm{Omax}} = \frac{R_1 + R_2 + R_{\mathrm{P}}}{R_2} U_{\mathrm{REF}} \tag{6-11}$$

二、三端固定输出集成稳压器

三端固定输出集成稳压器通用产品有 CW7800 系列(正电源)和 CW7900 系列(负电源)。输出电压用具体型号的最后两个数字代表，有 5V、6V、9V、12V、18V、24V 等。L 表示 0.1A，M 表示 0.5A，无字母表示 1.5A。例如，CW7805 表示输出电压为 +5V，额定输出电流为 1.5A。

图 6-10 为 CW7800 和 CW7900 系列塑封三端集成稳压器的外形及引脚排列。

1. 基本应用电路

如图 6-11 所示为 7800 系列集成稳压器的基本应用电路。由于输出电压决定于集成稳压器，所以图 6-11 输出电压为 12V，最大输出电流为 1.5A。为了保证电路正常工作，要求输入电压比输出电压 U_{O} 至少高 2.5 ～ 3V。输入端电容 C_1 用于抵消输入端较长接线的电感效应，以防止自激振荡，还可以抑制电源的高频脉冲干扰，一般取 0.1 ～ 1 μF。输出电容 C_2、C_3 用于改善负载的瞬间动响应，消除电路的高频噪声，同时也具有消振作用。VD 是保护二极管，用来防止在输入端短路时，输出电容 C_3 所存储电荷通过稳压器内部放电而损坏元器件。CW7900 系列的接线与 CW7800 系列基本相同。

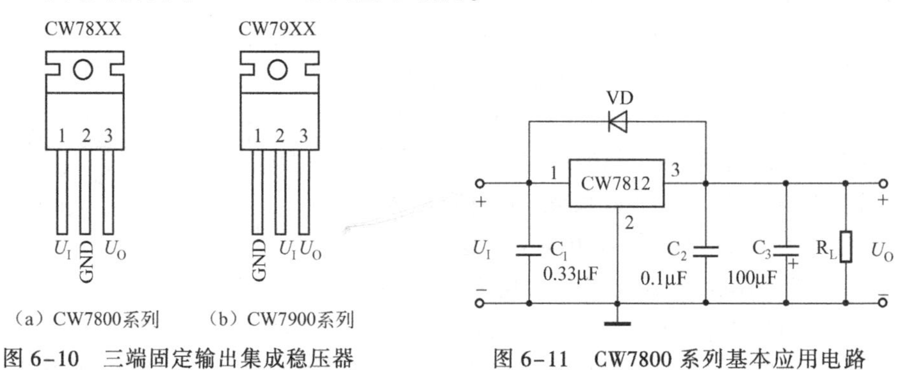

图 6-10　三端固定输出集成稳压器　　图 6-11　CW7800 系列基本应用电路

2. 提高输出电压的电路

电路如图 6-12 所示，图中 I_{Q} 为稳压器的静态工作电流，一般为 5mA，最大可达 8mA；

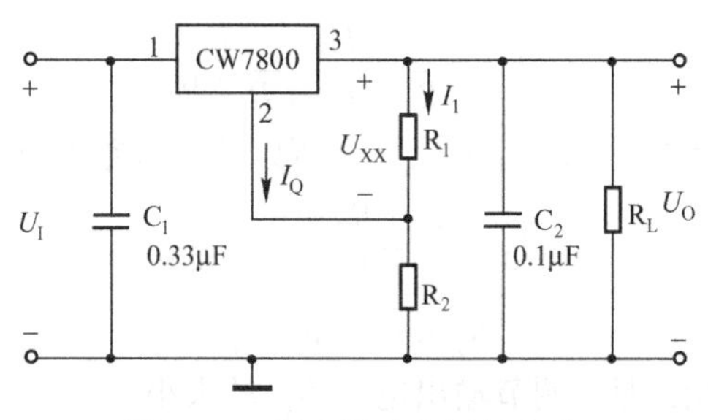

图 6-12　提高输出电压的电路

U_{XX}为稳压器的标准输出电压，要求 $I_1 = \dfrac{U_{\mathrm{XX}}}{R_1} \geqslant 5I_{\mathrm{Q}}$。整个稳压器的输出电压 U_{O} 由图 6-12 可得：

$$U_O = U_{XX} + (I_1 + I_Q)R_2 = U_{XX} + \left(\frac{U_{XX}}{R_1} + I_Q\right) = \left(1 + \frac{R_2}{R_1}\right)U_{XX} + I_Q R_2 \tag{6-12}$$

若忽略 I_Q 的影响，则：

$$U_O \approx \left(1 + \frac{R_2}{R_1}\right)U_{XX} \tag{6-13}$$

由此可见，提高 R_2 与 R_1 的比值，可提高 U_O。

3. 输出正、负电压的电路

如图6-13所示为用三端稳压器CW7815和CW7915组成的+15V、-15V双电压输出稳压电路。

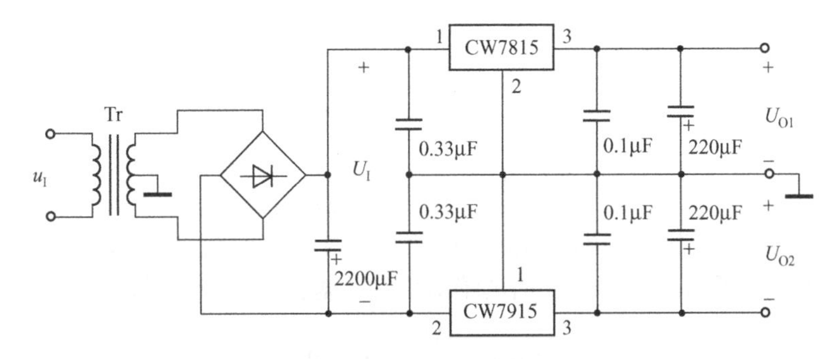

图6-13　正、负双电压同时输出的稳压电源

4　恒流源电路

集成稳压器输出端串入阻值合适的电阻，就可以构成输出恒定电流的电流源，如图6-14所示。图中，R_L 为输出负载电阻，电源输入电压 $U_I = 10V$，CW7805为金属封装，输出电压 $U_{23} = 5V$，因此由图6-14可求得向 R_L 输出电流 I_O 为：

$$I_O = \frac{U_{23}}{R} + I_Q \tag{6-14}$$

式中，I_Q 为稳压器的静态工作电流，由于受 U_I 及温度变化的影响，只有当 $U_{23}/R >> I_Q$ 时，输出电流 I_O 才比较稳定。由图6-14可知，显然 U_{23}/R 比 I_Q 大得多，故 $I_O \approx 0.5A$，受 I_Q 的影响小。

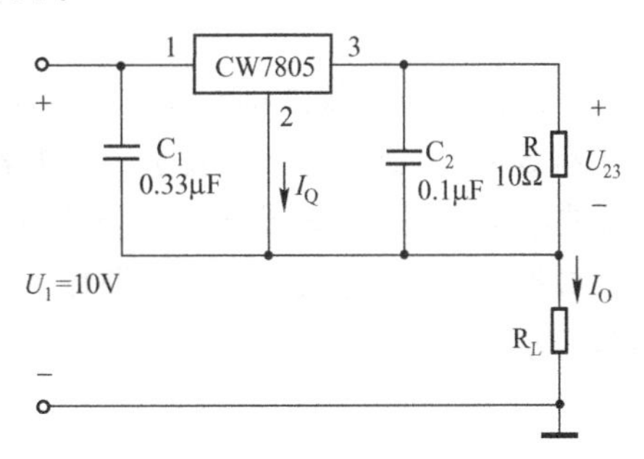

图6-14　恒流源电路

三、直流稳压电源的主要技术指标

稳压电源的技术指标分为两种：一种是特性指标，另一种是质量指标。

1. 特性指标

（1）输入电压及其变化范围。

（2）输出电压及输出电压调节范围。

（3）额定输出电流(电源正常工作时的最大输出电流)以及过流保护电流值。

2. 质量指标

（1）电压调整率S_U。负载电流I_O及温度T不变而输入电压U_I变化时，输出电压U_O的相对变化量$\Delta U_O/U_O$与输入电压变化量ΔU_I之比值，称为电压调整率S_U，即：

$$S_U = \frac{\Delta U_O/U_O}{\Delta U_I} \times 100\% \Bigg|_{\substack{\Delta I_O = 0 \\ \Delta T = 0}} \tag{6-15}$$

其单位为%/V。S_U越小，稳压性能越好。

稳压性能的好坏也常用稳压系数S_r来说明，它定义为：在负载电流I_O和温度T不变时，输出电压U_O和输入电压U_I的相对变化量之比，即：

$$S_r = \frac{\Delta U_O/U_O}{\Delta U_I/U_I} \Bigg|_{\substack{\Delta I_O = 0 \\ \Delta T = 0}} \tag{6-16}$$

（2）电流调整率S_I。当输入电压U_I及温度T不变时，输出电流I_O从零变到最大时，输出电压的相对变化量$\Delta U_O/U_O$，称为电流调整率S_I，即：

$$S_I = (\Delta U_O/U_O) \times 100\% \Bigg|_{\substack{\Delta I_O = \Delta I_{OM} \\ \Delta T = 0, \Delta U_I = 0}} \tag{6-17}$$

（3）输出电阻R$_O$。当输入电压和温度不变时，因R_L变化，导致负载电流变化了ΔI_O，相应的输出电压变化了ΔU_O，两者比值的绝对值称为输出电阻R$_O$，即：

$$R_O = -\frac{\Delta U_O}{\Delta I_O} \Bigg|_{\substack{\Delta U_I = 0 \\ \Delta T = 0}} \tag{6-18}$$

其单位为Ω。R_O的大小反映了电源带负载能力，其值越小，负载能力越强。一般$R_O < 1\Omega$。

（4）温度系数S_T。输入电压U_I和负载电流I_O不变时，温度变化所引起的输出电压相对变化量$\Delta U_O/U_O$与温度变化量ΔT之比，称为温度系数S_T，即：

$$S_T = -\frac{\Delta U_O/U_O}{\Delta T} \times 100\% \Bigg|_{\substack{\Delta U_O = 0 \\ \Delta I_O = 0}} \tag{6-19}$$

其单位为%/℃。

（5）纹波电压及纹波抑制比S_R。纹波电压是指叠加在直流输出电压U_O上的交流电压，通常用有效值U_O'或峰值U_{OP}表示。在电容滤波电路中，负载电流越大，纹波电压也越大，因此，纹波电压应在额定输出电流情况下测出。

纹波抑制比S_R定义为稳压电路输入纹波电压峰值U_{IP}与输出纹波电压峰值U_{OP}之比，并用对数表示，即：

$$S_R = 20\lg \frac{U_{IP}}{U_{OP}} (\text{dB}) \tag{6-20}$$

其单位为dB。S_R表示稳压器对其输入端引入的交流纹波电压的抑制能力。

能力训练

1. 串联型稳压电源由哪几部分组成？各组成部分的作用是什么？
2. 串联型稳压电路中的放大环节所放大的对象是(　　)。

A. 基准电压　　B. 取样电压　　C. 基准电压与取样电压之差

3. 在下列几种情况，可选用什么型号的三端集成稳压器？

(1) $U_O = +15V$，R_L 最小值为 20Ω；

(2) $U_O = +5V$，R_L 最小值为 20Ω；最大负载电流 $I_{OM} = 350mA$；

(3) $U_O = -12V$，输出电流范围 $I_O = 10 \sim 80mA$。

技能训练九：直流稳压电源安装与调试

1. 训练目的

(1) 理解直流稳压电源工作原理。

(2) 掌握选择电路元器件。

(3) 能调整直流稳压电源，会测试直流稳压电源主要技术指标。

2. 仪表仪器、工具

数字万用电表(或指针式万用电表)、交流毫伏表、自耦变压器(调压器)(0 ～ 250V，1000V · A)、负载电阻(0 ～ 510Ω，50W 滑动变阻器)、示波器。

3. 训练内容

训练用电路原理图如图 6-15 所示，训练步骤、内容及要求如表 6-1 所示。

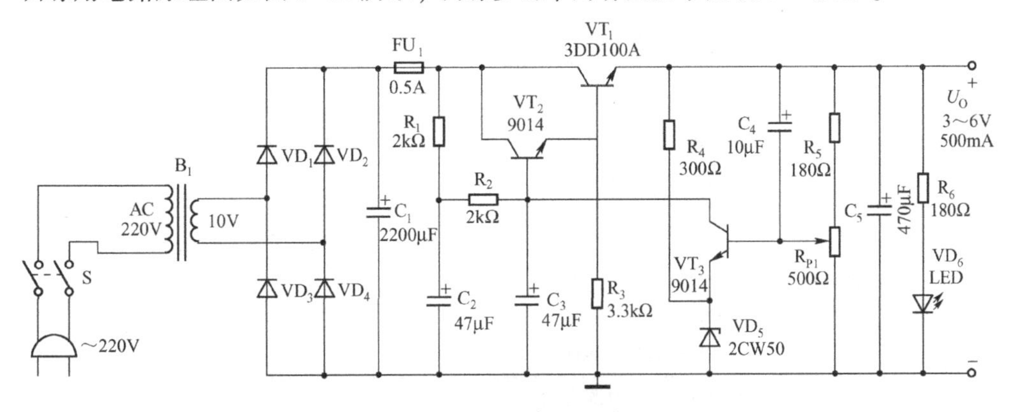

图 6-15　电路原理图

表 6-1　训练步骤、内容及要求

内容	技　能　点	训练步骤及内容	训 练 要 求
电路连接	1. 整流及滤波电路的正确连接	全桥电路连接	二极管极性正确
		滤波电路连接	电容极性正确
	2. 调整电路的正确连接	复合管连接	连接正确
		外围电路连接	电路正确
	3. 误差放大电路连接	基准、取样电路连接	连接正确
		放大电路连接	连接正确
	4. 负载电路连接	负载电路连接	连接正确
		指示电路连接	连接正确

续表

内容	技能点	训练步骤及内容	训练要求
电路调整	5. 整流滤波电路	通电测试 C_1 两端电压即 U_I	准确判断测试点
		判断电路是否正常工作	会判断正确与否
	6. 稳压电路	调整电位器 RP_1	缓慢调节
		测试 U_O 电压	会判断电路是否正常
指标测试	7. 稳压系数测试	模拟市电 220V，额定负载，测 U_I、U_O	操作规范，结论正确
		模拟市电 242V，额定负载，测 U_I、U_O	
		模拟市电 198V，额定负载，测 U_I、U_O	
	8. 输出电阻测试	接入负载，测 I_O、U_O	操作规范，结论正确
		断开负载，测 I_O、U_O	
	9. 纹波电压测试	示波器观察波形测 U_{OP}	操作规范，结论正确
		交流毫伏表测量器“有效值”U'_O	

自 评 表

序号	自评项目	自评标准	项目配分	项目得分	自评成绩
1	整流电路	单相半波整流电路工作原理	5 分		
		单相半波整流电路输出电压计算	3 分		
		单相全波整流电路工作原理	5 分		
		单相全波整流电路输出电压计算	2 分		
		整流二极管选择	5 分		
	滤波电路	滤波电路连接	5 分		
		整流滤波电路输出电压估算	5 分		
		滤波电容容量计算	5 分		
		滤波电容耐压估算	5 分		
2	串联型稳压电路	串联型稳压电源组成	5 分		
		串联型稳压电源工作原理	5 分		
		串联型稳压电源最大输出电压计算	5 分		
		串联型稳压电源最小输出电压计算	5 分		
	三端固定输出集成稳压器	三端固定输出集成稳压器的识别	5 分		
		三端固定输出集成稳压器的典型应用电路	10 分		
		三端固定输出集成稳压器的应用	5 分		
	稳压电源的主要技术指标	稳压系数概念及测试	10 分		
		输出电阻概念及测试	5 分		
		纹波电压概念及测试	5 分		
能力缺失					
弥补办法					

能 力 测 试

一、基本能力测试

(1) 在图 6-16 所示的桥式整流电路中，已知变压器二次电压有效值 $U_2=10\text{V}$，试问：

① 正常时，直流输出电压 U_O 等于多少？

② 如果二极管虚焊(相当于开路)，直流输出电压 U_O 等于多少？

③ 如果二极管 VD_1 接反，可能出现什么问题？

④ 如果 4 个二极管全部接反，可能出现什么问题？

(2) 如图 6-17 所示的桥式整流、电容滤波电路，$U_2=20\text{V}$(有效值)，$R_L=400\Omega$，$C=1000\mu\text{F}$，试问：

① 如果有一只二极管开路，U_O 等于多少？

② 如果测得 U_O 为下列数值，则可能出现了什么故障？

A. $U_O=18\text{V}$　　B. $U_O=28\text{V}$　　C. $U_O=9\text{V}$

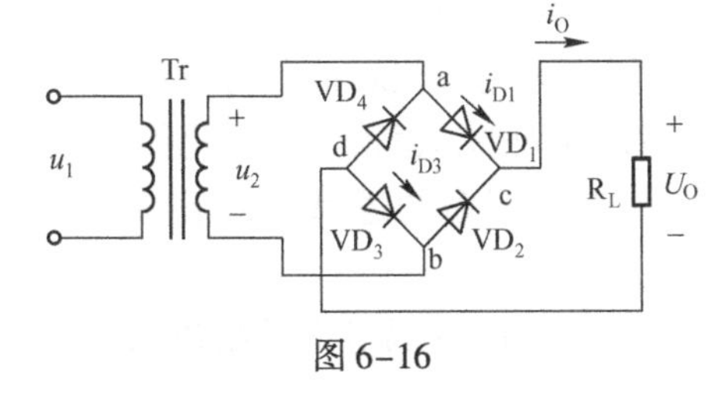

图 6-16

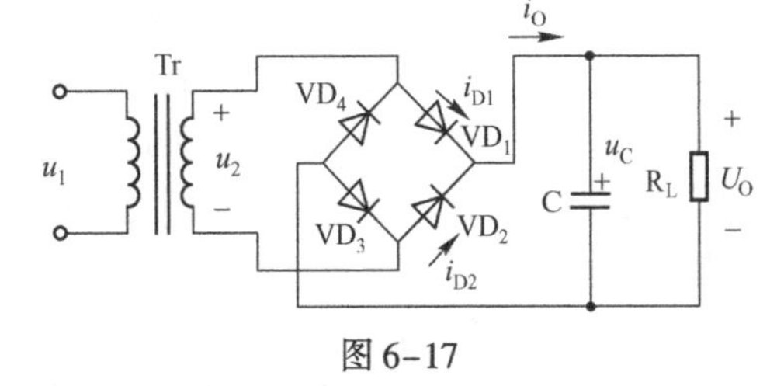

图 6-17

二、应用能力测试

(1) 桥式整流电路中，已知负载电阻 $R_L=20\Omega$，交流电频率为 50Hz，要求输出电压 $U_O=12\text{V}$，试求变压器次级电压有效值 U_2，并选择整流二极管和滤波电容。

(2) 电路如图 6-18 所示。

① 要求当 R_W 的滑动端在最下端时，$U_O=15\text{V}$，电位器 R_W 的阻值应为多少？

② 在第①小题选定的 R_W 值条件下，当 R_W 的滑动端在最上端时，U_O 等于多少？

③ 为了保证调整管很好地工作于放大状态，要求其管压降 U_{CE} 在任何情况下不低于 3V，则 U_I 应为多大？

④ 如果稳压管 VD_Z 的最小电流 $I_Z=5\text{mA}$，试确定电阻 R 的阻值。

(3) 图 6-19 所示电路，为了获得 $U_O=10\text{V}$ 的稳定输出电压，电阻 R_2 应为多少？假设三端集成稳压器的静态电流 I_Q 与 R_1、R_2 中的电流相比可以忽略。

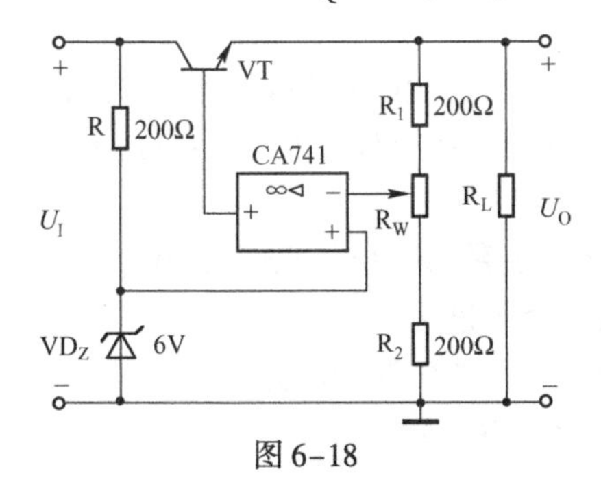

图 6-18

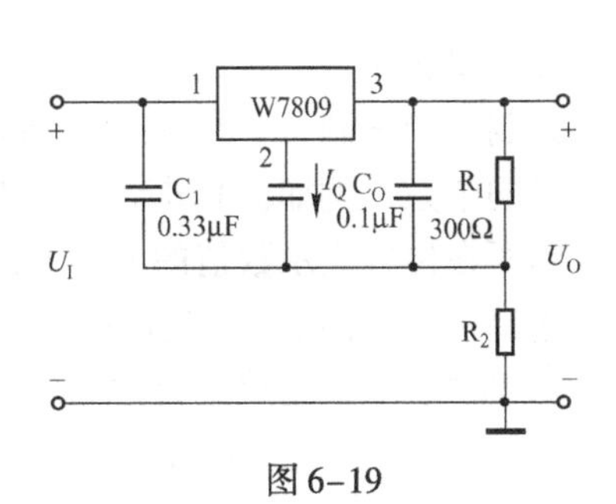

图 6-19

项目七

逻辑代数基础

项目描述：数字电路是用来传输和处理数字信号的电路，广泛应用于数字通信、计算机、数字电视机、自动控制、智能仪器仪表及航空航天等技术领域，并将日益深入到人们日常生活中。

数字电路的研究内容可分为逻辑分析和逻辑设计两类问题，数字电路的逻辑分析和逻辑设计的基本数学工具是逻辑代数，利用逻辑代数，可以把实际逻辑问题抽象为逻辑函数来描述，并且可以用逻辑运算的方法解决逻辑电路的分析和设计问题，逻辑函数的化简是数字电路分析和设计的基础，因此，作为相关行业的从业人员，掌握必备的逻辑代数基础知识和基本技能显得十分重要。

项目任务：学会数的表示和数制间的相互转换，能用8421BCD码对十进制数编码；学会逻辑函数的表示方法以及逻辑函数的化简技能。

学习内容：数制与编码、逻辑代数基本定律、逻辑函数的表示、逻辑函数的化简。

任务二十八：数制与编码

能力目标

(1) 会数的表示和数制间的相互转换。

(2) 能用8421BCD码对十进制数编码。

一、数制

数制就是计数的方法，它是进位计数制的简称，即按进位的原则进行计数。在实际应用中，常用的数制有十进制、二进制、八进制和十六进制。数制有三个要素：基、权、进制。

基：数码的个数。例如，十进制数的基为10。

权：数码所在位置表示数值的大小。例如，十进制数每一位的权值为10^n。

进制：逢基进一。例如，十进制(Decimal)数是逢十进一。

在日常生活中，十进制数最为常见。以1999为例，按位展开后为：

$$1999 = 1 \times 10^3 + 9 \times 10^2 + 9 \times 10^1 + 9 \times 10^0$$

其中，1、9、9、9 称为数码，10^3、10^2、10^1、10^0分别为十进制数各位的权值，将每位数码与其对应的权值乘积称为加权系数。可见，十进制数的数值即为各位加权系数之和。

1. 二进制数

在数字电路和数字系统中，广泛采用二进制数。二进制数基数是 2，它仅有 0、1 两个数码，各位数的位权为基数 2 的幂。在计数时低位和相邻高位之间的进位关系是“逢二进一”，借位关系是“借一当二”。在表示时，二进制数后面加上字母 B。例如，4 位二进制数 1101 可以展开表示为：

$$1101B = 1 \times 2^3 + 1 \times 2^2 + 0 \times 2^1 + 1 \times 2^0$$

可以看出，二进制数每一位的权值分别是 2^3、2^2、2^1、2^0。

2. 八进制数

八进制数的基数是 8，它有 0 ～ 7 八个数码，计数规则是“逢八进一”、“借一当八”，各位的位权为基数 8 的幂。在表示时，八进制数后面加上字母 O。例如，八进制数 357 可以展开表示为：

$$357O = 3 \times 8^2 + 5 \times 8^1 + 7 \times 8^0$$

3. 十六进制数

十六进制数的基数是 16，它有 0 ～ 9、A、B、C、D、E、F 十六个数码，计数规则是“逢十六进一”、“借一当十六”，各位的位权为基数 16 的幂。在表示时，十六进制数后面加上字母 H。例如，十六进制数 2FC 可以展开表示为：

$$2FCH = 2 \times 16^2 + 15 \times 16^1 + 12 \times 16^0$$

二、数制转换

数字系统和计算机中原始数据经常用八进制或十六进制书写，而在数字系统和计算机内部，数则是用二进制表示的，这样往往会遇到不同数制之间的转换。

1. 任意进制数转换成十进制数

任意进制数转换成十进制数的方法：按位权展开求和即得。例如：

$$1101B = 1 \times 2^3 + 1 \times 2^2 + 0 \times 2^1 + 1 \times 2^0 = 13$$

$$357O = 3 \times 8^2 + 5 \times 8^1 + 7 \times 8^0 = 239$$

$$2FCH = 2 \times 16^2 + 15 \times 16^1 + 12 \times 16^0 = 764$$

2. 十进制数转换为二进制数

十进制整数转换为二进制数的方法：采用“除 2 取余法”，即将十进制数连续除以基数 2，依次取余数，直到商为 0 为止。第一个余数为二进制数的最低位，最后一个余数为最高位。

［例 7-1］　求出十进制数 25 的二进制数。

解：将 25 连续除以 2，直到商为 0。相应竖式为

2 | 25 …… 余数1　最低位
2 | 12 …… 余数0
2 | 6 …… 余数0
2 | 3 …… 余数1
2 | 1 …… 余数1　最高位
　　0

把所得余数按箭头方向从高到低排列起来便可得到，25 = 11001B。

3. 二进制数和八进制数的转换

（1）二进制数转换为八进制数。采用“三位合一位”的方法，即将二进制整数从最低位开始，依次向高位划分，每3位为一组(不够3位时，高位用0补齐3位)，然后把每组3位二进制数用相应的一位八进制数表示。

［例7-2］　将二进制数10111101转换为八进制数。

解：将二进制数三个一组划分，然后写为八进制数即可。不足3位，则高位补0。

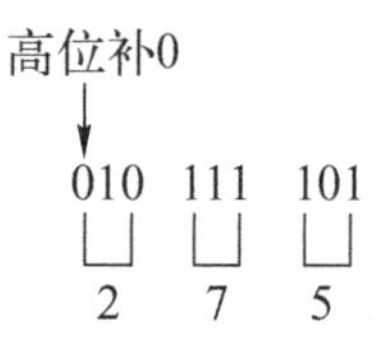

所以，相应的八进制数为275O。

（2）八进制数转换为二进制数。采用“一位分三位”的方法，即将每位八进制数化为3位二进制数。

［例7-3］　将八进制数526转换为一个二进制数。

解：将八进制数526的每一位转换为相应的三位二进制数。

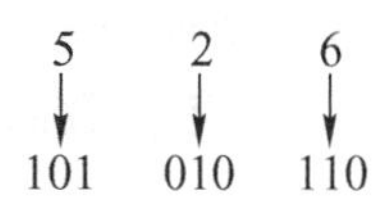

所以，526O = 101 010 110B。

4. 二进制数和十六进制数的转换

（1）二进制数转换成十六进制数。采用“四位合一位”的方法，即将二进制整数从最低位开始，依次向高位划分，每4位为一组(不够4位时，高位用0补齐4位)，然后把每组4位二进制数用相应的一位十六进制数表示。

［例7-4］　将二进制数11110011010转换为十六进制数。

解：将二进制数4个一组划分，然后写为十六进制数即可。不足4位，则高位补0。

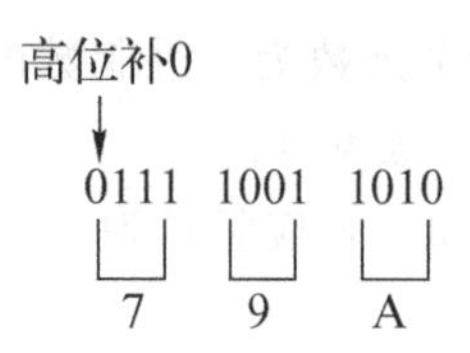

所以，相应的十六进制数为 79AH。

(2) 十六进制数转换为二进制数。采用“一位分四位”的方法，即将每位十六进制数化为 4 位二进制数。

[例 7-5]　将十六进制数 D3F5 转换成二进制数。

解：将十六进制数 D3F5 的每一位转化为相应的四位二进制数。

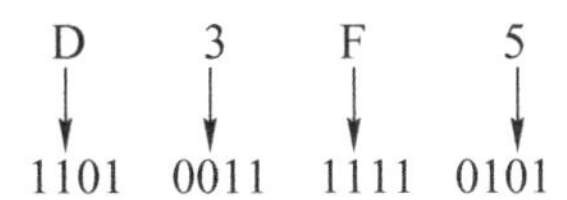

所以，D3F5H = 1101 0011 1111 0101B。

三、编码

在数字系统中，二进制代码不仅可以表示数值的大小，而且也可以用来表示某些特定含义的信息。把用二进制代码表示某些特定含义信息的方法称为编码。

十进制数码(0 ～ 9)是不能在数字电路中运行的，必须将其转换为二进制码。用 4 位二进制码表示一位十进制数码的编码方法称为二—十进制码，又称为 BCD(Binary Coded Decimal)码。常用 BCD 码的几种编码方式如表 7-1 所示。

表 7-1　常用 BCD 码的几种编码方式

十进制数	有权码				无权码		
	8421 码	5421 码	2421(A)码	2421(B)码	余 3 码	余 3 循环码	格雷码
0	0000	0000	0000	0000	0011	0010	0000
1	0001	0001	0001	0001	0100	0110	0001
2	0010	0010	0010	0010	0101	0111	0011
3	0011	0011	0011	0011	0110	0101	0010
4	0100	0100	0100	0100	0111	0100	0110
5	0101	1000	0101	1011	1000	1100	0111
6	0110	1001	0110	1100	1001	1101	0101
7	0111	1010	0111	1101	1010	1111	0100
8	1000	1011	1110	1110	1011	1110	1100
9	1001	1100	1111	1111	1100	1010	1101

8421BCD 码是一种最基本的 BCD 码，应用较为普遍，它取 4 位二进制数的前十种组合即 0000 ～ 1001 分别表示十进制数 0 ～ 9，由于 4 位二进制数从高位到低位的位权分别为 8、4、2、1，故称 8421BCD 码，这种编码每一位的位权是固定不变的，属于有权码。

[例 7-6]　将一个 3 位十进制数 473 用 8421BCD 码表示。

解：将十进制数 473 每一位用 8421BCD 码表示即可。

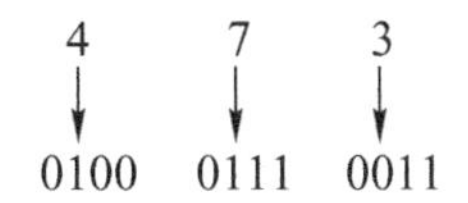

所以，473 = $(0100\ 0111\ 0011)_{8421BCD}$。

[例7-7]　将$(100001010001)_{8421BCD}$转换成十进制数。

解：

$$\begin{array}{ccc} 1000 & 0101 & 0001 \\ \downarrow & \downarrow & \downarrow \\ 8 & 5 & 1 \end{array}$$

所以，$(100001010001)_{8421BCD} = 851$。

在数字系统中，为了防止代码在传送过程中产生错误，还有其他一些编码方法，如奇偶校验码、汉明码等。国际上还有一些专门处理字母、数字和字符的二进制代码，如ISO码、ASCII码等，读者可参阅有关书籍。

能力训练

(1) 将数11011B、57O和3F5H转换成十进制数。

(2) 完成下列数制转换：

① 69 = (　　)B = (　　)O = (　　)H；

② 317O = (　　)B = (　　)H；

③ 3BDH = (　　)B = (　　)O。

(3) 完成下列十进制数与8421BCD码的转换。

① 296 = $(\quad)_{8421BCD}$。

② $(1011101011000)_{8421BCD}$ = (　　)。

任务二十九：逻辑代数及其应用

能力目标

(1) 会用真值表、函数式和逻辑图表示逻辑函数。

(2) 能用代数法化简逻辑函数。

逻辑代数是英国数学家乔治·布尔创立的，又称布尔代数。它是一种描述客观事物逻辑关系的数学方法，是分析和设计数字电路的基础和数学工具。

逻辑代数中的变量称为逻辑变量，用字母A，B，C，…表示。逻辑变量只有两种取值0和1，0和1并不表示数值的大小，而是表示两种不同的逻辑状态。例如，用1和0表示是和非、真和假、高和低、有和无、开和关等。因此，逻辑代数所表示的是逻辑运算关系，不是数量关系。

一、逻辑运算

1. 基本逻辑运算

基本逻辑运算有三种：与逻辑运算、或逻辑运算和非逻辑运算。

(1) 与逻辑运算。只有当决定一事件的所有条件都全部具备时，这一事件才会发生，这种逻辑关系称为与逻辑运算关系，简称与逻辑。用来描述与逻辑关系的电路图如图 7-1 所示，图中，A、B 是两个串联的开关，Y 是灯。显然，只有当两个开关 A 和 B 都闭合时，灯 Y 才会亮，所以 Y 与 A、B 之间满足与逻辑关系。设定逻辑变量：将 A、B 称为输入逻辑变量，Y 称为输出逻辑变量。与逻辑表达式为：

$$Y=A\cdot B(\text{其中“}\cdot\text{”可省略}) \tag{7-1}$$

式(7-1)中符号“·”表示与逻辑运算，又称逻辑乘。实现与逻辑的电路称为与门，与逻辑和与门的逻辑符号如图 7-2 所示，符号“&”表示与逻辑运算。

进行变量赋值：开关和灯的状态可用 0 和 1 来表示，设开关闭合为 1，断开为 0；灯亮为 1，灭为 0，由此可列出描述输出逻辑变量和输入逻辑变量之间关系的表格，称为真值表。与逻辑真值表如表 7-2 所示，由真值表可见，与逻辑的运算规则口诀为：“有 0 出 0，全 1 出 1”。

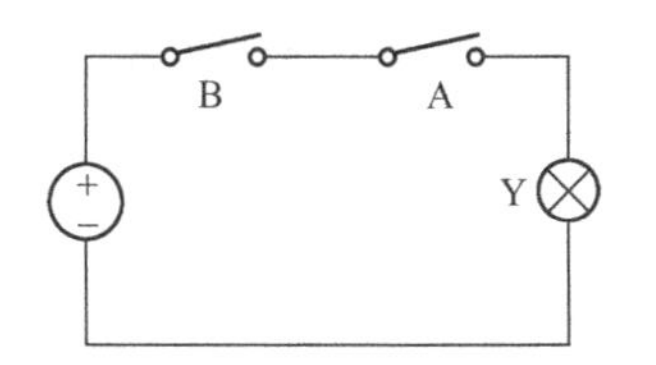

图 7-1　与逻辑关系电路

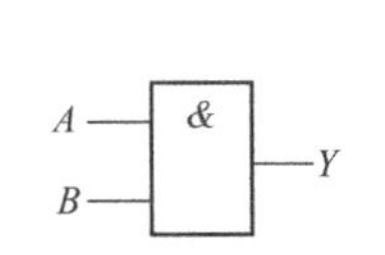

图 7-2　与逻辑符号

表 7-2　与逻辑真值表

A	B	Y
0	0	0
0	1	0
1	0	0
1	1	1

(2) 或逻辑运算。在决定一事件的各个条件中，只要有一个或一个以上条件具备时，事件才会发生，这种逻辑关系称为或逻辑运算关系，简称或逻辑。用来描述或逻辑关系的电路图如图 7-3 所示，图中，A、B 是两个并联的开关，Y 是灯。显然，只要开关 A 或 B 任一闭合，灯 Y 就会亮，所以 Y 与 A、B 之间满足或逻辑关系。设定逻辑变量：A、B 为输入逻辑变量，Y 为输出逻辑变量。或逻辑表达式为：

$$Y=A+B \tag{7-2}$$

式(7-2)中符号“+”表示或逻辑运算，又称逻辑加。实现或逻辑的电路称为或门，或逻辑和或门的逻辑符号如图 7-4 所示，符号“≥1”表示或逻辑运算。

进行变量赋值：开关和灯的状态可用 0 和 1 来表示，设开关闭合为 1，断开为 0；灯亮为 1，灭为 0。表 7-3 所示为或逻辑真值表，或逻辑的运算规则口诀为：“有 1 出 1，全 0 出 0”。

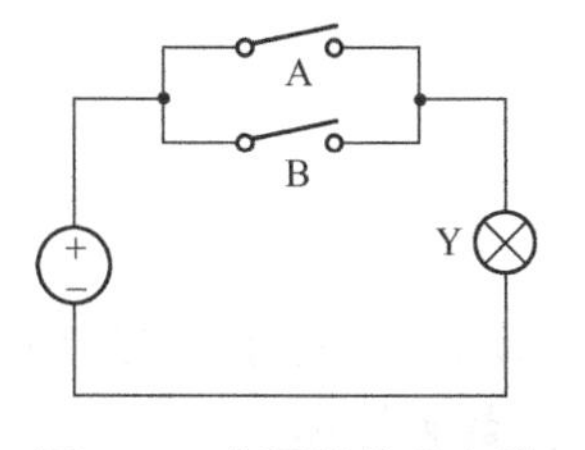

图 7-3　或逻辑关系电路

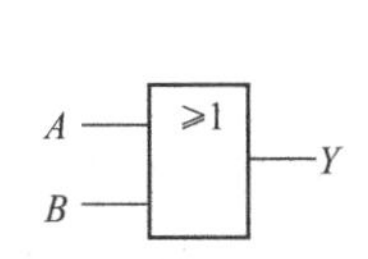

图 7-4　或逻辑符号

表 7-3　或逻辑真值表

A	B	Y
0	0	0
0	1	1
1	0	1
1	1	1

(3) 非逻辑运算。决定一事件的条件具备，事件不会发生，条件不具备，事件反而发生，这种逻辑关系称为非逻辑运算关系，简称非逻辑。用来描述非逻辑关系的电路图如图 7-5 所示。显然，如果开关 A 闭合，灯 Y 不会亮，而开关 A 断开，灯 Y 就亮，所以 Y 与 A 之间满足非逻辑关系。非逻辑表达式为：

$$Y=\overline{A} \tag{7-3}$$

式(7-3)中符号“ - ”表示非逻辑运算，也称逻辑非、逻辑反。实现非逻辑的电路称为非门或反相器，非逻辑和非门的逻辑符号如图 7-6 所示，符号中用小圆圈“∘”表示非，符号中“1”表示缓冲。表 7-4 所示为非逻辑真值表，非逻辑的运算规则口诀为：“0 变 1，1 变 0”。

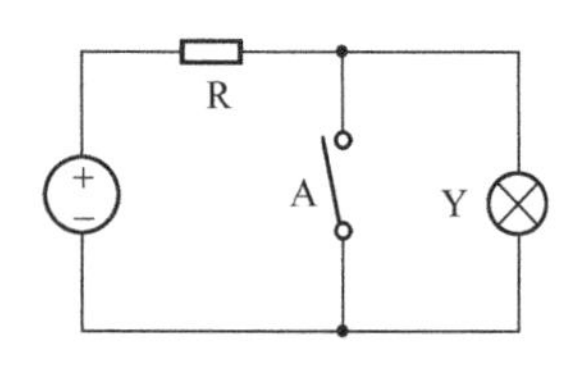

图 7-5　非逻辑关系电路

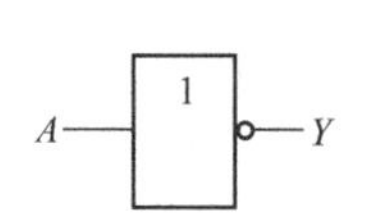

图 7-6　非逻辑符号

表 7-4　非逻辑真值表

A	Y
0	1
1	0

2. 组合逻辑运算

在实际问题中，事件的逻辑关系往往比单一的与、或、非要复杂得多，而任何复杂的逻辑关系都可用与、或、非三种基本逻辑关系组合而成。表 7-5 列出了几种常用的组合逻辑运算的逻辑表达式、逻辑符号和真值表，便于比较和应用。

表 7-5　常用的组合逻辑运算

逻辑运算	与非逻辑			或非逻辑			异或逻辑			同或逻辑			与或非逻辑
逻辑表达式	$Y=\overline{AB}$			$Y=\overline{A+B}$			$Y=A\oplus B$ $=A\overline{B}+\overline{A}B$			$Y=A\odot B$ $=AB+\overline{A}\,\overline{B}$			$Y=\overline{AB+CD}$
逻辑符号	A, B —[&]∘— Y			A, B —[≥1]∘— Y			A, B —[=1]— Y			A, B —[=1]∘— Y			A, B, C, D —[& / ≥1]∘— Y
真值表	A	B	Y	A	B	Y	A	B	Y	A	B	Y	
	0	0	1	0	0	1	0	0	0	0	0	1	
	0	1	1	0	1	0	0	1	1	0	1	0	
	1	0	1	1	0	0	1	0	1	1	0	0	
	1	1	0	1	1	0	1	1	0	1	1	1	

二、逻辑函数的表示

1. 逻辑函数

对于任何一个逻辑问题，如果把引起事件的条件作为输入逻辑变量，把事件的结果作为输出逻辑变量，则该问题的因果关系是一种函数关系，可用逻辑函数来描述。

一般地，若输入变量 A，B，C，…的取值确定后，输出变量 Y 的值也被唯一确定，则称 Y 是 A，B，C，…的逻辑函数，记做：$Y=F(A,B,C,\cdots)$。

2. 逻辑函数的表示

同一个逻辑函数可以用逻辑真值表(简称真值表)、逻辑函数式和逻辑图等方法来表示。

下面举一个实例来说明逻辑函数的建立过程及其表示方法。

图 7-7 所示为楼道照明的开关电路，两个单刀双掷开关 A、B 分别安装在楼上和楼下。上楼时先在楼下开灯，上楼后再关灯；下楼先在楼上开灯，下楼后再关灯。设用输入变量 A、B 分别表示开关 A、B 的工作状态，用 0 表示开关下拨，1 表示开关上拨；用输出变量 Y 表示灯 Y 的状态，以 0 表示灯灭，1 表示灯亮，则灯 Y 是开关 A、B 的逻辑函数，即 $Y=F(A,B)$。

(1) 逻辑真值表。真值表是将输入变量所有取值组合和相应的输出函数值排列而成的表格。

真值表由两部分组成：左边一栏列出输入变量的所有取值组合。n 个输入变量共有 2^n 种不同变量取值，一般按二进制数递增的顺序列出。右边一栏列出相应的函数值。

真值表表示逻辑函数，能直观、明了地反映变量取值和逻辑函数值之间的关系。把一个实际逻辑问题抽象成数学问题时，使用真值表最方便。图 7-7 的真值表如表 7-6 所示。

(2) 逻辑函数式。逻辑函数式是用与、或、非等运算表示输出函数与输入变量之间逻辑关系的代数式。

逻辑函数式书写简洁、方便，便于利用逻辑代数的公式和定律进行运算和变换。

由真值表求逻辑函数式的方法：将每一组使输出函数值为 1 的输入变量写成一个与项。在这些与项中，取值为 1 的变量，则该因子写成原变量，取值为 0 的变量，则该因子写成反变量，将这些与项相加，就得到逻辑函数式。由真值表 7-6 求得逻辑函数式为：

$$Y = AB + \overline{A}\,\overline{B} \tag{7-4}$$

(3) 逻辑图。逻辑图是用逻辑符号表示逻辑函数中各变量之间的逻辑关系的电路图。

逻辑图中的逻辑符号与实际的电路器件有着明显的对应关系，所以逻辑图比较接近工程实际。

将函数式(7-4)中的各逻辑运算用相应的逻辑符号代替，即可得到图 7-8 所示的逻辑图。

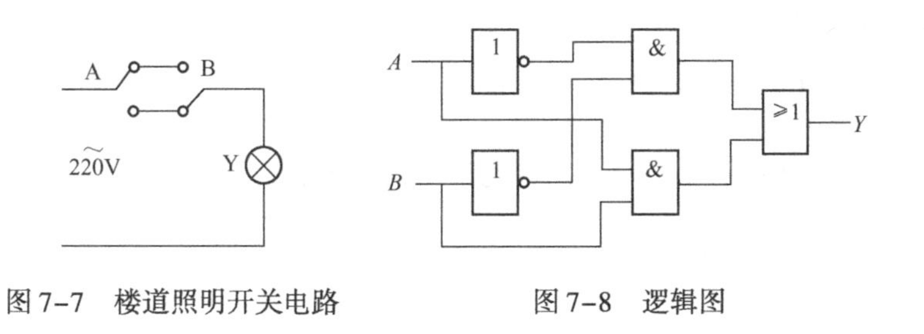

图 7-7　楼道照明开关电路　　图 7-8　逻辑图

表 7-6　图 7-7 真值表

A	B	Y
0	0	1
0	1	0
1	0	0
1	1	1

三、逻辑函数的代数法化简

1. 逻辑代数的基本定律

逻辑代数的基本定律是化简和变换逻辑函数，以及分析和设计逻辑电路的基本工具。常用的基本定律如表 7-7 所示。

表 7-7　逻辑代数常用的基本定律

0－1律	$0\cdot0=0$ $0\cdot1=0$ $1\cdot1=1$	$0+0=0$ $0+1=1$ $1+1=1$	$\overline{0}=1$ $\overline{1}=0$
	$0\cdot A=0$ $1\cdot A=A$	$0+A=A$ $1+A=1$	
重叠律	$A\cdot A=A$	$A+A=A$	
互补律	$A\cdot\overline{A}=0$	$A+\overline{A}=1$	
还原律	$\overline{\overline{A}}=A$		
交换律	$A\cdot B=B\cdot A$	$A+B=B+A$	
结合律	$A\cdot(B\cdot C)=(A\cdot B)\cdot C$	$A+(B+C)=(A+B)+C$	
分配律	$A(B+C)=AB+AC$	$A+BC=(A+B)(A+C)$	
反演律（摩根定律）	$\overline{AB}=\overline{A}+\overline{B}$	$\overline{A+B}=\overline{A}\cdot\overline{B}$	
吸收律	$A+AB=A$ $AB+\overline{A}C+BC=AB+\overline{A}C$	$AB+A\overline{B}=A$ $AB+\overline{A}C+BCD=AB+\overline{A}C$	$A+\overline{A}B=A+B$

表中所列的基本定律可以证明。例如，证明吸收律：$AB+\overline{A}C+BC=AB+\overline{A}C$。

证明：
$$\begin{aligned}AB+\overline{A}C+BC&=AB+\overline{A}C+BC(A+\overline{A})\\&=AB+\overline{A}C+ABC+\overline{A}BC\\&=AB(1+C)+\overline{A}C(1+B)\\&=AB+\overline{A}C\end{aligned}$$

2. 逻辑函数的代数法化简

（1）最简逻辑函数式。同一逻辑函数逻辑功能确定，但其表达式并不是唯一的。逻辑函数表达式主要有5种形式，例如：

$$\begin{aligned}Y&=AB+\overline{A}C&&\text{（与或式）}\\&=(A+C)(\overline{A}+B)&&\text{（或与式）}\\&=\overline{\overline{AB}\cdot\overline{\overline{A}C}}&&\text{（与非—与非式）}\\&=\overline{\overline{A+C}+\overline{\overline{A}+B}}&&\text{（或非—或非式）}\\&=\overline{\overline{A}\,\overline{B}+A\,\overline{C}}&&\text{（与或非式）}\end{aligned}$$

逻辑表达式越简单，实现的逻辑电路也越简单，从而可以节约器件，降低成本，提高系统的工作速度和可靠性。因此，在设计逻辑电路时，化简逻辑函数是必要的。

与或表达式容易实现与其他形式的表达式相互变换，所以一般将逻辑函数化简成最简与或式。最简与或式的标准：一是与项个数最少；二是每个与项中的变量数最少。这样才能保证逻辑电路中所需门电路的个数以及门电路输入端的个数为最少。

（2）逻辑函数代数法化简。逻辑函数代数法化简就是利用逻辑代数基本定律和公式对逻辑函数进行化简，又称公式化简法。常用的化简方法有并项法、吸收法、消去法和配项法。

① 并项法。利用公式 $AB + A\overline{B} = A$，将两项合并成一项，并消去一个变量。

［例 7-8］　化简逻辑函数 $Y = ABC + \overline{AB} + C + BD$

解：$Y = ABC + \overline{AB}C + BD = C + BD$

② 吸收法。利用公式 $A + AB = A$ 和 $AB + \overline{A}C + BC = AB + \overline{A}C$ 吸收多余项。

［例 7-9］　化简逻辑函数 $Y = \overline{AB} + \overline{A}D + \overline{B}E$

解：$Y = \overline{AB} + \overline{A}D + \overline{B}E = \overline{A} + \overline{B} + \overline{A}D + \overline{B}E = \overline{A} + \overline{B}$

［例 7-10］　化简逻辑函数 $Y = ABC + \overline{A}D + \overline{C}D + BD$

解：
$$\begin{aligned} Y &= ABC + \overline{A}D + \overline{C}D + BD \\ &= ABC + (\overline{A} + \overline{C})D + BD \\ &= ABC + (\overline{AC})D + BD \\ &= ABC + (\overline{AC})D \\ &= ABC + \overline{A}D + \overline{C}D \end{aligned}$$

③ 消去法。利用公式 $A + \overline{A}B = A + B$ 消去多余因子 $\overline{A}$。

［例 7-11］　化简逻辑函数 $Y = AB + \overline{A}C + \overline{B}C$

解：
$$\begin{aligned} Y &= AB + \overline{A}C + \overline{B}C \\ &= AB + (\overline{A} + \overline{B})C \\ &= AB + (\overline{AB})C \\ &= AB + C \end{aligned}$$

④ 配项法。利用公式 $A + A = A$ 重复写入某一项 A 或利用公式 $A + \overline{A} = 1$ 将某一项乘以$(A + \overline{A})$。

［例 7-12］　化简逻辑函数 $Y = \overline{A}B\overline{C} + ABC + \overline{A}BC$

解：
$$\begin{aligned} Y &= \overline{A}B\overline{C} + ABC + \overline{A}BC \\ &= \overline{A}B\overline{C} + ABC + \overline{A}BC + \overline{A}BC \\ &= (\overline{A}B\overline{C} + \overline{A}BC) + (ABC + \overline{A}BC) \\ &= \overline{A}B + BC \end{aligned}$$

［例 7-13］　化简逻辑函数 $Y = A\overline{B} + B\overline{C} + \overline{B}C + \overline{A}B$

解：
$$\begin{aligned} Y &= A\overline{B} + B\overline{C} + \overline{B}C + \overline{A}B \\ &= A\overline{B} + B\overline{C} + \overline{B}C(A + \overline{A}) + \overline{A}B(C + \overline{C}) \\ &= A\overline{B} + B\overline{C} + A\overline{B}C + \overline{A}\,\overline{B}C + \overline{A}BC + \overline{A}B\overline{C} \\ &= A\overline{B}(1 + C) + B\overline{C}(1 + \overline{A}) + \overline{A}C(B + \overline{B}) \\ &= A\overline{B} + B\overline{C} + \overline{A}C \end{aligned}$$

在实际化简逻辑函数时，往往需要综合利用上述几种方法，才能得到最简结果。

［例 7-14］ 化简逻辑函数 $Y=AC+\overline{A}D+\overline{B}D+B\overline{C}$

解：$Y=AC+\overline{A}D+\overline{B}D+B\overline{C}$

$=AC+B\overline{C}+(\overline{A}+\overline{B})D$

$=AC+B\overline{C}+(\overline{AB})D$

$=AC+B\overline{C}+AB+(\overline{AB})D$

$=AC+B\overline{C}+AB+D$

$=AC+B\overline{C}+D$

能力训练

（1）根据文字描述建立逻辑函数真值表，写出逻辑函数式。

设有一个三变量逻辑函数 $Y(A,B,C)$，当变量组合取值完全一致时，输出为 1，否则输出为 0。

（2）写出图 7-9 中逻辑电路的输出逻辑函数式。

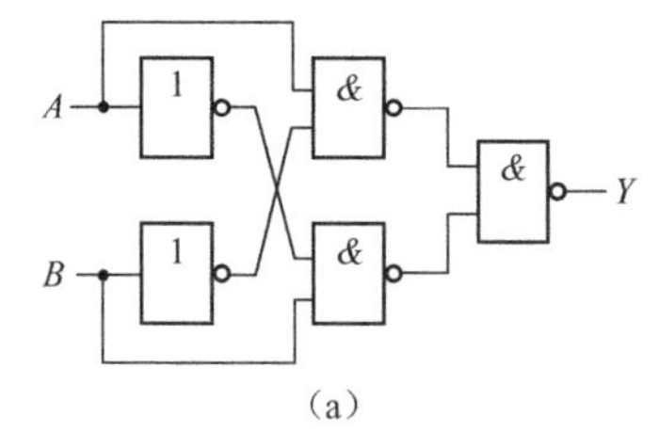

(a)

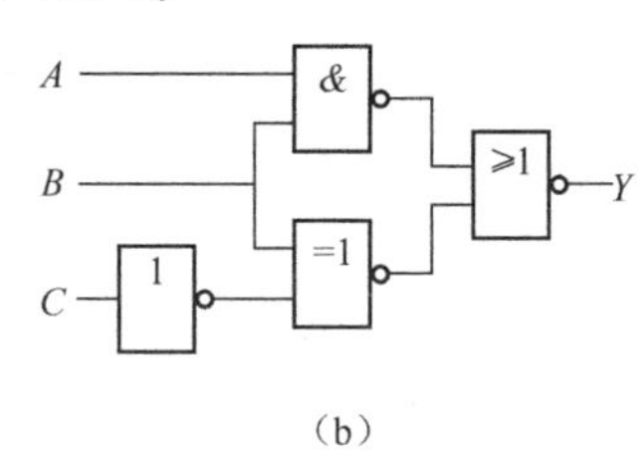

(b)

图 7-9

（3）将逻辑函数 $Y=AB+BC+AC$ 化为与非—与非式，并画出逻辑图。

（4）利用逻辑代数基本定律和公式证明下列等式。

① $A\oplus 1=\overline{A}$；

② $AB+\overline{A}C+\overline{B}C=AB+C$；

③ $A\overline{B}+BD+\overline{A}D+DC=A\overline{B}+D$；

④ $\overline{A}\,\overline{C}+\overline{A}\,\overline{B}+BC+\overline{A}\,\overline{C}\,\overline{D}=\overline{A}+BC$。

（5）利用代数法将下列逻辑函数化简成最简与或式。

① $Y=\overline{A}\,\overline{B}+AC+\overline{B}C$；

② $Y=A+B+C+D+\overline{A}\,\overline{B}\,\overline{C}\,\overline{D}$；

③ $Y=A\overline{B}+B+\overline{A}B$；

④ $Y=A+ABC+A\overline{B}\,\overline{C}+BC+\overline{B}C$。

任务三十：卡诺图及其应用

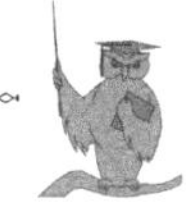

能力目标

（1）会用卡诺图表示逻辑函数。

（2）能用卡诺图法化简逻辑函数。

代数法化简逻辑函数的优点是适合任何复杂的逻辑函数化简，且对逻辑函数的变量数无限制。它的缺点是要求灵活运用逻辑代数基本定律，化简时需要一定的化简技巧，而且不易判断化简结果是否最简单、最合理。卡诺图法化简简单、直观，当变量数较少时，化简逻辑函数十分方便。

一、逻辑函数的最小项表达式

1. 最小项的定义

在逻辑函数中，如果一个乘积项包含了逻辑函数的所有变量，且每个变量在该乘积项中仅以原变量或以反变量的形式出现一次，则该乘积项称为该逻辑函数的一个最小项。

例如，两变量逻辑函数 $Y=F(A,B)$ 有 4 个最小项：$\overline{A}\,\overline{B}$、$\overline{A}B$、$A\overline{B}$、$AB$。

三变量逻辑函数 $Y=F(A,B,C)$ 有 8 个最小项如表 7-8 所示。通常，一个 n 变量的逻辑函数，共有 2^n 个最小项。

表 7-8　三变量最小项及其编号

A	B	C	最小项	编号	A	B	C	最小项	编号
0	0	0	$\overline{A}\,\overline{B}\,\overline{C}$	m_0	1	0	0	$A\overline{B}\,\overline{C}$	m_4
0	0	1	$\overline{A}\,\overline{B}C$	m_1	1	0	1	$A\overline{B}C$	m_5
0	1	0	$\overline{A}B\overline{C}$	m_2	1	1	0	$AB\overline{C}$	m_6
0	1	1	$\overline{A}BC$	m_3	1	1	1	ABC	m_7

2. 最小项的编号

为了叙述和书写方便，通常对最小项加以编号。编号方法是：将最小项中的原变量用 1 表示，反变量用 0 表示，得到的二进制数所对应的十进制数，就是该最小项的编号，记为 m_i，其中下标 i 即为最小项的编号。

例如，三变量 A、B、C 的最小项 $\overline{A}BC$，其变量取值为 011，对应的十进制数为 3，所以把 $\overline{A}BC$ 记为 m_3。三变量最小项编号如表 7-8 所示。

3. 最小项表达式

若一个逻辑函数与或式中所有的乘积项均为最小项，则该与或式称为逻辑函数的最小项表达式，又称标准与或式。任何一个逻辑函数均可表示为唯一的最小项表达式。

［例7-15］　将逻辑函数 $Y(A,B,C)=AB+BC$ 展开成为最小项表达式。

解：$Y(A,B,C)=AB+BC$

$$=AB(C+\overline{C})+BC(A+\overline{A})$$

$$=ABC+AB\overline{C}+\overline{A}BC$$

或者 $Y(A,B,C)=m_3+m_6+m_7=\sum m(3,6,7)$。

二、逻辑函数的卡诺图表示

1. 卡诺图及其画法

卡诺图就是按照相邻性规则排列而成的最小项方格图。它是由美国工程师卡诺首先提出的，最小项是组成卡诺图的基本单元，卡诺图中每个小方格对应一个最小项。

卡诺图排列规则是：n 变量的卡诺图有 2^n 个小方格；卡诺图中变量取值的排列符合相邻性原则，即逻辑相邻的最小项也呈几何相邻。

逻辑相邻是指如果两个最小项中只有一个变量不同，其余变量都相同，那么就称这两个最小项具有逻辑相邻性，称为逻辑相邻项。例如，三变量最小项 $\overline{A}BC$ 和 ABC 是逻辑相邻项。几何相邻是指卡诺图中在排列位置上处于相接（紧挨着）、相对（任一行或任一列的两头）、相重（将卡诺图对折起来位置重合）的那些最小项。

二变量卡诺图如图7-10所示。设二变量 A、B，共有 $2^2=4$ 个最小项，分别记为 m_0、m_1、m_2、m_3，故二变量卡诺图应有4个小方格，每个小方格都对应一个最小项。

三变量卡诺图如图7-11所示。设三变量 A、B、C，三变量卡诺图有 $2^3=8$ 个小方格，每个小方格都对应一个最小项。为使变量取值满足相邻性原则，B、C 变量取值按00、01、11、10的顺序排列，即卡诺图中变量取值顺序是按照循环码排列的。图中，每个小方格表示一个最小项，各最小项用编号表示。同理，可得四变量卡诺图，如图7-12所示。

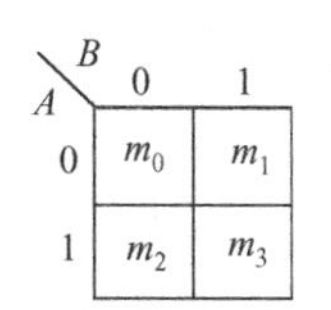

图7-10　二变量卡诺图

A \ BC	00	01	11	10
0	m_0	m_1	m_3	m_2
1	m_4	m_5	m_7	m_6

图7-11　三变量卡诺图

AB \ CD	00	01	11	10
00	m_0	m_1	m_3	m_2
01	m_4	m_5	m_7	m_6
11	m_{12}	m_{13}	m_{15}	m_{14}
10	m_8	m_9	m_{11}	m_{10}

图7-12　四变量卡诺图

2. 逻辑函数的卡诺图表示

用卡诺图表示逻辑函数的方法是：

（1）根据逻辑函数的变量数画出变量卡诺图；

（2）在卡诺图上将函数中各最小项对应的小方格内填入1，其余的小方格填入0或不填。

［例7-16］　画出逻辑函数 $Y(A,B,C,D)=\sum m(0,1,12,13,15)$ 的卡诺图。

解：(1) 画出四变量 A、B、C、D 的卡诺图。

(2) 填图。逻辑函数 Y 中的最小项 m_0、m_1、m_{12}、m_{13}、m_{15}对应的小方格填 1，其余不填。函数 Y 的卡诺图如图 7-13 所示。

［例 7-17］　用卡诺图表示逻辑函数 $Y=A\overline{D}+\overline{\overline{AB}(C+\overline{BD})}$。

解：(1) 将逻辑函数化为与或式。

$$Y=\overline{A}D+AB+B\overline{C}D$$

(2) 画出四变量的卡诺图。

(3) 根据与或式直接填图。

与项 $\overline{A}D$ 对应最小项：同时满足 $A=0$，$D=1$ 的方格。$A=0$ 对应的方格在第一和第二行内，$D=1$ 对应的方格在第二和第三列内，行和列相交的方格即为 $\overline{A}D$ 对应的 4 个最小项，在这 4 个方格中填 1。

与项 AB 对应最小项：同时满足 $A=1$，$B=1$ 的方格，即为第三行内的 4 个方格填 1。

与项 $B\overline{C}D$ 对应最小项：同时满足 $B=1$，$C=0$，$D=1$ 的方格。$B=1$ 对应的方格在第二和第三行内，$CD=01$ 对应的方格在第二列内，行和列相交的方格即为 $B\overline{C}D$ 对应的 2 个最小项，在这 2 个方格中填 1。函数 Y 的卡诺图如图 7-14 所示。

AB \ CD	00	01	11	10
00	1	1		
01				
11	1	1	1	
10				

图7-13　例 7-16 逻辑函数卡诺图

AB \ CD	00	01	11	10
00		1	1	
01		1	1	
11	1	1	1	1
10				

图7-14　例 7-17 逻辑函数卡诺图

三、逻辑函数的卡诺图化简

逻辑函数的卡诺图化简就是在逻辑函数卡诺图中，合并相邻最小项。

1. 合并相邻最小项的规律

(1) 2 个相邻最小项合并成一项，消去 1 个变量，保留 2 个最小项的公因子，如图 7-15 所示。

(2) 4 个相邻最小项合并成一项，消去 2 个变量，保留 4 个最小项的公因子，如图 7-16 所示。

(3) 8 个相邻最小项合并成一项，消去 3 个变量，保留 8 个最小项的公因子，如图 7-17 所示。

一般地说，2^n个相邻最小项合并成一项，消去 n 个变量，合并后的结果为 2^n个最小项的公因子。

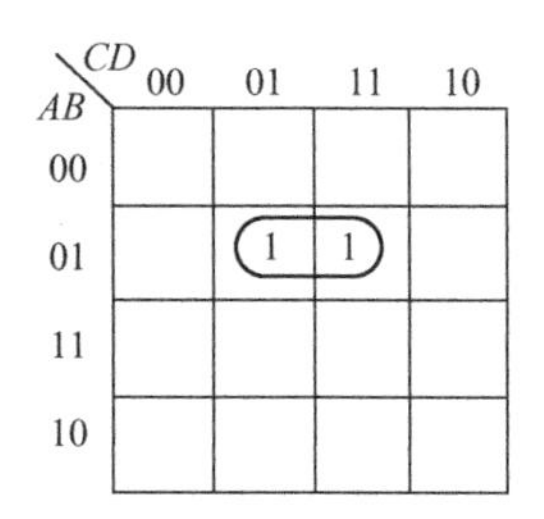

图7-15　2个相邻最小项合并 $\overline{A}B\overline{C}D+\overline{A}BCD=\overline{A}BD$

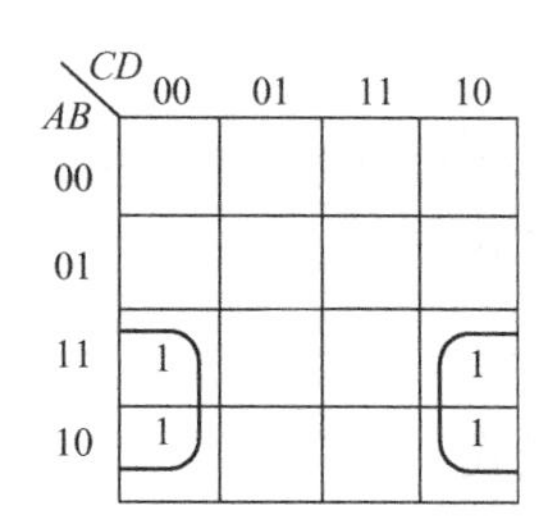

图7-16　4个相邻最小项合并 $AB\overline{C}\,\overline{D}+ABC\overline{D}+A\overline{B}\,\overline{C}\,\overline{D}+A\overline{B}C\overline{D}=A\overline{D}$

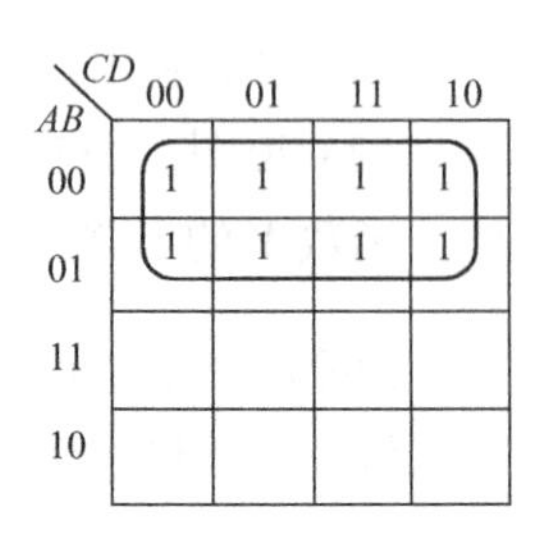

图7-17　8个相邻最小项合并 $\overline{A}$

2. 卡诺图化简的步骤

利用卡诺图化简逻辑函数一般可分三步进行。

（1）画出逻辑函数的卡诺图。

（2）画合并圈组，合并相邻最小项。

画合并圈组的原则是：①每个圈包含 2^n 个相邻的1方格；②圈要尽可能大；③圈数要尽可能少；④每个圈至少应有一个1从未被其他圈圈过；⑤圈完所有的1方格。

（3）由合并圈组写出最简与或式。

方法：写出每个合并圈对应的与项（圈内各最小项的公因子），然后把所得到的各与项相加。

［例7-18］　用卡诺图化简逻辑函数 $Y(A,B,C,D)=\sum m(0,2,4,5,6,7,9,15)$。

解：（1）画出函数 Y 的卡诺图，如图7-18所示。

（2）画出合并圈，合并相邻最小项。

（3）写出最简与或式。

$$Y=A\overline{B}\,\overline{C}D+\overline{A}\,\overline{D}+\overline{A}B+BCD$$

［例7-19］　用卡诺图化简逻辑函数 $Y=\overline{A}\,\overline{B}CD+\overline{A}B\overline{C}\,\overline{D}+A\overline{C}D+ABC+BD$。

解：（1）画出函数 Y 的卡诺图，如图7-19所示。

（2）画出合并圈，合并相邻最小项。

（3）写出最简与或式。

$$Y=\overline{A}B\overline{C}+A\overline{C}D+ABC+\overline{A}CD$$

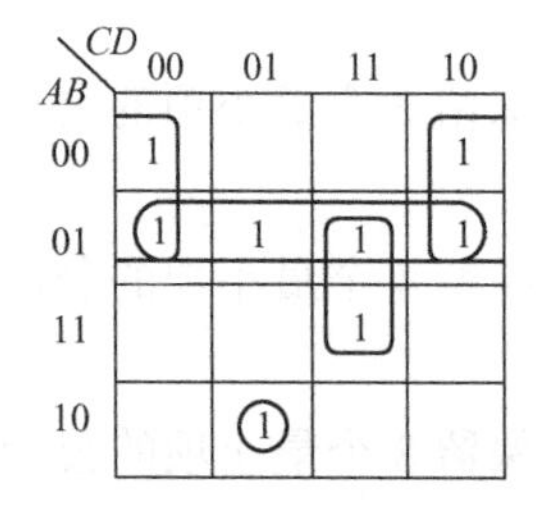

图7-18　例7-18逻辑函数卡诺图

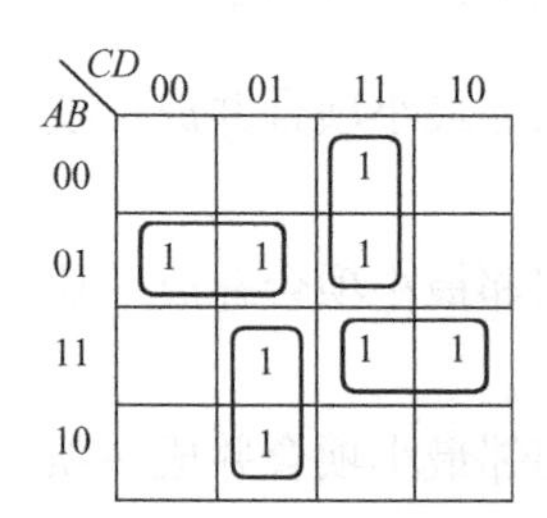

图7-19　例7-19逻辑函数卡诺图

*3. 具有无关项的逻辑函数及其化简

(1) 逻辑函数中的无关项。在一个逻辑函数中，输入变量的某些取值组合根本不会出现，或者在输入变量的某些取值组合下函数值是0还是1对电路无影响，将这些输入变量取值所对应的最小项称为无关项。

例如，用A、B、C三个变量分别表示一台电动机的正转、反转和停止的命令，规定$A=1$表示正转，$B=1$表示反转，$C=1$表示停止。因为电机在任何时刻只能执行其中的一个命令，所以ABC的取值只能是001、010、100，而000、011、101、110、111五种组合根本不可能出现。由于000不会出现，故$\overline{A}\,\overline{B}\,\overline{C}$值不可能为1，即$\overline{A}\,\overline{B}\,\overline{C}=0$，同理，$\overline{A}BC=0$，$A\,\overline{B}C=0$、$AB\,\overline{C}=0$、$ABC=0$，这种关系可以表示为：

$$\overline{A}\,\overline{B}\,\overline{C}+\overline{A}BC+A\,\overline{B}C+AB\,\overline{C}+ABC=0$$

或者可表示为：

$$\sum d(0,3,5,6,7)=0$$

式中，d为无关项。

(2) 利用无关项化简逻辑函数。

① 画出函数卡诺图。将函数式中所包含的最小项在卡诺图对应的方格中填1，无关项在卡诺图对应的方格中填×。

② 画合并圈组，合并相邻最小项。原则是：以圈1为前提，可把无关项方格作为1处理，画入相应合并圈中，以使圈子大，圈数少。注意每个合并圈所包围的方格不能全是无关项。

③ 写出最简与或式。

[例7-20]　用卡诺图化简逻辑函数：

$$Y=(A,B,C,D)=\sum m(0,1,4,6,9,13)+\sum d(2,3,5,7,10,11,15)$$

解：(1) 画出函数Y的卡诺图，如图7-20(a)所示。

(2) 画出合并圈。共2个合并圈，如图7-20(b)所示。

(3) 写出最简与或式。

$$Y=\overline{A}+D$$

AB \ CD	00	01	11	10
00	1	1	×	×
01	1	×	×	1
11		1	×	
10		1	×	×

(a)

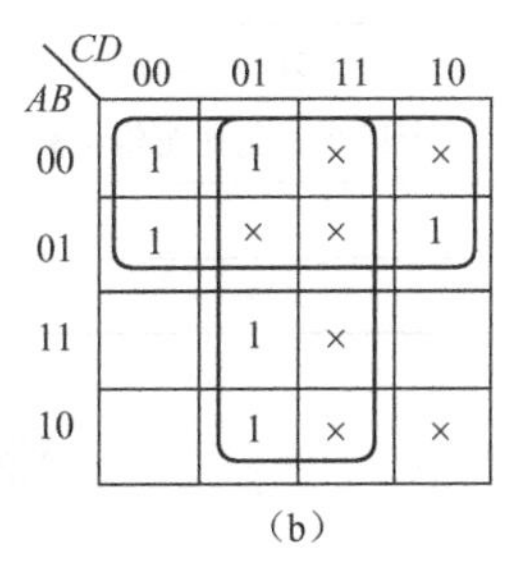

(b)

图7-20　例7-20逻辑函数卡诺图

能力训练

(1) 将逻辑函数 $Y=\bar{A}\bar{B}\bar{C}+AB+\bar{A}(\bar{B}C+\bar{A}C)$ 展开为最小项表达式。

(2) 用卡诺图法将下列逻辑函数化简为最简与或式。

① $Y=A\bar{B}+B\bar{C}+\bar{B}C+\bar{A}B$;

② $Y=A\bar{B}+B\bar{C}\bar{D}+ABD+\bar{A}B\bar{C}D$;

③ $Y(A,B,C)=\sum m(0,1,2,3,6,7)$;

④ $Y(A,B,C,D)=\sum m(0,2,3,4,8,10,11)$;

⑤ $Y(A,B,C,D)=\sum m(0,2,5,7,8,9)+\sum d(10,11,12,13,14,15)$。

自 评 表

序号	自评项目	自评标准	项目配分	项目得分	自评成绩
1	数制	数的二进制、八进制和十六进制表示	1分		
		任意进制数转换成十进制数	2分		
		十进制数转换为二进制数	2分		
		二进制数和八进制数的转换	2分		
		二进制数和十六进制数的转换	2分		
2	编码	用8421BCD码对十进制数编码	1分		
		将8421BCD码转换成十进制数	1分		
3	逻辑函数及其表示	三种基本逻辑运算及其逻辑符号	5分		
		常用的复合逻辑运算及其逻辑符号	5分		
		逻辑函数的真值表、函数式和逻辑图表示	5分		
4	逻辑函数的代数法化简	逻辑代数的基本定律	2分		
		逻辑函数的与非—与非式和最简与或式	2分		
		公式法化简逻辑函数	20分		
5	逻辑函数最小项表达式	最小项及其编号	5分		
		逻辑函数最小项表达式	5分		
6	逻辑函数卡诺图法化简	变量卡诺图的画法	5分		
		逻辑函数的卡诺图表示	10分		
		卡诺图法化简逻辑函数	25分		
能力缺失					
弥补办法					

能 力 测 试

一、基本能力测试

(1) 二进制数1101010转换成十进制数是(　　)，转换成八进制数是(　　)，转换成十六进制数是(　　)。

(2) 十进制数 513 对应的二进制数是(　　)，对应的 8421BCD 码是(　　)，对应的十六进制数是(　　)。

(3) 对 10 个信号进行编码，则转换成的二进制代码至少应有(　　) 位。

(4) 逻辑代数中的基本运算关系是(　　)、(　　)、(　　)。

(5) 一个班级中有 5 个班委，如果要开会，必须这 5 个班委委员全部同意才能召开，其逻辑关系属于(　　)逻辑。

(6) 逻辑函数的常用表示方法有(　　)、(　　)、(　　)、(　　)；其中 (　　)和(　　) 具有唯一性。

(7) 逻辑函数 $Y=AB+\overline{A}C$ 的最小项表达式为(　　　　　　　　)。

(8) 逻辑函数 $Y=AB+C$ 的卡诺图中,使 $Y=1$ 的方格有(　　)个。

(9) 用逻辑函数的卡诺图化简，合并最小项时，每个圈中的最小项个数必须是(　　)个。

(10) 在下列数中，最大的数是(　　)。

A. 65O　　B. 111010B　　C. 57　　D. 3DH

(11) 在什么情况下，“与非”运算的结果是逻辑 0(　　)。

A. 全部输入是 0　B. 任一个输入是 0　C. 仅一个输入是 0　D. 全部输入是 1

(12) 已知逻辑函数 $Y=ABC+CD$，满足 $Y=1$ 的条件是(　　)。

A. $A=0,BC=1$　　B. $D=1,BC=1$　　C. $AB=1,CD=0$　　D. $C=1,D=0$

(13) 标准与—或式是由(　　)构成的逻辑表达式。

A. 与项相或　　B. 最小项相或　　C. 最大项相与　　D. 或项相与

(14) 在一个三变量的逻辑函数中，最小项为(　　)。

A. AAC　　B. ABC　　C. AB　　D. $AB+AC$

(15) 函数 $F(A,B,C)$ 中，符合逻辑相邻的是 (　　)。

A. AB 和 $A\overline{B}$　　B. ABC 和 $A\overline{B}$　　C. AB 和 $A\overline{B}$　　D. ABC 和 $AB\overline{C}$

二、应用能力测试

(1) 用代数法化简逻辑函数 $Y=AB+AC+\overline{B}\,\overline{C}+\overline{A}\,\overline{B}$。

(2) 用卡诺图法化简逻辑函数 $F(A,B,C,D)=\sum m(3,6,8,9,11,12)+\sum d(0,1,2,13,14,15)$。

项目八

组合逻辑电路的应用

项目描述：能够实现各种基本逻辑关系的电路称为门电路，它是构成数字电路的基本逻辑单元，目前应用最广泛的是TTL集成门电路和CMOS集成门电路。

组合逻辑电路是指在任何时刻的输出状态仅仅取决于该时刻的输入状态，而与该时刻前的电路状态无关的逻辑电路。常用的中规模组合逻辑电路有编码器、译码器、数据选择器、加法器等，它们不仅是计算机中的基本逻辑部件，而且也常常应用于其他数字系统中，在高密度可编程逻辑器件CPLD出现后，它们又成为软件工具库中的标准元件以供调用。因此，对于从事电子与信息技术及其相关行业工程技术人员，应该具备集成门电路和组合逻辑电路的应用技能。

项目任务：集成门电路的逻辑功能及其使用方法；组合逻辑电路的分析和设计技能；常用中规模集成组合逻辑器件的逻辑功能、使用方法和典型应用技能。

学习内容：集成门电路、组合逻辑电路的分析和设计、常用中规模集成组合逻辑器件。

任务三十一：集成门电路及其应用

能力目标

(1) 能识读集成门电路的引脚排列图。

(2) 会测试集成门电路的逻辑功能。

(3) 初步具有集成门电路的应用能力。

在数字电路中，能够实现各种逻辑运算关系的电子电路称为逻辑门电路，简称门电路，它是构成数字电路的基本单元。常用的逻辑门有与门、或门、非门、与非门、或非门等。门电路输入信号和输出信号有高电平和低电平两种状态，一般用1表示高电平，用0表示低电平。

集成门电路主要有双极型的TTL门电路和单极型的CMOS门电路。

一、TTL集成门电路

TTL集成门电路的输入和输出结构均采用双极型晶体管，故称晶体管—晶体管逻辑

(Transistor - Transistor Logic)门电路，简称 TTL 电路。TTL 电路具有生产工艺成熟，产品参数稳定，工作可靠，开关速度快等优点。

1. TTL 与非门

在 TTL 集成门电路中，常用的是集成与非门。对于它们的内部结构，本书不做介绍，下面只讨论其外部特性。与非门 74LS00 芯片片内逻辑图和引脚排列如图 8-1 所示。

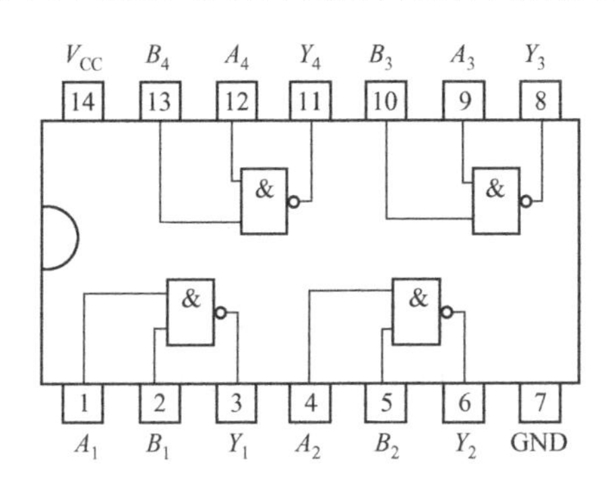

图 8-1　与非门 74LS00 引脚排列图

74LS00 为四 2 输入与非门，内部有 4 个独立的 2 输入端与非门，可以单独使用。该芯片能够完成的逻辑功能为：$Y_1=\overline{A_1 \cdot B_1}$，$Y_2=\overline{A_2 \cdot B_2}$，$Y_3=\overline{A_3 \cdot B_3}$，$Y_4=\overline{A_4 \cdot B_4}$，即 $Y=\overline{AB}$。

74LS00 采用塑封双列直插形式，引脚按工作类型分为三类：①电源正极 V_{CC}，电源负极 GND 即接地；②信号输入端(A、B)；③信号输出端(Y)。

74LS00 有 14 个引脚。其中引脚 14 接电源正极 V_{CC}(+5V)，引脚 7 接电源负极 GND 即接地(0V)。引脚编号顺序是：以芯片缺口向左为参照，下排自左向右顺序、上排自右向左顺序由小到大编号。一般电源正极 V_{CC}接缺口上排最左脚，电源地 GND 接缺口下排最右脚。这种排号规律同样适用于其他集成电路。在使用时要特别注意芯片功能和引脚定义，按照定义进行正确连接。

为了合理选择和使用集成逻辑门，现将 TTL 与非门的主要参数做一下介绍。

(1) 输出高电平和低电平。

① 输出高电平 U_{OH}：U_{OH}是与输出逻辑 1 对应的输出电压值，其典型值为 3.6V，产品规定的最小值 $U_{OH(min)}=2.4V$。

② 输出低电平 U_{OL}：U_{OL}是与输出逻辑 0 对应的输出电压值，其典型值为 0.3V，产品规定的最大值 $U_{OL(max)}=0.4V$。

(2) 输入高电平和低电平。

① 输入高电平 U_{IH}：U_{IH}是与输入逻辑 1 对应的输入电压值，其典型值为 3.6V，产品规定的最小值 $U_{IH(min)}=1.8V$。通常把 $U_{IH(min)}$称为开门电平，记做 U_{on}，意为保证输出为低电平所允许的最低输入高电平。

② 输入低电平 U_{IL}：U_{IL}是与输入逻辑 0 对应的输入电压值，其典型值为 0.3V，产品规定的最大值 $U_{IL(max)}=0.8V$。通常把 $U_{IL(max)}$称为关门电平，记做 U_{off}，意为保证输出为高电平所允许的最高输入低电平。

(3) 噪声容限。当噪声电压叠加在输入信号的高、低电平上时，只要噪声电压的幅度不超过容许值，就不会影响门电路输出逻辑状态。这个容许值通常称为噪声容限。噪声容限越大，抗干扰能力越强。

低电平噪声容限为 $U_{NL}=U_{off}-U_{IL}$。

U_{NL}越大，表明与非门输入低电平时抗正向干扰的能力越强。

高电平噪声容限为 $U_{NH}=U_{IH}-U_{on}$。

U_{NH}越大，表明与非门输入高电平时抗负向干扰的能力越强。

（4）扇出系数。一个门电路输出端能够驱动同类型门电路的个数称为扇出系数 N，用来反映 TTL 门电路的带负载能力。一般情况下，TTL 门的扇出系数 $N \geq 8$。

2. 集电极开路门

一般 TTL 门输出端是不允许直接并联使用的。为此，专门设计了集电极开路门（Open Collector Gate），简称 OC 门。集电极开路与非门的逻辑符号如图 8-2 所示，逻辑符号中的“◇”表示集电极开路。OC 与非门使用时，必须按照如图 8-3 所示外接上拉电阻 R_L 和外接电源 V_{CC}。

图 8-2　OC 与非门逻辑符号　　图 8-3　OC 与非门使用示意图

OC 门输出端直接并联实现线与逻辑。如图 8-4(a)所示，$Y=Y_1 \cdot Y_2$，把 Y 与 Y_1、Y_2 之间的连接方式称为“线与”，即用线连接成与逻辑。

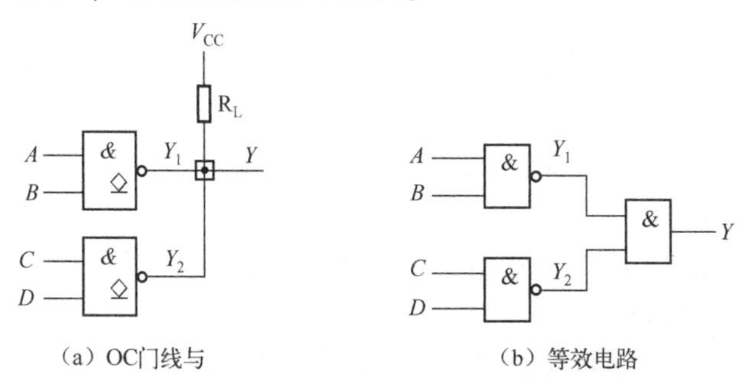

图 8-4　OC 门输出端并联实现线与逻辑

$$Y_1=\overline{AB},\ Y_2=\overline{CD},\ Y=Y_1 \cdot Y_2=\overline{AB} \cdot \overline{CD}=\overline{AB+CD}$$

可见，两个 OC 与非门“线与”连接实现与或非逻辑功能，与图 8-4(b)所示电路等效。

3. 三态输出门

三态输出门（Three State Logic Gate）简称 TSL 门，它有三种可能的输出状态：高电平、低电平和高阻态，高阻态为禁止状态。

注意：三态门并不是有三个逻辑值，在工作状态下，它的输出可为逻辑 1 和逻辑 0；在禁止状态下，输出高阻表示输出端悬空，相当于此端断开，此时该门电路与其他门电路无关，因此它不是一个逻辑值。

三态输出与非门逻辑符号如图 8-5 所示，逻辑符号中的"▽"表示输出为三态。

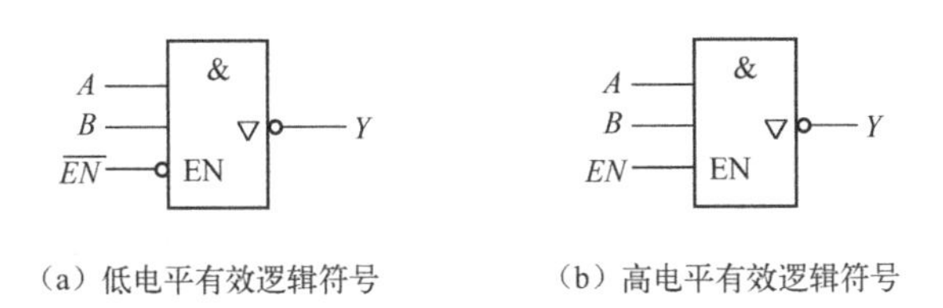

图 8-5　三态输出与非门逻辑符号

在图 8-5(a)中，控制端$\overline{EN}$有小圈，表示$\overline{EN}$低电平有效。即当$\overline{EN}=0$时，三态门处于工作状态，$Y=\overline{AB}$；当$\overline{EN}=1$时，三态门处于禁止状态，输出高阻 $Y=Z$。

在图 8-5(b)中，控制端 EN 没有小圈，表示 EN 高电平有效。即当 $EN=1$ 时，三态门处于工作状态，$Y=\overline{AB}$；当 $EN=0$ 时，三态门处于禁止状态，输出高阻 $Y=Z$。

三态输出门广泛用于信号传输中，可以实现用一根导线分时轮流传输多路信号，还可以实现数据的双向传输，具体内容可参考有关书籍。

二、CMOS 集成门电路

CMOS 门电路是由 PMOS 管和 NMOS 管构成的互补对称型 MOS 门电路。和 TTL 门电路相比，它具有功耗低、电源电压范围宽、抗干扰能力强、带负载能力强、集成度高等优点，因而广泛应用于数字电路、计算机及其仪表等许多方面。

1. CMOS 与非门

与非门 CC4012 芯片片内逻辑图和引脚排列如图 8-6 所示。CC4012 为双 4 输入与非门，内部有 2 个独立的 4 输入端与非门，可以单独使用，该芯片能够完成的逻辑功能为$Y=\overline{ABCD}$。

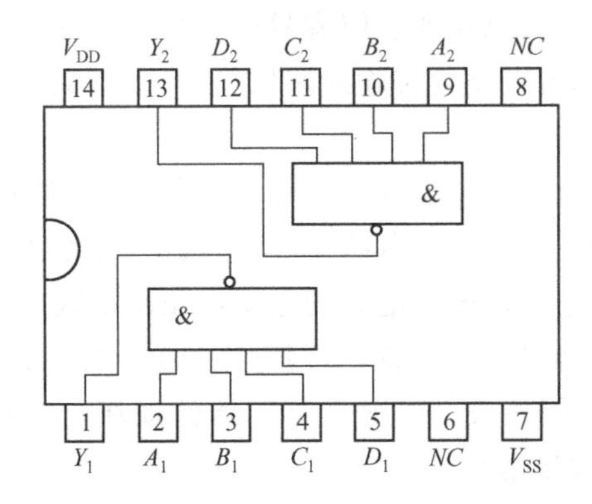

图 8-6　双 4 输入与非门 CC4012 引脚排列图

CC4012 采用塑封双列直插形式，引脚按工作类型分为三类：① 电源正极 V_{DD}，电源负极 V_{SS}一般接地；②信号输入端(A、B、C、D)；③信号输出端(Y)。

CC4012 有 14 个引脚,其中引脚 14 接电源正极 V_{DD}，引脚 7 接电源负极 V_{SS} 即接地。引脚编号方法是：以芯片缺口向左为参照，下排最左引脚为 1 号，按逆时针方向由小到大编号。

2. CMOS 传输门

CMOS 传输门逻辑符号如图 8-7 所示。图中 TG 是 Transmission Gate 的缩写，两个互补的控制信号端 C 和 $\overline{C}$，传输门的输入端和输出端可以互换使用。

传输门工作原理：当 $C=1$，$\overline{C}=0$ 时，传输门开通，输入电压 u_i 传输到输出端，即 $u_o=u_i$；当 $C=0$，$\overline{C}=1$ 时，传输门关闭，输入电压 u_i 不能传输到输出端。

传输门的一个重要用途是组成双向模拟开关。典型的双向模拟开关电路如图 8-8 所示，由一个 CMOS 传输门和一个 CMOS 反相器组成，CMOS 反相器的作用是提供传输门所需要的互补控制电压。当 $C=1$ 时，传输门开通；当 $C=0$ 时，传输门关闭。这种电路可以实现信号的双向传输，故称双向模拟开关。模拟开关既可传输模拟信号，又可传输数字信号。

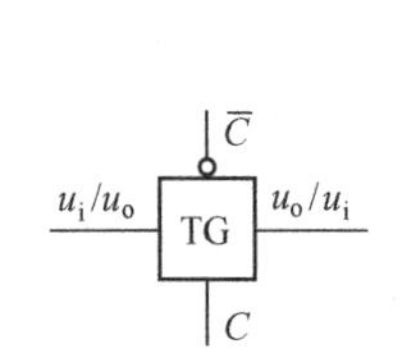

图 8-7　传输门逻辑符号

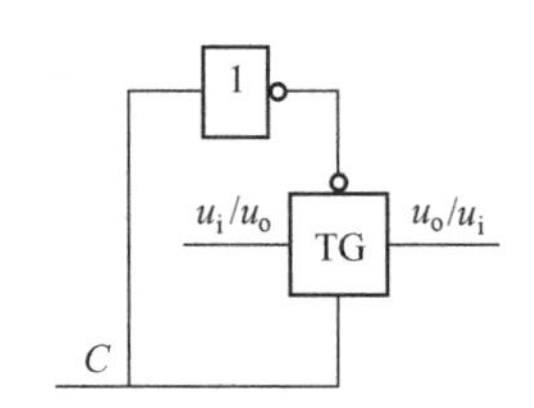

图 8-8　双向模拟开关电路

三、集成门电路的应用

1. 集成门电路使用注意事项

（1）多余输入端处理。或门和或非门的多余输入端应接低电平，与门和与非门的多余输入端应接高电平，以保证正常的逻辑功能。具体地说，多余输入端接高电平时，对于 TTL 门可做如下处理：悬空（相当于接高电平，但容易受到外界干扰）；直接接 $+V_{CC}$ 或通过 1 ～ 3kΩ 电阻接 $+V_{CC}$；对于 CMOS 门不允许输入端悬空，应接 $+V_{DD}$。欲接低电平时，两种门均可直接接地。

工作速度不高时，两种门电路多余输入端均可与使用输入端并联。

（2）电源选用。TTL 门电路对直流电源要求较高，74LS 系列要求电源电压范围为 5V ± 5%，电压稳定性高，纹波小。CMOS 门电路的电源电压范围较宽，如 CC4000 系列电源电压范围为 3 ～ 18V。电源电压选得越大，CMOS 门电路的抗干扰能力越强。

门电路电源电压极性不能接反，否则会导致器件损坏。规定 V_{CC} 或 V_{DD} 接电源正极、GND 或 V_{SS} 接电源负极（通常接地）。

（3）输入电压范围。输入电压的容许范围是：$-0.5\text{V} \leq u_i \leq V_{CC}(V_{DD})$。

（4）输出端的连接。除三态门、OC 门外，门电路输出端不得直接并联。输出端不允许直接接电源或地端，否则可能造成器件损坏。每个门输出所带负载，不得超过它本身的负载能力。

2. 集成门电路的应用

门电路是构成数字电路的基本逻辑部件，集成门电路广泛使用，现举例说明。

(1) 用与门控制的报警器。图 8-9 所示为用与门控制的住宅防盗报警器电路示意图。

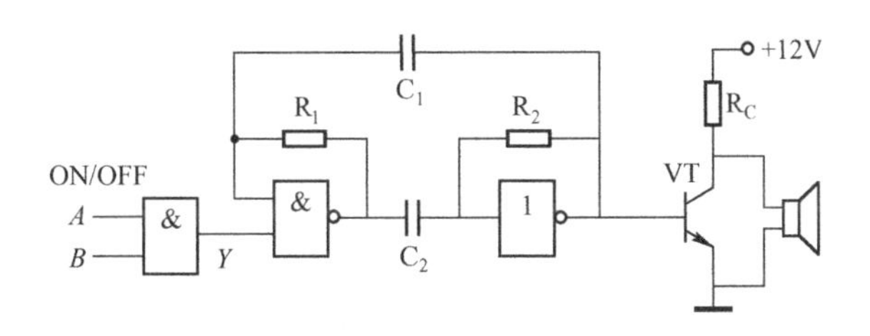

图 8-9　与门控制的报警电路

当与门的报警控制开关 A 为低电平时(处于 OFF 状态)，输出 Y 为低电平，不受输入 B 的控制，报警器输出固定电平，喇叭不响。外出时使与门的报警控制开关 A 为高电平(处于 ON 状态)，输出 Y 受输入 B 的控制：房门关闭时，使输入 B 为低电平，输出 Y 仍为低电平，报警器输出仍为固定电平，喇叭不响；外人开门闯入时，使输入 B 为高电平，输出 Y 变成高电平，三极管 VT 导通，报警器输出为振荡信号，喇叭发出报警响声。

(2) 用或门控制的报警器。图 8-10 所示为用或门控制的报警器电路示意图。

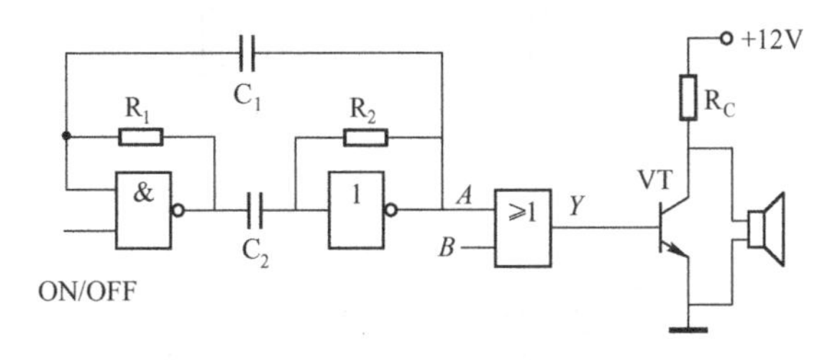

图 8-10　或门控制的报警电路

当报警器控制开关为低电平时(处于 OFF 状态)，报警电路不工作，即不产生振荡脉冲，A 为一固定电平，喇叭不响；当报警器控制开关为高电平(处于 ON 状态)时，报警电路产生振荡脉冲，送到或门输入端 A，此时输出 Y 受输入端 B 控制；外出房门关闭时，使输入 B 为高电平，输出 Y 为高电平，喇叭不响；外人开门闯入时，使输入 B 为低电平，输出 Y 随输入 A 的变化而变化，喇叭发出报警响声。

能力训练

(1) 在图 8-11 所示的 TTL 门电路中，要求实现规定的逻辑功能时，其连接有无错误？若有错误请改正。

(2) 图 8-12 所示均为 CMOS 门电路，试写出各门电路的输出逻辑表达式。

(3) 指出图 8-13 所示各门电路的输出状态(高电平、低电平或高阻态)。其中

图 8-13(a) ～(c) 所示为 TTL 门电路，图 8-13(d) ～(f) 所示为 CMOS 门电路。

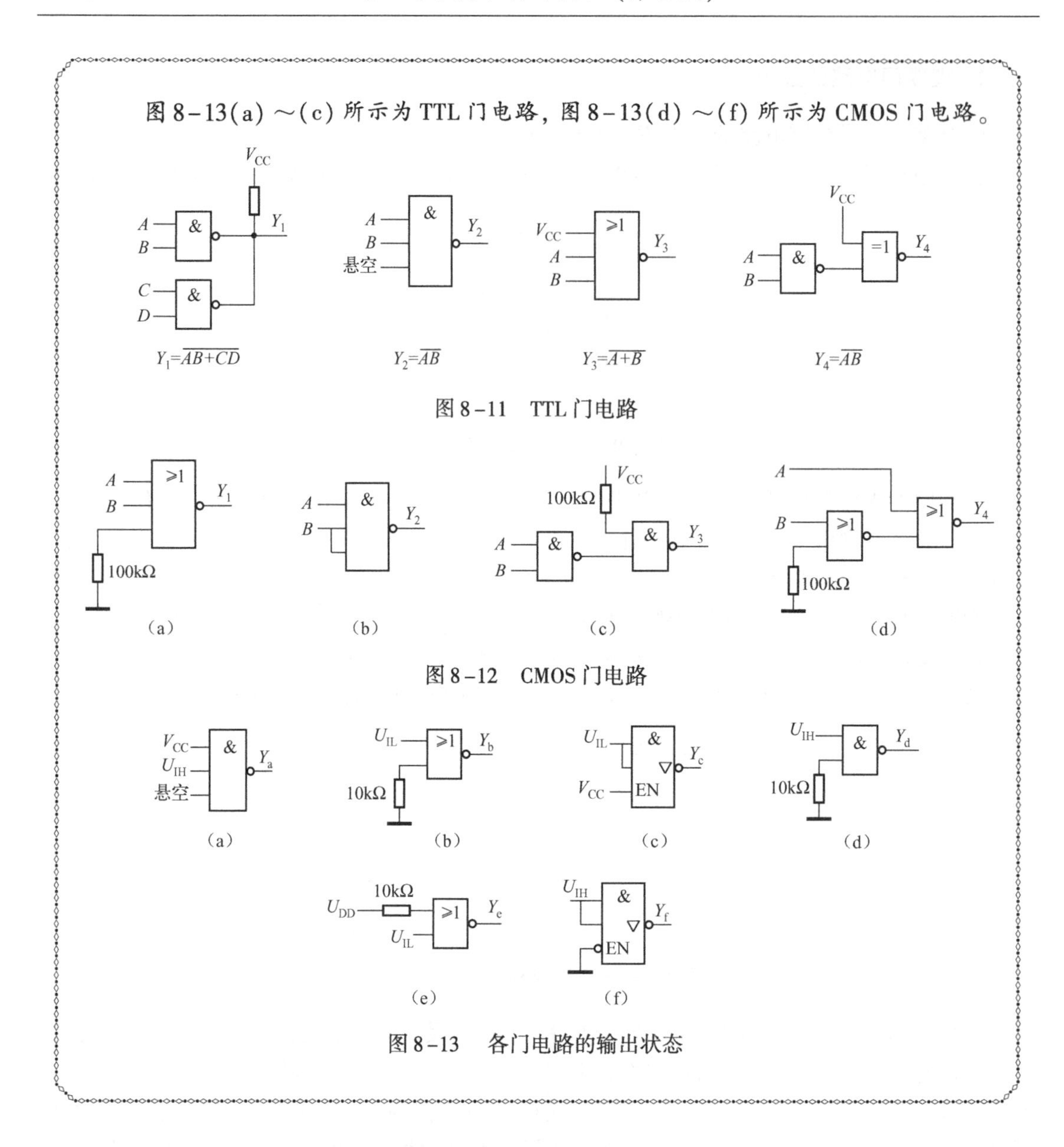

图 8-11　TTL 门电路

(a)　(b)　(c)　(d)

图 8-12　CMOS 门电路

(a)　(b)　(c)　(d)

(e)　(f)

图 8-13　各门电路的输出状态

*任务三十二：组合逻辑电路的分析和设计

能力目标

(1) 能够分析组合逻辑电路的逻辑功能。

(2) 初步具有设计简单组合逻辑电路的能力。

在数字系统中，根据逻辑功能的不同特点，数字逻辑电路可分为两大类：一类是组合逻辑电路，另一类是时序逻辑电路(将在项目九中进行介绍)。

在一个逻辑电路中，任意时刻的输出状态仅取决于该时刻的输入状态，而与电路原来的状态无关，则该逻辑电路称为组合逻辑电路(简称为组合电路)。

组合逻辑电路没有记忆功能，因此，组合逻辑电路的结构特点是：第一，全部由门电路组成，即不含记忆单元。第二，信号只有输入到输出的单向传输，没有输出到输入的反馈回路。

组合逻辑电路的研究主要包括两方面的内容，一是组合逻辑电路的分析，二是组合逻辑电路的设计。分析和设计组合逻辑电路的数学工具是逻辑代数。

一、组合逻辑电路的分析

组合逻辑电路的分析就是根据给定的组合逻辑电路图，找出输出信号与输入信号之间的逻辑关系，从而判断出电路的逻辑功能。

组合逻辑电路的基本分析方法是：写出逻辑函数表达式→化简或变换逻辑函数→列出输出逻辑函数的真值表→分析电路的逻辑功能。

[例 8-1]　试分析图 8-14 所示的组合逻辑电路的功能。

解：(1) 写出电路的输出逻辑函数表达式。由逻辑电路图 8-14 可得到：

$$Y_1 = \overline{ABC}$$

$$Y_2 = A \cdot Y_1 = A \cdot \overline{ABC}$$

$$Y_3 = B \cdot Y_1 = B \cdot \overline{ABC}$$

$$Y_4 = C \cdot Y_1 = C \cdot \overline{ABC}$$

$$Y = \overline{Y_2 + Y_3 + Y_4}$$

$$= \overline{A \cdot \overline{ABC} + B \cdot \overline{ABC} + C \cdot \overline{ABC}}$$

(2) 化简输出逻辑函数。对 Y 进行化简可得到：

$$Y = \overline{(A+B+C) \cdot \overline{ABC}} = \overline{A}\,\overline{B}\,\overline{C} + ABC \tag{8-1}$$

(3) 列出输出逻辑函数的真值表。将输入变量 A、B、C 的各种取值组合代入式(8-1)中，求出相应的输出 Y 的值，可列出表 8-1 所示的真值表。

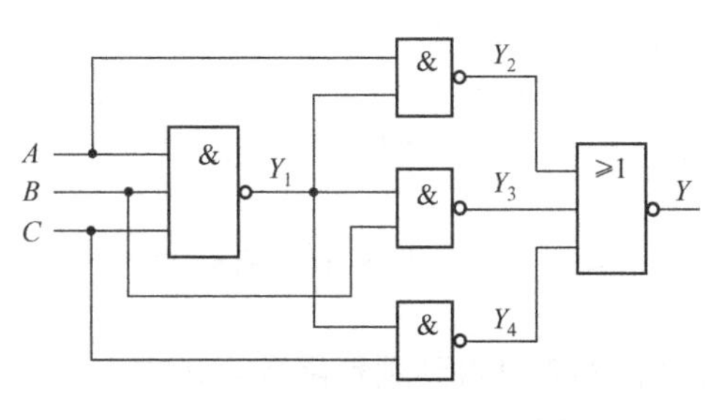

图 8-14　例 8-1 的逻辑电路

表 8-1　例 8-1 的真值表

输入			输出
A	B	C	Y
0	0	0	1
0	0	1	0
0	1	0	0
0	1	1	0
1	0	0	0
1	0	1	0
1	1	0	0
1	1	1	1

(4) 分析电路的逻辑功能。由真值表 8-1 可看出：当输入 A、B、C 都为 0 或都为 1 时，

输出 Y 才为“1”，否则输出 Y 为“0”。所以，该组合逻辑电路具有检测“输入状态是否一致”的功能，也称为一致电路。

二、组合逻辑电路的设计

组合逻辑电路的设计就是根据实际问题的逻辑功能要求，求出能实现该逻辑功能的简单而又可靠的逻辑电路。

（1）分析设计要求，列出真值表。实际问题的逻辑功能要求最初总是以文字形式来描述的，设计者必须对这些描述进行逻辑抽象，这是设计组合逻辑电路的关键。

① 首先设定变量。把引起事件的原因定为输入变量，把事件的结果作为输出变量。

② 其次状态赋值。依据输入、输出变量的状态进行逻辑赋值，即确定输入、输出变量的哪种状态用逻辑 0 表示，哪种状态用逻辑 1 表示。

③ 最后列出真值表。

（2）根据真值表，写出逻辑函数表达式。

（3）选定器件类型，化简或变换逻辑函数。

① 用小规模集成门电路设计时，用代数法或卡诺图法将逻辑函数化简为最简与或式，根据对门电路类型的要求，将最简与或式变换为与门电路类型相适应的最简式。

② 用中规模集成组合逻辑器件设计时，应把逻辑函数表达式变换成与所用器件的逻辑表达式相同或类似的形式。

（4）根据化简或变换后的逻辑表达式，画出逻辑图。

［例 8-2］　设计一个判别获奖电路。在一个射击游戏中，射手可打三枪，一枪打鸟，一枪打鸡，一枪打兔子，规则是命中不少于两枪者获奖。用与非门实现。

解：（1）分析设计要求，列真值表。设一枪打鸟、一枪打鸡、一枪打兔分别用输入变量 A、B、C 表示，1 表示枪命中，0 表示没有命中；用输出变量 Y 表示判别结果，1 表示得奖，0 表示不得奖。由此可列出表 8-2 所示的真值表。如图 8-15 和图 8-16 所示分别为例 8-2 的卡诺图和逻辑图。

表 8-2　例 8-2 真值表

输　入			输　出
A	B	C	Y
0	0	0	0
0	0	1	0
0	1	0	0
0	1	1	1
1	0	0	0
1	0	1	1
1	1	0	1
1	1	1	1

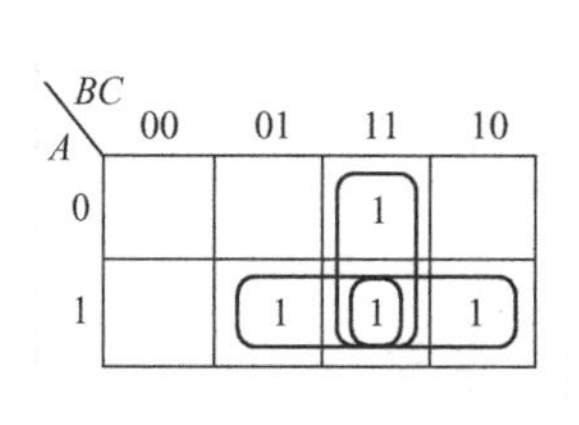

图 8-15　例 8-2 的卡诺图

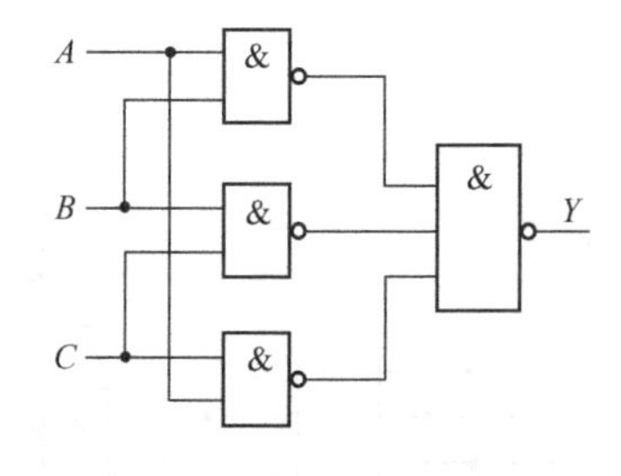

图 8-16　例 8-2 的逻辑图

（2）根据真值表，写出逻辑函数表达式。由真值表 8-2 可得到逻辑函数表达式为：

$$Y = \overline{A}BC + A\overline{B}C + AB\overline{C} + ABC$$

（3）化简或变换逻辑函数。由图 8-15 所示卡诺图化简得到最简与或式为：

$$Y = AB + AC + BC$$

将上式变换成与非表达式为：

$$Y = \overline{\overline{AB} \cdot \overline{AC} \cdot \overline{BC}} \tag{8-2}$$

（4）画逻辑图。根据式(8-2)画出图8-16所示的逻辑图。

能力训练

（1）试分析图8-17所示电路的逻辑功能。

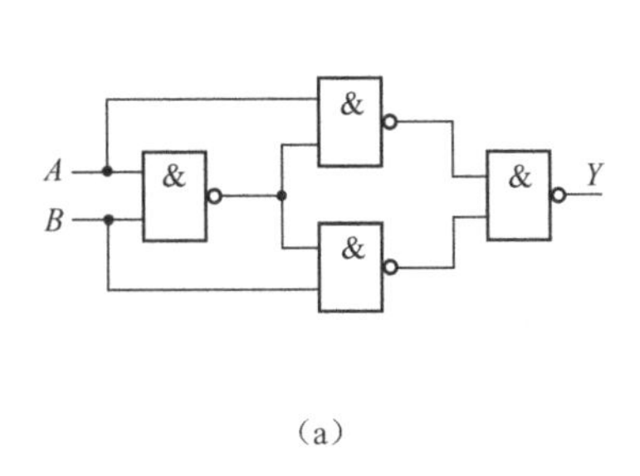

（a）

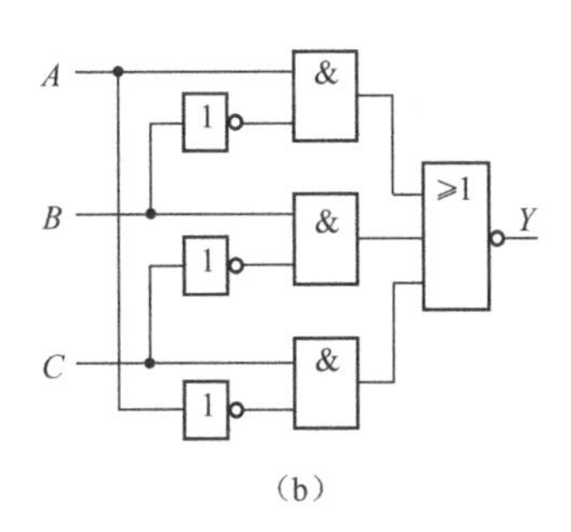

（b）

图8-17

（2）组合逻辑电路的设计。某发电厂的抽水站有三台水泵，要求有两台或三台水泵工作时，发出正常信号，否则不发出正常信号，试设计一个能发出正常信号的逻辑电路，用与非门实现。

（3）设计一个4人表决电路。当表决某一提案时，多数人同意，提案通过；若两人同意，其中一人为董事长时，提案也通过。用与非门实现。

（4）某汽车驾驶员培训班进行结业考试，有3名评判员，其中A为主评判员，B和C为副评判员。评判时按照少数服从多数原则，但主评判员必须认为合格才能通过。试用与非门实现该电路。

任务三十三：常用集成组合逻辑器件及其应用

能力目标

（1）能识读集成组合逻辑器件的引脚排列图和逻辑功能表。

（2）会分析和测试集成组合逻辑器件的逻辑功能。

（3）学会集成组合逻辑器件的使用方法和典型应用。

常用的中规模组合逻辑电路的种类很多，如编码器、译码器、数据选择器、加法器等。这些中规模集成电路应用非常广泛，本任务重点讨论它的逻辑功能、使用方法及其典型应用。

一、编码器

将特定意义的信息(如数字、文字、符号等)编成相应二进制代码的过程，称为编码。例如，十进制 12 可用二进制编码 1100B 表示，也可用 8421BCD 码 0001 0010 表示；再如，计算机键盘上面的每个键都对应着一个编码，一旦按下某个键，计算机内部的编码电路就将该键的电平信号转换成对应的编码。

n 位二进制代码有 2^n 个状态，可以表示 2^n 个信息。如果需编码的信息数量为 N，则所需用的二进制代码的位数 n 应满足的关系为：$2^n \geq N$。

实现编码操作的逻辑电路称为编码器（Encoder）。按编码方式不同，编码器有普通编码器和优先编码器两类；按输出代码不同，编码器有二进制编码器和二—十进制编码器两类。

1. 普通编码器

普通编码器的功能是任何时刻只允许对输入的一个编码信号进行编码。输入的编码信号是相互排斥的，故又称互斥输入的编码器。

普通 n 位二进制编码器可用 n 位二进制代码来表示 2^n 个输入信号，又称为 2^n 线—n 线编码器。普通二—十进制编码器可用 BCD 码来表示 10 个输入信号，又称为 10 线—4 线编码器。

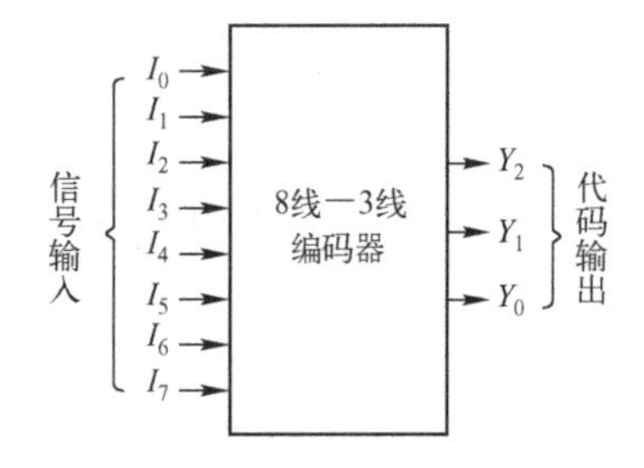

图 8–18　3 位二进制编码器原理框图

普通 3 位二进制编码器的原理框图如图 8–18 所示。图中，$I_0 \sim I_7$ 为 8 个编码信号输入端，假设输入信号高电平有效（表示有编码请求）；Y_2、Y_1、Y_0 为 3 个代码输出端，输出 3 位二进制代码，故称为 8 线—3 线编码器。实际应用时，可以把 8 个按钮或开关作为 8 个输入，而把 3 个输出组合分别作为对应 8 个输入状态的编码。

3 位二进制编码器真值表如表 8–3 所示，当某个输入为 1，其余输入为 0 时，就输出与该输入端相对应的代码。例如，当输入 $I_1 = 1$ 时，其余输入为 0，用输出 $Y_2Y_1Y_0 = 001$ 表示对 I_1 的编码。编码器在任何时刻只能对一个输入信号进行编码，不允许有两个或两个以上的输入信号同时请求编码，即 $I_0 \sim I_7$ 这 8 个端的编码信号是互斥的。

表 8–3　3 位二进制编码器的真值表

输入								输出		
I_0	I_1	I_2	I_3	I_4	I_5	I_6	I_7	Y_2	Y_1	Y_0
1	0	0	0	0	0	0	0	0	0	0
0	1	0	0	0	0	0	0	0	0	1
0	0	1	0	0	0	0	0	0	1	0
0	0	0	1	0	0	0	0	0	1	1
0	0	0	0	1	0	0	0	1	0	0
0	0	0	0	0	1	0	0	1	0	1
0	0	0	0	0	0	1	0	1	1	0
0	0	0	0	0	0	0	1	1	1	1

2. 优先编码器

在数字系统中，特别是计算机系统中，常需要对若干个工作对象进行控制，例如，打印机、输入键盘、磁盘驱动器等。当几个部件同时发出服务请求时，这就要求主机必须根据轻重缓急，按预先规定好的顺序允许其中的一个进行操作，即执行操作存在优先级别的问题。优先编码器可以识别信号的优先级别并对其进行编码。

优先编码器的功能是允许同时在几个输入端有编码输入信号，按输入信号排定的优先顺序，只对其中优先权最高的一个输入信号进行编码。在优先编码器中，优先级别高的编码信号排斥级别低的。

8 线—3 线优先编码器 74LS148 的逻辑功能示意图和引脚图如图 8-19 所示。

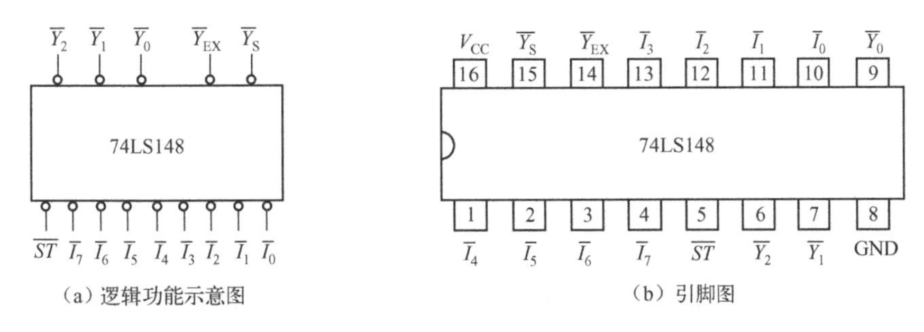

图 8-19　8 线—3 线优先编码器 74LS148

在图 8-19 中，8 个编码输入端 $\overline{I}_0 \sim \overline{I}_7$（输入信号低电平有效，表示有编码请求），优先权的高低级别顺序是从 $\overline{I}_7$ 依次到 $\overline{I}_0$；3 个编码输出端 $\overline{Y}_2$、$\overline{Y}_1$、$\overline{Y}_0$（输出信号低电平有效，输出 3 位二进制反码）。为了扩展编码器的功能，74LS148 增设了 3 个辅助控制端，即输入端增加了选通输入端 $\overline{ST}$，输出端增加了选通输出端 $\overline{Y}_S$、扩展输出端 $\overline{Y}_{EX}$。8 线—3 线优先编码器 74LS148 的功能表如表 8-4 所示。

表 8-4　8 线—3 线优先编码器 74LS148 的功能表

输入									输出				
$\overline{ST}$	$\overline{I}_0$	$\overline{I}_1$	$\overline{I}_2$	$\overline{I}_3$	$\overline{I}_4$	$\overline{I}_5$	$\overline{I}_6$	$\overline{I}_7$	$\overline{Y}_2$	$\overline{Y}_1$	$\overline{Y}_0$	$\overline{Y}_S$	$\overline{Y}_{EX}$
1	×	×	×	×	×	×	×	×	1	1	1	1	1
	1	1	1	1	1	1	1	1	1	1	1	0	1
	×	×	×	×	×	×	×	0	0	0	0	1	0
	×	×	×	×	×	×	0	1	0	0	1	1	0
	×	×	×	×	×	0	1	1	0	1	0	1	0
0	×	×	×	×	0	1	1	1	0	1	1	1	0
	×	×	×	0	1	1	1	1	1	0	0	1	0
	×	×	0	1	1	1	1	1	1	0	1	1	0
	×	0	1	1	1	1	1	1	1	1	0	1	0
	0	1	1	1	1	1	1	1	1	1	1	1	0

由 8 线—3 线优先编码器 74LS148 功能表 8-4 可知：

（1）选通输入端 $\overline{ST}$，又称使能端或片选端，低电平有效。当 $\overline{ST}=1$ 时，禁止编码器工作，所有的输出端均被锁定在高电平，没有编码输出。当$\overline{ST}=0$时，允许编码器工作，对输入信号进行编码。例如，当$\bar{I}_7=\bar{I}_6=1$、$\bar{I}_5=0$时，不管其他输入端$\bar{I}_0\sim\bar{I}_4$为何值（0 或 1，表中以×表示），只对编码$\bar{I}_5$，被编码为 010，为反码，其原码为 101。

（2）选通输出端$\bar{Y}_S$。当$\overline{ST}=0$，且$\bar{I}_0\sim\bar{I}_7$均为 1（无编码输入），才使$\bar{Y}_S=0$。因此，$\bar{Y}_S=0$表示“电路工作，但无编码输入”。两片 74LS148 串接使用时，只要将高位片的$\bar{Y}_S=0$和低位片的$\overline{ST}$相连，可在高位片无编码输入的情况下，启动低位片工作，实现两片编码器之间的优先级的控制。

（3）扩展输出端$\bar{Y}_{EX}$。它是输出编码的有效码标志，即当$\bar{Y}_{EX}=0$时，表示输出为有效码，$\bar{Y}_{EX}=1$表示输出为无效码。因此，$\bar{Y}_{EX}=0$表示“电路工作，且有编码输入”。在多片编码器串接使用时，$\bar{Y}_{EX}$可作为输出位的扩展。

利用辅助控制端（选通输入端$\overline{ST}$、选通输出端$\bar{Y}_S$、扩展输出端$\bar{Y}_{EX}$）可实现编码器功能扩展。

二、译码器

译码是编码的逆过程。编码是将具有特定意义的信息编成二进制代码，译码则是将表示特定意义信息的二进制代码翻译出来。实现译码功能的逻辑电路称为译码器。

译码器是数字系统和计算机中常用的一种逻辑部件。例如，计算机中需要将指令的操作码翻译成各种操作命令，存储器的地址译码系统则要使用地址译码器，LED 显示器需要七段显示译码器等。

常用的译码器有二进制译码器、二—十进制译码器和显示译码器。

1. 二进制译码器

将二进制代码翻译成对应输出信号的电路，称为二进制译码器。若输入 n 位二进制代码，则称 n 位二进制译码器，它有 2^n 个输出端，又称为 n 线—2^n 线译码器。

（1）3 位二进制译码器。3 位二进制译码器 74LS138 又称 3 线—8 线译码器，其逻辑功能示意图和引脚图如图 8-20 所示。图中，3 个代码输入端 A_2、A_1、A_0（输入 3 位二进制代码）；8 个译码输出端 $\bar{Y}_0\sim\bar{Y}_7$（输出低电平有效）；3 个使能端（又称片选输入端）ST_A、$\overline{ST}_B$、$\overline{ST}_C$。3 线—8 线译码器 74LS138 的功能表如表 8-5 所示。

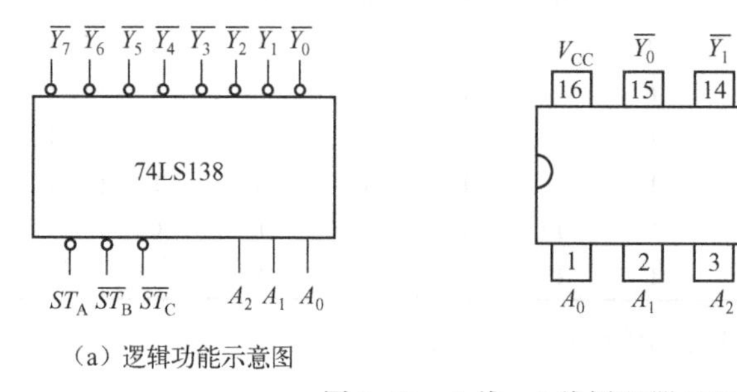

（a）逻辑功能示意图　　（b）引脚图

图 8-20　3 线—8 线译码器 74LS138

表 8-5　3 线—8 线译码器 74LS138 的功能表

输入					输出							
ST_A	$\overline{ST}_B+\overline{ST}_C$	A_2	A_1	A_0	$\overline{Y}_0$	$\overline{Y}_1$	$\overline{Y}_2$	$\overline{Y}_3$	$\overline{Y}_4$	$\overline{Y}_5$	$\overline{Y}_6$	$\overline{Y}_7$
×	1	×	×	×	1	1	1	1	1	1	1	1
0	×	×	×	×	1	1	1	1	1	1	1	1
1	0	0	0	0	0	1	1	1	1	1	1	1
		0	0	1	1	0	1	1	1	1	1	1
		0	1	0	1	1	0	1	1	1	1	1
		0	1	1	1	1	1	0	1	1	1	1
		1	0	0	1	1	1	1	0	1	1	1
		1	0	1	1	1	1	1	1	0	1	1
		1	1	0	1	1	1	1	1	1	0	1
		1	1	1	1	1	1	1	1	1	1	0

由功能表 8-5 可知，3 线—8 线译码器 $74LS138$ 具有如下逻辑功能：

① 当 $ST_A=0$ 或 $\overline{ST}_B+\overline{ST}_C=1$ 时，译码器禁止译码，输出 $\overline{Y}_0\sim\overline{Y}_7$ 均为 1，与输入代码 A_2、A_1、A_0 的取值无关。

② 当 $ST_A=1$ 且 $\overline{ST}_B+\overline{ST}_C=0$ 时，译码器才进行译码，译码输出低电平有效。译码器输出 $\overline{Y}_0\sim\overline{Y}_7$ 由输入代码 A_2、A_1、A_0 决定，对于任一组输入二进制代码，输出 $\overline{Y}_0\sim\overline{Y}_7$ 中只有一个与该代码对应的输出为 0，其余输出均为 1。

根据功能表 8-5 可得出 74LS138 的输出逻辑函数表达式为：

$$\overline{Y}_0=\overline{\overline{A}_2\overline{A}_1\overline{A}_0}=\overline{m}_0,\overline{Y}_1=\overline{\overline{A}_2\overline{A}_1A_0}=\overline{m}_1$$
$$\overline{Y}_2=\overline{\overline{A}_2A_1\overline{A}_0}=\overline{m}_2,\overline{Y}_3=\overline{\overline{A}_2A_1A_0}=\overline{m}_3$$
$$\overline{Y}_4=\overline{A_2\overline{A}_1\overline{A}_0}=\overline{m}_4,\overline{Y}_5=\overline{A_2\overline{A}_1A_0}=\overline{m}_5$$
$$\overline{Y}_6=\overline{A_2A_1\overline{A}_0}=\overline{m}_6,\overline{Y}_7=\overline{A_2A_1A_0}=\overline{m}_7 \tag{8-3}$$

由式（8-3）可以看出，$\overline{Y}_0\sim\overline{Y}_7$ 同时又是 A_2、A_1、A_0 这三个变量的全部最小项的译码输出，所以二进制译码器又称为最小项译码器或变量译码器。

（2）二进制译码器的应用。n 位二进制译码器的输出给出了 n 个输入变量的全部 2^n 个最小项，即每个输出对应了输入变量的一个最小项。而任何一个逻辑函数都可以变换为最小项表达式，所以用 n 位二进制译码器和附加门电路可以产生任何 n 变量的组合逻辑函数，即二进制译码器可作为逻辑函数发生器。

二进制译码器构成逻辑函数发生器要注意两点：

① 所选的二进制译码器的代码输入变量数应与要实现的逻辑函数的变量数相等。

② 译码输出低电平有效时，应附加与非门；译码输出高电平有效时，应附加或门。

[例 8-3]　试用译码器和门电路实现逻辑函数 $Y=AB+AC+BC$。

解：(1) 根据逻辑函数的变量数选择译码器。通常将译码器的代码输入变量作为函数的输入变量，由于逻辑函数 Y 中有 A、B、C 三个变量，故应选用 3 线—8 线译码器 74LS138，译码输出低电平有效。74LS138 译码器正常工作时，使能端 $ST_A=1$，$\overline{ST}_B=\overline{ST}_C=0$。

(2) 写出逻辑函数的最小项表达式：

$$\begin{aligned} Y &= AB+AC+BC \\ &= \overline{A}BC+A\,\overline{B}C+AB\,\overline{C}+ABC \\ &= m_3+m_5+m_6+m_7 \\ &= \overline{\overline{m_3}\cdot\overline{m_5}\cdot\overline{m_6}\cdot\overline{m_7}} \end{aligned} \tag{8-4}$$

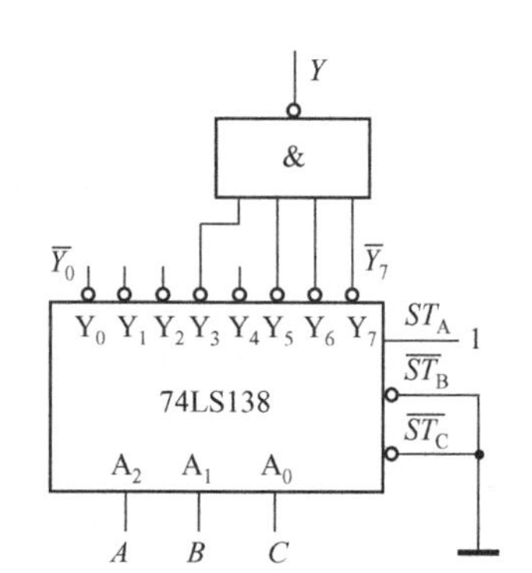

图 8-21 例 8-3 的连线图

(3) 将逻辑函数 Y 和 74LS138 输出逻辑函数表达式比较。令 74LS138 的代码输入 $A_2=A$、$A_1=B$、$A_0=C$，将式（8-3）和式（8-4）进行比较后得到：

$$Y=\overline{\overline{Y}_3\cdot\overline{Y}_5\cdot\overline{Y}_6\cdot\overline{Y}_7} \tag{8-5}$$

(4) 画连线图。根据式（8-5）画出连线图，如图 8-21 所示。

2. 二—十进制译码器

将输入的二—十进制代码（即 BCD 码）翻译成 10 个对应输出信号的电路，称为二—十进制译码器。它有 4 个输入端和 10 个输出端，又称为 4 线—10 线译码器。

4 线—10 线译码器 74LS42 的逻辑功能示意图和引脚图如图 8-22 所示。

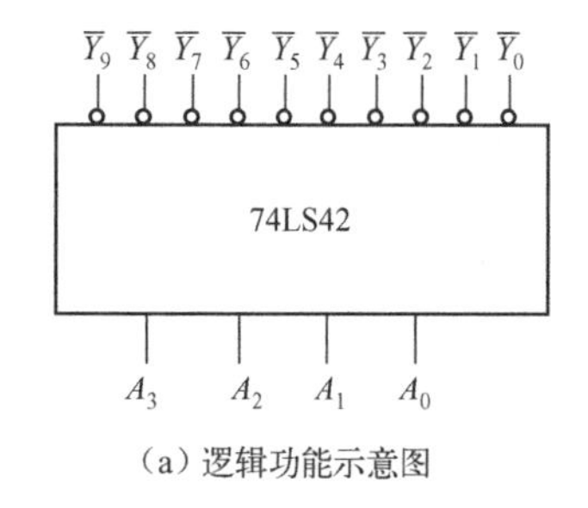

(a) 逻辑功能示意图

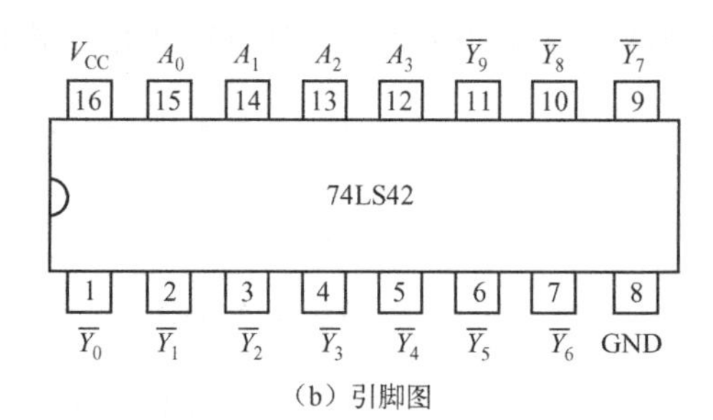

(b) 引脚图

图 8-22 4 线—10 线译码器 74LS42

在图 8-22 中，4 个代码输入端 A_3 ～ A_0（输入 8421BCD 码），10 个译码输出端 $\overline{Y}_0$ ～ $\overline{Y}_9$（译码输出低电平有效）。在 8421BCD 码中，代码 1010 ～ 1111 这六种状态没有使用，即它们不属于 8421BCD 码，故称为伪码。4 线—10 线译码器 74LS42 的功能表如表 8-6 所示。

表 8-6 4 线—10 线译码器 74LS42 的功能表

十进制数	输入				输出									
	A_3	A_2	A_1	A_0	$\overline{Y}_0$	$\overline{Y}_1$	$\overline{Y}_2$	$\overline{Y}_3$	$\overline{Y}_4$	$\overline{Y}_5$	$\overline{Y}_6$	$\overline{Y}_7$	$\overline{Y}_8$	$\overline{Y}_9$
0	0	0	0	0	0	1	1	1	1	1	1	1	1	1
1	0	0	0	1	1	0	1	1	1	1	1	1	1	1
2	0	0	1	0	1	1	0	1	1	1	1	1	1	1

续表

十进制数	输入				输出									
	A_3	A_2	A_1	A_0	$\overline{Y}_0$	$\overline{Y}_1$	$\overline{Y}_2$	$\overline{Y}_3$	$\overline{Y}_4$	$\overline{Y}_5$	$\overline{Y}_6$	$\overline{Y}_7$	$\overline{Y}_8$	$\overline{Y}_9$
3	0	0	1	1	1	1	1	0	1	1	1	1	1	1
4	0	1	0	0	1	1	1	1	0	1	1	1	1	1
5	0	1	0	1	1	1	1	1	1	0	1	1	1	1
6	0	1	1	0	1	1	1	1	1	1	0	1	1	1
7	0	1	1	1	1	1	1	1	1	1	1	0	1	1
8	1	0	0	0	1	1	1	1	1	1	1	1	0	1
9	1	0	0	1	1	1	1	1	1	1	1	1	1	0
伪码	1	0	1	0	1	1	1	1	1	1	1	1	1	1
	1	0	1	1	1	1	1	1	1	1	1	1	1	1
	1	1	0	0	1	1	1	1	1	1	1	1	1	1
	1	1	0	1	1	1	1	1	1	1	1	1	1	1
	1	1	1	0	1	1	1	1	1	1	1	1	1	1
	1	1	1	1	1	1	1	1	1	1	1	1	1	1

由功能表8-6可知，当输入0000～1001（即8421BCD码）时，每组输入代码均有唯一的一个相应输出端输出有效电平。当输入出现伪码1010～1111时，译码器输出$\overline{Y}_0$～$\overline{Y}_9$均为高电平（即无效电平），译码器拒绝译码，电路不会产生错误译码，所以称该电路具有拒绝伪码输入的功能。

3. 显示译码器

在数字系统中，常需要数码显示电路将数字量用十进制数码直观地显示出来。一方面便于直接读取测量和运算的结果，另一方面也便于监视系统的工作情况。数码显示电路由显示译码器、驱动器和显示器组成。下面分别介绍显示器和译码驱动器。

(1) 七段字符显示器。七段字符显示器又称七段数码管，这种字符显示器由七段可发光的字段组合而成。利用字段的不同组合方式分别显示“0～9”十个数字，如图8-23所示。

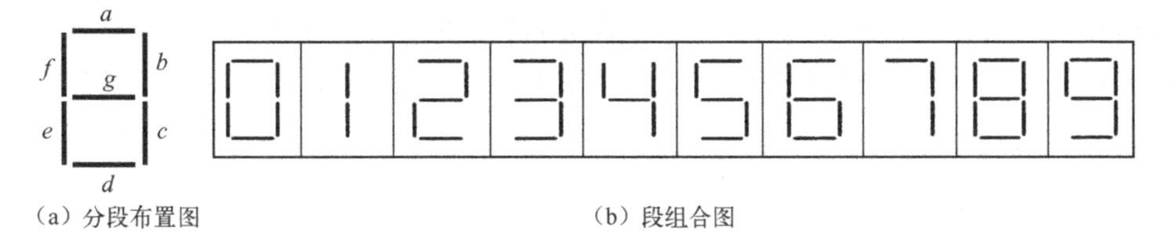

(a) 分段布置图　　(b) 段组合图

图8-23　七段字符显示器发光段组合图

常见的七段字符显示器有半导体数码显示器（LED）和液晶显示器（LCD）。半导体数码显示器是将要显示的字形分为七段，每段为一个发光二极管（LED），利用不同发光段组合显示不同的字形。半导体数码显示器有共阴极和共阳极两类，其引脚图和内部接线图如图8-24所示。在图8-23中的发光二极管a～g用于显示10个数字0～9，DP用于显示小数点。

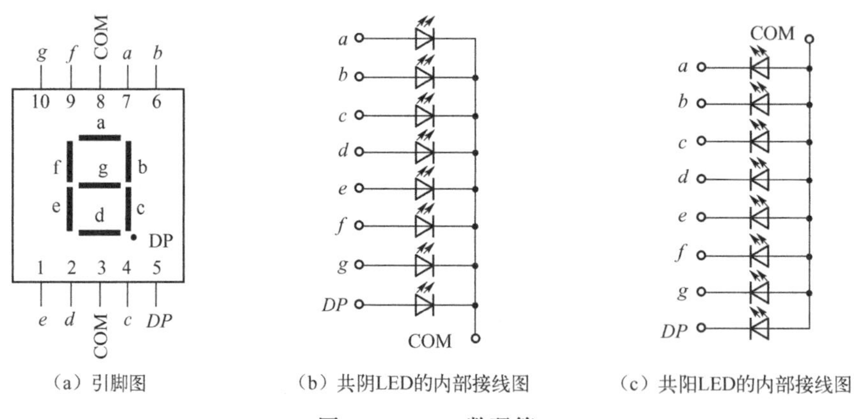

（a）引脚图　（b）共阴LED的内部接线图　（c）共阳LED的内部接线图

图 8-24　LED 数码管

由图 8-24（b）、(c) 可知，共阴极 LED 的各发光二极管的阴极相连，使用时，通常将阴极接地。阳极输入（a ～ *DP*）为高电平点亮，由输出为高电平有效的译码器（如 74LS48）来驱动；共阳极 LED 的各发光二极管的阳极相连，使用时，通常将阳极接电源。阴极输入（*a* ～ *DP*）为低电平点亮，由输出为低电平有效的译码器（如 74LS47）来驱动。工作时一般应注意串联合适的限流电阻。

（2）七段显示译码器。显示译码器主要由译码器和驱动器两部分组成，通常这两者都集成在一块芯片上。显示译码器的功能是将输入的 BCD 代码转换成相应的输出信号，来驱动七段数码管显示 0 ～ 9 十个数字。

七段显示译码器/驱动器 74LS47 的逻辑功能示意图和引脚图如图 8-25 所示。

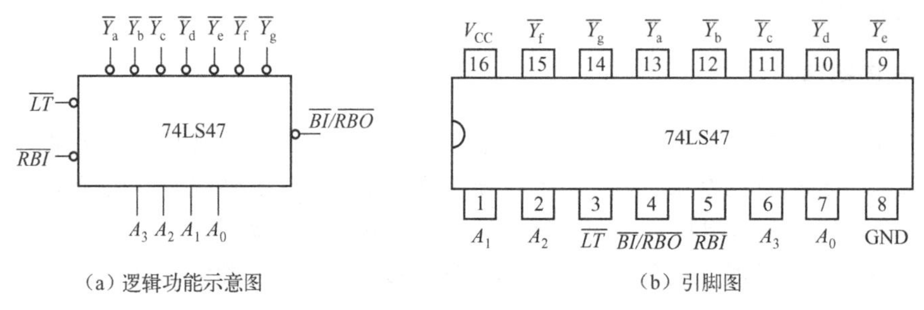

（a）逻辑功能示意图　（b）引脚图

图 8-25　七段显示译码器/驱动器 74LS47

在图 8-25 中，4 线代码输入 $A_3 \sim A_0$（输入 8421BCD 码）；七段译码输出 $\overline{Y}_a \sim \overline{Y}_g$（输出低电平有效），为七段数码管提供驱动信号，可以驱动共阳数码管。三个辅助控制端：灯测试输入端 $\overline{LT}$，灭零输入端 $\overline{RBI}$ 和灭灯输入端/灭零输出端 $\overline{BI}/\overline{RBO}$。七段显示译码器/驱动器 74LS47 的功能表如表 8-7 所示。

表 8-7　七段显示译码器/驱动器 74LS47 的功能表

功能或数字	输　入						输　出							
	$\overline{LT}$	$\overline{RBI}$	A_3	A_2	A_1	A_0	$\overline{BI}/\overline{RBO}$	$\overline{Y}_a$	$\overline{Y}_b$	$\overline{Y}_c$	$\overline{Y}_d$	$\overline{Y}_e$	$\overline{Y}_f$	$\overline{Y}_g$
试灯	0	×	×	×	×	×	1	0	0	0	0	0	0	0
灭灯	×	×	×	×	×	×	0（输入）	1	1	1	1	1	1	1
灭零	1	0	0	0	0	0	0	1	1	1	1	1	1	1

续表

功能或数字	输入						输出							
	$\overline{LT}$	$\overline{RBI}$	A_3	A_2	A_1	A_0	$\overline{BI}/\overline{RBO}$	$\overline{Y}_a$	$\overline{Y}_b$	$\overline{Y}_c$	$\overline{Y}_d$	$\overline{Y}_e$	$\overline{Y}_f$	$\overline{Y}_g$
0	1	1	0	0	0	0	1	0	0	0	0	0	0	1
1	1	×	0	0	0	1	1	1	0	0	1	1	1	1
2	1	×	0	0	1	0	1	0	0	1	0	0	1	0
3	1	×	0	0	1	1	1	0	0	0	0	1	1	0
4	1	×	0	1	0	0	1	1	0	0	1	1	0	0
5	1	×	0	1	0	1	1	0	1	0	0	1	0	0
6	1	×	0	1	1	0	1	1	1	0	0	0	0	0
7	1	×	0	1	1	1	1	0	0	0	1	1	1	1
8	1	×	1	0	0	0	1	0	0	0	0	0	0	0
9	1	×	1	0	0	1	1	0	0	0	1	1	0	0

结合74LS47的功能表8-7，说明其逻辑功能。

① 灯测试功能。当试灯输入端$\overline{LT}=0$，$\overline{BI}/\overline{RBO}=1$时，输出$\overline{Y}_a\sim\overline{Y}_g$均为0，数码管七段全亮，显示8，以测试数码管有无损坏。

② 灭灯（消隐）功能。只要灭灯输入端$\overline{BI}=0$，无论输入$A_3A_2A_1A_0$为何种电平，$\overline{Y}_a\sim\overline{Y}_g$均为1，数码管各段熄灭（此时$\overline{BI}/\overline{RBO}$为输入端）。

③ 灭零功能。设置灭零输入端$\overline{RBI}$的目的是为了把不希望显示的零熄灭掉。例如，数据0018.90，将前后多余的零熄灭，显示18.9，则显示结果更加醒目。

在$\overline{LT}=1$的前提下，只要$\overline{RBI}=0$且输入$A_3A_2A_1A_0=0000$，此时灭零输出端$\overline{RBO}=0$，$\overline{Y}_a\sim\overline{Y}_g$均为1，数码管可使本来应显示的0熄灭。因此灭零输出端$\overline{RBO}=0$表示译码器处于灭零状态，该端主要用于显示多位数时，多个译码器之间的连接。

④ 数码显示功能。当$\overline{LT}=1$，$\overline{BI}/\overline{RBO}=1$时，若输入8421BCD码，译码输出$\overline{Y}_a\sim\overline{Y}_g$上产生相应驱动信号，使数码管显示0～9。

［例8-4］ 用七段译码器74LS47和LED数码管设计一个七段数码显示电路。

解：选择共阳极七段数码管，数码管a～g引脚通过一个680Ω的排阻（或680Ω×7的单个电阻）与74LS47译码输出引脚$\overline{Y}_a\sim\overline{Y}_b$对应连接，辅助控制端$\overline{LT}$、$\overline{RBI}$和$\overline{BI}/\overline{RBO}$接高电平，如图8-26所示，引脚$A_3\sim A_0$输入8421BCD码，数码管就能显示出相应的十进制数码0～9。

三、数据选择器

1. 数据选择器的基本原理

根据地址输入（又称选择输入）信号从多路输入数据中选取其中一路数据作为输出的逻辑电路，称为数据选择器（Multiplexer，MUX），又称“多路开关”。数据选择器一般有n个地址输入，2^n个数据输入，根据输入数据的路数不同，有2选1、4选1、8选1数据选择器等。

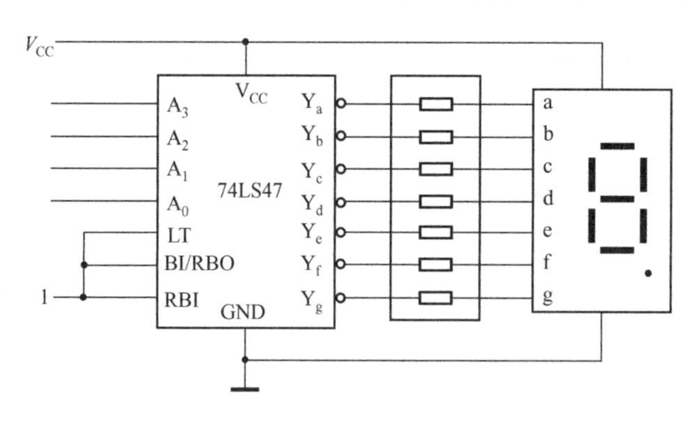

图 8-26　例 8-4 的连线图

4 选 1 数据选择器的功能示意框图如图 8-27 所示，图中，4 个数据输入端 D_3、D_2、D_1、D_0，1 个数据输出端 Y，2 个地址输入端 A_1、A_0。

从 4 选 1 数据选择器（MUX）真值表 8-8 可以看出，两位地址输入代码 A_1A_0 分别为 00、01、10、11 时，可从四路输入数据 $D_0 \sim D_3$ 中选择对应的一路输入数据送到输出端 Y，如输入地址代码 $A_1A_0=01$ 时，选择输入数据 D_1 送到输出端 Y，$Y=D_1$。

表 8-8　4 选 1 数据选择器真值表

地址输入		数据输入				数据输出
A_1	A_0	D_3	D_2	D_1	D_0	Y
0	0	×	×	×	D_0	D_0
0	1	×	×	D_1	×	D_1
1	0	×	D_2	×	×	D_2
1	1	D_3	×	×	×	D_3

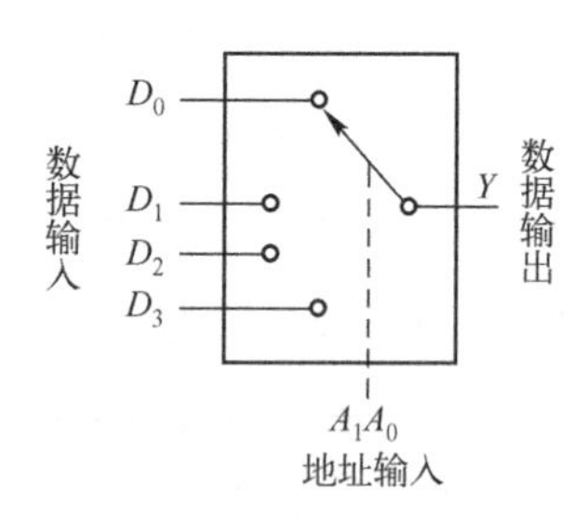

图 8-27　4 选 1 MUX 功能示意图

2. 8 选 1 数据选择器 74LS151

74LS151 是 8 选 1 数据选择器，其逻辑功能示意图和引脚图如图 8-28 所示。

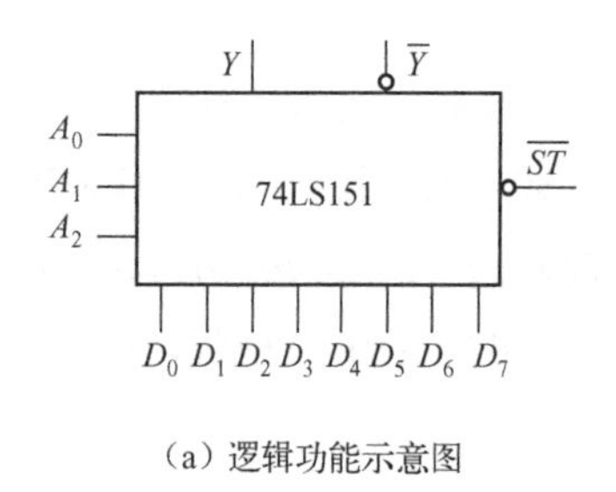

（a）逻辑功能示意图

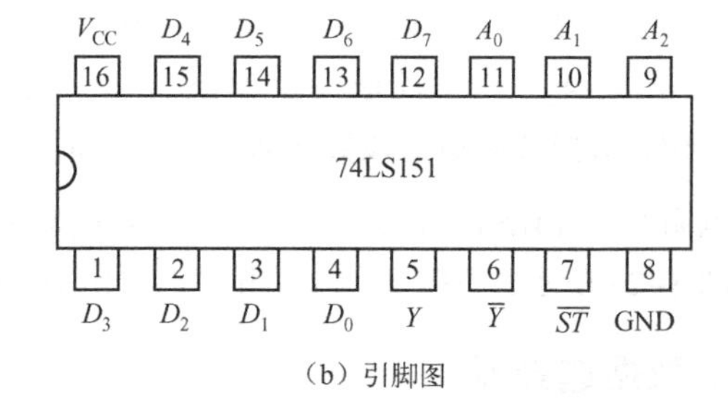

（b）引脚图

图 8-28　8 选 1 数据选择器 74LS151

图 8-28 中，8 个数据通道 $D_0 \sim D_7$，3 个地址输入端 A_2、A_1、A_0，两个互补的输出端 Y 和 $\overline{Y}$，使能端 $\overline{ST}$（低电平有效）。8 选 1 数据选择器 74LS151 的功能表如表 8-9 所示。

表 8-9　8 选 1 数据选择器 74LS151 功能表

使能输入	地址输入			数据输出
$\overline{ST}$	A_2	A_1	A_0	Y
1	×	×	×	0
0	0	0	0	D_0
	0	0	1	D_1
	0	1	0	D_2
	0	1	1	D_3
	1	0	0	D_4
	1	0	1	D_5
	1	1	0	D_6
	1	1	1	D_7

由功能表 8-9 可见，当$\overline{ST}=1$时，输出 $Y=0$，输入数据被封锁；当$\overline{ST}=0$时，数据选择器选通输出，输出逻辑函数表达式为：

$$Y=(\overline{A}_2\overline{A}_1\overline{A}_0)D_0+(\overline{A}_2\overline{A}_1A_0)D_1+(\overline{A}_2A_1\overline{A}_0)D_2+(\overline{A}_2A_1A_0)D_3+(A_2\overline{A}_1\overline{A}_0)D_4+(A_2\overline{A}_1A_0)D_5+(A_2A_1\overline{A}_0)D_6+(A_2A_1A_0)D_7 \quad (8-6)$$

或

$$Y=m_0D_0+m_1D_1+m_2D_2+m_3D_3+m_4D_4+m_5D_5+m_6D_6+m_7D_7$$

*3. 数据选择器的应用

对于 2^n 选 1 数据选择器的输出逻辑函数一般表达式为：

$$Y=\sum_{i=0}^{2^n-1}m_iD_i(\overline{ST}=0)$$

当 MUX 在输入数据全部为 1 时，输出为地址变量全部最小项之和；而任何组合逻辑函数都可以写成最小项表达式，因此，可借助 MUX 实现组合逻辑函数，构成函数发生器。

[例 8-5]　试用数据选择器实现逻辑函数 $Y=A\overline{B}+\overline{A}C+A\overline{B}C$。

解：(1) 选择数据选择器。由于逻辑函数 Y 中有 A、B、C 三个变量，所以选用 8 选 1 数据选择器 74LS151。74LS151 输出逻辑函数表达式为：

$$Y'=(\overline{A}_2\overline{A}_1\overline{A}_0)D_0+(\overline{A}_2\overline{A}_1A_0)D_1+(\overline{A}_2A_1\overline{A}_0)D_2+(\overline{A}_2\overline{A}_1A_0)D_3+(A_2\overline{A}_1\overline{A}_0)D_4+(A_2\overline{A}_1A_0)D_5+(A_2A_1\overline{A}_0)D_6+(A_2A_1A_0)D_7$$

(2) 写出逻辑函数 Y 的最小项表达式：

$$\begin{aligned}Y&=A\overline{B}+\overline{A}C+A\overline{B}C\\&=A\overline{B}(\overline{C}+C)+\overline{A}C(B+\overline{B})+\overline{A}BC\\&=\overline{A}\,\overline{B}C+\overline{A}BC+A\overline{B}\,\overline{C}+A\overline{B}C\end{aligned}$$

(3) 比较 Y 和 Y' 两式中最小项的对应关系。设 $Y=Y'$，数据选择器的地址输入为：

$$A_2=A,\ A_1=B,\ A_0=C \quad (8-7)$$

Y'式中包含 Y 式的最小项时，数据输入取 1，没有包含 Y 式的最小项时，数据输入为 0。

由此将 MUX 数据输入端赋值为：

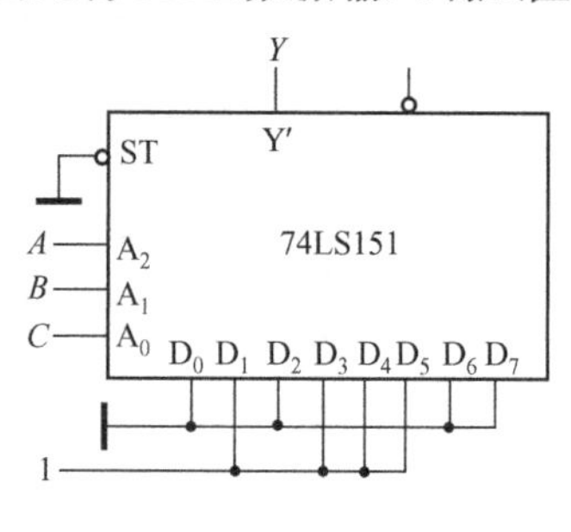

图 8-29　例 8-5 的连线图

$$D_0 = D_2 = D_6 = D_7 = 0 \qquad D_1 = D_3 = D_4 = D_5 = 1 \tag{8-8}$$

（4）画连线图。根据式（8-7）和式（8-8）可画出图 8-29 所示的连线图。

*四、加法器

在数字系统中，尤其是在计算机系统中，常用到的二进制加、减、乘、除等算术运算都是分解成加法运算进行的，因此，加法器是构成算术运算电路的基本单元。

1. 全加器

能够实现加数、被加数和来自低位的进位数三者相加的电路称为全加器（Full Adder，FA）。

设本位的加数和被加数为 A_i、B_i，相邻低位（第 $i-1$ 位）的进位数为 C_{i-1}，本位的和数为 S_i，向高位（第 $i+1$ 位）的进位数为 C_i。则列出全加器的真值表，如表 8-10 所示。

表 8-10　全加器的真值表

输　入			输　出	
A_i	B_i	C_{i-1}	S_i	C_i
0	0	0	0	0
0	0	1	1	0
0	1	0	1	0
0	1	1	0	1
1	0	0	1	0
1	0	1	0	1
1	1	0	0	1
1	1	1	1	1

由全加器的真值表 8-10 可得到输出逻辑函数表达式为：

$$S_i = \overline{A}_i\overline{B}_iC_{i-1} + \overline{A}_iB_i\overline{C}_{i-1} + A_i\overline{B}_i\overline{C}_{i-1} + A_iB_iC_{i-1}$$

$$C_i = \overline{A}_iB_iC_{i-1} + A_i\overline{B}_iC_{i-1} + A_iB_i\overline{C}_{i-1} + A_iB_iC_{i-1}$$

对以上两式进行化简及变换，得到：

$$S_i = A_i \oplus B_i \oplus C_{i-1}$$

$$C_i = (A_i \oplus B_i)\ C_{i-1} + A_iB_i$$

根据化简和变换后的 S_i 和 C_i 的表达式，可画出如图 8-30（a）所示的全加法器的逻辑图。图 8-30（b）所示为全加法器的逻辑符号。

2. 集成多位加法器

实现多位二进制数加法运算的电路，称为多位加法器。74LS283 是 4 位加法器，可实现两个4位二进制数的相加，其逻辑功能示意图和引脚图如图8-31所示。

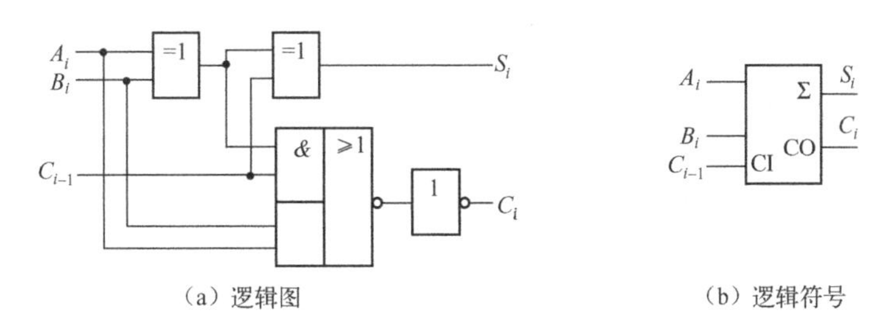

（a）逻辑图　　（b）逻辑符号

图8-30　全加法器

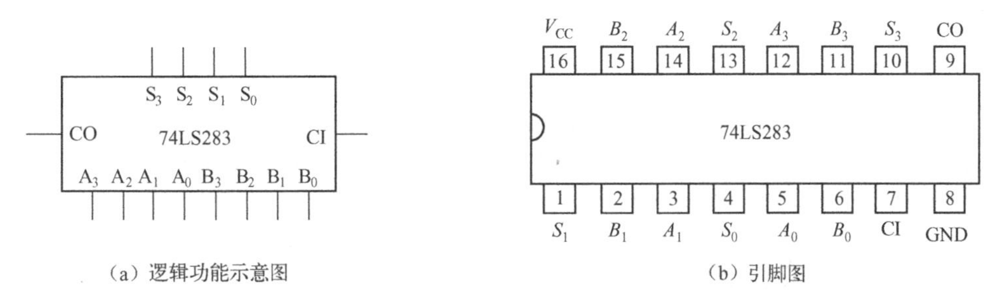

（a）逻辑功能示意图　　（b）引脚图

图8-31　4位超前进位加法器74LS283

在图8-31中，$A_3 \sim A_0$和$B_3 \sim B_0$是两个4位二进制数加数输入端，$S_3 \sim S_0$是4位二进数相加的和数输出端，CI是低位来的进位输入端，CO是向高位的进位输出端。

3. 加法器的应用

加法器除了能够进行二进制数的算术运算外，还可以用来设计代码转换电路等。

[例8-6]　设计一个代码转换电路，将8421BCD码转换为余3码。

解：输入为8421BCD码，用D、C、B、A表示，输出为余3码，用Y_3、Y_2、Y_1、Y_0表示。对应于同一十进制数，余3码总比8421BCD码多0011（即十进制的3），故有：

$$Y_3Y_2Y_1Y_0 = DCBA + 0011$$

根据上式，用1片4位加法器74LS283即可实现代码转换。只要令74LS283的一组加数输入端$A_3A_2A_1A_0 = DCBA$，即输入8421BCD码，另一组加数输入端$B_3B_2B_1B_0 = 0011$，进位输入端CI置0，则输出端$S_3S_2S_1S_0 = Y_3Y_2Y_1Y_0$，即可得到余3码，代码转换电路如图8-32所示。

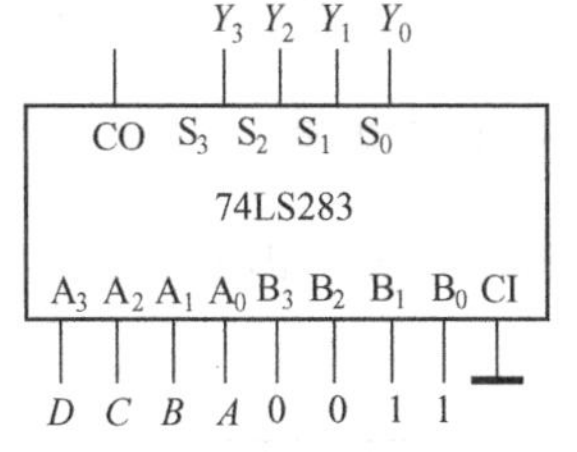

图8-32　例8-6的代码转换电路

能力训练

（1）分析图8-33所示的电路，写出输出逻辑函数表达式。

（2）试用3线—8线译码器74LS138和门电路实现逻辑函数$Y = \overline{A}\,\overline{B}C + A\overline{B}\,\overline{C} + BC$。

（3）试写出如图8-34所示电路的输出逻辑函数式。

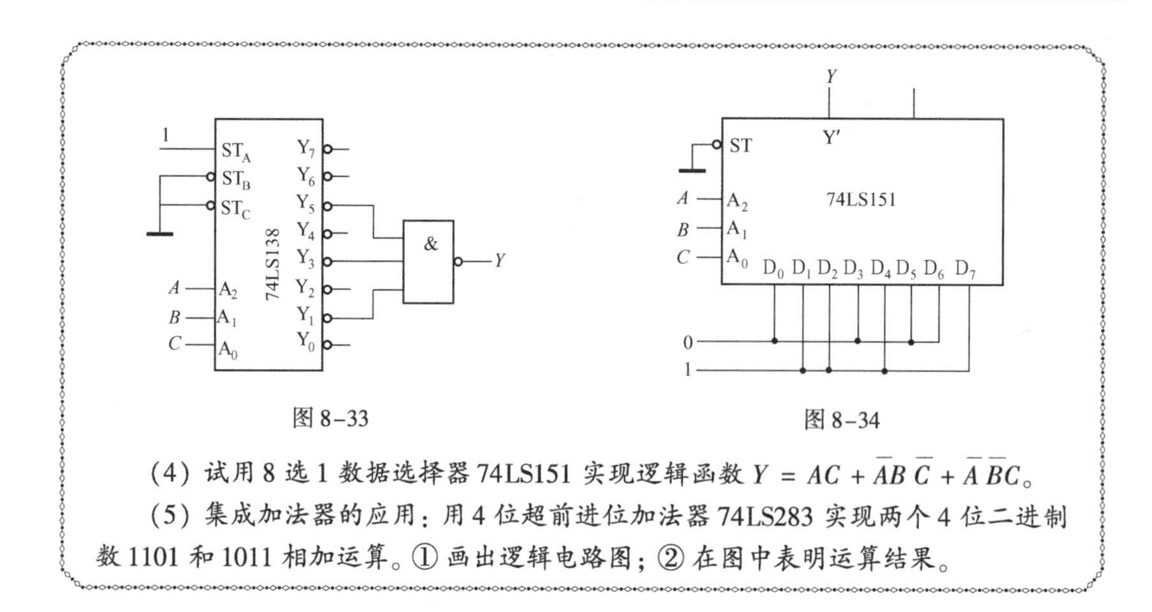

图 8-33

图 8-34

（4）试用 8 选 1 数据选择器 74LS151 实现逻辑函数 $Y = AC + \overline{A}B\overline{C} + \overline{A}\,\overline{B}C$。

（5）集成加法器的应用：用 4 位超前进位加法器 74LS283 实现两个 4 位二进制数 1101 和 1011 相加运算。① 画出逻辑电路图；② 在图中表明运算结果。

技能训练十：集成门电路的逻辑功能测试

1. 训练目的

（1）掌握识别集成门电路的引脚排列图和各引脚的用途。
（2）能测试集成门电路的逻辑功能。
（3）掌握集成门电路的初步应用。

2. 仪表仪器、工具

（1）参考仪器：数字逻辑实验箱、数字万用表。
（2）参考器件：74LS00、74LS02、CC4012。

3. 训练内容

训练步骤、内容及要求如表 8-11 所示。

表 8-11　训练步骤、内容及要求

内　容	技　能　点	训练步骤及内容	训 练 要 求
集成门电路的识读	会识别芯片引脚编号	识读芯片 74LS00	会查集成电路手册
	能识别芯片引脚作用	识读芯片 74LS02	读懂芯片参数
	会识读芯片逻辑功能	识读芯片 CC4012	识别芯片引脚及功能
集成门电路的逻辑功能测试	会将芯片正确插入 IC 插座	测试芯片 74LS00 逻辑功能	电路连接与功能测试
	会电路连接与故障排除	测试芯片 74LS02 逻辑功能	自拟测试表格并做记录
	能进行电路测试与结果分析	测试芯片 CC4012 逻辑功能	分析结果判断逻辑功能
集成门电路初步应用（实现 $Y=AB+CD$）	会正确选择集成芯片	画出用与非门实现的逻辑图	排除训练中出现的故障
	能正确进行电路连接	在数字实验箱上连接电路	判断设计是否正确
	会进行电路测试与结果分析	设计表格并测试逻辑功能	总结训练的收获与体会

* 技能训练十一：译码器设计火灾报警电路

1. 训练目的

（1）掌握识别集成译码器的引脚排列图和引脚的功能。
（2）能测试集成译码器的逻辑功能。
（3）掌握初步应用译码器设计组合逻辑电路。

2. 仪表仪器、工具

（1）参考仪器：数字逻辑实验箱、数字万用表。
（2）参考器件：74LS138、CC4012。

3. 训练内容

用译码器设计一个产生火灾报警控制信号电路。有一个火灾报警系统，设有烟感、温感和紫外光感三种不同类型的火灾探测器，为了防止误报警，只有当其中两种或两种以上探测器发出探测信号时，报警系统才产生报警信号。训练步骤、内容及要求如表 8-12 所示。

表 8-12 训练步骤、内容及要求

内　容	技　能　点	训练步骤及内容	训 练 要 求
集成译码器逻辑功能的测试	会识别芯片引脚编号、作用和识读芯片逻辑功能	识读集成芯片 74LS138	查集成电路手册，读懂芯片功能表，识别芯片引脚及作用
	会连接电路、排除电路故障、实现逻辑功能测试	测试 74LS138 的逻辑功能	实现电路连接与功能测试，记录测试结果并判断逻辑功能
用译码器设计一火灾报警器	能正确选择集成芯片	完成电路设计并画逻辑图	分析和排除电路故障
	会电路设计与电路连接	在数字实验箱上连接电路	判断设计是否正确
	会电路测试与结果分析	测试电路的逻辑功能	总结训练的收获与体会

自　评　表

序号	自 评 项 目	自 评 标 准	项 目 配 分	项 目 得 分	自 评 成 绩
1	集成门电路	明确 TTL 与非门的主要参数	1 分		
		OC 门逻辑符号及其“线与”连接	2 分		
		TSL 门逻辑符号及其三种可能的输出状态	2 分		
		CMOS 传输门逻辑符号及其模拟开关电路	2 分		
2	集成门电路的识读	集成门电路 74LS00 和 CC4012 的引脚编号	1 分		
		集成门电路 74LS00 和 CC4012 的引脚作用	1 分		
		集成门电路 74LS00 和 CC4012 的逻辑功能	1 分		
3	集成门电路的应用	集成门电路闲置输入端的处理	2 分		
		集成门电路逻辑功能的测试	4 分		
		集成门电路的初步应用	4 分		

续表

序号	自评项目	自评标准	项目配分	项目得分	自评成绩
4	组合逻辑电路的分析和设计	组合逻辑电路及其特点	2分		
		组合逻辑电路的逻辑功能分析	8分		
		简单组合逻辑电路的设计	15分		
5	集成组合逻辑器件	74LS148的逻辑功能示意图和引脚排列图	5分		
		74LS138的逻辑功能示意图和引脚排列图	5分		
		74LS47的逻辑功能示意图和引脚排列图	5分		
		74LS151的逻辑功能示意图和引脚排列图	5分		
		74LS283的逻辑功能示意图和引脚排列图	5分		
6	集成组合逻辑器件的应用	集成组合逻辑器件引脚排列图的识读	5分		
		集成组合逻辑器件逻辑功能的测试	10分		
		集成组合逻辑器件的典型应用	15分		
能力缺失					
弥补办法					

能力测试

一、基本能力测试

（1）三种基本逻辑门是（　　）、（　　）、（　　）。

（2）CMOS逻辑门是（　　）极型的门电路，TTL逻辑门是（　　）极型的门电路。

（3）三态门的输出可以出现（　　）、（　　）、（　　）三种状态。

（4）CMOS门电路的闲置输入端不能（　　），对于与门应当接到（　　）电平，对于或门应当接到（　　）电平。

（5）数字电路中，任意时刻的输出信号只与该时刻的输入有关，而与该信号作用之前的状态无关的电路属于（　　）电路。

（6）若用二进制代码对32个字符进行编码，则需要（　　）位二进制数。

（7）一个3线—8线译码器的译码输入端有（　　）个，输出端信号有（　　）个。

（8）驱动共阳极七段数码管的译码器的输出电平为（　　）有效，驱动共阴极七段数码管的译码器的输出电平为（　　）有效。

（9）8选1数据选择器CT74LS151，它有（　　）位地址码。

（10）对TTL与非门多余输入端的处理，不能将它们（　　）。

A. 与有用输入端并联　　B. 接地　　C. 接高电平　　D. 悬空

（11）输出端可直接连在一起实现“线与”逻辑功能的门电路是（　　）。

A. 与非门　　B. 或非门　　C. 三态门　　D. OC门

（12）为实现数据传输的总线结构，要选用（　　）门电路。

A. 或非　　B. OC　　C. 三态　　D. 与或非

(13) 在下列逻辑电路中，不是组合逻辑电路的有（　　）。

A. 译码器　　B. 编码器　　C. 全加器　　D. 寄存器

(14) 译码器辅以门电路后，更适用于实现多输出逻辑函数，因为它的每个输出为（　　）。

A. 或项　　B. 最小项　　C. 与项之和　　D. 最小项之和

(15) 一个有 n 位地址码的数据选择器，它的数据输入端有（　　）个。

A. 2^n　　B. 2^{n-1}　　C. 2^n-1　　D. n

二、应用能力测试

(1) 分析如图 8-35 所示电路的逻辑功能，要求写出电路输出逻辑函数式并化简，列出真值表，画出用与非门实现的简化逻辑图。

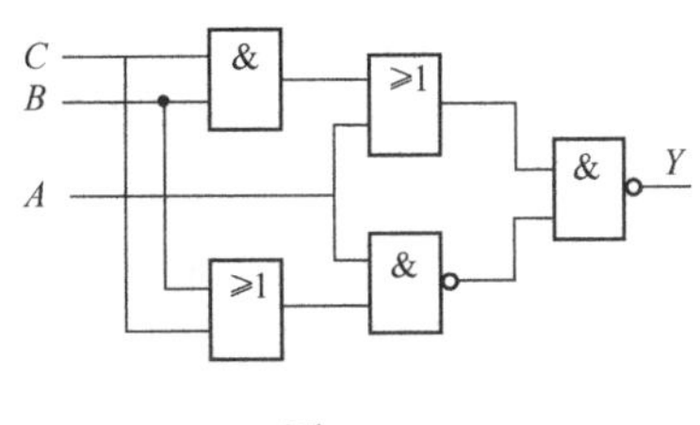

图 8-35

(2) 设计一个监视交通信号灯工作状态的逻辑电路。每组信号灯由红、黄、绿 3 盏灯组成，正常情况下，任何时刻必有 1 盏灯亮，而且只允许有一盏灯亮，当出现其他状态时表明电路发生故障，要求发出故障信号，以提醒工作人员前去维修。用数据选择器设计实现此要求的组合逻辑电路。

项目九

时序逻辑电路的应用

项目描述：时序逻辑电路是指任意时刻的输出信号，不仅取决于该时刻电路的输入信号，而且还取决于电路原来状态的逻辑电路。时序逻辑电路的基本单元是触发器，常用的中规模时序逻辑电路有计数器和寄存器。计数器不仅能用于对时钟脉冲个数进行计数，还可用于定时、分频、数字测量、运算和控制等电路，是现代数字系统中不可缺少的重要组成部分；寄存器用来暂时存放运算数据和运算结果，在各种微机 CPU 中都包含了寄存器。

555 定时器是一种将模拟电路和数字电路相结合的集成电路，它可以用来产生脉冲、脉冲整形、脉冲展宽、脉冲调制等多种功能，使用灵活方便，应用广泛，通常只要在外部配接少量的元件就可以组成很多适用电路。

项目任务：集成触发器、计数器、寄存器和 555 定时器的功能、使用方法及其应用技能。

学习内容：触发器、计数器、寄存器、555 定时器。

任务三十四：触发器及其应用

能力目标

(1) 能识读集成触发器的引脚排列图。
(2) 会分析和测试集成触发器的逻辑功能。
(3) 学会集成触发器的应用技能。

触发器是构成时序逻辑电路的基本逻辑单元。触发器有两个基本特性：一是有两个稳定状态（简称稳态）。$Q=0$，$\overline{Q}=1$，称为触发器0 态，$Q=1$，$\overline{Q}=0$，称为触发器1 态；二是在外信号作用下，两个稳定状态可相互转换（称为状态的翻转），没有外信号作用时，保持原状态不变。因此，触发器具有记忆功能，常用来保存二进制信息。一个触发器可存储 1 位二进制码，存储 n 位二进制码则需用 n 个触发器。触发器未加信号前的状态称为现态，用 Q^n 表示，触发器加信号后的状态称为次态，用 Q^{n+1}表示。触发器的逻辑功能是指触发器的现态与次态及输入信号之间的逻辑关系。

根据逻辑功能不同，触发器分为 RS 触发器、D 触发器、JK 触发器、T 触发器、T′触发器；根据触发方式不同分为电平触发器、边沿触发器、主从触发器；根据电路结构不同分为基本 RS 触发器、同步触发器、主从触发器、边沿触发器。

触发器逻辑功能的描述方法主要有特性表、特性方程、驱动表（又称激励表）、状态转换图和波形图（又称时序图）等。

一、RS 触发器

1. 基本 RS 触发器

由两个与非门构成的基本 RS 触发器如图 9-1 所示。图中，信号输入端 $\overline{S}_{\mathrm{d}}$、$\overline{R}_{\mathrm{d}}$；互补输出端 Q、$\overline{Q}$。基本 RS 触发器的逻辑功能表如表 9-1 所示。由功能表可知：当 $\overline{S}_{\mathrm{d}}=0$、$\overline{R}_{\mathrm{d}}=1$ 时，触发器被置“1”，称 $\overline{S}_{\mathrm{d}}$ 为置“1”端；当 $\overline{S}_{\mathrm{d}}=1$，$\overline{R}_{\mathrm{d}}=0$ 时，触发器被置“0”，称 $\overline{R}_{\mathrm{d}}$ 为置“0”端。当 $\overline{S}_{\mathrm{d}}=\overline{R}_{\mathrm{d}}=1$ 时，状态保持；当 $\overline{S_{\mathrm{d}}}=\overline{R_{\mathrm{d}}}=0$ 时，触发器状态不定，应避免此种情况发生。

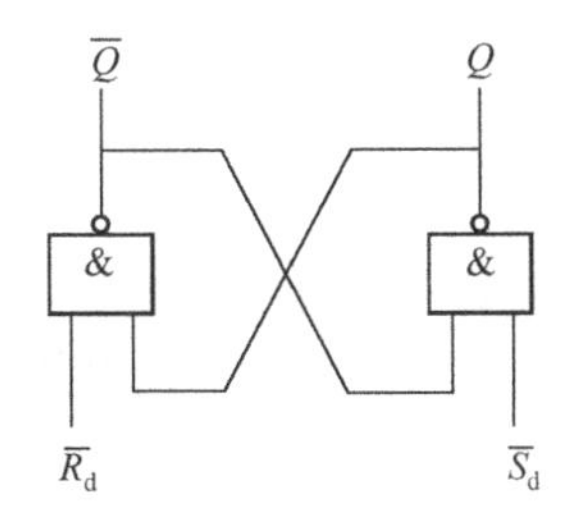

图 9-1　基本 RS 触发器

表 9-1　基本 RS 触发器的逻辑功能表

输入		输出
$\overline{S}_{\mathrm{d}}$	$\overline{R}_{\mathrm{d}}$	Q^{n+1}
0	0	1（禁用）
0	1	1
1	0	0
1	1	Q^n

基本 RS 触发器的特点：

(1) 触发器的次态不仅与输入信号状态有关，而且与触发器的现态也有关。

(2) 电路具有两个稳定状态，在无外来触发信号作用时，电路将保持原状态不变。

(3) 在外加触发信号有效时，电路可以触发翻转，实现置 0 或置 1。

(4) 在稳定状态下两个输出端的状态必须是互补关系，即有约束条件。

基本 RS 触发器的特性方程为：

$$\begin{cases} Q^{n+1}=S_{\mathrm{d}}+\overline{R}_{\mathrm{d}}Q^n \\ \overline{R}_{\mathrm{d}}+\overline{S}_{\mathrm{d}}=1 \qquad \text{（约束条件）} \end{cases}$$

［例 9-1］　如图 9-1 所示为基本 RS 触发器电路，其输入信号的电压波形如图 9-2（a）所示，试画出对应的输出端电压波形。

解：输出端 Q 和 $\overline{Q}$ 波形如图 9-2（b）所示。

2. 同步 RS 触发器

基本 RS 触发器的动作特点是当输入端的置 0 或置 1 信号出现，输出状态就可能随之发生变化，触发器状态的转换没有统一的节拍。这不仅使电路的抗干扰能力下降，而且也不便于多个触发器同步工作。在实际应用中，经常要求触发器在时钟脉冲控制下按一定的节拍动作，所谓同步就是指满足要求的时钟信号到来时触发器才根据输入信号的情况形成新的输出。

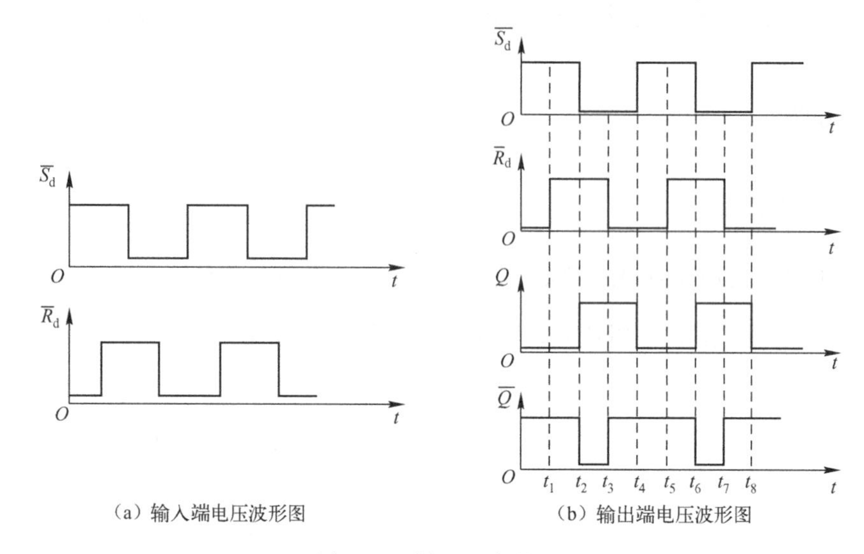

（a）输入端电压波形图　（b）输出端电压波形图

图 9-2　例 9-1 波形图

同步 RS 触发器由基本 RS 触发器和用来引入 R、S 及时钟 CP 信号的两个与非门构成，其逻辑电路如图 9-3（a）所示，图 9-3（b）、（c）所示为同步 RS 触发器的逻辑符号。

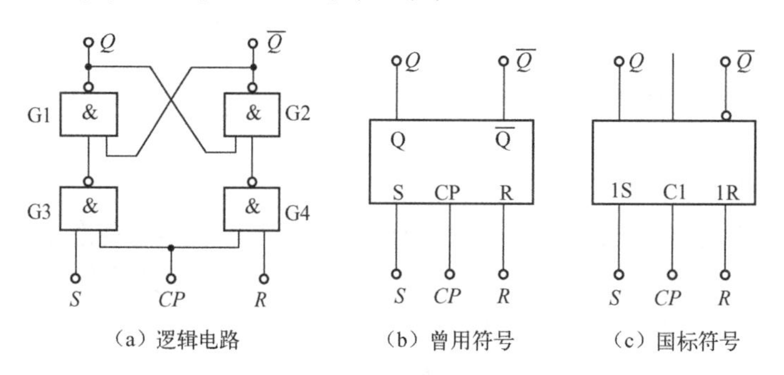

（a）逻辑电路　（b）曾用符号　（c）国标符号

图 9-3　同步 RS 触发器的逻辑电路和逻辑符号

根据图 9-3 所示电路可知，在 $CP=0$ 期间，因基本 RS 触发器 $\overline{S}_d=\overline{R}_d=1$，触发器状态保持不变。在 $CP=1$ 期间，R 和 S 端信号经与非门取反后输入到基本 RS 触发器的 $\overline{S}_d$、$\overline{R}_d$ 端，其输入/输出关系为：

（1）当 $R=S=0$ 时，触发器保持原来状态不变。

（2）当 $R=1$，$S=0$ 时，触发器被置为 0 状态。

（3）当 $R=0$，$S=1$ 时，触发器被置为 1 状态。

（4）当 $R=S=1$ 时，触发器的输出 $Q=\overline{Q}=1$，当 R 和 S 同时返回 0（或 CP 从 1 变为 0）时，触发器将处于不定状态。

根据以上分析，可以列出触发器的逻辑功能表如表 9-2 所示。

表 9-2　同步 RS 触发器的逻辑功能表

CP	S	R	Q^n	Q^{n+1}	功　能
0	×	×	×	Q^n	保持
1	0	0	0	0	保持
	0	0	1	1	
1	0	1	0	0	置 0
	0	1	1	0	
1	1	0	0	1	置 1
	1	0	1	1	
1	1	1	0	不定	不允许
	1	1	1	不定	

由表 9-2 可得出同步 RS 触发器的逻辑函数表达式即特性方程为：

$$\begin{cases} Q^{n+1}=S+\overline{R}Q^n & (CP=1) \\ RS=0 & (\text{约束条件}) \end{cases}$$

同步 RS 触发器的时序图如图 9-4 所示。假设触发器的初始状态为 0。

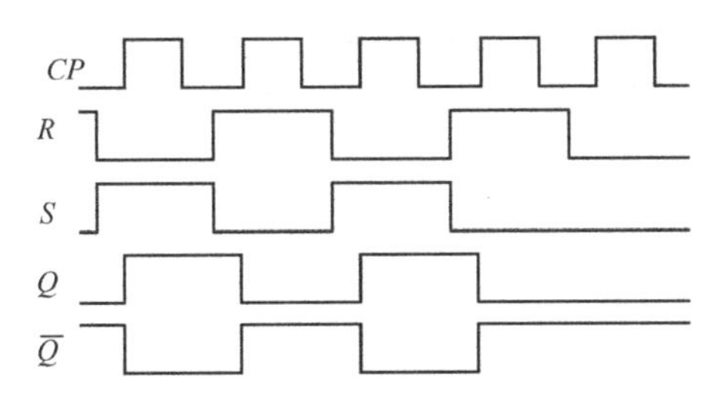

图 9-4　同步 RS 触发器时序图

二、JK 触发器

双 JK 触发器 74LS112，是双下降边沿触发的边沿触发器。引脚排列及逻辑符号如图 9-5 所示，其逻辑功能表如表 9-3 所示。

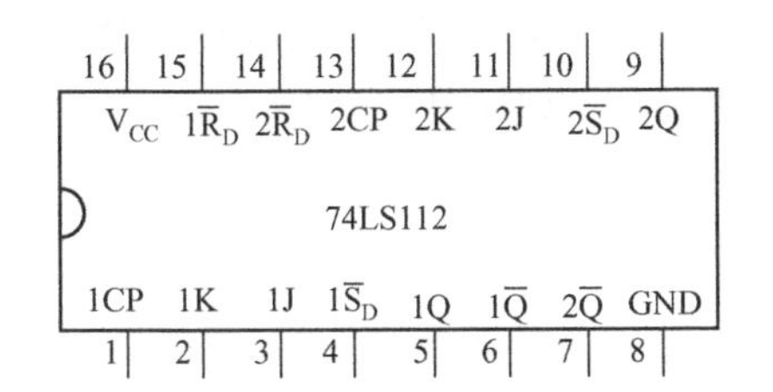

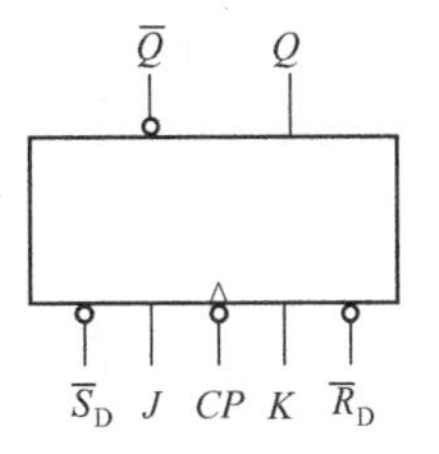

图 9-5　双 JK 触发器 74LS112 引脚排列及逻辑功能示意图

在边沿 JK 触发器的逻辑符号中，时钟输入端的小三角表示边沿触发方式，输入端的小圆圈表示下降沿触发。$\overline{S_D}$、$\overline{R_D}$为异步直接置 1 和直接置 0 端。当$\overline{S_D}=0$，$\overline{R_D}=1$ 时，触发器输出为 1；当$\overline{R_D}=0$，$\overline{S_D}=1$ 时，触发器输出为 0；当$\overline{S_D}=\overline{R_D}=1$ 时，触发器按 JK 方式正常工作。

表 9-3　双 JK 触发器 74LS112 功能表

输　入					输出
$\overline{S}_D$	$\overline{R}_D$	CP	J	K	Q^{n+1}
0	1	×	×	×	1
1	0	×	×	×	0
0	0	×	×	×	ϕ
1	1	↓	0	0	Q^n
1	1	↓	1	0	1
1	1	↓	0	1	0
1	1	↓	1	1	$\overline{Q}^n$
1	1	↑	×	×	Q^n

注：×— 任意态；↓— 高到低电平跳变；↑— 低到高电平跳变。

边沿触发器的工作特点是触发器只在时钟脉冲 CP 的上升沿（或下降沿）工作，其他时刻触发器处于保持状态。JK 触发器的特性方程为：

$$Q^{n+1} = J\overline{Q^n} + \overline{K}Q^n \quad (CP\downarrow)$$

根据边沿 JK 触发器的逻辑功能，可画出边沿 JK 触发器的时序图，如图 9-6 所示。假设触发器初始状态为 0。

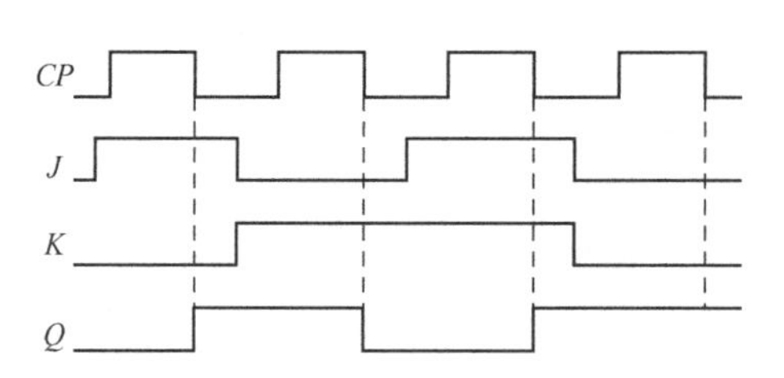

图 9-6　边沿 JK 触发器时序图

三、边沿型 D 触发器

CC4013 是由 CMOS 传输门构成的边沿型 D 触发器。它是双上升沿触发 D 触发器，图 9-7所示为其引脚排列。74LS74 双上升沿触发 D 触发器的引脚排列如图 9-8 所示。

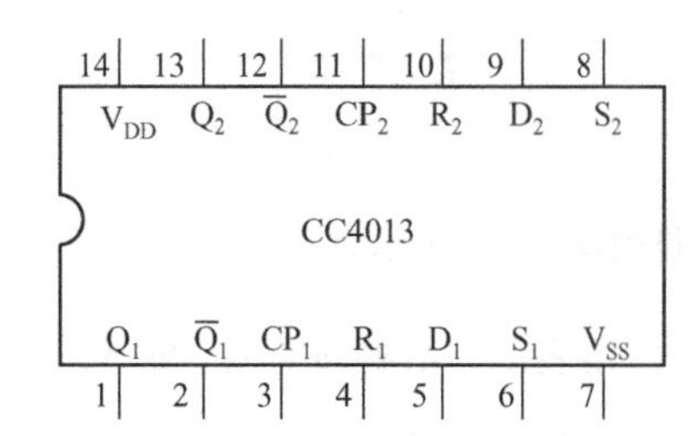

图 9-7　双上升沿触发 D 触发器 CC4013 的引脚排列

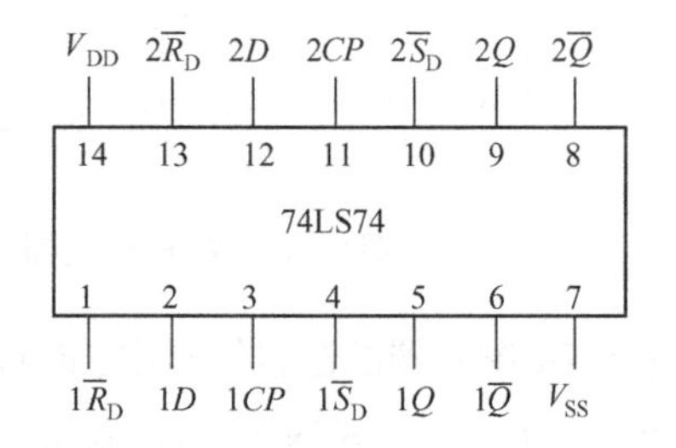

图 9-8　双上升沿触发 D 触发器 74LS74 的引脚排列

CMOS 触发器的直接置位、复位输入端 S 和 R 是高电平有效，当 $S=1$（或 $R=1$）时，触发器将不受其他输入端所处状态的影响，使触发器直接置 1（或置 0）。但直接置位、复位输入端 S 和 R 必须遵守 $RS=0$ 的约束条件。CMOS 触发器在按逻辑功能工作时，S 和 R 必须均置 0。边沿型 D 触发器 CC4013 逻辑功能表如表 9-4 所示。

表 9-4　边沿型 D 触发器 CC4013 逻辑功能表

输　入				输　出
S	R	CP	D	Q^{n+1}
1	0	×	×	1
0	1	×	×	0
1	1	×	×	ϕ
0	0	↑	1	1
0	0	↑	0	0
0	0	↓	×	Q^n

边沿型 D 触发器的特性方程为：

$$Q^{n+1}=D\ (CP\uparrow)$$

四、T 触发器

将 JK 触发器的输入端 J 与 K 相连，作为一个新的输入信号 T，则 JK 触发器变成为 T 触发器。在 CP 的作用下，输入信号 $T=0$时，触发器保持原状态；$T=1$ 时触发器状态翻转。这种触发器被称为 T 触发器。触发器的逻辑符号如图 9-9 所示。

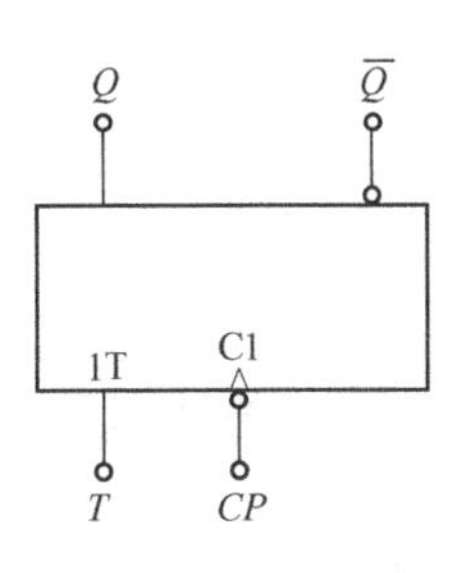

图 9-9　T 触发器的逻辑符号

五、触发器应用

1. 分频器

图 9-10 所示为 D 触发器组成的二分频电路。输入 1kHz 的连续脉冲 CP，用示波器观察输入 CP 和输出 Q 的波形，其频率为 500Hz。

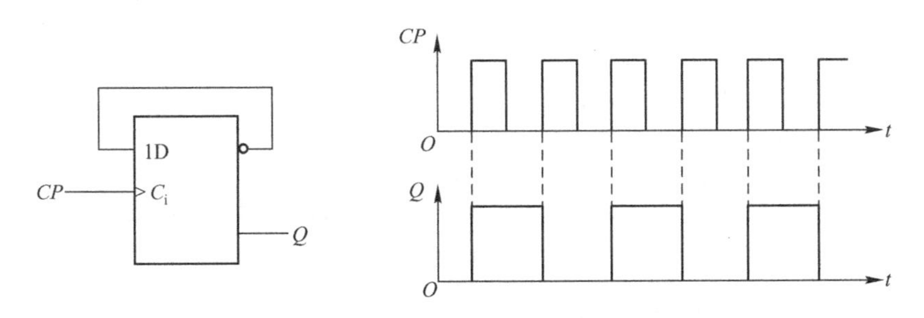

图 9-10　由一个 D 触发器组成的二分频电路

2. 四路抢答器

由D触发器附加必要的门电路构成的四路抢答器，如图9-11所示。准备工作之前，四路输出 $Q_0 \sim Q_3$ 均为0，对应的指示灯 $LED_0 \sim LED_3$ 都不亮。开始工作（抢答开始）时，哪一个开关被按下，对应的输出就为1，点亮相应的指示灯，同时相应的反相输出端为0，使门 G_2 输出0，将门 G_3 封锁，再按任何开关，*CP* 都不起作用了。这样很容易从灯亮的情况判断是哪一路最先抢答的。

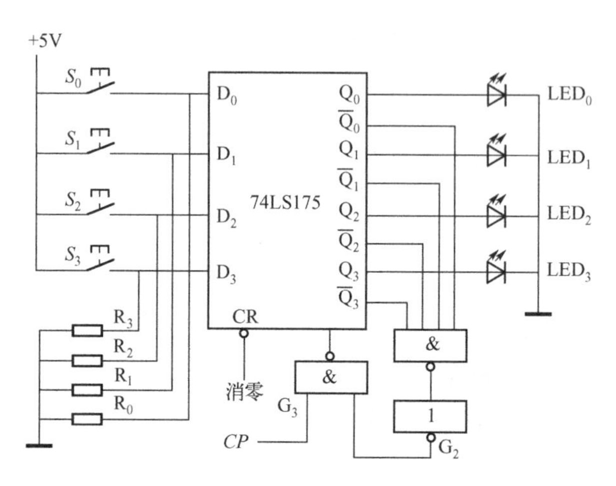

图9-11　四路抢答器电路

能力训练

1. 填空题

(1) 1个触发器可以记忆________二进制信息，1位二进制信息有________和________两种状态。

(2) 触发器功能的主要表示方法有________、________、________和________。

(3) *N* 个触发器可以记忆________种不同的状态。

(4) JK触发器的特性方程是________。

2. 触发器电路的分析。由维持阻塞D触发器构成的电路及输入波形如图9-12所示，根据 *CP* 和 *A*、*B* 的输入波形画出输出端 *Q* 的波形。设触发器的初态均为0。

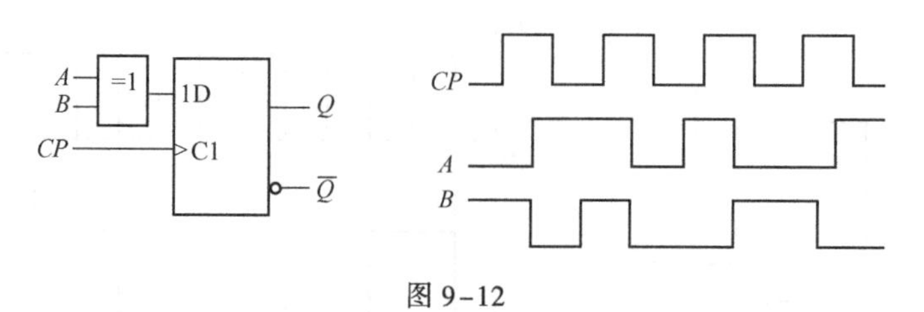

图9-12

任务三十五：计数器及其应用

能力目标

(1) 能看懂中规模集成计数器引脚排列图和逻辑功能图。
(2) 会测试中规模集成计数器逻辑功能。
(3) 能用中规模集成计数器构成任意进制计数器。

计数器是一个用以实现计数功能的时序部件，它不仅可用来计脉冲个数，还常用做数字系统的定时、分频和执行数字运算及其他特定的逻辑功能。

一、集成同步二进制计数器

集成4位同步二进制计数器 CT74LS161 和 CT74LS163 的功能示意图如图9-13所示。

集成4位同步二进制计数器 CT74LS161 逻辑功能表如表9-5所示。由功能表可知 CT74LS161 有如下逻辑功能。

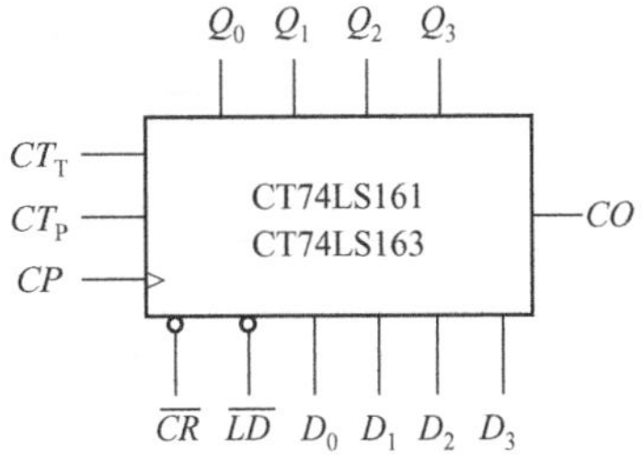

图9-13　CT74LS161 和 CT74LS163 的逻辑功能示意图

(1) 异步清零功能。当$\overline{CR}=0$时，不论有无时钟脉冲 CP 和其他信号输入，计数器均被清零，即 $Q_3Q_2Q_1Q_0=0000$。

(2) 同步并行置数功能。当$\overline{CR}=1$，$\overline{LD}=0$时，CP 上升沿到来，实现同步并行置数。

(3) 计数功能。当$\overline{CR}=1$，$\overline{LD}=1$时，$CT_T=CT_P=1$，在 CP 作用下计数。

(4) 保持功能。

表9-5　CT74LS161 的逻辑功能表

输入									输出			
$\overline{CR}$	$\overline{LD}$	CT_T	CT_P	CP	D_0	D_1	D_2	D_3	Q_3	Q_2	Q_1	Q_0
0	×	×	×	×	×	×	×	×	0	0	0	0
1	0	×	×	↑	d_3	d_2	d_1	d_0	d_3	d_2	d_1	d_0
1	1	1	1	↑	×	×	×	×	计数			
1	1	0	×	×	×	×	×	×	保持			
1	1	×	0	×	×	×	×	×	保持			

二、集成中规模十进制计数器

CC40192 是同步十进制可逆计数器，具有双时钟输入，并具有清除和置数等功能，其引脚排列及逻辑功能示意图如图9-14所示。

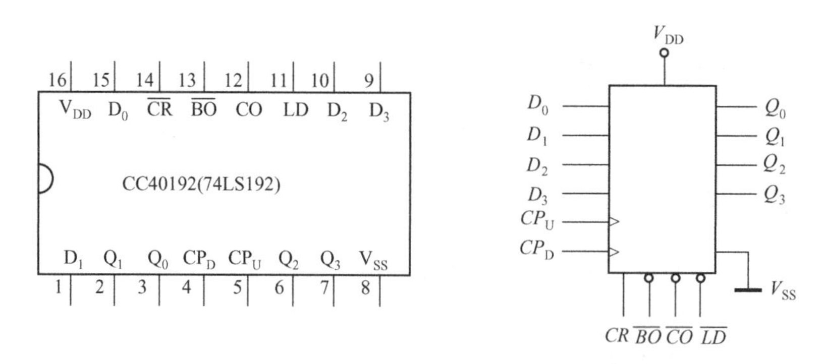

图9-14　CC40192的引脚排列和逻辑功能示意图

在图9-14中：$\overline{LD}$—置数端；CP_U—加计数端；CP_D—减计数端；$\overline{CO}$—非同步进位输出端；$\overline{BO}$—非同步借位输出；D_0、D_1、D_2、D_3—置数端；Q_3、Q_2、Q_1、Q_0—数据输出端；CR—清除端。

CC40192的逻辑功能表如表9-6所示。

表9-6　同步十进制可逆计数器CC40192逻辑功能表

输入								输出			
CR	$\overline{LD}$	CP_U	CP_D	D_3	D_2	D_1	D_0	Q_3	Q_2	Q_1	Q_0
1	×	×	×	×	×	×	×	0	0	0	0
0	0	×	×	d	c	b	a	d	c	b	a
0	1	↑	1	×	×	×	×	加计数			
0	1	1	↑	×	×	×	×	减计数			

由表9-6可知，CC40192的逻辑功能为：

（1）异步置0功能。当清除端CR为高电平“1”时，计数器直接清零。

（2）异步置数功能。当CR为低电平，置数端$\overline{LD}$也为低电平时，数据直接从置数端D_0、D_1、D_2、D_3置入计数器。

（3）计数功能。当CR为低电平，$\overline{LD}$为高电平时，执行计数功能。执行加计数时，减计数端CP_D接高电平，计数脉冲由CP_U输入；在计数脉冲上升沿进行8421码十进制加法计数。执行减计数时，加计数端CP_U接高电平，计数脉冲由减计数端CP_D输入。表9-7所示为8421码十进制加、减计数器的状态转换表。

表9-7　8421码十进制加、减计数器的状态转换表

加法计数 ————→

输入脉冲数		0	1	2	3	4	5	6	7	8	9
输出	Q_3	0	0	0	0	0	0	0	0	1	1
	Q_2	0	0	0	0	1	1	1	1	0	0
	Q_1	0	0	1	1	0	0	1	1	0	0
	Q_0	0	1	0	1	0	1	0	1	0	1

←———— 减法计数

1个十进制计数器只能表示0～9共10个数，为了扩大计数器范围，常用多个十进制计数器级联使用。同步计数器往往设有进位（或借位）输出端，故可选用其进位（或借位）输出信号驱动下一级计数器。图9-15所示是由CC40192利用进位输出$\overline{CO}$控制高一位的CP_U端构成的加数级联图。

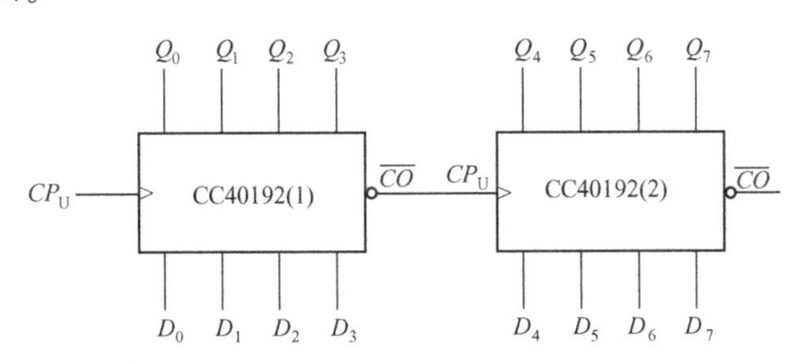

图9-15　加数级联图

三、任意进制计数器

1. 反馈归零法构成任意进制计数器

利用反馈归零法获得N进制计数器，反馈归零法就是在现有的集成计数器的有效计数循环中，选取一个中间状态形成一个控制逻辑，去控制集成计数器的清零端，使计数器计数到此状态后即返回零状态重新开始计数，这样就舍弃了一些状态，把计数容量较大的计数器改成了计数容量较小的计数器。即假定已有N进制计数器，而需要得到一个M进制计数器时，只要$M<N$，用反馈归零法使计数器计数到M时置"0"，即获得M进制计数器。

集成计数器的清零有异步清零和同步清零两种。异步清零与计数脉冲CP没有任何关系，只要异步清零输入端出现清零信号，计数器便立刻被清零。和异步清零不同，同步清零输入端获得清零信号后，计数器并不能立刻被清零，还需要再输入一个计数脉冲CP后，计数器才被清零。

用反馈归零法构成N进制计数器时的步骤：

(1) 选定归零状态。根据芯片的清零方式选定归零状态S_{N-1}或S_N。

(2) 写出反馈归零逻辑函数。根据归零状态的二进制代码写出反馈归零逻辑函数，即根据芯片控制端的要求写出清零端相应的逻辑表达式。

(3) 画连线图。

[例9-2]　分别用集成同步4位二进制计数器CT74LS161和CT74LS163构成十二进制计数器。

解：(1) 利用CT74LS161异步清零端构成十二进制计数器。

确定归零状态：$S_{12}=1100$。

求出归零逻辑函数：$\overline{CR}=\overline{Q_3Q_2}$。

画连线图：如图9-16（a）所示。

(2) 利用CT74LS163同步清零端构成十二进制计数器。

确定归零状态：$S_{11}=1011$。

求出归零逻辑函数：$\overline{CR}=\overline{Q_3Q_1Q_0}$。

画连线图：如图 9-16（b）所示。

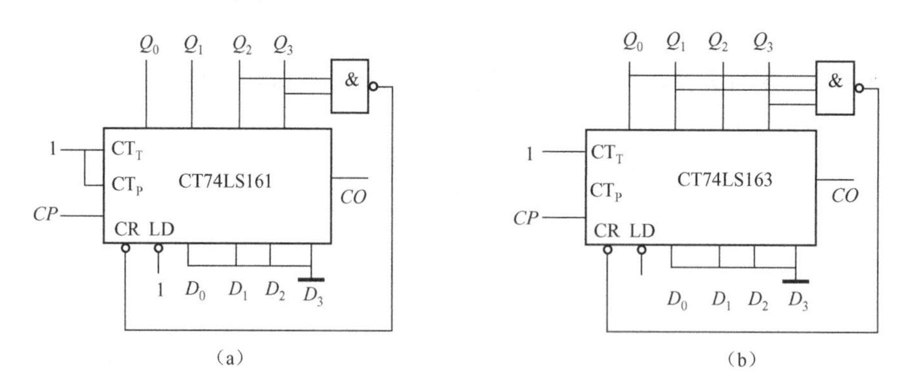

图 9-16 用 CT74LS161 和 CT74LS163 构成十二进制计数器

2. 反馈置数法构成任意进制计数器

利用计数器的置数功能也可获得 N 进制计数器，这时应先将计数器起始数据预先置入计数器。集成计数器的置数也有同步置数和异步置数之分。和异步清零一样，异步置数与时钟没有任何关系，只要异步置数控制端出现置数信号，并行输入的数据便立刻被置入计数器中。而同步置数控制端获得置数信号后，仍需再输入一个计数脉冲 CP 才能将预置数置入计数器中。

用反馈置数法构成 N 进制计数器的步骤：

（1）确定置数状态。根据芯片的置数方式选定置数状态 S_{N-1} 或 S_N，同步置数方式选 S_{N-1}，异步置数方式选 S_N。

（2）写出反馈置数逻辑函数。根据置数状态的二进制代码写出置数逻辑函数，即根据芯片控制端的要求写出置数端相应的逻辑表达式。

（3）画连线图。

［例 9-3］ 试用 CT74LS161 的同步置数功能构成十进制计数器。

解：设将要构成的十进制计数器的计数循环状态为 $S_0 \sim S_9$，并取计数起始状态 $S_0 = 0000$。

（1）确定置数状态。由于 CT74LS161 具有同步置数方式，所以，置数状态选为 $S_9 = 1001$。

（2）写出反馈置数逻辑函数。由于 CT74LS161 的同步置数信号为低电平有效，因此，反馈置数函数为与非表达式，用与非门实现。即：

$$\overline{LD} = \overline{Q_3 Q_0}$$

（3）画出连线图，如图 9-17 所示。

［例 9-4］ 试用 CT74LS191 的异步置数功能构成十进制计数器。

解：设将要构成的十进制计数器的有效循环状态为 $S_0 \sim S_9$，并取计数起始状态 $S_0 = 0000$。

（1）确定置数状态。由于 CT74LS191 具有异步置数方式，所以，置数状态选为 $S_{10} = 1010$。

（2）写出反馈置数逻辑函数。$\overline{LD}=\overline{Q_3Q_1}$。

（3）画连线图，如图 9-18 所示。

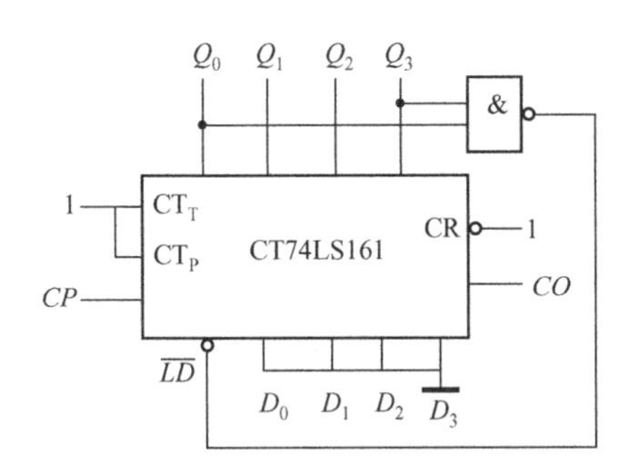

图 9-17　用 CT74LS161 的同步置数功能构成十进制计数器

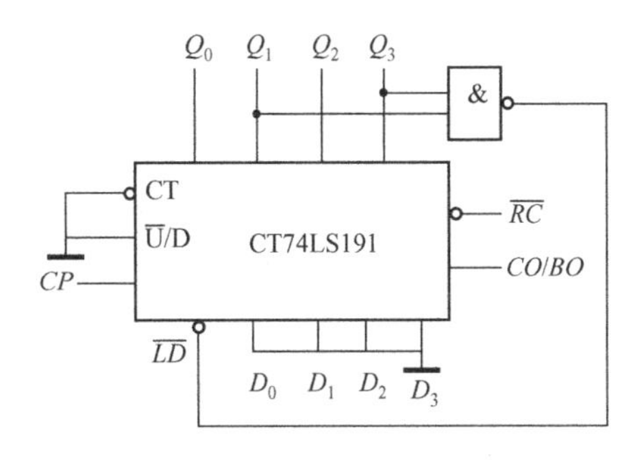

图 9-18　用 CT74LS191 的同步置数功能构成十进制计数器

图 9-19 所示是一个特殊十二进制计数器电路的方案。在数字钟里，对时位的计数序列 1，2，…，11，12…是十二进制的，且无 0 数。当计数到 13 时，通过与非门产生一个复位信号，使 CC40192（2）〔时十位〕直接置成 0000，而 CC40192（1），即时个位直接置成 0001，从而实现了 1 ～ 12 计数。

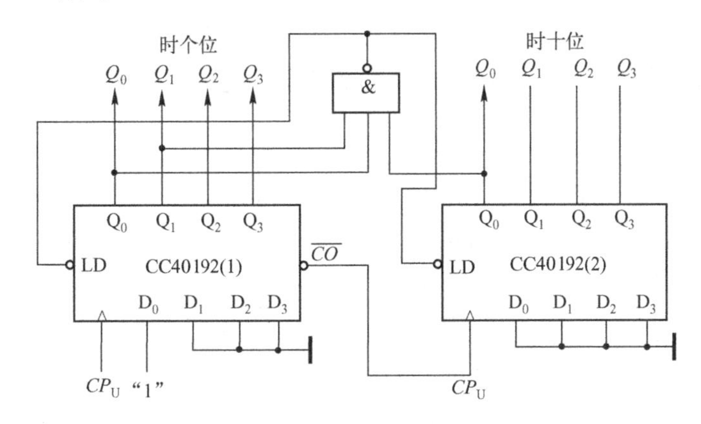

图 9-19　特殊十二进制计数器

能力训练

（1）电路如图 9-20 所示，试分析其逻辑功能。

（2）试用 CT74LS161 的同步置数功能构成七进制计数器。

（3）试用 CT74LS163 的同步置 0 功能构成十进制计数器。

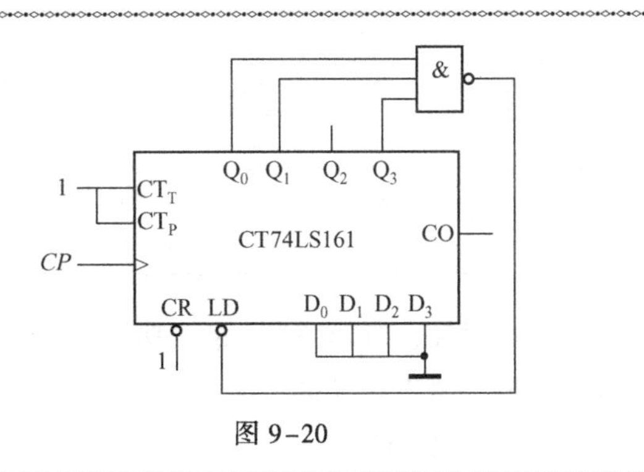

图 9-20

任务三十六：寄存器及其应用

能力目标

（1）能分析寄存器的工作原理。

（2）学会寄存器的应用技能。

在数字系统中，常常需要将一些数码、运算结果、指令等暂时存放起来，然后在需要的时候再取出来进行处理或运算。这种能够用于存储二进制代码或数据的时序逻辑电路称为寄存器。

寄存器由具有存储功能的触发器组成，一个触发器可以存储 1 位二进制代码，n 个触发器可存储 n 位二进制代码。

寄存器按功能分为数码寄存器和移位寄存器两类。

一、数码寄存器

数码寄存器的结构比较简单，数据输入/输出只能采用并行方式。数码寄存器 CT74LS175 是用维持阻塞 D 触发器组成的 4 位寄存器，它的逻辑图如图 9-21 所示，其功能表如表 9-8 所示。

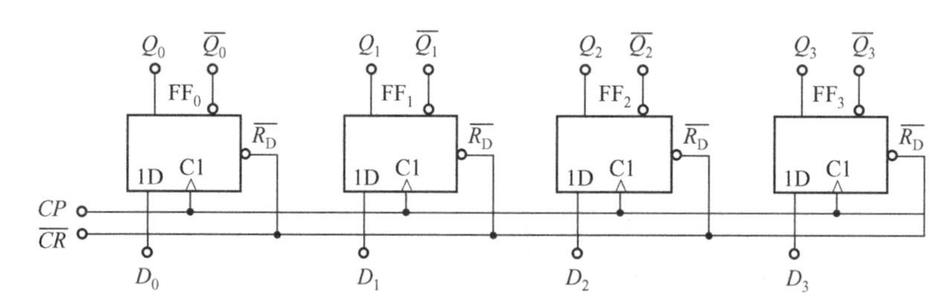

图 9-21　四上升沿 D 触发器 CT74LS175 的逻辑图

表 9-8　CT74LS175 的功能表

输入						输出			
$\overline{CR}$	CP	D_3	D_2	D_1	D_0	Q_3	Q_2	Q_1	Q_0
0	×	×	×	×	×	0	0	0	0
1	↑	d_3	d_2	d_1	d_0	d_3	d_2	d_1	d_0
1	0	×	×	×	×	保持			

由表 9-8 可知，CT74LS175 逻辑功能如下：

（1）置零（清零）功能。

（2）并行置数功能。

（3）保持功能。

二、移位寄存器

移位寄存器的结构稍微复杂一些，数据的输入与输出可以根据需要决定采用并行/串行工作方式，应用灵活，用途广泛。

移位寄存器除了具有存储代码的功能以外，还具有移位功能。所谓移位功能，是指寄存器里存放的代码能在移位脉冲的作用下依次左移或右移。

1. 单向移位寄存器

如图 9–22 所示的电路是由 4 个边沿 D 触发器组成 4 位右移位寄存器。

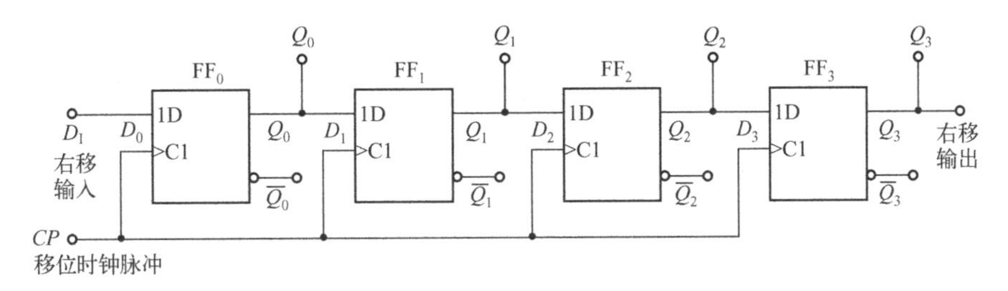

图 9–22　由 4 个边沿 D 触发器组成的 4 位右移位寄存器

假设电路的 $Q_3Q_2Q_1Q_0$ 初始状态为 0000，从 D_I 输入的数据为 1011。根据 D 触发器的工作特点，在时钟脉冲的作用下，电路工作过程为：

（1）第一个 *CP* 上升沿到来时触发器同时翻转，输出端 $Q_3Q_2Q_1Q_0$ 的状态为 0001。

（2）第二个 *CP* 上升沿到来时触发器同时翻转，输出端 $Q_3Q_2Q_1Q_0$ 的状态为 0010。

（3）第三个 *CP* 上升沿到来时触发器同时翻转，输出端 $Q_3Q_2Q_1Q_0$ 的状态为 0101。

（4）第四个 *CP* 上升沿到来时触发器同时翻转，输出端 $Q_3Q_2Q_1Q_0$ 的状态为 1011。

经过 4 个脉冲后，移位寄存器的输出端为 1011。

右移位寄存器里代码的移动情况如表 9–9 所示。

表 9–9　右移位寄存器的状态表

CP 的顺序	输入 D_I	Q_0	Q_1	Q_2	Q_3
0	0	0	0	0	0
1	1	1	0	0	0
2	0	0	1	0	0
3	1	1	0	1	0
4	1	1	1	0	1

同理 4 个边沿 D 触发器组成的 4 位左移位寄存器如图 9–23 所示。

此时如果要并行输出，只需将数据从输出端将数据取走。如果需要串行输出，则要再输入 4 个脉冲，数据将一位一位地从 Q_3 输出。

2. 双向移位寄存器

由上面讨论的单向移位寄存器工作原理可知，右移位寄存器和左移位寄存器的电路结构是基本相同的，若适当加入一些控制电路和控制信号，就可以将右移位寄存器和左移位寄存器合在一起，构成双向移位寄存器。

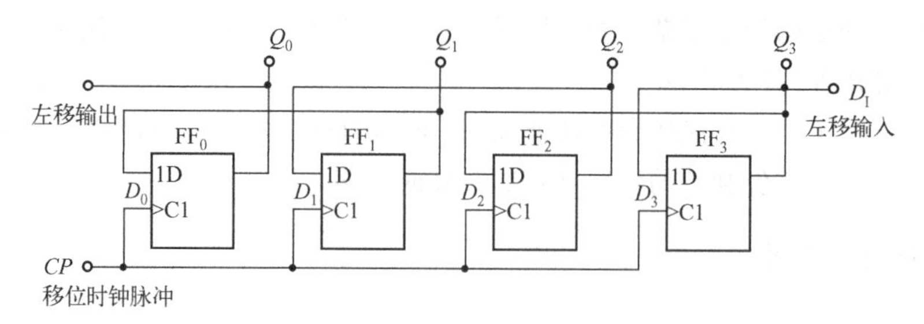

图 9-23　由 4 个边沿 D 触发器组成的 4 位左移位寄存器

图 9-24 所示为 4 位双向移位寄存器 CT74LS194 的引脚排列图和逻辑功能示意图，其功能表如表 9-10 所示。

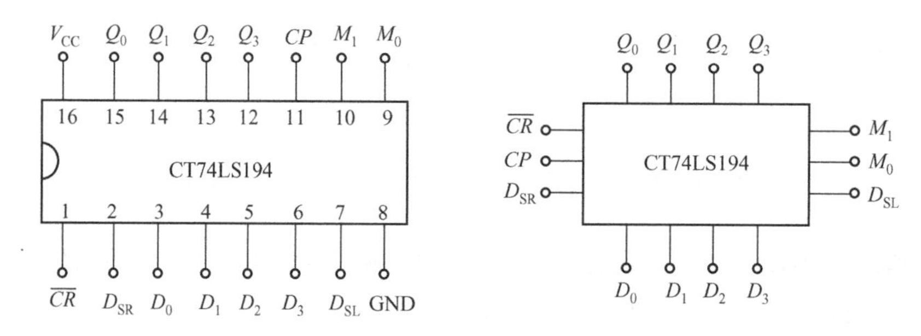

图 9-24　CT74LS194 的引脚排列图和逻辑功能示意图

由表 9-10 可知，CT74LS194 的逻辑功能如下：

（1）清零功能。

（2）保持功能。

（3）并行置数功能。

（4）右移串行输入功能。

（5）左移串行输入功能。

表 9-10　CT74LS194 的功能表

输入										输出				功能说明
$\overline{CR}$	M_1	M_0	CP	D_{SR}	D_{SL}	D_0	D_1	D_2	D_3	Q_0^{n+1}	Q_1^{n+1}	Q_2^{n+1}	Q_3^{n+1}	
0	×	×	×	×	×	×	×	×	×	0	0	0	0	清零
1	0	0	×	×	×	×	×	×	×	Q_0^n	Q_1^n	Q_2^n	Q_3^n	保持
1	×	×	0	×	×	×	×	×	×	Q_0^n	Q_1^n	Q_2^n	Q_3^n	保持
1	1	1	↑	×	×	d_0	d_1	d_2	d_3	d_0	d_1	d_2	d_3	并行置数
1	0	1	↑	D_{SR}	×	×	×	×	×	D_{SR}	Q_0^n	Q_1^n	Q_2^n	右移串行输入
1	1	0	↑	×	D_{SL}	×	×	×	×	Q_1^n	Q_2^n	Q_3^n	D_{SL}	左移串行输入

*三、寄存器的应用

1. 实现数据的串/并行转换

双向移位寄存器 CT74LS194 逻辑功能示意图如图 9-25 所示。令$\overline{CR}=1$，$M_1M_0=01$ 时，完成串行输入—并行输出的转换。如果令$\overline{CR}=1$，$M_1M_0=11$ 时完成并行输入—串行输出的转换。

2. 顺序脉冲发生器

图 9-26 所示为由双向移位寄存器 CT74LS194 构成的顺序脉冲发生器，读者可自行分析其工作原理。

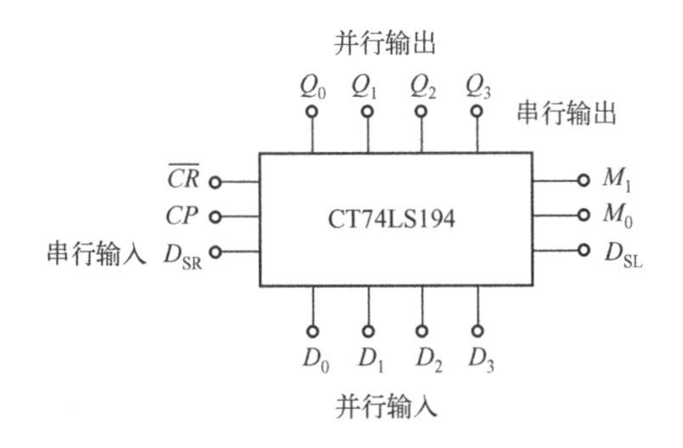

图 9-25　CT74LS194 的逻辑功能示意图

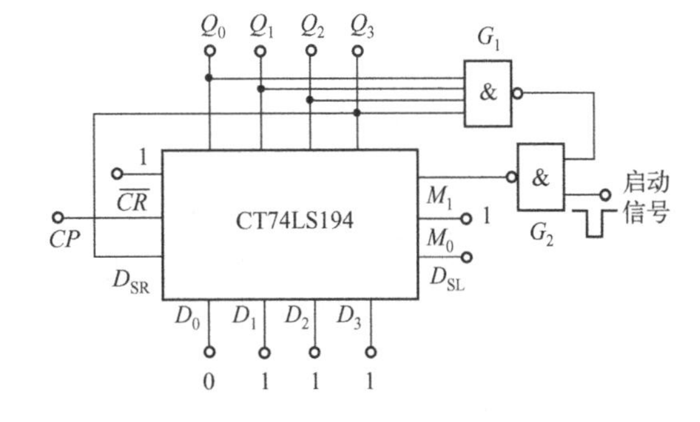

图 9-26　由 CT74LS194 构成的顺序脉冲发生器

能力训练

(1) 用于暂时存放数码的数字逻辑部件，称为________，根据作用不同可分________和________两大类。

(2) 寄存器是存放二进制代码的逻辑电路。1 个触发器存________位二进制代码，存放 n 位二进制代码，需________个触发器,通常由边沿触发器构成。

(3) 移位寄存器是具有二进制代码的________和________功能的电路。

(4) ________是用来产生一组按照事先规定的顺序脉冲。

任务三十七：集成 555 定时器及其应用

能力目标

(1) 能识读 555 定时器引脚排列图。

(2) 学会 555 定时器的基本应用技能。

集成定时器或555电路又称为集成时基电路，是一种数字、模拟混合型的中规模集成电路，应用十分广泛。它是一种产生时间延迟和多种脉冲信号的电路，由于内部电压标准使用了3个5kΩ电阻，故取名555电路。其电路类型有双极型和CMOS型两大类，二者的结构与工作原理类似。几乎所有的双极型产品型号最后的三位数码都是555或556；所有的CMOS产品型号最后4位数码都是7555或7556，二者的逻辑功能和引脚排列完全相同，易于互换。555和7555是单定时器。556和7556是双定时器。双极型的电源电压 $V_{CC}=+5\sim+15V$，输出的最大电流可达200mA，CMOS型的电源电压为 $+3\sim+18V$。

一、555定时器的电路结构及其功能

555定时器的内部框图及引脚排列如图9-27所示。它含有两个电压比较器，一个是基本RS触发器，另一个是放电开关管VT，比较器的参考电压由3只5kΩ的电阻器构成的分压器提供。它们分别使高电平比较器 A_1 的同相输入端和低电平比较器 A_2 的反相输入端的参考电平为 $2V_{CC}/3$ 和 $V_{CC}/3$。

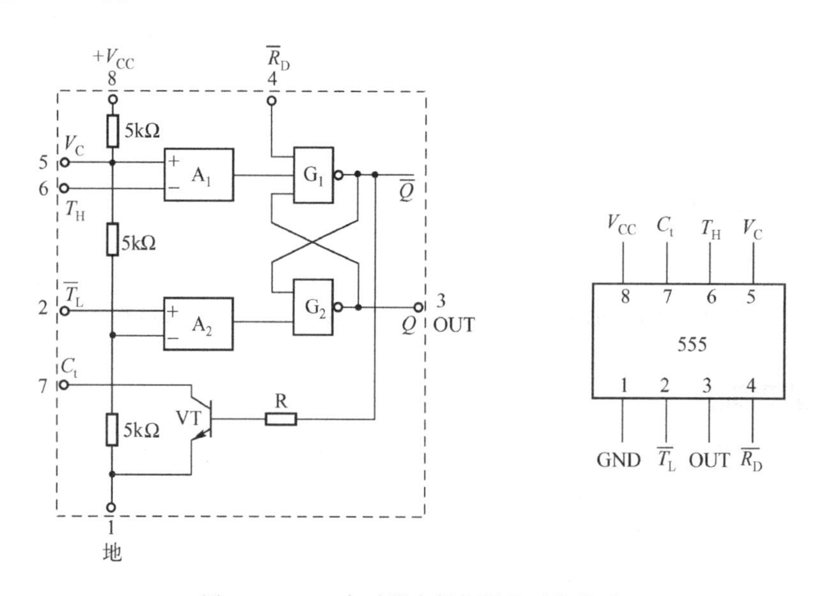

图9-27　555定时器内部框图及引脚排列

在图9-27中，T_H 为阈值输入端，$\overline{T_L}$ 为触发输入端，C_t 为放电端，V_C 为控制电压端，$\overline{R_D}$ 为直接置零端，OUT为输出端。当 $\overline{R_D}=0$，555定时器输出低电平，正常工作时，$\overline{R_D}$ 端接高电平。

A_1 与 A_2 的输出端控制RS触发器状态和放电管开关状态。当输入信号自6脚，即高电平触发输入并超过参考电平 $2V_{CC}/3$ 时，触发器复位，555定时器的输出端3脚输出低电平，同时放电开关管导通；当输入信号自2脚输入并低于 $V_{CC}/3$ 时，触发器置位，555定时器的3脚输出高电平，同时放电开关管截止。

定时器5G555的功能表如表9-11所示。

表 9-11　定时器 5G555 的功能表

输　入			输　出	
T_H	$\overline{T_L}$	$\overline{R_D}$	OUT = Q	VT 状态
X	X	0	0	导通
$>2V_{CC}/3$	$>V_{CC}/3$	1	0	导通
$<2V_{CC}/3$	$<V_{CC}/3$	1	1	截止
$<2V_{CC}/3$	$>V_{CC}/3$	1	不变	不变

二、555 定时器的典型应用

1. 组成单稳态触发器

图 9-28（a）所示为由 555 定时器和外接定时元件 R、C 构成的单稳态触发器。触发电路由 C_1、R_1、VD 构成，其中 VD 为钳位二极管，稳态时 555 电路输入端处于电源电平，内部放电开关管 VT 导通，输出端 F 输出低电平。当有一个外部负脉冲触发信号经 C_1 加到 2 端，并使 2 端电位瞬时低于 $V_{CC}/3$ 时，低电平比较器动作，单稳态电路即开始一个暂态过程，电容 C 开始充电，V_C按指数规律增长。当 V_C 充电到 $2V_{CC}/3$ 时，高电平比较器动作，比较器 A_1 翻转，输出 V_O从高电平返回低电平，放电开关管 VT 重新导通，电容 C 上的电荷很快经放电开关管放电，暂态结束，恢复稳态，为下个触发脉冲的来到做好准备。单稳态触发器的波形图如图 9-28（b）所示。

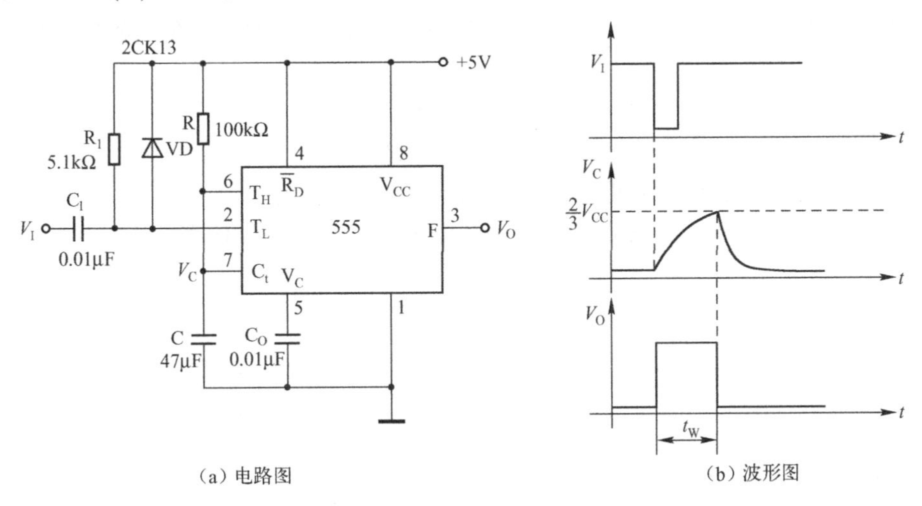

（a）电路图　（b）波形图

图 9-28　单稳态触发器

在图 9-28（b）中，暂稳态的持续时间 t_W（即延时时间）取决于外接元件 R、C 值的大小。$t_W = 1.1RC$。

2. 组成多谐振荡器

图 9-29（a）所示是由 555 定时器和外接元件 R_1、R_2、C 构成的多谐振荡器，脚 2 与脚 6 直接相连。电路没有稳态，仅存在两个暂稳态，电路亦不需要外加触发信号，利用电源通过 R_1、R_2 向 C 充电，以及 C 通过 R_2 向放电端 C_t放电，使电路产生振荡。电容 C 在 $V_{CC}/3$

和$2V_{CC}/3$之间充电和放电，其波形如图9-29（b）所示。输出信号的时间参数是：

$$T = t_{w1} + t_{w2},\ t_{w1} = 0.7\ (R_1 + R_2)\ C,\ t_{w2} = 0.7R_2C$$

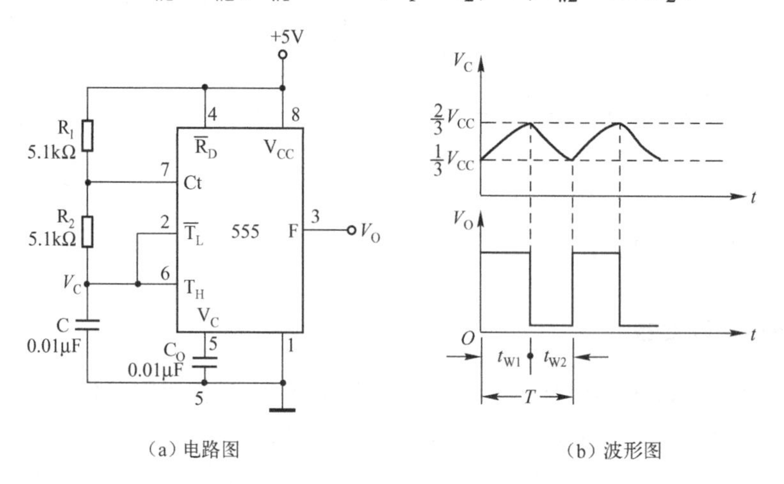

（a）电路图　　（b）波形图

图9-29　多谐振荡器

555电路要求R_1与R_2均应大于或等于1kΩ，但$R_1 + R_2$应小于或等于3.3MΩ。外部元件的稳定性决定了多谐振荡器的稳定性，555定时器配以少量的元件即可获得较高精度的振荡频率和具有较强的功率输出能力。因此这种形式的多谐振荡器应用很广。

占空比可调多谐振荡器如图9-30所示，它比图9-29所示的电路增加了一个电位器和两个导引二极管。VD_1、VD_2用来决定电容充、放电电流流经电阻的途径（充电时VD_1导通，VD_2截止；放电时VD_2导通，VD_1截止）。

占空比：$q = \frac{t_{w1}}{t_{w1} + t_{w2}} \approx \frac{0.7R_A C}{0.7C\ (R_A + R_B)} = \frac{R_A}{R_A + R_B}$

可见，若取$R_A = R_B$电路即可输出占空比为50%的方波信号。

组成占空比连续可调并能调节振荡频率的多谐振荡器如图9-31所示。

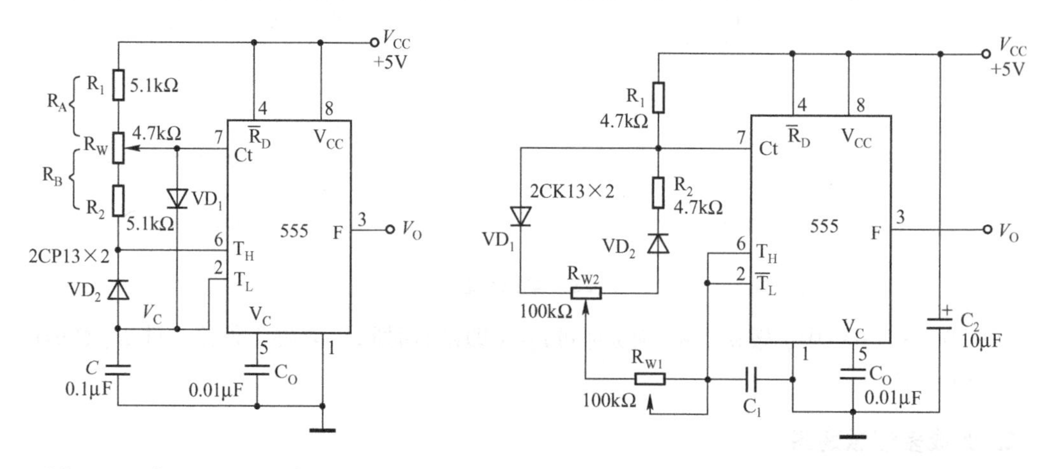

图9-30　占空比可调的多谐振荡器　　图9-31　占空比与频率均可调的多谐振荡器

在图9-31中，对C_1充电时，充电电流通过R_1、VD_1、R_{W2}和R_{W1}；放电时通过R_{W1}、R_{W2}、VD_2、R_2。当$R_1 = R_2$、R_{W2}调至中心点，因充放电时间基本相等，其占空比约为50%，

此时调节 R_{W1} 仅改变频率，占空比不变。如 R_{W2} 调至偏离中心点，再调节 R_{W1}，不仅振荡频率改变，而且对占空比也有影响。R_{W1} 不变，调节 R_{W2}，仅改变占空比，对频率无影响。因此，当接通电源后，应首先调节 R_{W1} 使频率至规定值，再调节 R_{W2}，以获得需要的占空比。若频率调节的范围比较大，还可以用波段开关改变 C_1 的大小。

3. 组成施密特触发器

将555定时器的脚2、6连在一起作为信号输入端，便可构成施密特触发器，如图9-32所示。

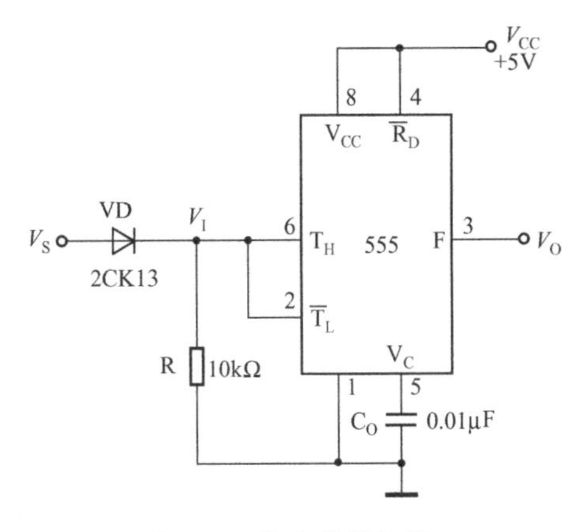

图9-32　施密特触发器

设被整形变换电压为正弦波 V_S，其正半波通过二极管VD同时加到555定时器的2脚和6脚，得 V_I 为半波整流波形。当 V_I 上升到 $2V_{CC}/3$ 时，V_O 从高电平翻转为低电平；当 V_I 下降到 $V_{CC}/3$ 时，V_O 又从低电平翻转为高电平。V_S，V_I 和 V_O 的波形图如图9-33所示，电压传输特性曲线如图9-34所示。

回差电压 $\Delta V = \frac{2}{3}V_{CC} - \frac{1}{3}V_{CC} = \frac{1}{3}V_{CC}$。

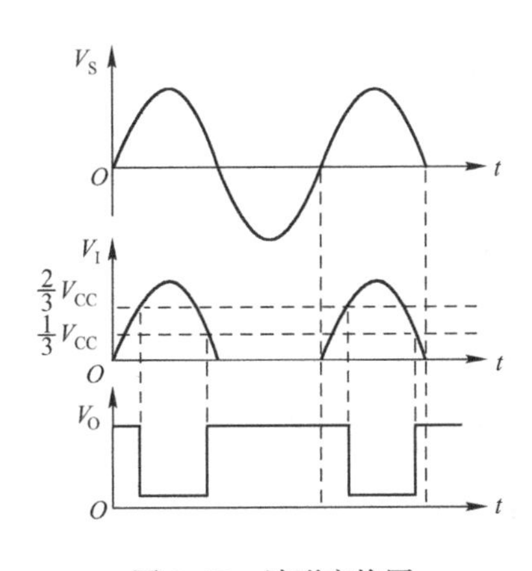

图9-33　波形变换图

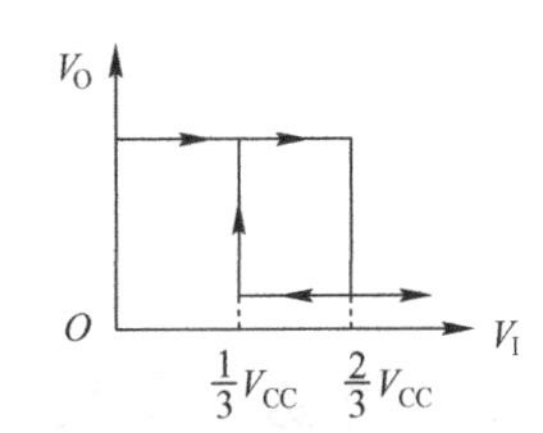

图9-34　电压传输特性曲线

能力训练

（1）图9-35所示为由555定时器构成的多谐振荡器。已知 $V_{CC}=10V$，$C=0.1\mu F$，$R_1=15k\Omega$，$R_2=24k\Omega$。试求：

① 多谐振荡器的振荡频率。

② 画出 u_C 和 u_O 的波形。

（2）图9-36所示为用555定时器设计的单稳态触发器。已知 $V_{CC}=12V$，$R=100k\Omega$，$C=0.01\mu F$，试求；

① 计算输出脉冲的宽度。

② 输入脉冲的下限幅度为多大？

能力训练

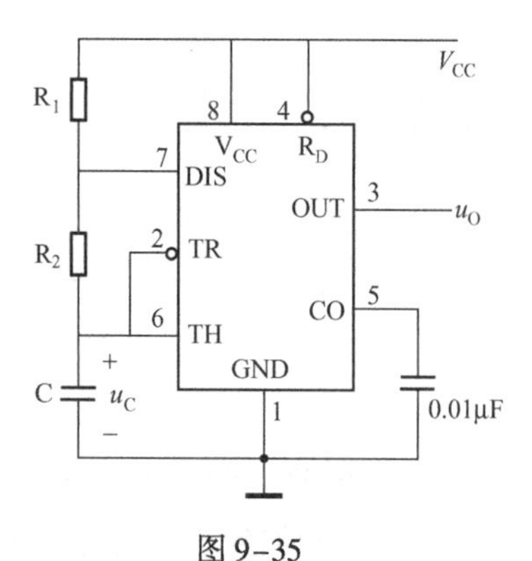

图 9-35

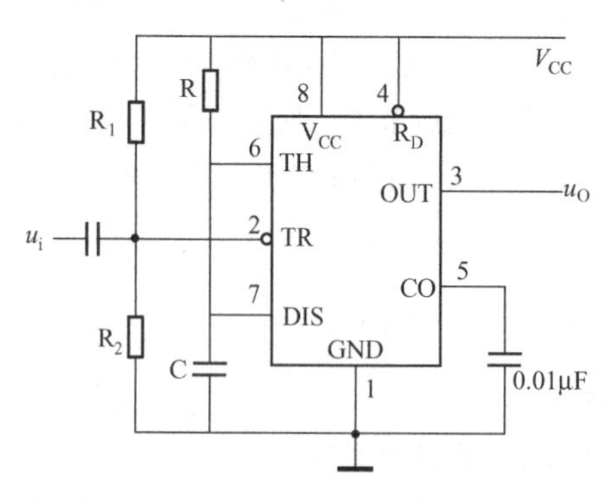

图 9-36

（3）图 9-37 所示为由 555 定时器组成的单稳态触发器。已知 $V_{CC}=10V$，$R_L=33k\Omega$，$R=10k\Omega$，$C=0.01\mu F$。试求：输出脉冲宽度 t_w，并画出 u_I、u_C 和 u_O 的波形。

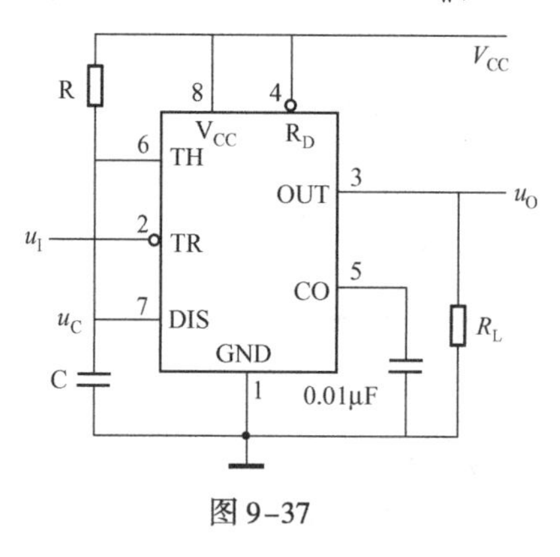

图 9-37

技能训练十二：计数、译码和显示电路

1. 训练目的

（1）能识读集成计数器、译码器、显示器引脚排列图和各引脚的用途。

（2）掌握测试集成计数器、译码器的逻辑功能。

（3）学会构成计数、译码和显示电路。

2. 仪表仪器、工具

（1）参考仪器：数字逻辑实验箱、数字万用表。

（2）参考器件：74LS90、74LS48、LC5011—11。

3. 训练内容

本训练的训练步骤、内容及要求如表 9-12 所示。

一位十进制计数、译码、显示电路如图9-38所示，给定芯片引脚排列图如图9-39所示。

表9-12　训练步骤、内容及要求

训练内容	内容技能点	训练步骤及内容	训练要求
集成芯片的识读	会识别芯片引脚编号	识读芯片74LS90	会查集成电路手册
	能识别芯片引脚作用	识读芯片74LS48	读懂芯片参数
	会识读芯片逻辑功能	识读芯片LC5011－11	识别芯片引脚及功能
集成芯片逻辑功能测试	会将芯片正确插入IC插座	测试芯片74LS90逻辑功能	电路连接与功能测试
	会电路连接与故障排除	测试芯片74LS48逻辑功能	自拟测试表格并做记录
	能进行电路测试与结果分析	测试芯片LC5011－11逻辑功能	分析结果判断逻辑功能
一位十进制计数、译码、显示电路	能正确进行电路连接	在数字实验箱上连接电路	排除训练中出现的故障
	会电路测试与结果分析	设计表格并测试逻辑功能	总结训练的收获与体会

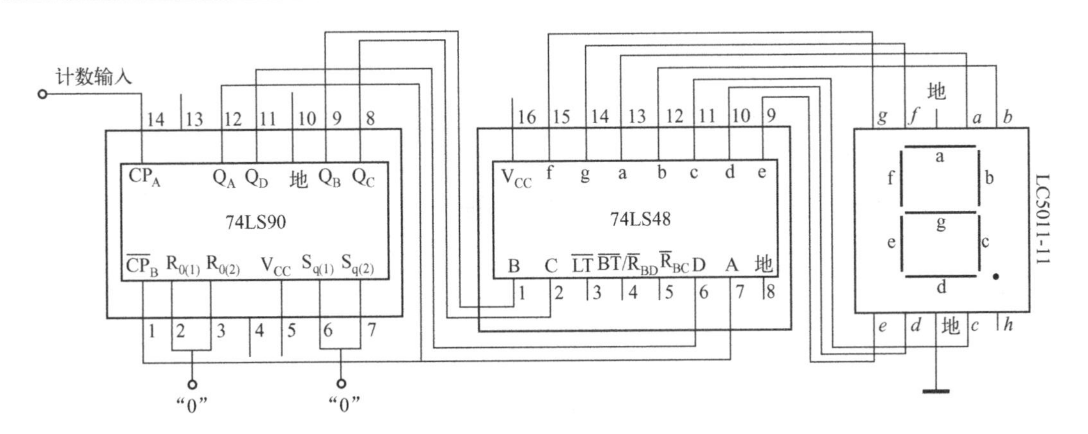

图9-38　一位十进制计数、译码、显示电路

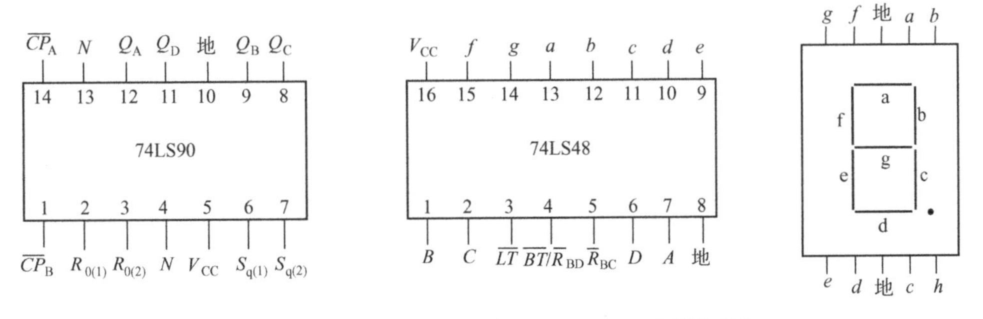

图9-39　74LS90、74LS48和LC5011－11引脚排列图

技能训练十三：555定时器的应用

1. 训练目的

(1) 能识读555定时器的引脚排列图。

(2) 掌握用555定时器构成救护车音响电路。

2. 仪表仪器、工具

（1）参考仪器：数字逻辑实验箱、双踪示波器，音频信号源、数字万用表。
（2）参考器件：NE555、喇叭一只，电阻、电位器和电容器若干。

3. 训练内容

本训练的训练步骤、内容及要求如表 9–13 所示。

表 9–13　训练步骤、内容及要求

内　容	技　能　点	训练步骤及内容	训 练 要 求
识读 555 定时器	会识别芯片引脚编号	识读芯片 NE555	会查集成电路手册
	能识别芯片引脚作用	识读芯片 NE555	读懂芯片参数
	会识读芯片逻辑功能	识读芯片 NE555	识别芯片引脚及功能
555 定时器组成救护车音响电路	能正确选择器件	完成电路设计并画电路图	分析和排除电路故障
	会电路设计与电路连接	在数字实验箱上连接电路	判断设计是否正确
	会电路测试与结果分析	测试电路的逻辑功能	总结训练的收获与体会

自　评　表

序　号	自 评 项 目	自 评 标 准	项目配分	项目得分	自评成绩
1	集成触发器	触发器及其特性	5 分		
		RS 触发器的逻辑功能	5 分		
		JK 触发器的逻辑功能	5 分		
		D 触发器的逻辑功能	5 分		
2	集成触发器的识读	74LS112 和 CC4013 的引脚编号	1 分		
		74LS112 和 CC4013 的引脚作用	1 分		
		74LS112 和 CC4013 的逻辑功能	1 分		
3	计数器	CT74LS161 逻辑功能和引脚排列图	5 分		
		CT74LS163 逻辑功能和引脚排列图	5 分		
		CC40192 逻辑功能和引脚排列图	5 分		
	计数器的应用	集成计数器逻辑功能的测试	7 分		
		置数法构成任意进制计数器	10 分		
		置零法构成任意进制计数器	10 分		
4	寄存器及其应用	寄存器的特点和分类	5 分		
		寄存器的工作原理	5 分		
		寄存器的典型应用	5 分		
5	555 定时器及其应用	555 定时器的逻辑功能和引脚排列图	5 分		
		555 定时器构成施密特触发器	5 分		
		555 定时器构成多谐振荡器	5 分		
		555 定时器构成单稳态触发器	5 分		
能力缺失					
弥补办法					

能 力 测 试

一、基本能力测试

(1) 时序逻辑电路的输出不仅与（　　）有关，而且还与（　　）有关。

(2) 触发器有（　　）个稳态，存储 8 位二进制信息要（　　）个触发器。

(3) 触发器有两个稳定状态，即（　　）状态和（　　）状态。

(4) 集成计数器的清零方式分为（　　　　）和（　　　　）。

(5) 移位寄存器按照功能不同可分为（　　）寄存器和（　　）寄存器。

(6) 由 4 位移位寄存器构成的顺序脉冲发生器可产生（　　）个顺序脉冲。

(7) 存储 4 位二进制信息需要（　　）个触发器。

A. 2　　　　B. 3　　　　C. 4　　　　D. 8

(8) 对于 D 触发器，欲使 $Q^{n+1} = Q^n$，应使输入 $D =$（　　）。

A. 0　　　　B. 1　　　　C. Q　　　　D. $\overline{Q}$

(9) 欲使 JK 触发器按 $Q^{n+1} = \overline{Q^n}$ 工作，可使 JK 触发器的输入端（　　）。

A. $J=K=1$　　　　B. $J=\overline{Q}$，$K=Q$　　　　C. $J=Q$，$K=\overline{Q}$　　　　D. $J=1$，$K=0$

(10) 下列逻辑电路中为时序逻辑电路的是（　　）。

A. 变量译码器　　　　B. 加法器　　　　C. 数码寄存器　　　　D. 数据选择器

(11) 同步计数器和异步计数器比较，同步计数器的显著优点是（　　）。

A. 工作速度高　　　　B. 触发器利用率高　C. 不受时钟 CP 控制

(12) 下列触发器中，没有约束条件的是（　　）。

A. 基本 RS 触发器　B. 主从 RS 触发器　C. 同步 RS 触发器　D. 边沿 D 触发器

(13) D 触发器的特性方程为 $Q^{n+1}=D$，与 Q_n 无关，所以它没有记忆功能。(　　)

(14) RS 触发器的约束条件 $RS=0$ 表示不允许出现 $R=S=1$ 的输入。(　　)

(15) 同步触发器存在空翻现象，而边沿触发器和主从触发器克服了空翻。(　　)

(16) 主从 JK 触发器、边沿 JK 触发器和同步 JK 触发器的逻辑功能完全相同。(　　)

(17) 由两个 TTL 或非门构成的基本 RS 触发器，当 $R=S=0$ 时，触发器的状态为不定。(　　)

(18) 利用反馈归零法获得 N 进制计数器时，若为异步置零方式，则状态 S_N 只是短暂的过渡状态。(　　)

(19) 把一个五进制计数器与一个十进制计数器串联可得到十五进制计数器。(　　)

(20) 双向移位寄存器可同时执行左移和右移功能。(　　)

二、应用能力测试

(1) 如图 9-40 所示，根据 CP 波形画出 Q 波形。(设触发器的初态为 1)。

J
CP
FF
K
Q
$\overline{Q}$
CP

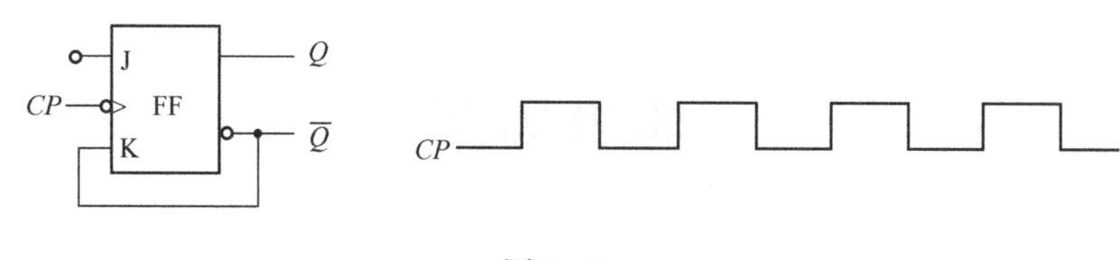

图 9-40

（2）采用反馈清零法，用集成计数器 74LS161 构成十三进制计数器，画出逻辑电路图。

（3）分析图 9-41 所示电路为多少进制计数器。

（4）如图 9-42 所示为由 555 定时器构成的多谐振荡器。已知 $V_{CC}=10V$，$C=0.1\mu F$，$R_1=15k\Omega$，$R_2=24k\Omega$。试求：多谐振荡器的振荡频率。

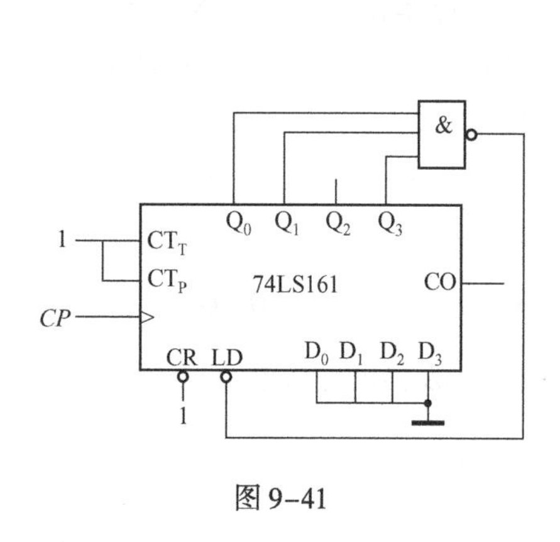

&
Q0 Q1 Q2 Q3
1
CTT
CTP
74LS161
CO
CP
CR LD
D0 D1 D2 D3
1

图 9-41

VCC
R1
8
4
VCC
RD
7
DIS
OUT
3
uO
R2
2
TR
6
TH
CO
5
+
C
uC
−
GND
1
0.01μF

图 9-42

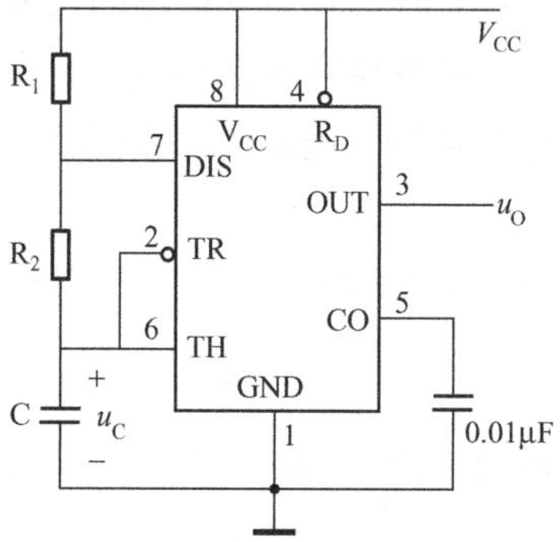

D/A和A/D转换器的应用

项目描述：D/A 和 A/D 转换器是联系数字系统和模拟系统的“桥梁”，也可称为数字电路和模拟电路的接口，是任何数字系统中不可缺少的重要组成部分，广泛应用于自动控制、自动检测、电子信息处理及其他领域。

项目任务：D/A 转换器和 A/D 转换器的功能及其应用技能。

学习内容：D/A 转换器、A/D 转换器。

任务三十八：D/A 转换器的应用

能力目标

（1）能识读 DAC 和 ADC 引脚排列图。

（2）会分析 D/A 转换器的典型应用。

数模转换是将数字量转换成模拟电量（电流或电压），使输出的模拟电量与输入的数字量成正比。实现这种转换功能的电路称为数/模转换器（或 D/A 转换器），简称 DAC。

一、D/A 转换器的主要技术指标

1. 分辨率

分辨率是指 D/A 转换器输出模拟电压所产生的最小输出电压 U_{LSB}（对应的输入数字量仅最低位为 1）与最大输出电压 U_{FSR}（对应的输入数字量各有效位全为 1）之比。对于一个 n 位的 D/A 转换器，分辨率可以表示为：

$$分辨率=\frac{U_{LSB}}{U_{FSB}}=\frac{1}{2^n-1} \tag{10-1}$$

分辨率反映 D/A 转换器输出最小电压的能力。

2. 转换精度

转换精度是指 D/A 转换器实际输出的模拟电压值与理论输出模拟电压值之间的最大误差。

3. 转换时间

转换时间是指 D/A 转换器从输入数字信号开始到输出模拟电压或电流达到稳定值时所用的时间。它是反映 D/A 转换器工作速度的指标。

二、集成 D/A 转换器 DAC0832

DAC0832 是采用 CMOS 工艺制成的单片电流输出型 8 位数模转换器。图 10-1 所示是 DAC0832 单片 D/A 转换器的逻辑框图及引脚排列图。

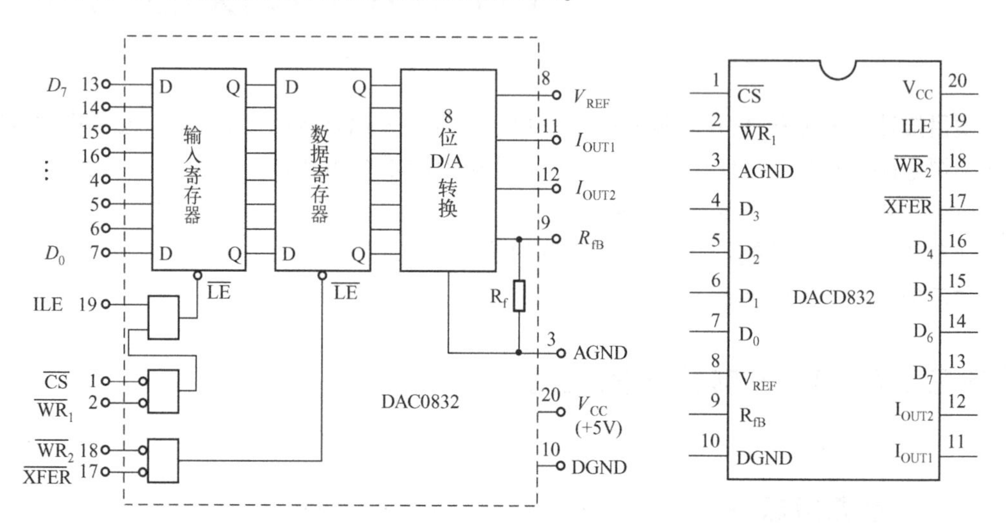

图 10-1　DAC0832 单片 D/A 转换器的逻辑框图和引脚排列图

器件的核心部分采用倒 T 形电阻网络的 8 位 D/A 转换器，如图 10-2 所示。它是由倒 T 形 R－2R 电阻网络、模拟开关、运算放大器和参考电压 V_{REF} 四部分组成的。

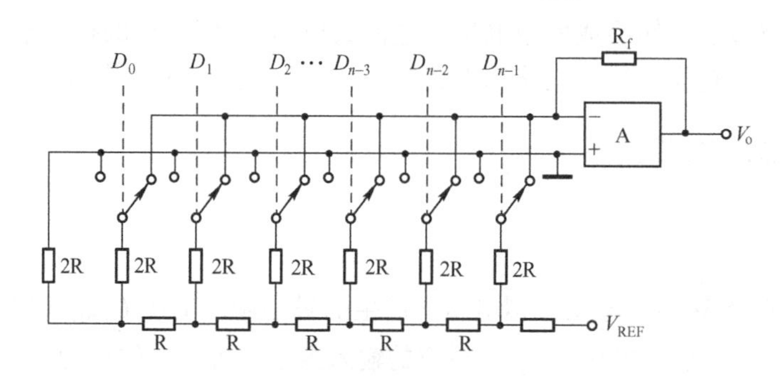

图 10-2　倒 T 形电阻网络的 8 位 D/A 转换电路

运放的输出电压为：

$$V_O = \frac{V_{REF} \cdot R_f}{2^n R}\left(D_{n-1} \cdot 2^{n-1} + D_{n-2} \cdot 2^{n-2} + \cdots + D_0 \cdot 2^0\right) \qquad (10-2)$$

由式（10-2）可见，输出电压 V_O 与输入的数字量成正比，这就实现了从数字量到模拟量的转换。一个 8 位的 D/A 转换器，它有 8 个输入端，每个输入端是 8 位二进制数的一位，有一个模拟输出端，输入可有 $2^8=256$ 个不同的二进制组态，输出为 256 个电压之一，即输出电压不是整个电压范围内任意值，而只能是 256 个可能值。

DAC0832 的引脚功能说明如下。

(1) $D_0\sim D_7$：数字信号输入端。

(2) ILE：输入寄存器允许，高电平有效。

(3) $\overline{CS}$：片选信号，低电平有效。

(4) $\overline{WR_1}$：写信号 1，低电平有效。

(5) $\overline{XFER}$：传送控制信号，低电平有效。

(6) $\overline{WR_2}$：写信号 2，低电平有效。

(7) I_{OUT1}，I_{OUT2}：DAC 电流输出端。

(8) R_{fB}：反馈电阻，是集成在片内的外接运放的反馈电阻。

(9) V_{REF}：基准电压（-10 ~ +10）V。

(10) V_{CC}：电源电压（+5 ~ +15）V。

(11) AGND：模拟地。

(12) DGND：数字地。

(13) AGND 与 DGND 可接在一起使用。

DAC0832 输出的是电流，要转换为电压，还必须经过一个外接的运算放大器，典型应用电路如图 10-3 所示。

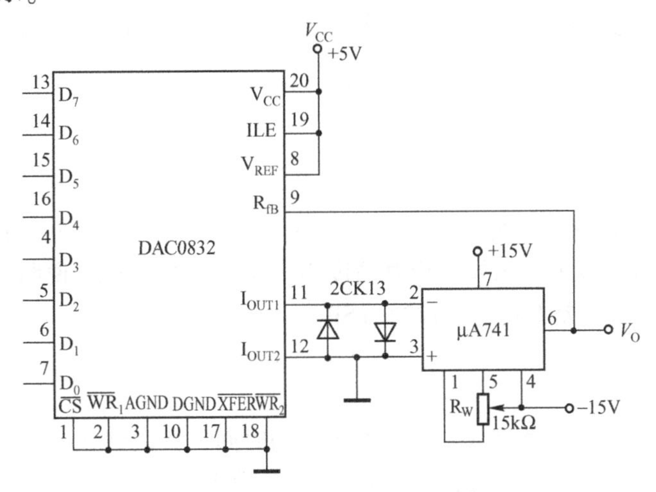

图 10-3　DAC0832 应用电路

能力训练

(1) 设 D/A 转换器的输出电压为 0 ~ 5V，对于 12 位 D/A 转换器。试求它的分辨率。

(2) 已知 D/A 转换器的最小输出电压为 $U_{LSB}=5mV$，最大输出电压为 $U_{FSR}=10V$，求该 D/A 转换器的位数是多少？

任务三十九：A/D转换器的应用

能力目标

（1）能识读A/D转换器的引脚排列图。

（2）会分析A/D转换器的典型应用。

模数转换是将模拟电量转换成数字量，使输出的数字量与输入的模拟电量成正比。实现这种转换功能的电路称为模数转换器（或A/D转换器），简称ADC。常用ADC主要有并联比较型、双积分型和逐次逼近型A/D转换，A/D转换要经过采样—保持和量化与编码两步实现。采样—保持电路对输入模拟信号抽取样值，并展宽（保持）；量化是对样值脉冲进行分级，编码是将分级后的信号转换成二进制代码。

一、A/D转换器的主要参数

1. 分辨率

分辨率是指A/D转换器输出数字量的最低位变化一个数码时，对应输入模拟量的变化量。例如，一个输入最大电压为5V的8位A/D转换器，所能分辨的最小输入电压变化量为：

$$\frac{5\text{V}}{2^8}=19.53\text{mV} \tag{10-3}$$

2. 相对精度

相对精度是指A/D转换器实际输出数字量与理论输出数字量之间的最大差值。通常用最低有效LSB的倍数来表示。例如，相对精度不大于（1/2）LSB，说明实际输出数字量与理论输出数字量的最大误差不超过（1/2）LSB。

3. 转换速度

转换速度是指A/D转换器完成一次转换所需的时间。并联型A/D转换器速度最高，约为数十纳秒；逐次逼近型A/D转换器速度次之，约为数十微秒；双积分型A/D转换器速度最慢，约为数十毫秒。

二、集成A/D转换器ADC0809

A/D转换器ADC0809是采用CMOS工艺制成的单片8位8通道逐次逼近型模数转换器，其逻辑框图及引脚排列图如图10-4所示，器件的核心部分是8位A/D转换器。

ADC0809的引脚功能说明如下。

（1）$IN_0 \sim IN_7$：8路模拟信号输入端；A_2、A_1、A_0：地址输入端；ALE：地址锁存允许输入信号，在此脚施加正脉冲，上升沿有效，此时锁存地址码，从而选通相应的模拟信号通道，

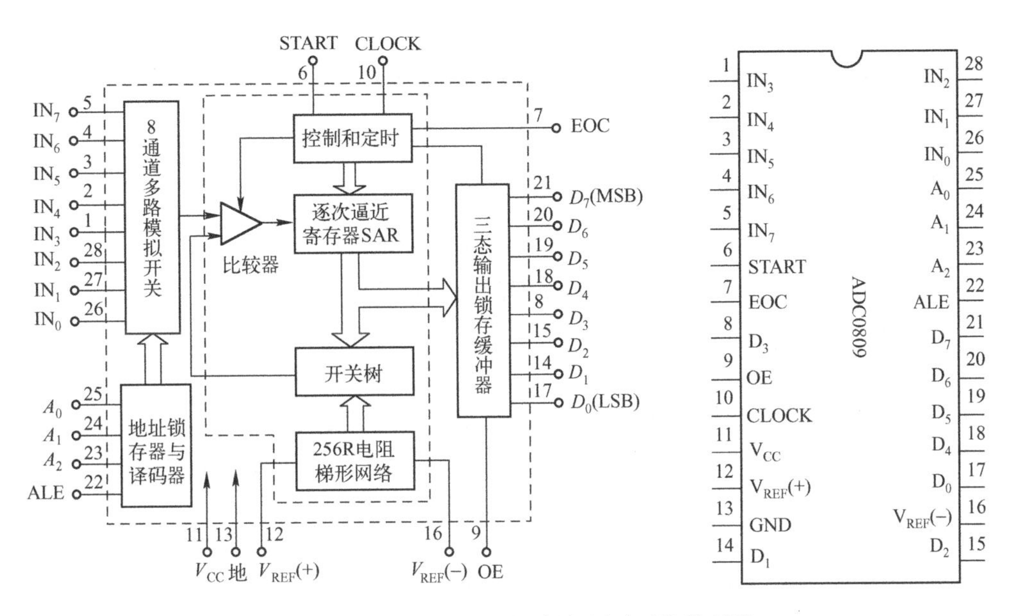

图 10-4　ADC0809 转换器逻辑框图及引脚排列图

以便进行 A/D 转换。

(2) START：启动信号输入端，应在此脚施加正脉冲，当上升沿到达时，内部逐次逼近寄存器复位，在下降沿到达后，开始 A/D 转换过程。

(3) EOC：转换结束输出信号（转换结束标志），高电平有效；OE：输入允许信号，高电平有效；CLOCK（CP）：时钟信号输入端，外接时钟频率一般为 640kHz；V_{CC}：+5V 单电源供电 V_{REF}（+）、V_{REF}（-）：基准电压的正极、负极。一般 V_{REF}（+）接 +5V 电源，V_{REF}（-）接地；D_0 ~ D_7：数字信号输出端。

(4) 模拟量输入通道选择：8 路模拟开关由 A_2、A_1、A_0 三地址输入端选通 8 路模拟信号中的任何一路进行 A/D 转换，地址译码与模拟输入通道的选通关系如表 10-1 所示。

表 10-1　地址译码与模拟输入通道的选通关系

被选模拟通道		IN_0	IN_1	IN_2	IN_3	IN_4	IN_5	IN_6	IN_7
地址	A_2	0	0	0	0	1	1	1	1
	A_1	0	0	1	1	0	0	1	1
	A_0	0	1	0	1	0	1	0	1

D/A 转换过程为：在启动端（START）加启动脉冲（正脉冲），D/A 转换即开始。如果将启动端（START）与转换结束端（EOC）直接相连，转换将是连续的，在用这种转换方式时，开始应在外部加启动脉冲。

能力训练

(1) 如果 A/D 转换器输入的模拟电压不超过 10V，问基准电压应取多少伏？如转换成 8 位二进制数时，它能分辨的最小模拟电压是多大？

(2) 一个 8 位的 A/D 转换器，它完成一次转换需要几个时钟脉冲？如果时钟脉冲频率为 1MHz，则完成一次转换需要多少时间？

技能训练十四：D/A与A/D转换器的应用

1. 训练目的

（1）明确D/A和A/D转换器的基本工作原理和基本结构。
（2）熟悉大规模集成D/A和A/D转换器的功能及其典型应用。

2. 仪表仪器、工具

（1）参考仪器：数字逻辑实验箱、双踪示波器、数字万用表。
（2）参考器件：DAC0832、ADC0809、μA741、电位器、电阻、电容若干。

3. 训练内容

本训练的训练步骤、内容及要求如表10-2所示。

表10-2　训练步骤、内容及要求

内　容	技能点	训练步骤及内容	训练要求
D/A转换器DAC0832的应用	会识别芯片引脚编号和作用	识读芯片DAC0832	会查集成电路手册
	能正确连接电路	按图10-5连接电路	读懂芯片参数
	会电路测试与结果分析	自拟表格测试输出电压	识别芯片引脚及功能
A/D转换器ADC0809的应用	会识别芯片引脚编号和作用	识读芯片DAC0832	分析和排除电路故障
	能正确连接电路	按图10-6连接电路	分析测试结果是否正确
	会电路测试	自拟表格完成电路测试	总结训练的收获与体会

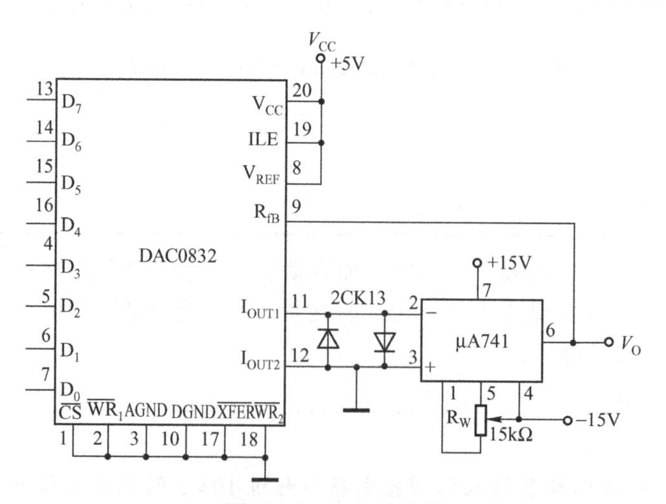

图10-5　D/A转换器

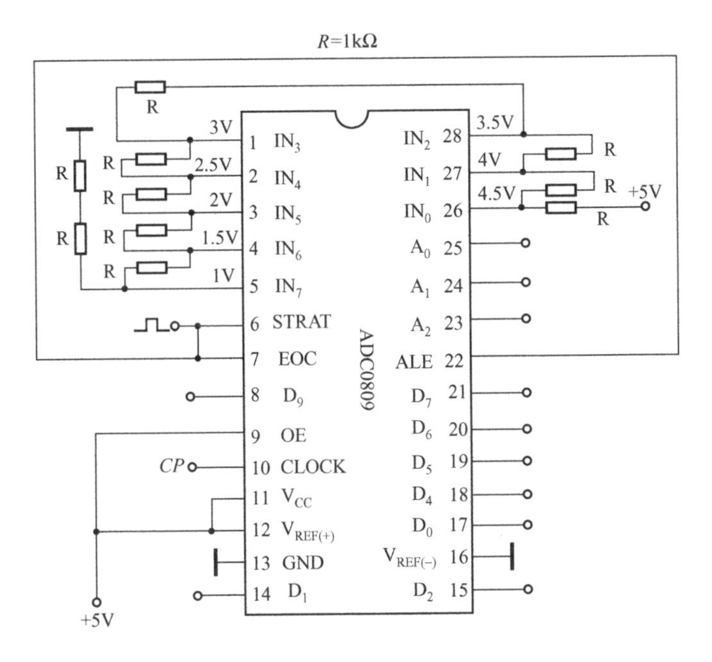

图 10-6　A/D 转换器

自　评　表

序号	自评项目	自评标准	项目配分	项目得分	自评成绩
1	D/A 转换器及其应用	D/A 转换器及其性能指标	10 分		
		DAC0832 引脚排列及引脚作用	15 分		
		DAC0832 的典型应用	25 分		
2	A/D 转换器及其应用	A/D 转换器及其性能指标	10 分		
		ADC0809 引脚排列及引脚作用	15 分		
		ADC0809 的典型应用	25 分		
能力缺失					
弥补办法					

能 力 测 试

一、基本能力测试

(1) 电阻网络型数模转换器主要由（　　）、（　　）和（　　）构成。

(2) D/A 转换器的分辨率是输入数字为（　　）和（　　）时对应的输出电压之比。

(3) 模数转换一般经过（　　）和（　　）两步实现。

(4) A/D 转换器的位数增加时，量化误差会（　　），基准电压 V_{REF} 增大时，量化误差会（　　）。

（5）影响 A/D 转换器转换精度的主要因素是（　　）和（　　）。

（6）一个 8 位 DAC，若输出电压满量程为 10V，则它的分辨率为（　　）。

（7）D/A 转换器的分辨率是（　　）

A. U_{LSB}　　B. $1/U_{LSB}$　　C. $1/U_{FSR}$　　D. U_{LSB}/U_{FSR}

（8）衡量 A/D 转换器和 D/A 转换器性能优劣的主要指标是（　　）。

A. 分辨率　　B. 线性度　　C. 功耗　　D. 转换精度和速度

（9）10 位的 A/D 转换器的分辨率是（　　）。

A. 1/10　　B. 1/100　　C. 1/1023　　D. 1/1024

（10）如果时钟频率 $f_c = 1\text{MHz}$，则一个 10 位的双积分型 A/D 转换器完成一次转换需要的最长时间是（　　）。

A. 1023μs　　B. 1024μs　　C. 2047μs　　D. 2048μs

（11）为使 D/A 转换器输出的电压波形平滑，应增加 D/A 转换器的位数。(　　)

（12）增加基准电压 V_{REF} 可以使 D/A 转换器的输出波形更平滑。(　　)

（13）量化单位 Δ 越小，A/D 转换器的分辨率越高。(　　)

（14）在 A/D 转换中，基准电压 V_{REF} 的值必须大于或等于输入模拟电压的最大值。(　　)

（15）A/D 转换器的转换误差就是量化误差。(　　)

二、应用能力测试

（1）ADC0809 的功能是什么？模拟信号若要从 IN_5 通道送入，A、B、C 应如何设置？

（2）4 位 R－2R 倒 T 形 D/A 转换器如图 10-7 所示，已知参考电压 $V_{REF} = -10V$，$R_F = R$，计算该 D/A 转换器的输出电压范围。

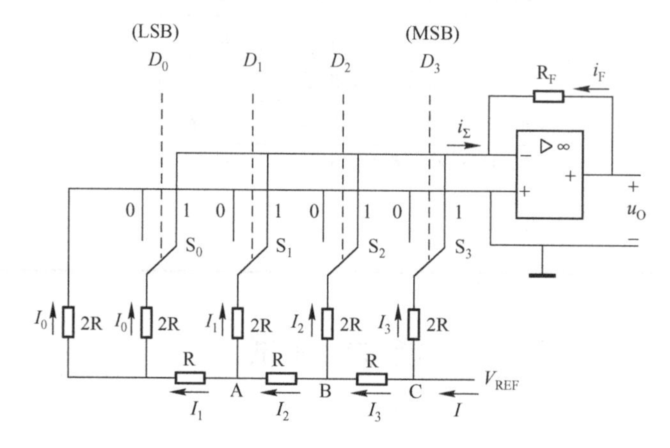

图 10-7　4 位 R－2R 倒 T 形 D/A 转换器

参 考 文 献

[1] 周元兴. 电工与电子技术基础. 北京：机械工业出版社，2005.
[2] 喻建华. 建筑应用电工. 武汉：武汉理工大学出版社，2004.
[3] 秦曾煌. 电工学·电工技术. 北京：高等教育出版社，2004.
[4] 孙平. 电气控制与PLC. 北京：高等教育出版社，2004.
[5] 杨素行. 模拟电子技术基础简明教程（第三版）. 北京：高等教育出版社，2006.
[6] 刘润华. 电工电子学（上、下）. 青岛：中国石油大学出版社，2008.
[7] 胡宴如. 模拟电子技术（第3版）. 北京：高等教育出版社，2009.
[8] 康华光. 电子技术基础. 模拟部分（第五版）. 北京：高等教育出版社，2006.
[9] 付植桐. 电子技术（第2版）. 北京：高等教育出版社，2008.
[10] 赵利. 数字电子技术（第一版）. 北京：冶金工业出版社，2009.
[11] 杨志忠. 数字电子技术基础（第2版）. 北京：高等教育出版社，2003.
[12] 尹常永. 电子技术. 北京：高等教育出版社，2008.
[13] 唐程山. 电子技术基础. 北京：高等教育出版社，2004.
[14] 宋红. 电工电子技术简明教程（第2版）. 北京：高等教育出版社，2008.
[15] 何军. 电工. 成都：四川省农业厅，2005.

举报电话：（010）88254396；（010）88258888
传　　真：（010）88254397
E-mail：dbqq@phei.com.cn
通信地址：北京市海淀区万寿路173信箱
　　　　　电子工业出版社总编办公室
邮　　编：100036